普通高等教育“十一五”国家级规划教

现代信息融合技术在组合导航中的应用

卞鸿巍　李　安　覃方君　许江宁　编著

国防工业出版社
·北京·

内容简介

本书重点研究的组合导航技术是一种研究活跃、应用广泛、典型的信息融合技术，主要内容有：信息融合和组合导航的基本概念、组合导航系统的数学基础和研究方法、线性离散系统最优估计方法、组合导航中各种卡尔曼滤波技术、非线性系统状态估计滤波方法、智能信息融合技术在组合导航中的应用方法、联邦卡尔曼滤波器的设计及应用等。本书可作为导航专业本科生和硕士研究生的课程教材，又可作为工程技术人员在组合导航系统科研中的参考用书。

图书在版编目(CIP)数据

现代信息融合技术在组合导航中的应用／卞鸿巍等编著. —北京：国防工业出版社，2010.12
普通高等教育"十一五"国家级规划教材
ISBN 978-7-118-07152-8

Ⅰ.①现… Ⅱ.①卞… Ⅲ.①信息技术-应用-组合导航-高等学校-教材 Ⅳ.①TN967.2-39

中国版本图书馆 CIP 数据核字(2010)第 206670 号

※

国防工业出版社出版发行
（北京市海淀区紫竹院南路 23 号 邮政编码 100048）
北京嘉恒彩色印刷有限责任公司
新华书店经售
*
开本 787×1092 1/16 **印张** 17 **字数** 388 千字
2010 年 12 月第 1 版第 1 次印刷 **印数** 1—4000 册 **定价** 35.00 元

国防书店：(010)68428422 发行邮购：(010)68414474
发行传真：(010)68411535 发行业务：(010)68472764

前　言

本书重点研究的组合导航技术是一种研究活跃、应用广泛、典型的信息融合技术。导航是人类的基本活动，其技术的发展决定了人类精确控制自身活动范围的能力，影响着人类的社会生活。随着技术的发展，人类可利用的导航系统信息资源越来越多。由于不同导航系统各具优劣，提高导航系统的整体性能的有效途径便是采用组合导航技术。可以说，组合导航技术是导航技术发展的必然结果。组合导航系统从诞生伊始，就将各种不同的导航传感器融合在一起，其独立发展起来的理论与技术有力地促进了信息融合技术的发展。特别是在信息融合研究和应用最为活跃的作战武器系统中，以组合导航系统为代表的导航系统是其最为重要的信息基础平台之一。

本书研究的基础来自于舰船组合导航领域的相关研究工作，以求系统地介绍组合导航信息融合方法的技术脉络和重点知识，概念上注重从技术发展的角度诠释导航与组合导航的内在本质，内容上则注重选取与组合导航信息融合技术相关的研究热点。在编排上本书分为8章，每章相对独立地构成一个大的主题。

第1章主要介绍信息融合和组合导航的基本概念，一方面指出组合导航与信息融合技术在理论方法上交互影响的客观联系，另一方面指出组合导航所具有的本质的信息融合特征。本章也可以看作是组合导航与信息融合的一种快照式的介绍，可以方便读者快速从宏观了解组合导航技术的全貌。

第2章主要介绍组合导航系统的数学基础和研究方法。本章除给出部分典型导航系统的数学模型外，也介绍了组合导航的一般研究方法。上述内容可以帮助初步从事组合导航研究的读者理解研究上的基本问题，同时也构成后续章节论述的基础。

第3章介绍线性离散系统最优估计方法，内容涵盖基于卡尔曼滤波技术的滤波、平滑、预测等内容。本章重点增加了卡尔曼滤波递推公式的贝叶斯推导方法，从递推贝叶斯估计的角度来重新认识信息融合中随机系统状态最优估计问题的本质。这不仅有利于我们理解以卡尔曼滤波为代表的线性系统最优估计理论，同时也会对后续其他非线性系统最优估计理论与智能信息融合技术建立更加统一的认识。通过本章选用的典型的组合导航问题的算例，读者可以掌握基本的组合导航卡尔曼滤波方法。

第4章介绍组合导航中自适应卡尔曼滤波(AKF)技术的内容。首先分析滤波器发散的原因，并在分析卡尔曼新息序列特征的基础上，从衰减记忆滤波、新息方差估计滤波和多模型估计自适应滤波等几条线索介绍目前自适应卡尔曼滤波技术的研究热点。上述内容可以帮助读者在实际组合导航系统中研究建立实用的自适应卡尔曼滤波算法。

第5章介绍非线性系统状态估计滤波方法。在传统的扩展卡尔曼滤波(EKF)的基础上，增加了无色卡尔曼滤波(UKF)、粒子滤波(PF)等内容，上述方法均为近年来本领域的研究热点。读者可以通过本章的 GPS/DR 组合导航问题，掌握上述非线性滤波方法在应用中的基本特点。

第 6 章和第 7 章重点对目前智能信息融合技术在组合导航中的应用方法进行介绍。

第 6 章主要介绍模糊控制在组合导航信息融合应用的相关内容。本章在简要介绍模糊理论的概念、基本知识和模糊控制器基本设计方法的基础上，对组合导航系统模糊规则设计方法进行归纳分析，并给出具体的应用实例。

第 7 章重点介绍神经网络信息融合技术在组合导航中的应用方法。本章对典型的神经网络和学习方法进行宏观概要性的介绍，在此基础上，对在组合导航中应用神经网络技术的主要研究方法进行阐述，重点介绍神经网络自适应算法（NN – AKF）和神经网络模糊推理自适应算法（ANFIS – AKF）两种技术。

第 8 章介绍联邦卡尔曼滤波器的设计及应用。内容主要包括：在各子滤波器估计不相关和相关条件下的联邦滤波算法、联邦滤波器信息分配算法、数据时空关联以及容错设计等。同时，选取一个典型的组合导航联邦卡尔曼滤波算例进行介绍。

全书是我们本方向研究课题组多年科研实践的总结。在此向在本书编写过程中提供了大量帮助的上海交通大学金志华教授、田蔚凤教授、王俊璞博士、张静博士，华南理工大学杨艳娟副教授，海军工程大学高启孝教授、边少锋教授、陈永冰教授、胡柏青教授、周永余副教授、朱涛副教授、王荣颖博士、范崧伟博士、高薪硕士、朱蕾硕士、信冠杰硕士和聂浩翔硕士一并表示感谢。

本书编写的初衷是尽量反映目前组合导航信息融合研究的主要问题，并针对不同问题结合应用需求，进行一定深度的阐述。本书可作为导航专业本科生和硕士研究生的课程教材，又可作为工程技术人员在组合导航系统科研中的参考用书，所提出的一些观点和思想希望能够对国内同行提供一定的帮助，供读者进一步的研究参考。由于时间仓促以及编者水平所限，书中难免存在错漏和不足之处，恳请读者批评指正。

最后，本书的出版用以纪念海军工程大学导航工程专业创始人之一汪人定教授，感谢他为航海导航专业的建设发展所做出的卓越贡献。

作者

2010 年 8 月

目　录

第1章　信息融合与组合导航

在经历了农业社会和工业社会之后,人类社会渐渐进入了信息化社会阶段。当今的人们已经认识到信息、能源与物质是人类社会赖以生存与发展的三大支柱。信息不同于物质和能量,是人类的第三资源。当前人们面对的“信息场”已经出现了两个重大的变化:一是信息的种类日益繁多,空间结构空前复杂;二是获取信息的手段和方法越来越多样化。实际上,人们已经不知不觉地进入多传感器信息融合时代。在此基础上,如何有效处理各种不确定、非线性、不明信号源的各类信息,构造更加有效的多传感器信息融合系统,实现高性能智能信息处理和控制,这就是信息的获取、加工、处理和融合问题,是信息融合技术的研究对象和研究目标。根据人们当前的认识,信息融合的最终目的就是通过“集成”和“融合”的方式构造高性能智能化系统。

本书重点研究的组合导航技术是一种研究活跃、应用广泛、典型的信息融合技术。导航是人类的基本活动,其技术的发展决定了人类精确控制自身活动范围的能力,影响着人类的社会生活。随着技术的发展,人类可利用的导航系统信息资源越来越多。由于不同导航系统各具优劣,提高导航系统的整体性能的有效途径便是采用组合导航技术。可以说,组合导航技术是导航技术发展的必然结果。组合导航系统从诞生伊始,就将各种不同的导航传感器融合在一起,其独立发展起来的理论与技术有力地促进了信息融合技术的发展。特别是在信息融合研究和应用最为活跃的作战武器系统中,以组合导航系统为代表的导航系统是其最为重要的信息基础平台之一。在本章中,我们着重介绍信息融合、导航与组合导航的主要概念、联系和历史发展状况。

1.1　信息融合的基本概念

1.1.1　信息融合的由来

一门新技术、新学科的创立,不仅仅是理论研究的结果,更是来自于实际工程的需求。“信息融合”一词尽管目前已经十分频繁地被众多领域所引用,其最初的工程需求实际上主要来自于军事领域。

自从第二次世界大战前研究出第一代监视雷达以来,技术人员一直希望通过雷达组网获得整个空情画面,从而全面掌握情报,做出正确决策。于是在70多年前围绕着构成“Home Chain”雷达传感器,人们开始了最早的对空搜索雷达的组网方法研究。第二次世界大战结束后,人们开始根据以往的工作系统地定义雷达信息融合新概念,并开始解决数据融合时间对齐等一系列工程技术问题。

美国对军事C^3I(Command, Control, Communication and Information)系统建设的需求首次正式提出“信息融合”的概念。在军用C^3I系统研究中,人们认识到只有把各传感器的信息有效地组合起来,即获取、综合、滤波、估计、融合,才能实现自动化指挥。从那以后,随着军事 C^3I 系统研究的推进,信息融合研究有了突破性进展。20 世纪 70 年代末,在公开出版的技术文献中开始出现基于多传感器信息综合集成意义上的“融合”一词。与此同时,在综合导航、工业控制、机器人、空交管制、海洋监视等领域,大量多传感器被用来收集信息,纷纷朝着多传感器信息融合方向迅速发展。

20 世纪 80 年代,传感器技术的飞速发展和传感器投资的大量增加,使得军事系统中的传感器数量剧增,仅实用的军用信息融合系统就已达几十个。超远程武器的出现和发展,从根本上改变了 C^3I 系统的信息处理方式;军事指挥人员由于对敌我武器系统的超远程能力认识的加深,开阔了视野,因此需求更多的信息和数据,更加强调速度和实时性。为此,信息融合的研究工作成了军工生产和高技术开发等多方面所关心的问题,C^3I 战场的信息融合技术也因此更加受到重视。1988 年,美国国防部把信息融合技术列为 20 世纪 90 年代最优先发展的 A 类重点研究开发的关键技术之一。特别是 90 年代,随着智能机器人及其控制、生产自动化、图像处理、计算机多媒体技术、新一代空中与海上交通管制等技术的发展,以及更加复杂的军事 C^4ISKR(Command, Control, Communication, Computer ,Information, Surveillance, Kill and Reconnaissance)系统和网络中心战的需求牵引,信息融合的研究有了新的突破,国内外关于信息融合的专著层出不穷。可以说,20 世纪 90 年代之后,在全球范围内真正迎来了信息融合研究的世界性热潮,并在理论和工程实践中都取得了重大突破,已发展成为新的研究领域。

1.1.2 信息融合的定义

多传感器信息融合(Multi - Sensor Data Fusion, MSDF)也称多源关联、多源合成、传感器混合或多传感器融合。由于所研究的内容十分广泛和多样,目前要给出信息融合的统一定义是非常困难的。这里给出信息融合的一般定义[1,2,3]:

信息融合是指利用计算机技术对按时序获得的若干传感器的观测信息在一定准则下加以自动分析、优化综合以完成所需的决策和估计任务而进行的信息处理过程。

由这一定义可知,各种传感器是信息融合的基础,多源信息是信息融合的加工对象,协调优化和综合处理是信息融合的核心。

实际上,多传感器信息融合处理是人类和生物界信息处理的基本功能。从生物学的角度看,自然界中的生物基本都是通过其自身各种感觉器官来感知其外部生存空间的各种状况和环境变化,根据其所收集到的这些信息,进行“综合处理”,从而对外部环境做出反应。这里的“综合处理”便是信息的融合处理。人类本能地具有将身体上的眼、耳、鼻、四肢等各种功能器官所探测的信息(如景物、声音、气味和触觉等)与先验知识进行综合的能力,以便对周围的环境和发生的事件做出估计和反应。由于人类的感官具有不同度量特征,因而可测出不同空间范围内发生的各种物理现象。这一处理过程是复杂的,也是自适应的,可以将图像、声音、气味和物理形状或描述等各种信息转化成对环境有意义的解释。

对于多传感器信息融合理论和技术的研究实际上是对人脑综合处理复杂问题的一种功能模拟。在多传感器系统中,各种传感器提供的信息可能具有不同的特征。多传感器信息融合的基本原理就像人脑综合处理信息的过程,它充分地利用多个传感器资源,通过对各种传感器及其观测信息的合理支配与使用，将各种传感器在空间和时间上的互补与冗余信息依据某种优化准则组合起来，产生对观测环境的一致性解释和描述。基于各传感器分离观测的信息，信息融合力图通过对信息的优化组合导出更多的有效信息，利用多个传感器共同或联合操作的优势，来提高整个传感器系统的有效性。

1.1.3　信息融合技术的应用

信息融合系统的应用差异很大，根据不同的应用环境和所处理问题的不同性质，可分成人为设计环境、现实温和环境和现实敌对环境 3 类[4,5]。

(1) 人为设计环境的特点是：系统正常状态已知，具备可靠、精确的信息源、固定的数据库以及互相协作的系统要素等。如工业过程监视、机器人视觉和交通管制等。

(2) 现实温和环境的特点是：部分状态已知，具有可靠的信息源但覆盖范围较差，部分数据库可变同时系统不受人类感觉影响。如气象预报、金融系统和病人监护系统等。

(3) 现实敌对环境的特点是：不易确定正常状态，信息源可能不精确、不完整、不可靠并易受干扰，数据库高可变，人类的感觉可有效地影响系统，系统要素不相互协作。如各种军用 C^3I、陆海空警戒、目标指示、目标跟踪和导航系统等。

非军事信息融合和军事信息融合之间存在明显的差异。大部分非军事信息融合系统都是在“人为设计环境”和“温和现实环境”下，而大部分军事系统则必须在“敌对现实环境”中运行。

信息融合在非军事上的应用包括机器人技术、工业过程监视、医疗诊断、金融分析和法律执行等。如在比较典型的工业机器人应用领域，机器人采用离目标物理接触较近的传感器组合与观测目标较近的遥感传感器，通过融合来自多个传感器的信息，使用模式识别和推理技术来识别三维对象，确定不同对象的方位，避开障碍物，按照指令行动引导机器人处理这些对象。另一个重要的信息融合应用领域是工业过程监视，可以通过信息融合识别引起系统状态超出正常运行范围的故障条件，并据此触发各报警器，如核反应堆监视和石油工业中的平台监视等。在医院的病人照顾系统中，由于病人的状况随时变化，要根据传感器、病历、病史、气候、季节等各种数据源，决定病人护理、诊断和治疗方案，信息融合技术也可以用于有效综合处理这些数据。此外，在金融系统中，大公司、企业的金融系统或国家经济管理要利用众多信息源分析金融状况，都包含复杂的信息融合问题。

信息融合在军事上的应用包括在战术和战略上指挥、控制、通信和情报(C^3I)任务的广阔领域。目前世界各主要军事大国竞相投入大量人力、物力和财力进行信息融合技术的研究，安排了大批研究项目，并已经取得大量结果，研制出上百种军用信息融合系统，覆盖了海上监视、空-空和地-空防御、战场情报、监视和获取目标以及战略预警和防御等多个领域。比较典型的有：TCAC——战术指挥控制，BETA——战场利用和目标截获系统，AMSVI——自动多传感器部队识别系统，TRWDS——目标获取和武器输送系统等。美、英等西方国家研制的典型海军用信息融合系统有：单舰作战武器指控系统，用于侦察、截获、跟踪和制导武器系统；海面监视信息融合专家系统(OSIF)；舰艇编队多传感器信息融合系统(IKBS)等。

1.2 信息融合系统的功能与结构模型

信息融合系统的种类多,彼此之间差异很大。为了能够对不同的信息融合系统和理论进行系统的研究,人们往往从功能、结构和数学模型等几方面入手。其中的功能模型研究主要从融合过程出发,描述信息融合包括的主要功能、数据库,以及进行信息融合时系统各组成部分之间的相互作用过程。结构模型研究则主要从信息融合的拓扑组成出发,说明信息融合系统的软、硬件组成,相关数据流、系统与外部环境的人机界面等问题。数学模型则是重点研究信息融合算法和综合逻辑。本节对信息融合系统的功能与结构模型进行简要介绍,信息融合的主要理论算法将在后续章节陆续进行介绍。

1.2.1 信息融合系统的功能级别

在信息融合系统的功能级别划分中,最常见的分级方式是分为5级,即:检测级融合、位置级融合、属性级融合、态势评估和威胁评估,这主要是根据信息抽象的5个功能层次而来,5个级别融合的主要含义如下。

1. 检测级融合

也称为检测/判决级融合,直接在多传感器分布检测系统中信号的检测判决层上进行融合。在经典的多传感器检测中,所有的局部分传感器将检测到的最原始的观测信息全部直接传送给中心处理器,然后利用经典的统计推断理论与算法完成最优目标的检测任务。在多传感器分布检测系统中,每个传感器对所获得的观测先进行一定的预处理,然后将压缩的信息传给其他传感器,最后在某中心汇总和融合这些信息产生全局检测判决。融合主要目的是信号的准确检测和判决,是最初级的信息融合方式。

检测融合方式最初应用于军事指挥、控制和通信中,现在的应用已经拓宽至气象预报、医疗诊断和组织管理决策等众多领域。在多雷达系统中,检测级融合系统可以提高系统的反应速度和生存能力,增加覆盖区域和监视目标数量,并且提高系统在单个传感器情况下的可靠性。而在天气预报系统中,气象卫星将结合毫米波、微波、红外及可见光等传感器对大气层水蒸气、降雨量、云层、风暴轨迹、海况及风速等信息进行融合,最后得出温度和湿度的准确数据。

2. 位置级融合

也称为空间级融合或跟踪级融合,属于中间层次,是最重要的一级融合。需要说明的是,所谓"位置级"可以更广义地理解为待测物体的状态,因为物体空间运动状态是通常最需要了解的状态,所以狭义上也将"位置级"理解为物体空间运动状态。位置级融合直接在时间和空间上对传感器的测量点迹和状态估计进行融合。组合导航系统、红外和声纳等传感器多目标跟踪系统都属于这类性质的融合。区别在于,组合导航系统主要对载体本身的空间运动状态进行融合计算,红外、声纳、雷达等传感器目标跟踪系统则主要对目标的空间运动状态进行融合计算。

3. 属性级融合

属性级融合也称为目标识别级融合,或者身份估计。例如:当人看到一束花时,会通过眼睛和鼻子获取花的外形、颜色、香味等信息,并与人脑中的经验知识相结合,最终辨别出花的种类。属性级融合实际上是对人的这种能力的仿生。属性级融合系统通过各种传感器获取不同的待测物体信息，通过分析实现对待测物体的定位、表征和识别。如利用雷达截面积数据确定实体是否为船只以及目标的类型。利用医学监视器对人的健康状况进行半自动监视，利用故障自动诊断系统对被测设备故障进行判断和定位等。

4. 态势评估

现代战争是信息化战争，敌对双方都将采取一系列手段用于破坏对方 C^3I 系统的正常工作，以达到控制战场上兵力布局的目的。态势评估（Situation Assessment，SA）是对战场上战斗力量分配情况的评价过程。它通过综合敌对双方战斗力量分布与活动、战场环境、敌方作战意图和机动性能等因素，分析确定当前战场事件发生的深层原因，得到敌方兵力结构、作战方式和兵力意图，最终形成敌对双方战场综合态势图，包括己方态势的红色视图，敌方态势的蓝色视图，天气、地理等战场环境态势的白色视图，它们共同合成一幅战场综合态势图，并为威胁估计提供依据。

态势评估不仅给出具有实际意义的评估形式，还能够对抗敌方采取的诸如伪装、隐藏和欺骗在内的破坏手段，帮助指挥员做出正确的判断。理想的态势评估能够反映真实的战场态势，提供事件活动的预测，并能够提供有效管理战场多种信息获取传感器的依据。因此，态势评估在现代战争中起着十分重要的作用。

5. 威胁评估

态势评估是针对已发生和正在发生的战场区域内的事件。威胁评估（Threat Assessment，TA）是在态势评估的基础上，综合敌方破坏能力、机动能力、运动模式及行为企图的先验知识，得到敌方兵力的战术含义，估计出作战事件出现的程度和严重性，并对敌方作战意图做出判断、指示和告警。威胁评估的重点在于对敌方作战能力和己方兵力有效对抗敌方的能力进行有效的定量表示，估计出己方薄弱环节、敌方意图和风险与致命性评估。

需要指出的是，态势评估与威胁评估并没有统一的定义，在某些时候，也统一称为态势与威胁评估（Situation and Threat Assessment，STA）。它是敌对世界的战场中的高层次信息处理过程，是非常复杂的专家系统。

在上述功能模型描述中，前三个层次的信息融合适用于任意的多传感器信息融合系统，而后两个层次主要适用于军事应用信息融合系统。因此也有学者（如 Hall 和 Wallz 等人[1,2,6]）把多传感器信息融合分为三级，即前三个层次统一作为一级，称为位置属性级融合，是其他融合系统的基础。

1.2.2　信息融合系统的功能模型

图 1－1 是信息融合系统五级分级方法的功能框图。

第一级处理是信号处理级的信息融合，是一个分布检测问题。它通常是根据所选择的检测准则形成最优化门限，以产生最终的检测输出。它需要根据观测时间、报告位置、传感器类型、信息的属性和特征来进行预滤波，分选归并数据以控制进入第二级处理的信息量，避免信息过载。同时采取数据采集管理控制融合的数据收集，包括传感器的选择、分配及传感器工作状态的优选和监视等。通过传感器任务分配要求预测动态目标的未来位置，计算传感器的指向角，规划观测和最佳资源利用。近几年的研究集中在：传感器向

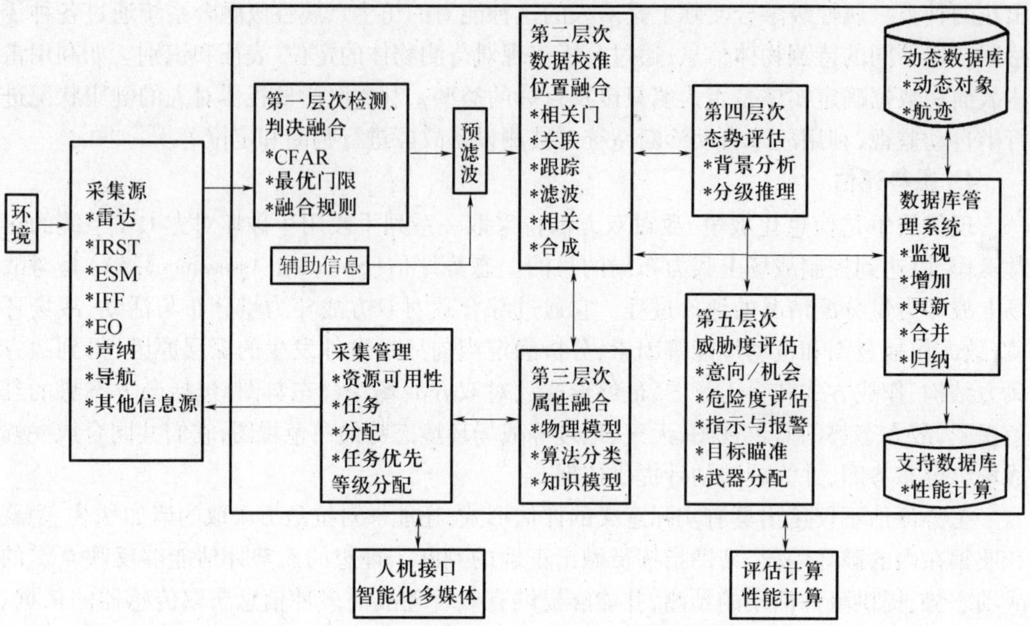

图 1-1 信息融合系统五级分级方法功能框图

融合中心传送经过某种处理的检测信号和背景杂波统计量，然后在融合中心直接进行分布式恒虚警(CFAR)检测等。

第二级处理是为了获得目标的位置、速度、姿态、时间等空间状态信息，通过综合来自多传感器的运动状态信息建立目标的航迹和数据库等。常见的融合包括数据校准、互联、跟踪、滤波、预测、航迹关联及航迹融合等。

第三级处理是属性信息融合，它是指对来自多个传感器的目标属性数据进行组合，以得到对目标身份的联合估计。用于目标识别融合的数据包括雷达横截面积(RCS)、脉冲宽度、重复频率、红外谱或光谱等。

第四级处理包括态势的提取与评估。前者是指由不完整的数据集合建立一般化的态势表示，从而对前几级处理产生的兵力分布情况有一个合理的解释；后者是通过对复杂战场环境的正确分析和表达，导出敌我双方兵力的分布推断，绘出意图、告警、行动计划与结果。

第五级是威胁程度处理。即从己方有力打击敌方的能力出发，估计敌方的杀伤力和危险性，同时还要估计己方的薄弱环节，并对敌方的意图给出提示和告警。

辅助功能包括数据库管理、人机接口与评估计算，它们也是融合系统的重要组成部分。

从处理对象的层次上看，第一级属于低级融合，它是经典信号检测理论的直接发展，是近十几年才开始研究的领域，目前绝大多数多传感器信息融合系统还不存在这一级，仍然保持集中式检测，而不是分布式检测，但是分布式检测是未来的发展方向。第二和第三级属于中间层次，是最重要的两级，它们是进行态势评估和威胁估计的前提和基础。实际上，融合本身主要发生在前三个级别上，而第四和第五级是决策级融合，即高级融合，态势评估和威胁估计只是在某种意义上与信息融合具有相似的含义[1]。它们包括对全局态势发展和某些局部形势的估计，是 C^3I 系统指挥和辅助决策过程中的核心内容(由于它不是本书讨论和研究的重点，后续章节将不再论及)。

1.2.3　信息融合系统的结构模型

讨论检测、位置和属性级三级的融合结构。

1. 检测级融合结构

从分布检测的角度看，检测级融合的结构模型主要有 5 种[7,8]，即并行结构、分散式结构、串行结构、树状结构和带反馈并行结构。

并行结构的分布检测系统如图 1-2 所示，N 个局部节点 $S_1, S_2, \cdots, S_N$ 的传感器在收到未经处理原始数据 $Y_1, Y_2, \cdots, Y_N$ 之后，在局部节点分别做出局部检测判决 $u_1, u_2, \cdots, u_N$，然后在检测中心通过融合得到全局判决 u_0。这种结构在分布检测系统中的应用较为普遍。

分散式空间结构的分布检测系统如图 1-3 所示，这种空间结构实际上是将并行结构中的融合节点 S_0 取消后得到的。每个局部判决 $u_i(i=1,2,\cdots,N)$ 又都是最终决策。在具体应用中，可按照某种规则将这些分离的子系统联系起来，看成一个大系统，并遵循大系统中的某种最优准则来确定每个子系统的工作点。

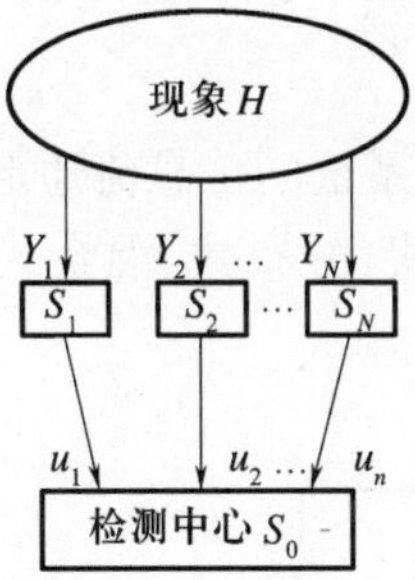

图 1-2　并行结构

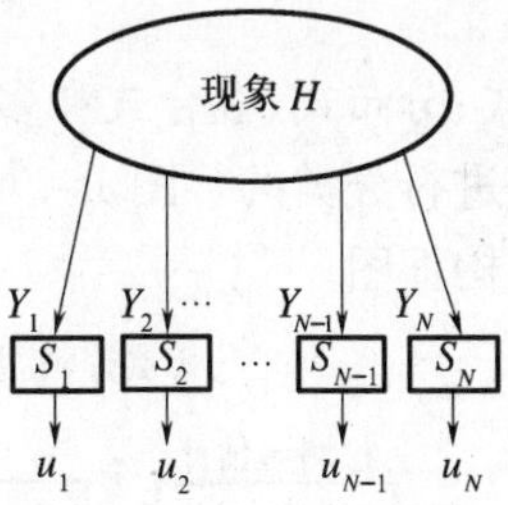

图 1-3　分散式结构

图 1-4 为串行结构，N 个局部节点 $S_1, S_2, \cdots, S_N$ 分别接收各自的检测后，首先由节点 S_1 做出局部判决 u_1，然后将它通信到节 S_2，而 S_2 则将它本身的检测与 u_1 融合形成自己的判决 u_2，然后重复前面的过程，信息继续向右传递，直到节点 S_N。最后 S_N 将它的检测 Y_N 与 u_{N-1} 融合做出判决 u_N，即 u_0。

图 1-5 是包含五个节点的树状结构，N 个节点的情况类似。在这种结构中，信息传递处理流程是从所有的树枝到树根，最后，在树根即融合节点，融合从树枝传来的局部判决和自己的检测，做出全局判决 u_0。

图 1-6 表示的是带反馈的并行结构，在这种结构中，N 个局部检测器在接收到观测之后，把它们的判决送到融合中心，中心通过某种准则组合 N 个判决，然后把获得的全局判决分别反馈到各局部传感器作为下一时刻局部决策的输入，这种系统可明显改善各局部节点的判决质量。

2. 位置融合结构

多传感器位置融合系统有许多分类方法。这里介绍的 4 种位置融合级的系统结构模

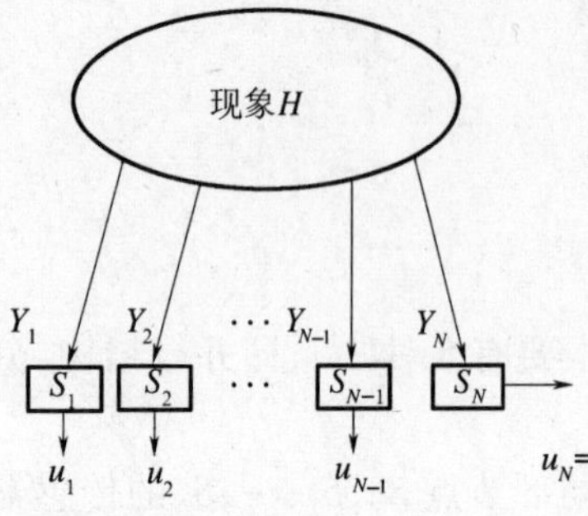

图 1-4 串行结构

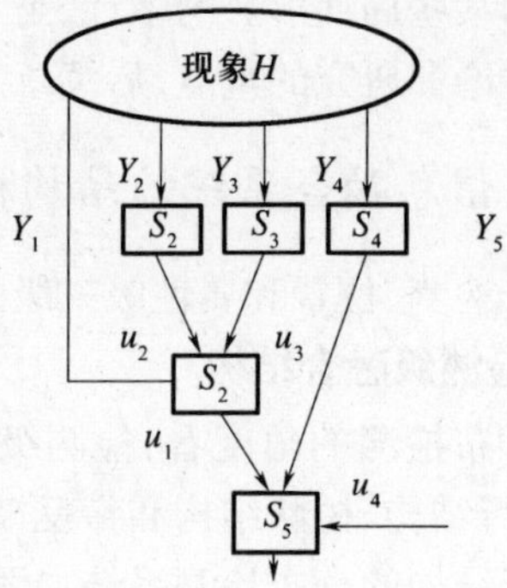

图 1-5 树状结构

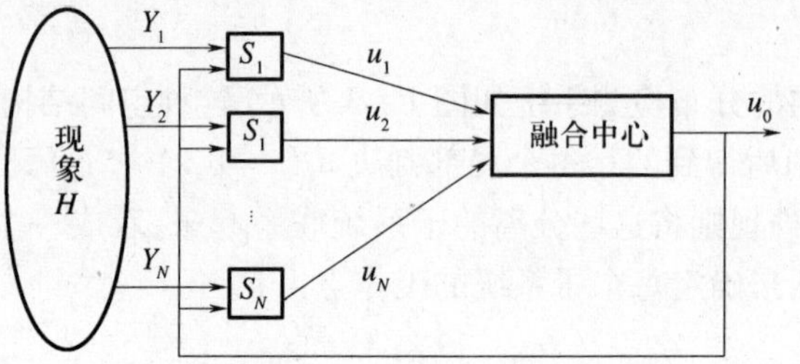

图 1-6 带反馈的并行结构

型,即集中式、分布式、混合式和多级式,主要是从多传感器系统的信息流通形式和综合处理层次角度进行分类的。图 1-7 ~ 图 1-10 分别是集中式、分布式、混合式和多级式融合系统的结构框图。

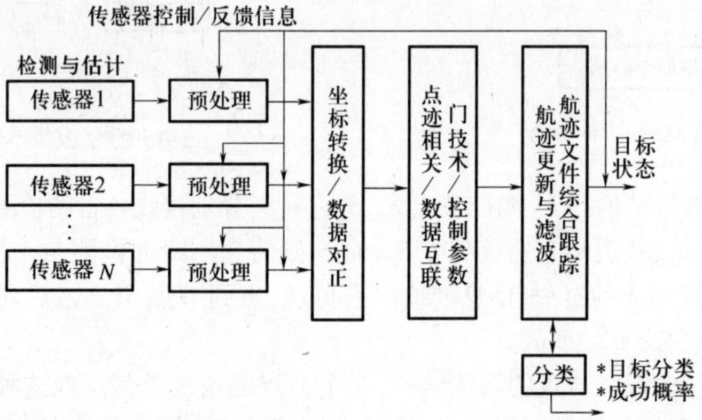

图 1-7 集中式融合系统的结构框图

集中式结构的特点是:将传感器录取的检测报告直接传递到融合中心进行数据对准、点迹相关、数据关联、航迹滤波与更新、综合和跟踪。这种结构的最大优点是信息损失小、融合精度高,但数据互联较困难,并且要求系统具备大容量的能力,计算负担较重,系统的生存能力也较差。

分布式结构的特点是:每个传感器的检测结果在进入融合以前,先由它自己的数据处理器产生局部多目标跟踪航迹,然后把处理后的信息送至融合中心,中心根据各节点的航

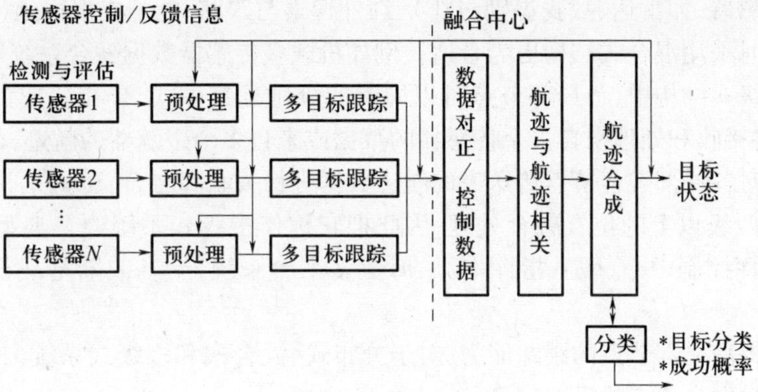

图 1－8　分布式融合系统的结构框图

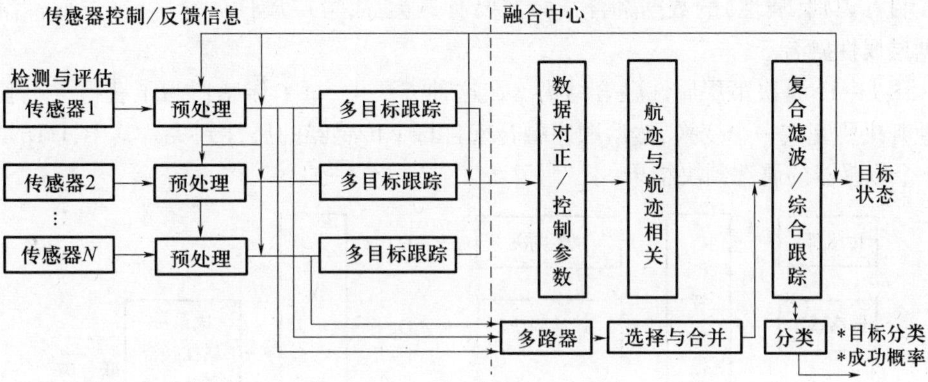

图 1－9　混合式融合系统的结构框图

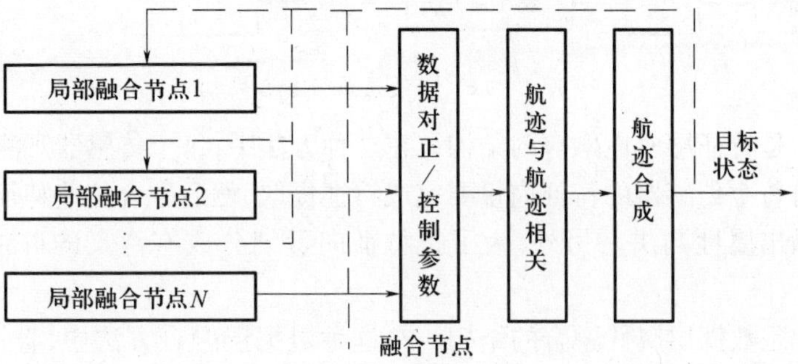

图 1－10　多级式融合系统的结构框图

迹数据完成航迹关联和航迹融合，形成全局估计，这类系统应用很普遍，特别是综合导航系统和军事 C^3I 系统。前者各传感器为各导航分系统，均具备各自独立的导航能力；后者的各传感器不仅具有局部独立跟踪能力，而且还有全局监视和评估特征的能力。系统的造价也可限制在一定的范围内，并且有较强的自下而上能力。这种结构还称作分级式[8]和自主式融合[9]。

混合式融合系统同时传输探测报告和经过局部节点处理后的航迹信息，它保留了上述两类系统的优点，但在通信和计算上要付出昂贵的代价。对于安装在同一平台上的不同类型传感器,如雷达、敌我识别(IFF)、红外搜索与跟踪、电子支援措施(ESM)组成的传感器群有时采用混合式结构更为合适。例如机载多传感器数据融合系统等。

在多级式结构中,各局部节点可以同时或分别是集中式、分布式或混合式的融合中心,它们将接收和处理来自多个传感器的数据或来自多个跟踪器的航迹,而系统的融合节点要再次对各局部融合节点传送来的航迹数据进行关联和融合,也就是说目标的检测报告要经过两级以上的位置融合处理,因此把它称作多级式系统[8]。典型的多级式系统如海军指挥控制中心、舰队指挥中心、海上多平台系统、岸基或陆基战役或战略 C^3I 系统等。

为了提高局部节点的跟踪能力,对于分布式、混合式和多级式系统,其局部节点也经常接收来自融合节点的反馈信息。

3. 目标识别融合结构

目标识别(属性)的数据融合结构主要有三类:决策层属性融合、特征层属性融合和数据层属性融合。

图 1-11 是决策层属性融合结构。在这种方法中,每个传感器为了获得一个独立的属性判决要完成一个变换,然后顺序融合来自每个传感器的属性判决。其中,I/D_i 是来自第 i 个传感器的属性判决结果。

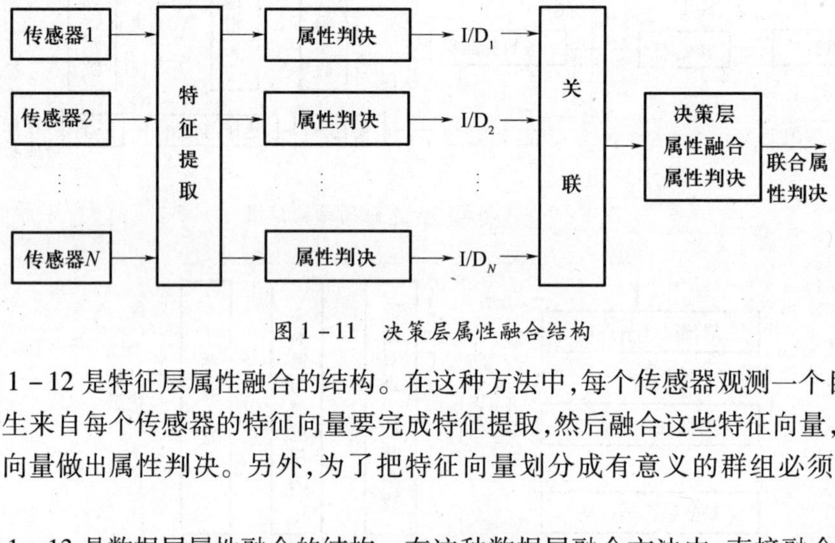

图 1-11　决策层属性融合结构

图 1-12 是特征层属性融合的结构。在这种方法中,每个传感器观测一个目标,并且为了产生来自每个传感器的特征向量要完成特征提取,然后融合这些特征向量,并基于联合特征向量做出属性判决。另外,为了把特征向量划分成有意义的群组必须采用关联过程。

图 1-13 是数据层属性融合的结构。在这种数据层融合方法中,直接融合来自同类传感器的数据,然后是特征提取和来自融合数据的属性判决。为了完成这种数据层融合,传感器必须是相同的(如几个红外(IR)传感器)或者是同类的(例如一个红外传感器和一个视觉图像传感器)。为了保证被融合的数据对应于相同的目标或客体,关联要基于原始数据完成。

与位置融合结构类似,通过融合靠近信源的信息可获得较高的精度,即数据层融合可能比特征层精度高,而决策层融合可能最差。但数据层融合仅对产生同类观测的传感器是适用的。当然通过这三种方法也可以组成其他混合结构。另外,就融合的结构而论,位置与属性融合是紧密相关的,并且常常是并行同步处理的,这就是有人把它们看成是一级融合的原因[2]。

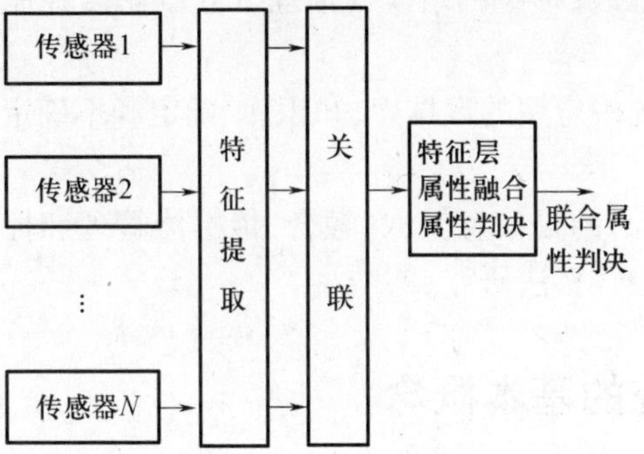

图 1-12　特征层属性融合结构

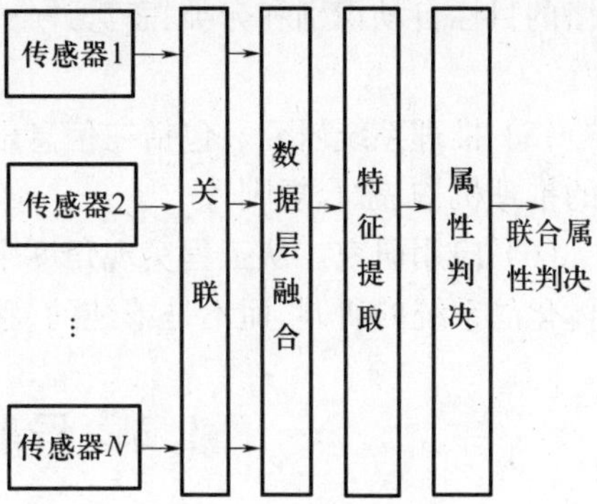

图 1-13　数据层属性融合结构

1.2.4　信息融合理论的研究动向

信息融合技术和理论的研究在国内外已经受到高度重视，各种关于信息融合的算法已有上百种。简单地说，本领域相关的研究热点主要集中在以下几个方面。

(1) 基础理论研究。研究建立统一的信息融合理论，主要包括多平台和多传感器信息的获取、特征提取、分类、信息融合过程的一般模式（含信息图的模式），功能结构的建立，优化设计以及系统的评估标准。

(2) 复杂环境下信息融合的鲁棒、最优、快速三项指标的综合设计研究。这里的复杂环境指的是概率上存在非高斯分布随机噪声、观测数据不完整、不清晰，又存在识别的模糊性、多义性以及部分传感器发生故障而引起多传感器系统不健全的情况；鲁棒性指允许系统对噪声分布模式作比较"宽松"的假设，允许系统内部分传感器发生故障或不正常工作引起的系统不健全，解决融合的安全性和可靠性问题；最优性指采用有效方法融合处理系统精度，解决融合精度问题；快速性指实时处理，主要指算法的速效性和收敛速度，解决目标跟踪批数和处理时间问题。鲁棒、最优和快速三项指标往往互相矛盾，互相制约，但在工程上缺一不可，研究的关键是如何综合处理这三项指标。

(3) 随机类融合算法和模型研究。它主要包括估计理论、经典统计和推理方法、聚类分析、熵法、品质因素算法等。估计理论是信息融合与跟踪的基本理论，主要有经典估计论（如最大似然估计、贝叶斯估计等）和最优估计理论（如卡尔曼滤波器、鲁棒估计等）两类理论。经典统计和推理方法包括贝叶斯推理、D-S(Dempster-Safer)的证据理论等。聚类分析是一种分类算法，它根据事先给定的相似标准，把观测值分为类和等级，这对真假目标分类、航迹起始、目标属性判别是十分必要的。熵法采用熵概念计算与假设有关的信息内容度量值，在对采用经验或主观概率进行备选假设估计的系统中有广泛的应用。品质因素算法根据观测数据和先验加权系数计算两个观测实体之间的相似度。这种方法经常用于关联和自关联方案中，其优点是对环境变化不敏感。

(4) 人工智能融合算法和模型研究。专家系统作为人工智能的一个应用分支，在信息融合系统中得到了广泛的应用。其最大优点是可以模拟专家经验知识、决策及推理过程，并用知识库技术构造兵力模型产生一系列规则从而可完成威胁估计、指挥决策等。同时应用模糊推理理论建立地模糊数据关联算法，在信息融合，尤其是决策级信息融合中起到重要作用。近几年来神经网络在多传感器信息融合研究中受到高度重视，如基于神经网络的目标自动识别和分类、态势评估和估计以及神经网络模糊推理 ANFIS 融合控制理论等。

(5) 推理系统研究。包括在信息融合系统中应用的数据库、知识库、确定和不确定信息的推理机构、融合规则等。

(6) 应用研究。从工程实现角度来讲,关心的是信息获取、融合、传感器管理和控制一体化的系统的研制,而不是单纯的、独立的融合算法研究。

1.3 导航系统的基本概念

导航技术是人类最古老的科学技术之一,导航技术的发展来源于人类的本能需要,是人类社会的基本需求之一。早在远古时期,人类需要在丛林、山峦、沙漠和海洋之间穿梭,完成生存所必要的各种活动,必须借助和创造各种古老的导航方法。他们或采取特征明显的山峰和大河作为标志,或标记各种神秘奇异的人工符号作为参照,或利用周而复始运行的日月和有着神话色彩的星斗,或发明地磁罗盘和指南车等古代机械等。随着人类的发展、生存空间的拓展以及运输方式的改变,不仅人自身需要导航,人类发明的各种运载体也需要导航。导航技术的发展也因此有着持续不断的社会需求原动力。导航技术的发展也因为决定着人类精确控制自身活动范围的能力,从而影响着人类的社会生活。

我国对导航技术的研究有着悠久的历史,史书记载的最早的中国导航器械是 4000 多年前的指南车。从今天的技术角度来看,指南车是一种方位精度保持的导航装置。相传,指南车是由黄帝发明,黄帝在与蚩尤作战于逐鹿时,遇到大雾,正是采用了指南车辨别方向,才得以重创蚩尤。这些传说说明作为导航器械的指南车在古时发明之初,就与军事应用密切相连。当今社会,鉴于民用和军用领域不断产生的大量需求,导航技术创新层出不穷,发展空间广阔。在当今军用技术领域,导航技术已成为军事指挥、控制、通信、计算、杀伤、情报、监视和侦察等系统的重要组成部分。

1.3.1 导航的基本概念

关于的导航的定义,人们的普遍理解是:把运动体从一个地方引导到目的地。随着导航技术的发展,人们对于导航的认识更加全面和深入。我们认为导航技术可以为人类解决三方面的问题,三方面的导航技术既独立又密切相关,构成了导航技术的基本全貌。

1. 确定载体自身的运动参数

这是导航系统的核心功能。所谓确定载体运动参数是指确定载体自身在三维物质空间和时间中的准确的坐标基准,即载体在空间三个轴向的线位移、线速度、线加速度和三个轴向的角位移、角速度、角加速度和时间基准等。换言之,人们如果需要确定上述信息的全部或者其中的一部分,便需要诉诸导航技术。

导航系统和设备种类繁多。由于用户坐标基准的需求差别较大,根据提供信息的不同,就产生了定位、测向、测速、测姿态、时统、稳定等多种不同的导航系统和设备,系统种类多样。

导航技术多样且技术跨度极广。根据完成导航系统确定载体自身的运动参数技术手段的不同可以派生出惯性导航技术、无线电导航技术、卫星导航技术、声纳导航技术、光学导航技术以及数据库导航技术等不同的技术手段。这些技术彼此之间相差较大,如天文导航系统是基于光学观测测量技术;测深仪、多普勒计程仪、声相关计程仪以及水声定位系统是基于与声纳系统相同的水声技术;卫星导航系统、无线电导航系统、无线电测向仪等采取天线电波传输等通信技术和时间同步技术等;惯性导航技术则涉及精密机械、微机械、光学、材料等多种复杂技术。因此,导航技术没有明确的技术门类,只要能够提供载体在时空间的运动参数的技术都是导航技术的研究范围[17]。

2. 确定载体所处的物理环境信息

根据载体所处物理环境的不同,导航系统被划分为航天、航空、航海、陆地等不同的地理环境应用领域,产生了导航技术特有的海、陆、空、天 4 种不同的应用领域。除确定载体运动参数外,导航系统还需要确定载体所处的物理环境信息。这些相关的物理环境信息通常包括气象、地形、障碍、风向、风速、气流、涌浪、水深、温度、盐度等一系列影响载体运动控制和航行安全的因素。涉及的仪器和设备包括气象仪、气象传真机、风向风速仪、气象云图等各类水文气象装置,以及测深仪、导航雷达、电子海图、AIS 系统等。

3. 准确决策并控制载体到达时空目标

导航系统还需要根据各种环境因素和控制意图,分析确定载体的运动控制方案并引导实施。根据目标载体控制意图的不同,可划分为载体平台导航和武器制导。由于导弹、制导炸弹均无人监控,人们又习惯上把无人操纵和监控的运载体上的导航系统(Navigation)称为制导系统(Guidance)。因此在载体运动控制领域,既有如何操控舰艇、飞机等载体到达理想目的地的导航问题,也有如何控制导弹、炮弹、鱼雷等武器击中目标的制导问题。

简单地说,导航与制导之间的差别主要有 3 个方面。一是工作方式的不同。导航是由人工操纵并引导载体按预定航线到达目的地,此时的系统可以说是一个导航参数测量装置,输出位置、航向等导航参数信息后即完成它的任务。制导则是根据测得的导航参数,通过控制系统解算,直接操纵载体按预定航线到达目的地。制导没有人操纵和监控,只工作在自动导航状态,与自动驾驶仪紧密相关。二是制导系统的精度要求通常要低于导航系统一定的数量级。这是由于导弹、火箭运行时间很短,导航精度随时间增长而下降的矛盾便不突出。三是导弹、火箭发射时的冲击振动载荷比飞机、舰船大得多,所以相对于导航系统,制导系统的强度、抗震及可靠性要求往往特别高。但导航与制导都需要重点研究两个关键问题,即控制参数的正确计算和载体操纵控制的准确实施,因此在本质上十分相似。

1.3.2　导航系统在现代战争中的地位

我们从 3 个角度来分析导航在现代战争中的地位。

1. 制导武器对导航系统的要求

早在以舰炮为主要武器的海军年代,舰炮在对敌方目标进行攻击之时,需要及时准确修正舰炮方位和姿态,以克服舰船甲板摇摆给炮管带来的误差,如果不能精确修正,将无法保证舰炮精确命中目标,所以在舰炮时期的海军,导航系统便为舰炮火控系统提供精确的舰船航姿信息,以保证舰炮系统的作战性能。

在以精确制导武器为主要作战武器的今天,导航系统的重要性显得更加突出和重要。

对于海军各型主战舰艇，精确的导航技术不仅可以增强舰艇的航行机动能力，保障舰艇航行安全，同时还直接影响武器的投放命中精度，成为作战武器系统重要的组成部分。现代战争特别强调精确打击，精确打击的核心是提高导弹、鱼雷、炮弹等武器对目标的毁伤能力。这些武器的命中精度是它们最重要的性能指标。

为了了解命中精度对制导武器毁伤性能的影响，我们以导弹为例进行说明。对于点目标而言，一般导弹杀伤力 K（杀伤概论）与命中精度 CEP（圆概率误差）、弹头威力 Y（当量）及发射导弹发数 n 之间的关系为

$$K \propto \frac{nY^{2/3}}{(CEP)^2}$$

显然，若精度不变，发射同样数量的导弹，弹头当量增加 10 倍，杀伤概率可以增加 4.64 倍；而若弹头当量不变，同样数量的导弹，精度提高 10 倍，导弹杀伤力则提高 100 倍。通过分析还表明，对于同一目标，相同导弹威力情况下，提高导弹射击精度相应可大幅度减少为摧毁目标所需发射导弹数量。因此各国始终致力于提高导弹的射击精度。

由于导弹主要使用惯性导航方式或者以惯性导航为主、以其他导航方法为辅的制导控制方式，因此以惯性导航为代表的导航技术的重要性显而易见。根据分析，惯性导航系统位置精度与导弹命中精度的关系为 1:1，而航向精度对导弹的命中精度的关系为正切关系，因此惯性导航系统必须具备极高的定位测向能力。在惯性制导的中远程导弹中，一般来说命中精度的约 70% 取决于惯导系统的精度，它基本上决定了导弹是否能打准的问题。

2. 武器系统平台对导航系统的要求

了解了制导武器对于导航的需求之后，我们以潜艇和航空母舰为例介绍武器系统平台对导航系统的要求。

核潜艇是重要的海军作战武器平台，是一个国家重要的战略威慑力量。核潜艇最为重要的作战特点就是其高度的隐蔽性和强大的武器攻击能力。由于具备核动力，核潜艇可以长时间在水下进行活动，而不必像常规潜艇需要在一定时间内上浮水面进行充放电换气。即使先进的 AIP 常规潜艇，也无法像核潜艇一样能够在水下进行长达数月时间的游弋。由于核潜艇可以长时间在水下活动，任何一个国家想要侦察、跟踪和限制核潜艇的机动范围都将十分困难。同时核潜艇所具备的水下发射能力将给敌方带来巨大的破坏，以战略核潜艇为例，美国的俄亥俄级核潜艇可携带 24 枚核弹头，每个核弹头大约携带 8 枚 ~ 12 枚分弹头。换言之，一艘核潜艇便可以摧毁二三百个大中城市，给敌方带来巨大的破坏和精神威慑。但是核潜艇这些巨大的杀伤力却需要十分先进的导航系统作保障，没有先进、精确、可靠的导航系统，核潜艇将基本丧失作战性能。

核潜艇的主要进攻武器是艇载导弹，无论是洲际导弹，还是巡航导弹、反舰导弹，也不管其制导精度如何，都必须依赖于发射前的制导系统的对准和初始导航参数装订。在地面上，战略部队进行导弹攻击时，由于发射井和发射车的位置已知，可以给导弹进行精确的装订，使导弹能够高精度地发射攻击。而潜艇这种高精度的初始位置就来源于潜艇自身的导航系统，通常是计程仪辅助之下的惯性导航系统。当前美国还使用惯性/地磁/海底地形匹配/重力等多种组合导航信息融合方式来获取高精度的导航信息。正是由于具备这些能够在潜艇长时间水下活动过程中保证高精度定位的能力，潜艇的作战武器系统

才具备了强大的作战性能。

又如战略轰炸机，由于要求它经过长时间远程飞行后，仍能保证准确投放或发射武器命中目标，只有使用惯性导航系统才是最为合适的，因为这样不依赖外界信息，隐蔽性好，不易受到外界干扰，又不会因沿途经海洋、过沙漠而影响导航精度。正因如此，国外新机生产无不装备惯性导航系统，20 世纪 80 年代初，美国就有 5000 架以上的军用飞机装备了惯导。另外，国内外在对旧机种改装时，最感兴趣的也是加装惯导/武器攻击系统。靶试表明，一架装有惯导/武器攻击系统的飞机，可发挥出 10 倍于使用普通光学瞄准具飞机的攻击效果。

航空母舰与其他海军舰艇作战平台最大的区别在于，其作战兵器为舰载机。舰载机有着其他海军兵器难以企及的快速作战范围，其配备的强大的对空、对海、对地精确制导攻击能力，极大提升了海军陆海空控制打击能力。海军舰艇中由舰艇导航系统与舰艇武器系统构成的导航信息传递链是以精确制导武器为主的军用导航系统特有的应用需求，同样的导航信息链在航空母舰上将变得更加复杂。由于机载武器的制导系统的初始导航参数装订主要来源于机载导航系统，尽管机载导航系统在飞机升空之后可以采取多种技术手段来修正机载导航系统误差，但是其导航系统的精度还是十分依赖于飞机从航空母舰上起飞前的导航系统初始装订和对准精度。这些导航基本信息的来源则主要是航空母舰自身携带的导航系统的精度。因此这种由舰船导航系统到机载导航系统以及机载导弹武器系统之间的导航信息链形成了一个多层次复杂的大型综合导航系统。

3. 网络中心战对导航系统的要求

精确制导和导航定位技术对于美军的影响已经从战术层面上升至影响整个战争进程的战略全局。在第一次海湾战争、科索沃战争、阿富汗战争和伊拉克战争中，美军精确打击能力更强、战场信息化控制能力更高、人员伤亡更低、战争时间大大缩短，而精确的导航、定位、制导和同步能力是美军新军事理论在战争应用中得以实现的最重要的技术基础之一。外军舰艇组合导航技术发展特点，主要体现出技术手段更新、系统功能更强和精度要求更高等多个趋势。

大量新型导航技术的采用使外军舰艇组合导航系统的精度得到了显著的提高，与此同时，美军提出的网络中心战的作战新概念使舰艇组合导航系统的功能日益复杂。以往的平台中心战是各平台依靠自身的探测器和武器进行作战，平台之间的信息共享非常有限。当今网络中心战则利用计算机网络对部队实施作战统一指挥，其核心是利用网络把地理上分散的部队、探测器和武器系统联系在一起，实现信息共享；通过实时掌握战场态势，提高指挥速度和协同作战能力。网络中心战中的各平台必须精确掌握自身的运动和时间信息，所以导航的地位更加突出，功能日益复杂。

网络中心战对于导航的要求体现在信息化、智能化、网络化的 3 个发展特点。所谓智能化，就是将导航技术 3 个方面结合起来，即可实现单一载体的完整的机动控制，将各个环节智能化之后即可实现载体的智能决策和驾驶，如无人驾驶飞机、智能船、灵巧炸弹等，所谓信息化，就是导航系统向外部用户统一提供一系列的信息产品：载体导航运动参数、GIS 系统、海图数据库、水文气象数据库、卫星星历以及载体工作状态信息记录等。所谓网络化，是对整个区域内多个载体导航信息通过网络集中管理，即可形成区域导航信息平台，这一信息平台是民用大型物流管理系统的基础，也是当前美军网络中心战全系统控制、信息融合、智能决策、指挥管理重要的信息基础平台。因此,当前以网络化、信息化、智能化为新技术与导航应用技术相结合,可以产生极大的应用空间。

1.3.3 主要导航系统概述

1. 惯性导航系统(Inertial Navigation System,INS)

陀螺和加速度计由于能够精确测量相对于惯性空间的转角角度(或角速度)和加速度比力,被统称为惯性元件。在16世纪,数学家欧拉对陀螺进行了理论上的分析研究,形成了陀螺早期的力学研究基础。陀螺重要的三大特性也随即被人们所认识,即定轴性、进动性和陀螺反力矩。所谓定轴性就是陀螺在高速旋转时,陀螺的主轴将相对于惯性空间稳定。如果我们长时间观察一个陀螺,将发现陀螺的主轴会缓缓地转动,但实际上并不是陀螺主轴在变化,而是我们所处的地球在不停地自转。而进动性,是指当受到外力作用时,陀螺主轴并不是沿力的方向运动。而是沿着力矩的方向运动,就像挺撅的牛,你的手把它的头向一边偏的时候,它偏要向上抬,而此时作用在人们手上的反作用力矩就是陀螺的反力矩。如果让陀螺的主轴指向北方,然后随着地球的转动向陀螺施加力矩让陀螺跟着地球旋转,则陀螺将始终指向北方,这就是陀螺方位仪的基本原理[20]。巧妙设计和利用陀螺测量地球的自转角速度,利用加速度计测量各种加速度,就产生了众多用途的陀螺仪器:陀螺罗盘、方位仪、水平仪、稳定平台、平台罗经、惯性导航系统等。双自由度陀螺模型如图1-14所示;激光陀螺如图1-15所示;阿波罗飞船的导航系统如图1-16所示。

图1-14 双自由度陀螺模型

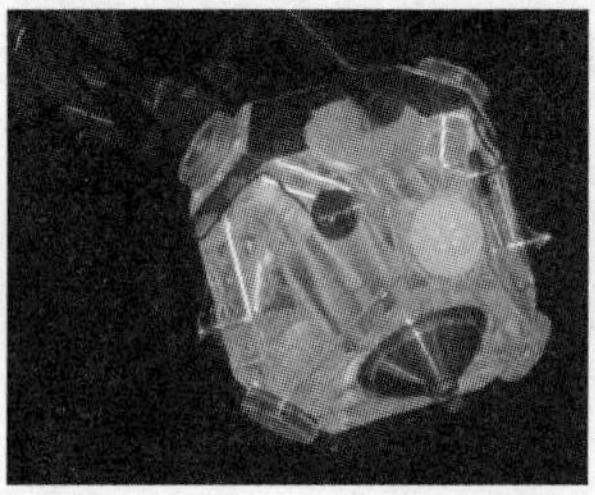

图1-15 激光陀螺

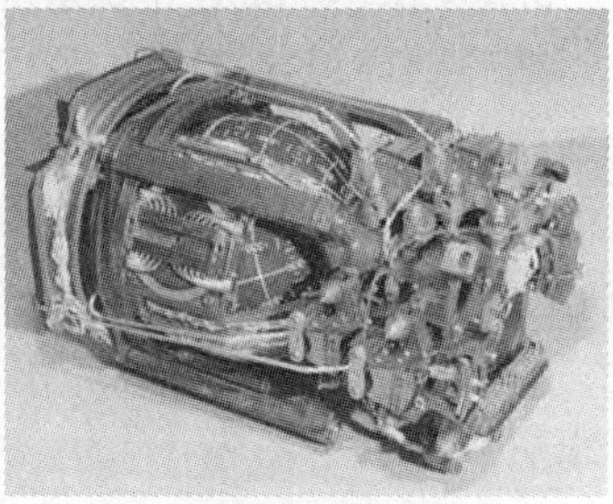

图1-16 阿波罗飞船的导航系统

最早的陀螺导航装备是由德国的安修兹发明的陀螺罗经。而最早的制导武器——德国第二次世界大战时期的V-2火箭(图1-17)相信许多军事爱好者都不会陌生,尽管当时这种武器的制导方式还十分简单,但它对整个战争的影响和破坏力已经令人担忧,当时的陀螺导航技术被各国列为严格保密控制的战略技术。之后具有极强隐蔽性和自主性的惯性导航技术得到快速发展,由于其工作对不向外辐射信息,仅靠系统本身就能在全球范围内的任何介质环境中自主、全天候、隐蔽工作,连续提供载体三维空间的完整运动信息;有些新型陀螺甚至在遭受强烈干扰后,几分钟断电的情况下,仍旧能继续工作。系统具有极宽的系统频带,可以平稳输出跟踪载体的任何机动运动,因此在各国的战机、战舰、导弹、火箭、卫星、航天器、陆地战车等领域得到了广泛的应用。核潜艇、战略轰炸机、洲际导弹,几乎所有的国家战略武器都与惯性导航有关。作为最具威慑力的武器平台的核潜艇,惯性导航技术与核动力和水下发射技术并称为核潜艇的三大技术核心,而惯性导航技术被称为核潜艇的技术心脏。

按照惯性测量装置在载体上的安装方式,惯性导航系统可以分为平台式和捷联式两种。平台式惯性导航系统(Gimbelled Inertial Navigation System, GINS)是将加速度计和陀螺安装在惯导平台上,按照建立坐标系的不同,又可分为解析式和当地水平式(Local-Lever)惯性导航系统。前者的惯导平台相对于惯性空间稳定,模拟惯性坐标系;后者的惯导平台能跟踪和模拟当地地理坐标系。当地水平式惯导系统又可分为跟踪地理坐标系的指北方位系统以及跟踪地球自转角速度和当地水平面的游移方位(Wander-Azimuth)系统。捷联式惯性导航系统(Strapdown Inertial Navigation System, SINS)是将加速度计和陀螺安装在载体上,由计算机软件建立一个数学平台取代机械惯性平台,它大大简化了系统设计,具有结构简单、成本低、体积小、重量轻、启动时间短等一系列优点,是惯性导航技术重要的发展方向。

无论是平台式还是捷联式惯性导航系统,惯性导航系统的原理都是一致的。惯性导航系统存在的最大问题是其定位误差随时间积累,系统精度的长期稳定性差。为了提高惯性导航的精度,各国投入了大量经费对高精度惯性导航系统进行研制。半个世纪以来,惯性导航技术已经发生了革命性的进步。1960 年"乔治·华盛顿"号核潜艇装备的 MK2 MOD0 惯性导航系统定位精度仅为 1.6n mile,而资料报道当今外军的液浮陀螺惯性导航系统定位精度已经达到 0.2km/(2d ~ 3d),而静电陀螺惯性导航系统定位精度达到 0.2km/14d。随着电子技术、计算机技术的不断进步,捷联惯性技术也已经获得长足发展。据报道,美国军用惯导系统 1984 年全部为平台式惯导,到 1989 年已有一半改为捷联式惯导,1994 年捷联式惯导已占 90%。目前,欧洲萨其姆、赛克斯坦、沃尔伏特公司、利铁夫公司等著名惯性技术产品研制单位均已经停止了平台式惯性导航系统的研制工作,全面转入光学陀螺捷联惯导的研制。激光陀螺惯导系统已迅速取代原有的平台式惯导系统,成为欧美发达国家海军舰船和潜艇装备的主要平台。Sperry 公司的 MK39 系列激光陀螺惯导系统(图 1-18)已经至少被 24 个国家的海军选用于各种舰船平台,MK49 激光陀螺导航仪已成为北约 12 个国家海军的标准设备。AN/WSN-7 系列激光陀螺捷联式系统是美国海军水面舰船和常规潜艇的标准设备,目前美国全部航母也已换装此系统。

图 1-17 发射中的 V2 火箭和对伦敦的破坏

图 1-18 MK39 系列激光陀螺惯导系统

2. 无线电导航系统

无线电导航技术主要包括传统的无线电导航系统(Radio Navigation System,RNS)和卫星导航系统[19](Satellite Navigation System,SNS)两大类。

无线电导航产生于20世纪初,它的原理比较简单,类似于古老的地标导航。以往人们会通过观察地图上标记的方位(如灯塔、山峰、海岛等),通过它们之间的距离、角度等几何关系来测得自己的位置。而无线电导航就是将这些已知标记用无线电发射台来代替,而无线电站台和测量载体之间的距离就依靠无线电的传播和接收时差来进行测量。比较典型的无线电导航系统有 Loran A 系统、Loran C 系统(图 1 - 19)、塔康系统等。

图 1 - 19 美国 Megapulse 公司生产的 A6500 型 Loran C 固态发射和天线系统

随着人类航天技术的发展,无线电导航技术也逐步被卫星导航技术所替代。可以简单认为,卫星导航就是将无线电发射台放在了天上,但其影响力已经远不是无线电导航方式可比。最早的卫星导航系统是美国人发明的子午仪导航星系统,但随后的 GPS 卫星全球定位系统(Global Positioning System, GPS)成为最具影响力的导航系统,它从 1989 年开始全面组网,随后便应用于海湾战争之中,在这次战争中,GPS 深刻地影响了战争的战法和武器的发展,一时间便到了家喻户晓的地步。目前除了美国 GPS 全球定位系统是应用最广泛的高精度卫星定位系统之外,俄罗斯的 GLONASS、欧盟的 GALILEO 以及我国的北斗系统均显示了巨大的应用潜力,卫星导航系统已成为当前各国导航技术竞争的焦点(图 1 - 20)。同时各个卫星导航系统的功能也得到不断地扩展,比如:以 INMARSAT 系统为代表的卫星导航系统在具备导航功能的同时,还向全球提供通信服务,而日本的双星定位系统还可以向用户提供气象服务。

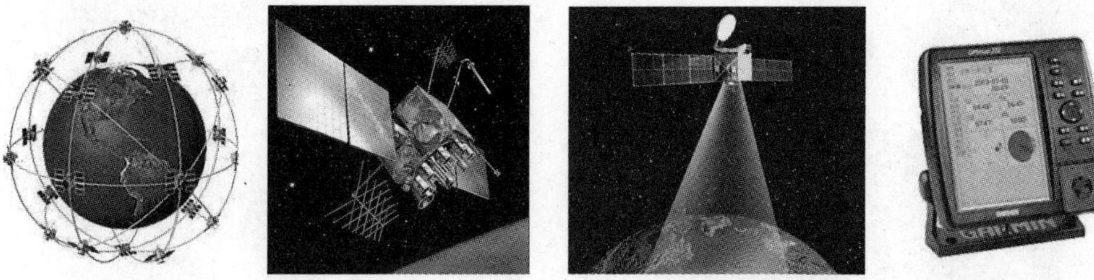

(a) (b) (c) (d)

图 1 - 20 各种卫星导航系统示意图

(a) GPS 卫星轨道示意图; (b) GLONASS 卫星; (c) 北斗卫星; (d) 船用 GPS 导航仪。

卫星导航系统的成功之处还在于它对于更加广泛的民用领域产生巨大的影响,小到人们使用的手表、手机、车辆,大到大地海洋测量、地壳运动、气象信息测量、城市交通管理等领域的研究,无不在其包含之列。目前全球已经形成以 GPS 为代表的卫星导航产业,GPS 在为美国和各大公司赢得了巨大的商业利益的同时,和其他信息领域的技术一样,广泛而深刻地影响着人类的社会生活。

而在用户级一方,大量厂商利用 GPS 载波相位相对测量的方法提高定位测速精度和载体姿态,充分挖掘 GPS 的应用潜力。当前高精度姿态测量产品已经成熟,使得 GPS 系统从传统单纯的定位测速提升到可以实时向用户提供精确连续的三维位置、速度、姿态和时间,系统不仅具有较高精度,同时还克服了惯性导航系统固有的积累误差。

3. **天文导航系统(Celestial Navigation System,CNS)**

天文是人类最古老的科学之一,每一个人类古老文明都创建了各自的天文学。古人通过对天体精确的观测,认识到天体运行的规律,发现了天体运行与人类社会生活密切的联系。他们通过建立各种历法,指导人类的生产生活;通过观测天象的变化,来预测现实社会中事情的吉凶;通过观察星座的位置,来确定自己的方位。

天文导航是根据天上星座的运行规律来对地面上的目标进行定位的。对于大多数人来说,都有这样的体验,夜晚观察星空的时候,会发现随着时间的推移,星空也在缓缓地转动,到了第二天夜晚,昨夜的星空又会转回,重新出现在头顶。古人认为天上的星星分布在一个比地球更大的天球上,每一个星星在天球上都有自己确定的位置。一年之中,天球相对于地球的位置也在缓缓向西旋转,这样在不同的月份的夜晚所看到的星空是不同的。比如:每到夏天的夜晚,牛郎星和织女星显得格外耀眼,而到了冬天,牛郎星和织女星沉入地面,只能看到以升起来的闪亮的金牛座和天狼星为代表的另一个星空的图案。同样,在世界不同纬度的地方,能看到的星空也是不同的,比如:北半球的人们无法看到澳大利亚国旗上所示的南十字星座,而南半球的人们也从来都看不到北斗七星。正因如此,人们发现虽然星星相对于天球的位置是确定的,但对于地球上的人们而言,不同的时间、不同的地点将看到不同的星空。而对于每一个观测者,我们可以通过观察知道星空的分布,知道观测的时间,根据这一规律,反过来也就可以很自然地知道自己在地球上所在的位置。比如:过去在北半球航行的航海家,通过观察北极星的方向,就可以知道正北的方位;通过观察北极星的仰角,就可以知道自己的所在纬度。当格林尼治标准时间确定之后,在同一个格林尼治时间,不同经度的地方将看到同一个星座处在天空上不同的高度,就像各地早晨太阳升起的时间是不同的那样,如此,人们又可以知道自己所处的经度了。图 1-21 所示为全天星图,图 1-22 所示为夜晚星空照片。

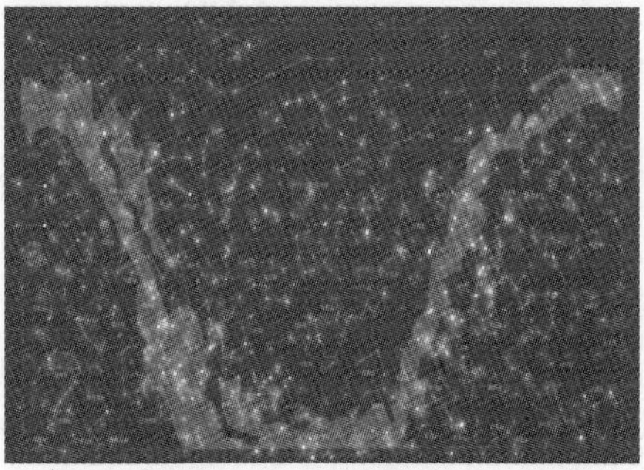

图 1-21　全天星图

图 1-22　夜晚星空照片

天文导航的方法几乎在各个古老文明都出现了,各地都有相似的星球仪图案和实物,所以可以想象它对人类早期社会活动的影响。到了欧洲文艺复兴时期,人们发明了六分仪,更加便于在海上航行时观测星体的高度,这使天文导航和地磁导航一样成为古代航海最为重要的导航方式。自从 1875 年 St. Hiler 创立天体高度差原理以来,以高度和顶距为观测量的天文定位原理以及以天体方位为观测量的天文定向原理已经十分成熟。

以高度(顶距)或方位为观测量的传统天文导航方法离不开水平基准,所以当前主要的天文导航系统组成中,惯性稳定平台都是不可缺少的组成部分,其精度直接影响天体高度和天体方位的测量精度。目前惯性平台水平精度一般为 6″~50″,即使没有其他的误差,这一误差也将造成天文定位的误差大于 250m~1700m,为了提高天文导航的精度,人们一方面将天文导航和惯性导航进行组合形成性能互补的天文/惯性导航系统,另一方面试图建立无水平基准的天文导航系统。

传统的天文导航在天体辐射的可见光波段实施观测,不可避免地受到昼夜明暗、阴晴雨雪等气象、天候条件制约,无法实现全天候导航。而全天候导航工作,是未来战争及科学技术发展对导航技术的必然要求。天体射电信号基本不受昼夜明暗及天气条件的影响,利用天体射电来实现天文导航,便可以摆脱天候条件的限制。但在地面和海面能接收到的较强射电辐射的自然天体只有太阳、月球、木星、天鹅α星云等极少量天体,难以构成较好的导航星座。为了解决在地面和海面接收自然天体射电信息极其微弱的问题,当今的天文导航系统又将进入太空的具备较强天体射电辐射信号的人造天体作为导航信标,从而有效弥补了射电信标数量少、分布不均、信号微弱等不足,极大提高了射电天文导航精度和工作的连续性。随着现代科学技术的发展,光电跟踪器、射电测量等一系列新的天文观测手段的出现,天文导航进入了一个新的发展阶段。未来天文导航不仅是洲际导弹和火箭重要的导航方式,也是舰艇的基本导航手段之一。图 1-23 所示为弗尼亚潜艇 AN/BVS-1 型光电桅杆,图 1-24 所示为光学经纬仪。

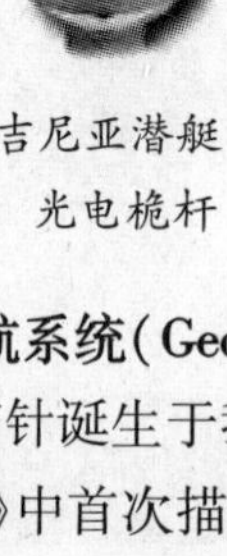

图 1-23 弗吉尼亚潜艇 AN/BVS-1 型光电桅杆

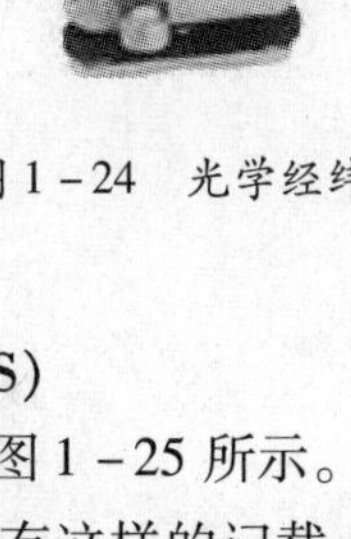

图 1-24 光学经纬仪

4. 地磁导航系统(Geomagnetic Navigation System, GMNS)

最初的指南针诞生于我国春秋战国时期,称为司南,如图 1-25 所示。北宋时期的沈括在《梦溪笔谈》中首次描述了磁偏角的发现。宣和年间便有这样的记载:"舟师试地理,夜则观星,昼则观日,阴晦观指南针"并有关于各种指南针的使用方法的记述。宋元两代我国航海事业已经十分发达,海上交通极其繁荣,当时和随后的商船队往来于南海和印度洋并到达波斯湾和非洲东部,如果没有准确的指南针来指示航路,是难以实现的。

唐朝时期,阿拉伯帝国从中国学会使用指南针,极大地刺激了阿拉伯航海业的巨大发展。公元 12 世纪,磁针由阿拉伯传入欧洲。随后欧洲人将原始的指南针改制成简单的船用罗经,并绘制出地中海的地图,欧洲的历史遂进入航海时代。欧洲乃至人类的历史进程也随之发生了巨大的变化。

18 世纪,蒸汽机发明后,船舶上出现钢铁,大量钢铁的使用产生强烈的磁场,传统的指南针出现了巨大而且有规律的误差,这一问题的产生,引起了包括法国科学家泊松、英国天文学家爱利、俄国航海家伊夫克鲁兹杰尔等人的关注,不断的研究和改进一直持续到第二次世界大战,最终使历史上曾发挥了巨大作用的简易罗盘发展成了今天我们看到的拥有完备的指示、校正、照明、观测系统的磁罗经,如图 1 - 26 所示。同时,磁罗经自差和消除自差的理论形成了一门完整的科学。

图 1 - 25　汉代发明的司南

图 1 - 26　航海磁罗经

时至今日,磁罗经并没有因为它的古老而退出历史的舞台,每隔若干年各国的大地海洋测量机构都要对各地的磁差进行测量和计算,所得的结果为装备在船只上的磁罗经提供着参考。由于磁罗经的工作依照地磁,在全船电力中断的条件下仍能够正常工作,因此磁罗经成为许多船只必备的航海仪器。

地磁导航技术的最新发展是地磁场匹配技术,它与重力场匹配、地形匹配均属于数据库匹配导航技术。它的主要优势是不需要外部信息支持,是一种自主式导航装备。由于地磁场是一个矢量场,具有全天时、全天候、全地域的特征。在地球近地空间内的任意一点的磁场强度矢量具有唯一性,且与该点的经纬度一一对应,只要准确确定各点的地磁场矢量即可实现全球定位。地磁匹配导航正是利用地磁场空间的各异性这一典型特征来确定载体的地理位置的。导航时,首先把测量好的地磁信息存储在计算机内,构成数字地磁基准图。当载体运动到特定匹配区域时,由磁传感器测量所处位置的磁场特征,经载体运动一段时间后,测量得到一系列实时磁场特征值(简称测量序列),得到实时地磁图并在计算机中与基准图进行相关匹配,计算出载体的实时位置,从而达到导航的目的。

目前,由于地磁场模型精度低、磁测量设备性能不高以及磁场随时间变化等因素影响,地磁匹配导航技术还达不到期望的要求。但是,随着地球物理学理论的不断深入、传感器技术的进步,并且借鉴较为成熟的地形匹配算法,地磁匹配导航技术在若干年内必将得到长足发展。

5. 水声导航系统(Acoustic Navigation System,ANS)

利用水下声波进行定位或进行导航参数测量的系统,可以统称为水声导航系统。它可以进一步分为载体声学测速技术、水声定位技术[10]和水下地形匹配导航3类[11]。在水下载体的定位导航领域,水声导航技术已经成为世界各国研究的重点。

水下地形匹配导航将在地形辅助导航系统中介绍,这里简要介绍一下水声定位系统和载体声学测速技术。声学测速设备主要包括多普勒计程仪(Doppler Vellocity Log,DVL)和声相关计程仪(Acoustic Correlation Log,ACL)。多普勒计程仪(图1-27)的机理是著名的多普勒效应。声相关计程仪则是通过反射声波的相关特性来推算载体的速度。有了速度便可以计算舰船的累计里程,如果与航向测量设备组合,还可以实现船位推算。水声定位系统主要指可用于局部区域精确定位导航的系统。它在海域中布放多个声接收器或应答器,构成基元;系统根据基元间基线的长度,可分为长基线系统(Long Baseline,LBL)、短基线系统(Short Baseline,SBL)和超短基线系统(Ultra Short Baseline,USBL)。长基线系统(图1-28)、短基线系统可理解为通过时间测量得到距离从而解算目标位置的定位系统。超短基线定位系统则通过相位测量来进行定位解算。根据工作方式,它还可分为海底路标定位法和水声基阵定位法两种。海底路标定位法通过在海域中布放多个声应答器,设立海底路标方式辅助潜艇定位。当潜艇通过应答器附近区域时,路标装置被激活并按约定通信方式发送相应声信号,潜艇声纳接收到路标信号后迅速完成定位和INS的误差修正。水声基阵定位法采取在海域中布放多个声应答器阵,通过声纳对多应答器的远距离实时精确测量,实现载体水下方位、距离和轨迹的确定。图1-29所示为水听器。

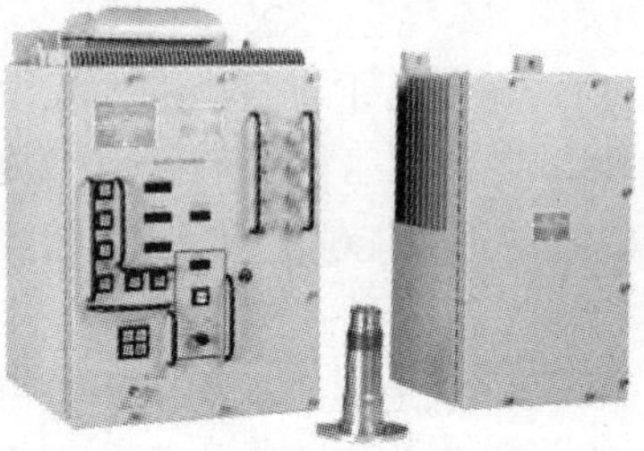

图1-27 Sperry公司AN/WQN 2型多普勒计程仪

图1-28 长基线水声定位设备

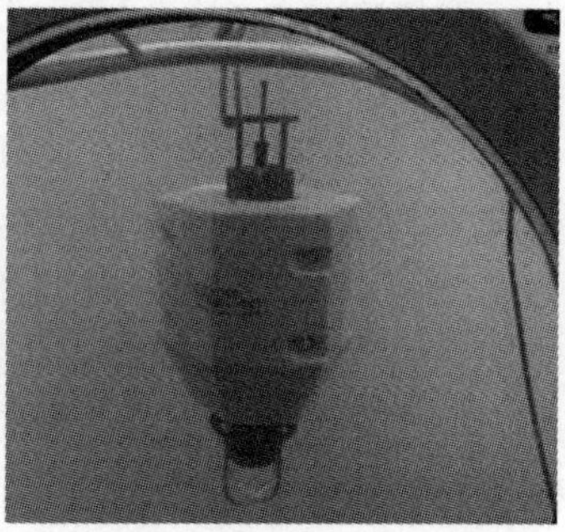

图1-29 水听器

6. 地形辅助导航系统(Terrian Aided Navigation,TAN)

地形辅助导航系统是利用地形和地物特征进行导航的总称。利用地形特征对飞机进行导航是一种人们熟知的导航方法,在产生地形辅助导航系统之前,飞行员就经常通过目视地形、地物进行导航。但现代地形辅助导航技术与传统的地形导航技术不同,它把地形数据和地形匹配的概念结合起来,使导航定位性能达到了新的高度。它和卫星导航、惯性导航一样均为十分重要的军事导航技术。

地形辅助导航技术首先在陆地战场上得到了广泛应用,目前已经拓展到更加复杂的海底地形匹配领域。海底地形匹配导航技术(Seabed Terrian Aided Navigation,STAN)是近年提出的一个新概念,它的研究和实现使导航制导技术从传统的空基武器向舰基、潜基武器发展。为了实现水下导航定位,载体需要预先将预定地区的地形地貌信息存入计算机。当载体达到预定海区时，利用载体上的地形地貌测量设备现场测量该区域的地形地貌，然后采取某种算法和先验信息进行搜索匹配，从而确定载体的地理位置。

资料表明，丹麦、瑞典、挪威三国的潜艇已计划使用精确的地形测量匹配技术取代传统的 INS，以满足潜艇在波罗的海和北海的近岸浅水域的高精度导航要求。当前已知的海底地形匹配辅助导航系统由 INS、测深测潜仪、水深数据库和数据处理计算机四部分组成。系统将 INS 提供的导航位置信息以及测深测潜仪测得的水深信息送给数据处理计算机，计算机根据 INS 提供的位置信息从数字海图中读取相关的水深数据，然后采用一定的匹配算法将测得的水深数据与从数字海图中读取的水深数据进行匹配，得到最佳匹配点。利用该匹配点的位置信息对 INS 进行校正，提高 INS 的定位精度。按照美国海军的军事发展理论，未来海战的主要战场集中在离海岸 200km 的范围内，这使得今后海底地形匹配技术的发展和应用前景更加广阔。图 1－30 所示为多波束海底扫描，图 1－31 所示为实时海底成像，图 1－32 所示为测深仪的换能器。

图 1－30　多波束海底扫描示意图

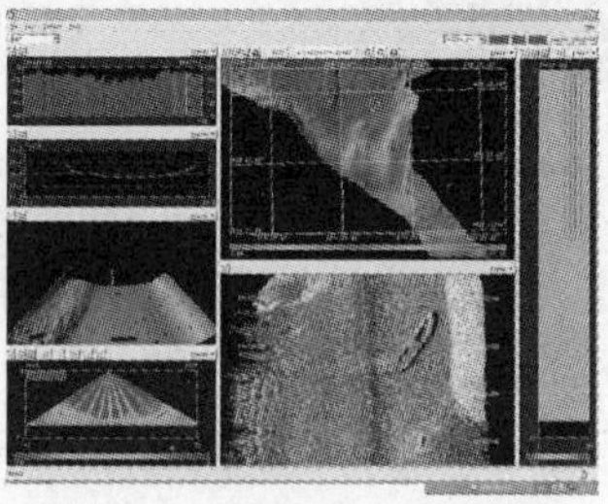

图 1－31　实时海底成像

图 1－32　测深仪的换能器

7. 重力导航系统（Gravity Navigation System，GNS）

地球重力场是地球近地空间最基本的物理场。不同的位置对应着不同的重力位，重力场强度取决于地下岩石密度、成分、地形等诸多因素。重力场参量是重力位的空间一阶和二阶导数，海洋环境下每一处的重力场强度都各不相同而且是连续变化的，重力场参量可描述为一种二维或三维图形。重力导航技术的发展归功于美国舰载弹道导弹计划。20 世纪 70 年代后期，重力敏感器引入战略潜艇的导航系统。最初应用海洋重力场信息的目的，一是提供垂线偏差实时估计，以减小惯导系统的舒拉误差和平台误差；二是实时估算重力异常，用以改正以前使用的正常重力模型并初始化导弹制导系统。20 世纪 80 年代美国贝尔实验室研制出重力敏感器系统 GGS。GGS 为常平架式平台，平台上装有 3 个重力梯度仪和两个重力仪，可在运动平台上实时测量重力异常和重力梯度。GSS 系统于 1983 年在海上成功地进行了演示，后来部署在美国海军三叉戟潜艇（图 1－33）上。

20 世纪 90 年代初，利用重力图形匹配技术改善惯导系统性能的新概念被提出。美国贝尔实验室、洛克希德·马丁（Lockheed Martin）公司等机构对重力图形匹配技术开展了专项研究，并取得了预期成果。贝尔实验室研发了重力梯度仪导航系统（GGNS）和重力辅助惯性导航系统（GAINS）。GGNS 系统通过将 GGS 测出的重力梯度与重力梯度图进行匹配后得到定位信息，对惯导系统进行校正。GGNS 中的重力梯度图形匹配是三维空间处理过程。GAINS 系统利用重力敏感器系统、静电陀螺导航仪（ESGN）、重力图和深度探测仪，通过与重力图匹配提供位置坐标，以无源方式实现减少和限定惯性误差。通用重力模块(UGM)利用重力仪(图1－34)和重力梯度仪的测量数据可实现两种功能:一是重力无源导航;二是地形估计,即估计载体附近的地形变化。美国海军于1998年和1999年分别在水面舰船和潜艇上对UGM进行了演示验证。演示时使用的重力图数据来源于卫星数据和船测数据。实验数据表明,采用重力图形匹配技术,可将导航系统的经度误差和纬度误差降低至导航系统标称误差的10%。

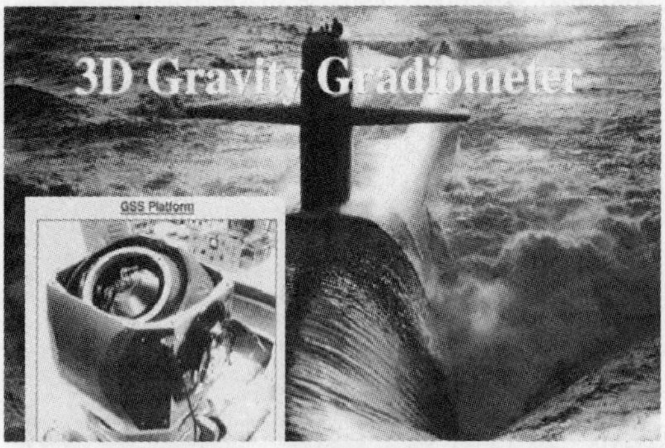

图1－33　美国三叉戟潜艇

图1－34　加拿大 Micro Gravity 公司船用重力仪

重力图形匹配系统获取重力信息时对外无能量辐射,具有良好的隐蔽性,是名副其实的无源导航系统,可在水下对惯导系统进行校正,获得高精度的导航。美国重力图形匹配技术得到成功应用,显示了重力图形匹配技术的重要军事价值和广泛应用前景,引起了业内人士的高度重视和关注。目前,该技术已成为舰船水下导航领域研究的前沿和热点。

1.3.4　环境信息获取系统

1. ARPA雷达

避碰功能是综合导航系统重要的航行保障功能。目前民用船舶上装备最多的避碰设备就是自动雷达标绘仪,即ARPA雷达,如图1－35所示。它基于X波段和S波段连续测量跟踪多批周围目标的方位和距离,同时通过导航定位数据处理广泛接收来自无线电导航系统、GPS/GLONASS/北斗、本舰的陀螺罗经、计程仪的本舰定位参数和运动信息,依靠计算机求解本舰在避碰时应采取的对地航向、航速以及最近的会遇距离(CPA)和最近的会遇点时间(TCPA),驾驶员可以根据上述数据,实施避让。

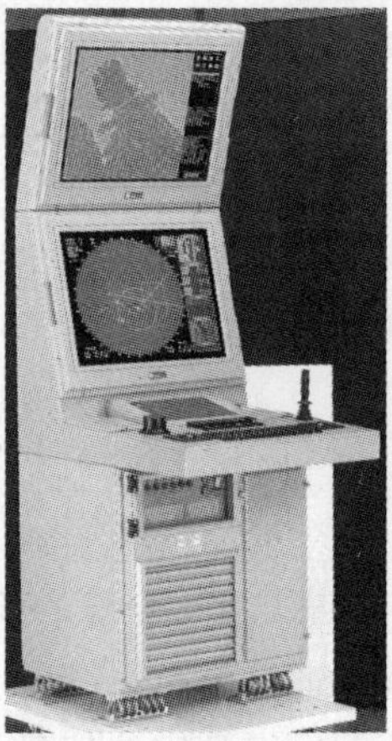

图1－35　意大利GEM公司SPN－753型ARPA雷达

ARPA雷达的主要功能有:碰撞点自动探测、碰撞路线、速度和CPA自动计算、跟踪到的接触视听警报、试航操纵船、雷达叠层图。雷达自动标绘辅助系统功能软件能够完成目标自动检测、滤波跟踪,并能完成计算、碰危判断、告警、航行操纵及自测试等。新型的ARPA雷达系统可以提供日光下稳定清晰的图像、标准的图表符号和导航线,建立自己的视频地图,具有标准的输出接口,实现了RADAR图像与ECDIS的叠加显示;

可以自动标绘获得和追踪碰撞点，给观察人员提供准确和实时的碰撞点信息。

2. 自动识别系统（Automatic Identification System，AIS）

AIS 自动识别系统（图 1－36）是近几年以来国际海事组织（IMO）、国际航标协会（IALA）、国际电信联盟（ITU）共同研究的船舶必须安装的设备之一。船用 AIS 导航系统的基本功能是：将本船和他船的精确船位、航向、航速（矢量线）、转向速度和最近船舶会遇距离等动态信息以及船籍、船名、呼号、船型、船长与船宽等静态信息在电子海图上显示。并通过 VHF 自动、定时播发。在 VHF 覆盖范围（20nmile）内装备 AIS 设备的船舶，可自动接收到这些信息。同时大部分 AIS 还具有计划航线设定、航迹自动记录、偏航报警等显示功能。

AIS 系统集航行信息采集处理、无线电数据传输、电子海图信息系统于一体，采用自组织时分多址通信技术（SOTDMA）将时间分割成帧，每一帧分割成若干时隙，每一个台站自动选择空闲时隙，将本台有关信息由 VHF 发射机播发，所有装备 AIS 的船舶或岸台自动接收后，在显示器上显示的同时，还能够按要求发送有关安全等信息。AIS 是船与船、船与岸台信息交换的桥梁，是船舶数字化交通管理的重要组成部分。AIS 系统的主要作用在于防止船舶碰撞，提高水运交通安全；同时也为水运提供船舶航行信息，便于港岸管理。

3. 水文测量装置

海洋水文要素主要包括温度、盐度、深度三大静态要素，以及海流、海浪、潮汐三大动态要素，它们是与舰艇关系最密切、对其影响最大的海洋要素。温度是海水声速的决定因素，会影响声纳的作战性能；盐度（密度）是潜艇下潜和定深航行的重要参数；深度是舰艇航行安全性的重要标志；海浪和海流时刻影响着舰艇的航迹；潮汐的变化决定着登陆和抗登陆的成败。

水文测量装置是为航行中的舰船提供这些详细的水文信息的仪器。水文测量装置目前所涉范围极其庞杂，主要有：波浪测量仪器（图 1－37）、潮汐测量仪器、海流测量仪器、海水温盐测量仪器、海洋深度测量仪器、海冰测量仪器、水色及透明度测量仪器等众多的海洋水文测量仪器。舰船根据实际的需要搭配组合，安装所需要的测量仪器，为其提供潮位、流速、流向、波高、波向等水文要素。

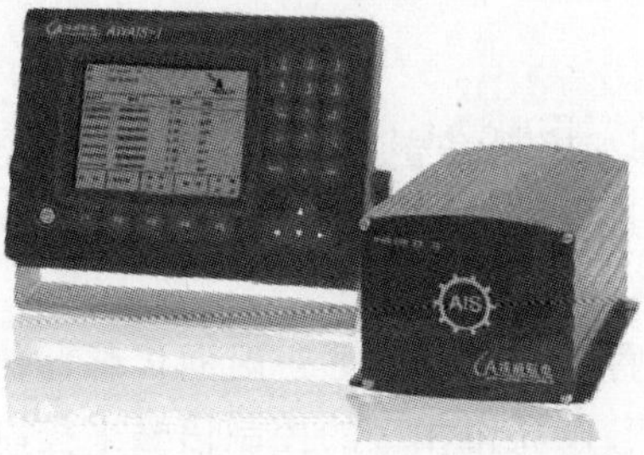

图 1－36　AIS 自动识别系统

图 1－37　多普勒波浪测量仪

4. 气象测量仪器

海军舰艇活动海域广，航行时间长，常常需要远洋作战和全球游弋，受海洋气象影响巨大。台风、寒潮、温带气旋等多种灾害性天气对舰艇的航行安全构成较大的威胁和挑战。对于高技术武器装备而言，目前尚没有完全摆脱气象条件的影响和制约，云、雾、大风、雷暴和强降雨等因素不仅严重影响高技术武器装备作战能力的发挥,有时甚至会使其完全丧失作战能力。所以气象测量仪器、设备、器材和系统对海军航海和导航气象保障十分重要。

传统上认为,天气是短时间内的大气运动及其现象的特征。它一般包含七个基本要素:气温、气压、湿度、云、降水、能见度和风。舰艇常用的气象测量仪器有风速风向仪、气象仪和气象传真机等。风速风向仪可以实时测量风速风向,为舰船航行和武器系统提供气象参数。常见的风速风向仪有风杯式和旋桨式风速计,此外还有利用被加热物体的散热率与风速相关原理制成的热线风速计和利用声波传播速度受风速影响原理制成的超声波风速表等。除风速风向仪外,舰船上还有众多的气象测量装置,如温度计、湿度计、气压计等仪器。这些气象装置通过各种不同的途径和方法,来获取舰船周围的各种尽可能详细的气象信息。气象传真机(Weather Facsimile Receiver)可定时接收海事局、气象局发送来的气象云图等气象信息,便于人员对大面积海域气象信息的掌握。它弥补了舰船自身气象测量装置探测范围较小的不足。舰艇人员能够根据云图有效的预测,躲避强烈的海上气候现象,为航行的安全提供必要的保证,并能为舰载机和导弹等武器系统的导航提供气象信息。图1-38所示为芬兰Vaisale公司的超声风传感器,图1-39所示为芬兰Vaisala公司气象要素传感器,图1-40所示为日本Furuno公司气象传真机。

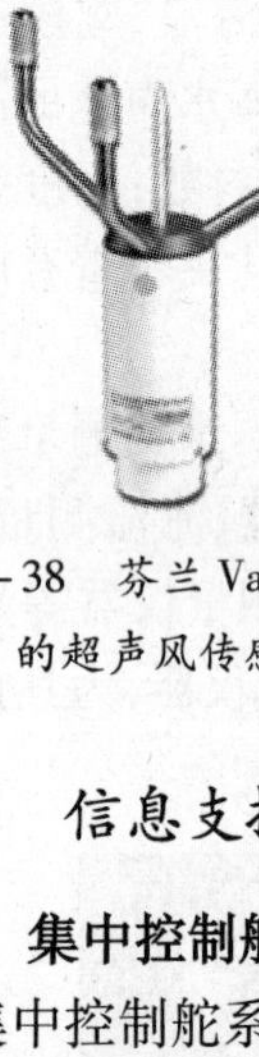

图1-38　芬兰Vaisala公司的超声风传感器

图1-39　芬兰Vaisala公司的气象要素传感器

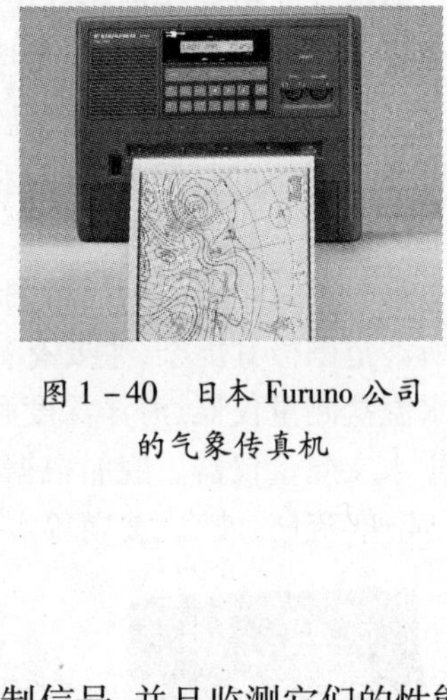

图1-40　日本Furuno公司的气象传真机

1.3.5　信息支持与决策控制系统

1. 集中控制舵系统(Automatic Control Pilot,ACP)

集中控制舵系统为舰船控制和推进系统提供指挥和控制信号,并且监测它们的性能。该系统主要具备以下功能:自动驾驭、航迹控制、动态适应舰船操纵特性、舵控制/转向泵控制、推进控制、转向控制普通警报指示等。

对舰船进行操舵控制的装置称为自动操舵仪,简称自动舵。它通过航向传感器传送过来的舰船航向与给定航向及给定舵角的大小相比较,以获得相应的控制信号来控制舵机适当地转舵,使舰船自动保持在给定的航向上航行。自动舵自问世以来,大致经历了4个阶段的发展:20世纪20年代,随着陀螺罗经的研制取得实质进展,美国和德国分别研制出全机械的自动舵;20世纪50年代,随着电子学和伺服机构理论的发展应用,出现了集控技术和电子元件发展成果于一身的PID舵;到了20世纪60年代,出现了第3代自动舵——自适应舵;20世纪80年代,人们寻找类似于人工操舵的方法,像熟练的水手那样运用经验和智慧有效控制舰船,于是出现了智能舵,其控制方法主要有3种,即专家系统、模糊控制、神经网络控制。目前随着GPS等多种先进导航设备的应用，人们将自动舵与组合导航系统结合起来，由组合导航系统预定航行计划，设计了精确控制航迹的自动舵，组成了自动航行系统，使舰船按预定航线航行。它与导航雷达、GPS、罗兰C、计程仪等导航设备组合，通过计算机进行智能控制，从而大大提高了自动化水平和航行安全。自动操舵仪器如图1－41所示。

2. 电子海图显示与信息系统(Electrical Chart Display Information System，ECDIS)

可靠、精确的最新纸海图被公认为安全航运的基础。电子计算机和与其相关的彩色图像显示器的出现，使纸海图的数字化以及海图的电子复制变成现实。电子海图显示与信息系统是在总结了船用电子海图系统(ECS)的结构、功能和应用的基础上提出来的。它是以数字形式储存的海图并包括数据、设备、系统、计算机软硬件等各种辅助手段的综合信息处理系统，其实质上是将各种导航传感器、数字海图和其他航用导航数据结合在一起的自动导航系统的图形输出终端。

电子海图显示与信息系统(图1－42)可分别从陀螺罗经、计程仪、GPD/DGPS、气象传真机等传感器接收航向、航速、船位及气象信息，解出本船的最佳船位，将计算结果实时地显示在显示器上，并对航向航迹进行监测与报警(如偏航、危险区等)。用户根据需要可快速查询航行区域的海图及其他航海出版物所提供的信息，与其他导航设备进行数据和信息交流，将RADAR/ARPA捕获到的目标船动态叠显在海图上；可在海图背景上显示船位，进行自动标绘；进行航线辅助设计、航向监视、航次记录与回放、报警设置、海图自动改正等作业；自动选择显示区域，进行缩放、剪接，对船舶航行提供安全保证。

图1－41　自动操舵仪器

图1－42　电子海图显示与信息系统

3. 航迹自动标绘仪(Track Autoplotter)

航迹仪是现代航海设备中常用的一种设备，其功能是在舰船航行的过程中，根据组合导航系统提供的舰位信息、陀螺罗经提供的航向信息、计程仪提供的航速信息，在海图上自动实时地绘制出舰船航行的航迹。

早期的航迹仪为机电式的笔绘仪，即将罗经、计程仪给出的航向、航速信息通过机电解算装置(模拟计算器)进行解算得到舰船沿东西方向及南北方向的速度分量，然后通过比例尺变换为海图上的相对速度，以此去驱动X和Y两个方向的电机，通过减速装置带动绘笔在海图上绘出舰船运动的航迹。机电式笔绘仪的出现，使海图绘制质量有所提高，出错率下降,同时也将海图作业人员从繁重的工作中解放出来。目前航迹仪已发展为电子显示型和硬拷贝型两种系列化产品,现大多使用的为电子显示式航迹仪和平面光线投影式航迹仪。从结构到功能都发生了极大的改观,已从单一化绘制航迹发展为多功能绘图系统。

4. 航行数据记录仪(Voyage Data Recorder, VDR)

航行数据记录仪就是通常所称的船用黑匣子(图 1-43)。其主要功能为记录船舶航行中各项数据参数,是发生事故后的原因调查和分析的船舶专用设备。黑匣子并非黑色,而是常呈橙红色,主要是为了颜色醒目,便于寻找;外壳坚实,有定位信标,可以在事故发生后自动发射出特定频率,以便搜寻者寻找。

图 1-43　黑匣子

航行数据记录仪里面装有航行数据记录器和舱声录音器,舰船各机械部位和电子仪器仪表都有传感器与之相连。它能把舰船停止工作或失事沉没前半小时或数小时内的有关技术参数和驾驶舱内的声音记录下来,需要时把所记录的参数重新提取出来,供航行实验、事故分析之用。黑匣子具有极强的抗火、耐压、耐冲击振动、耐海水(或煤油)浸泡、抗磁干扰等性能,即便舰船已完全损坏,黑匣子里的记录数据也能完好保存。航行数据记录仪可以帮助其他舰船更好地采取安全措施,避免同类事故的发生。

1.4　组合导航系统的基本概念

由 1.3 节可知,我们看到,导航系统种类多样,可以通过多种手段在不同环境工作条件下获取导航信息,所以在实际中,人们已经很少依赖单一导航系统完成导航功能,而是将各类载体上的导航系统的信息和功能结合起来,形成综合性能更强的组合导航系统。如弹道导弹可以使用 INS/CNS/GPS 组合导航系统,战斗机飞机可以使用 INS/GPS/TNS 组合导航系统,即使是相对简单的车辆导航系统,也使用 GPS 导航与路径规划或者与 DR(陀螺/里程计)导航的组合导航技术。即使工况恶劣、长期依赖于惯性导航系统的潜艇,实际上也是惯性导航系统/计程仪/重力匹配的组合导航系统。所以从一定角度上说,在海、陆、空、天等各种导航应用领域,人们所提及的大部分导航应用系统都是组合导航系统。当前高科技战争对武器和武器平台的导航系统的自主性、精确性、自动化程度、外形尺寸均提出了非常高的要求。随着技术的发展,可利用的导航系统信息资源越来越多。相对于单一导航系统,组合导航系统具备更强的协合超越功能、冗余互补功能以及更宽的应用范围和可靠性。

1.4.1　组合导航的历史与发展

随着计算机技术、最优估计理论、信息融合理论以及大系统理论的发展,组合导航系统迅速发展成为一种多系统、多功能、高性能、高可靠性的导航系统。

尽管航海导航技术自古以来都是利用多种途径方式进行导航,但现代意义上的组合导航技术最早出现在 20 世纪 50 年代的航天领域。在“阿波罗”载人太空船登月计划方案研究的核心导航问题中,采用 R. E. Kalman 提出的卡尔曼滤波算法成功地解决了太空船运动状态的估计问题，所采用的数据测量信息分别来自 3 个子系统：飞船装备的惯性测量装置和天文观测仪，地面测轨系统，测轨数据经数据链传送至太空船。

20 世纪 60 年代，组合导航技术发展到航海应用领域。为了保障舰船航行安全，厂家相继开发出各种导航仪表和航海设备，它们大都安装在舰桥上。但由于早期舰（船）桥上的仪表和设备独立安装、分别显示，增加了操舰人员的工作负担。同时，人工处理信息的能力有限，容易漏错。据统计，航海设备的增加不但没减少事故，反而使事故更为频繁。因此，人们提出了合理、集中布置舰桥设备，特别是从功能上实现综合。随着世界航运事业的迅速发展，海上交通密度增大，船舶吨位越来越大，碰撞、触礁事故等逐年上升，特别是超级邮轮的出现后又需要解决一个问题——如何节省燃料降低营运费用。为此，各国科学家开始将原先用于航天的综合导航技术引入舰船导航。1969 年，挪威控制公司（NorControl）与挪威船舶研究院等部门共同研制成功利用计算机进行避碰和导航的系统，并取名为数据桥（Data Bridge），安装在 2.2 万吨的邮轮上，从此诞生了世界上第一套综合导航系统 INS（Integrated Navigation System）。随着自动化技术的发展，为了实现航行管理控制自动化，尽量减少舰艇操纵人员，减轻航海人员的劳动强度，人们开始研究具有综合性能的综合导航系统。20 世纪 70 年代初出现了综合舰桥系统；20 世纪 90 年代又出现了导航、控制、监视和通信一体化系统以及智能化综合舰桥系统。

综合舰桥系统 IBS（Integrated Bridge System）是继综合导航系统之后新一代舰艇组合导航系统的代表。它是一种海上导航、通信、雷达、航行控制、监控为一体的集成系统。经过 30 多年的发展，各国已推出了第 3 代、第 4 代 IBS。综合舰桥系统的功能已经从以信息组合为主干，发展到涵盖航海功能、平台控制、舰艇状态监测、设备管理、通信控制、智能决策、维修诊断、黑匣子等多个方面。系统组成智能化、电子信息数字化、测试手段现代化、操作培训傻瓜化和维修维护模块化成为未来智能化舰艇综合舰桥系统（Intelligent IBS，I^2BS）发展的主要特点。图 1－44 所示为美国 Sperry 公司的综合舰桥系统。

图 1－44　美国 Sperry 公司的综合舰桥系统

综合舰桥系统的优点使它成为 20 世纪 90 年代最富活力的船舶自动化发展技术，也是本世纪舰船技术的发展趋势。美国的 IBM 组合导航系统和日本的 IHI 数据桥系统都是十分典型的综合舰桥系统。1997 年美海军在“约克敦”号巡洋舰上成功测试了以综合舰桥系统为中心的灵巧舰综合信息管理系统，已于 2006 年开始对 65 艘 DDG－51 型“阿利·伯克”级驱逐舰进行现代化升级改装，并在舰队全面推广。本世纪美军已将精确组合导航定位技术列为其优先发展的军事技术。在高技术条件下，将更加广泛的战区海洋信息纳入到组合导航系统以提高舰艇导航系统性能，已经成为各国海军导航发展的必然趋势。

1.4.2 组合导航的基本概念

随着组合导航技术的发展，人们对组合导航技术的认识也在不断变化。组合导航系统越来越复杂，组合导航技术的内涵越来越丰富，各种与组合导航相关的理论、技术和实际应用系统不断出现和快速发展，如上面介绍的舰艇组合导航系统、综合导航系统、综合舰桥系统、智能舰船、无人驾驶飞机等多种组合导航系统及相关技术。在这种情况下，国内对于组合导航的认识实际上存在狭义和广义两种不同的概念。

在航海导航领域，国内早期习惯上将专门用作各导航设备信息组合和有别于主要导航设备的涉及全船导航信息或舰船操纵控制系统称为组合导航设备，也称为组合导航系统，如组导显控台、航迹标绘仪、电子海图等，它实际上特指组合导航的信息组合中心及相关的信息产品辅助系统。这一系统同时负责向作战舰艇武器系统传输信息融合后的最终导航数据信息。

国内广义的组合导航系统，更多的被称为综合导航系统。这是国内习惯翻译和称谓的不同，实际上它们的英文名称是一样的，即“Integrated Navigation System”。但是在国内的实际应用中，这两种概念却经常由于混用而发生混淆。在航海导航领域，综合导航系统被指为包括所有导航子系统（如惯性导航系统、GPS、计程仪、电控罗经、测深仪、气象传真机、风速风向仪等）和组合导航设备（信息组合中心、综导显控台、航迹仪、电子海图等）在内的整个负责提供舰艇导航信息和物理环境信息的导航系统。这一系统成为作战武器系统的一部分，直接与指控、通信、雷达、声纳等系统发生信息交互。

综合舰桥系统（图1－45）则是更加广义的综合导航系统。国际海事组织（Interna-

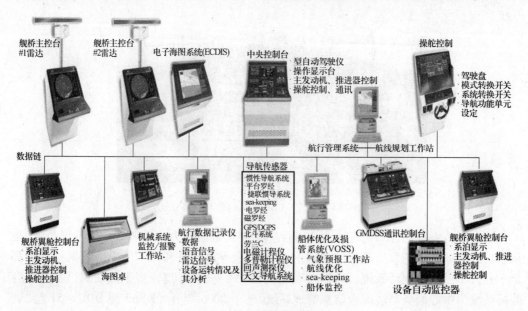

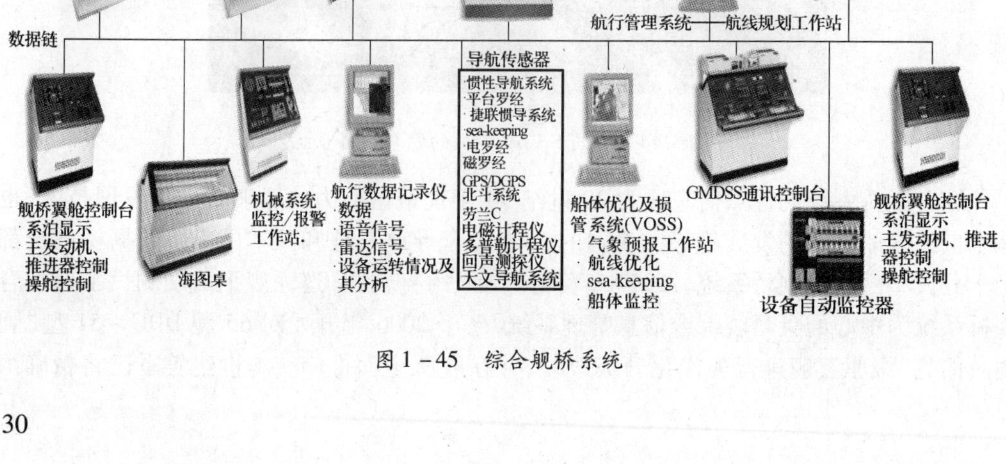

图1－45 综合舰桥系统

tional Maritime Organization，IMO）在1996年对IBS定义如下：它是一个相互关联的组合系统，实现集中通达各个传感器信息中心和（或）指挥/控制中心，通过专业人员操作以提高舰船管理的效率和安全性。综合舰桥系统可以通过显控台对舰船导航、驾驶、机动航行、航行管理、航线计划、避让、轮机监控、自动监测、自动报警等功能实施控制，以减少人为因素对设备使用和操作的影响，并在最佳作战航线上安全实现自动化航行。

综合舰桥系统实际上是在综合导航系统的基础上，不仅综合了全舰的导航信息，还进一步扩充了全舰与航行相关的各种系统状态监测集成，包含全舰各舱配重、水、电、汽、油等物资与能源状态以及设备正常与故障状态等，实际上是将舰船导航信息拓展到所有与航行相关的全舰信息，许多综合舰桥系统设置还可以通过通信系统获取更加广泛编队、海区信息与指令。在这些信息平台的基础上，综合舰桥系统不同于以往的综合导航系统，它进一步采用系统设计的方法，将舰艇各种信息与舰艇操作控制、避碰等设备有机地组合，利用计算机、现代控制、信息处理等技术实现舰艇作战和训练时的自动控制，从而将功能拓展到海上导航、通信、雷达、航行控制、监控为一体的集成系统。

1.4.3　常见的组合导航系统

1. 推算系统（Dead Reaconing，DR）

推算系统通常由航向传感器（如陀螺罗经）和速度传感器（如计程仪）构成，通过对载体航向角变化量和载体位置变化量的测量，递推出载体位置的变化，因此能够提供连续的、相对精度很高的定位信息。其自主导航的基本原理是：将载体运动看作二维平面上的运动，如果已知载体的初始位置和初始航向角，通过实时测量载体行驶距离和航向角的变化，就可以推算出每个时刻的坐标。由于推算系统中的航向传感器的误差较大，且随着时间积累，因此推算导航只能作为一种辅助的导航技术。

2. 以INS为核心的组合导航系统

1）INS/GPS组合导航系统

惯导是一种不依赖外部信息的自主导航系统，隐蔽性好，抗干扰能力强。惯导能提供载体需要的几乎所有的导航参数，同时具有数据更新率高、短期精度和稳定性好的优点，但是其误差存在随时间积累，且初始启动对准时间较长，对于执行任务时间长又要求快速反应的应用场合而言是致命的弱点。GPS是星基无线电导航定位系统，能为海陆空用户全天候、全时间、连续提供精确的位置、速度和时间信息，但GPS系统存在动态响应能力差，易受电子干扰，信号易被遮挡且完善性较差的缺点。将惯导和GPS系统两者组合在一起，高精度GPS信息作为外部量测输入，在运动过程中可频繁修正惯导，以限制其误差随时间的积累；而短时间内高精度的INS定位结果，可很好地解决GPS动态环境中的信号失锁和周跳问题。所以组合系统不仅具有两个独立系统各自的主要优点，而且随着组合水平的加深和它们之间信息相互传递和使用的加强，组合系统所体现的总体性能远优于任一独立系统。因此GPS/INS的组合被认为是目前导航领域最理想的组合方式。

2）INS/Log组合导航系统

将中/高等精度的惯导系统与计程仪组合可以构成高精度的自主导航系统，可采用多种组合方式。一是采用INS/Log速度组合方式[21]，其位置误差会随着载体运动距离的增加而缓慢发散。但与 INS 相比,INS/Log 组合可有效减小姿态、速度、经度和纬度等导航参数误差的累积,提高系统的导航精度。如法国的“西格玛 30”军用测量导航系统,在没有 GPS 修正的情况下,用计程仪作辅助,定位精度可达 5m 加上行程的 0.1%。二是利用计程仪速度对惯导系统的水平通道进行阻尼,以改善惯导内部的控制性能,达到提高惯导精度的目的。三是基于计程仪和 INS 航向构成推算系统,其误差主要随行驶距离的增加而增加。在载体低速运动时,推算系统误差随时间增长较小。DR 系统还可以与 INS 系统构成新的组合系统。

3) INS/CNS 组合导航系统

惯导/天文组合导航系统是一种自主式导航系统,由于天体目标的不可干扰性以及天文导航系统可同时获得很高精度的位置、航向信息,因此能全面校正惯导系统。一方面惯导系统可以向天文导航系统提供姿态、航向、速度等各种导航数据,天文导航系统则基于惯导提供的上述信息,更准确快速地解算天文位置和航向,实现天文定位;另一方面天文导航系统观测到的定位信息对惯导的位置等数据进行校正;观测的载体姿态角可反映陀螺的漂移率,如用卡尔曼滤波方法处理这些角度信息,为惯导导航参数误差和惯性元件误差提供最优估计并进行补偿,可提高惯导系统的导航精度。

3. 以 GPS 为核心的组合导航系统

1) GPS/GLONASS 组合导航系统

目前,已完全投入使用的全球定位系统主要有美国的 GPS 和俄罗斯的 GLONASS 系统,正常运行时二者都能在全球范围提供全天候导航定位。但在高山峡谷、森林等特殊场合使用单个系统时,由于卫星易被遮挡,可见卫星数将减少,从而影响系统定位精度,当可见卫星少于 4 颗时甚至无法进行三维定位。此外,GPS 是美军用系统,虽然目前取消了 SA 政策,但由于军事政治原因,美国对本国及其盟国军队以外的用户提供的 GPS 精度仍得不到稳定保证。因此,人们开始研究应用组合 GPS/GLONASS 来提高定位精度及可靠性。在 GPS/GLONASS 组合系统中,组合接收机将同时接收 GPS 和 GLONASS 的卫星信号,并将两者的数据进行融合后得到导航信息。较单独的 GPS 而言,可用卫星数理论上从 24 增加到 48,因此在同等观测条件下,可见卫星数增加,定位精度的可靠性将大为改善。目前,已有多种 GPS/GLONASS 组合导航接收机投入使用,如 Novatel 公司的 Novatel Millennium-GLONASS/GPS 接收机,拥有 16 通道,可同时接收 GPS 和 GLONASS 的 16 颗星,水平定位精度达到 20m 左右。

2) GPS/罗兰(Loran)C 组合导航系统

罗兰 C 系统是一种陆基远程无线电导航系统,用于舰船、飞机及陆地车辆的导航定位。该系统的主要特点是覆盖范围大,岸台采用固态大功率发射机,峰值发射功率可达 2MW,因此其抗干扰能力强、可靠性高。我国建有 3 个罗兰 C 导航台链,作为一种被我国完全掌握的无线电导航资源,可覆盖我国沿海的大部分地区,在战时具有重要意义。但罗兰 C 系统的定位误差较大,它与 GPS 各有优缺点,并且各自独立。因此,GPS/罗兰 C 组合导航可将两种导航系统优势互补。

目前罗兰 C 和卫星导航组合应用的几种方式:

(1) 罗兰 C 差分增强卫星导航:利用罗兰 C 的通信能力,在不影响罗兰 C 导航能力的情况下,将卫星导航差分基准站取得的伪距校正值等校正信息附加调制在现有罗兰 C

信号上播发出去,用户端采用具备数据接收解调能力的罗兰 C 接收机和卫星导航接收机经过简单组合,就可接收并使用这些信息,这就实现了卫星导航的差分应用。

(2) 罗兰 C 作为伪卫星增强卫星导航:由于罗兰 C 导航台具有播发数据信息的能力,因此可以采用罗兰 C 导航台播发卫星导航信息电文数据,从而将罗兰 C 导航台作为类似伪卫星来使用。

(3) 利用卫星导航提高罗兰 C 接收机的定位精度:ASF 问题事实上已成为目前影响罗兰 C 定位精度最主要的因素,利用 GPS 测量罗兰 C 的 ASF 值,并对定位结果进行修正就可提高罗兰 C 接收机定位精度。

(4) 罗兰 C 定位数据和卫星导航定位数据融合应用:通常的罗兰 C 定位数据误差远大于卫星导航定位数据,使得数据融合的意义不大;但若采用经过 ASF 修正的差分罗兰接收机进行定位,由于其精度可达 8 m ~ 20 m ,已与卫星导航接收机定位结果接近。而且罗兰 C 和卫星导航是两个不相关的独立的导航系统,因此将罗兰 C 接收机和卫星导航接收机的定位结果进行数据融合处理将使定位误差的方差优于卫星导航接收机的定位数据。

3) GPS/DR 组合导航系统

在车辆导航等一些低成本的导航应用领域,经常采用 GPS/DR 组合导航方式。由于 DR 导航系统不能提供载体初始坐标和初始航向角,无法得到航位推算系统的初始值,且在进行航位推算时其误差逐步累积发散,因此 DR 系统不适合长时间独立导航,需要其他手段对积累误差进行适当补偿。DR/GPS 组合导航系统便可以充分结合两种导航手段的优点。GPS 系统提供的绝对位置可以为 DR 系统提供航位推算的初始值,并可以对 DR 系统进行定位误差的校正和系统参数的修正,同时 DR 系统的连续推算具有很高的相对精度,可以补偿 GPS 系统定位中的随机误差和定位断点,平滑定位轨迹。

1.4.4　海军舰艇组合导航系统

1. 舰艇组合导航系统的特殊性

船用组合导航系统的应用领域有民用和军用两种。由于军舰和民船都在广阔的海洋上活动,所以两者之间有着密切的联系,但也存在巨大差异。

与民用系统相比,舰艇组合导航系统[18]所处的航行保障条件更加苛刻和恶劣。如潜艇组合导航系统,在水下航行时,不仅长时间无法接收到 GPS 等无线电导航系统信息,还要保证准确的定位精度。再如,对于大型水面舰艇,需要在复杂电磁环境下进行精确的航行定位;在战争条件下,敌方会进行各种导航战攻击,以破坏本舰的导航能力。所以在军事航海中,对于航行安全的保障显得更加的恶劣和复杂。因此,舰艇组合导航系统将比民用组合导航系统具备更加强壮的系统结构和系统功能。

与民用系统相比,舰艇组合导航系统所承担的航行任务种类也更加复杂。舰艇组合导航系统的组成和规模主要由所在舰艇担负的日常和战斗勤务的需要而决定。舰艇的航行任务更加复杂多样,包括战斗航渡航线选择、战术机动航向选择的航路规划,以及航海日志生成功能和战斗航海保障功能等。根据不同舰艇的具体要求,应当配备功能不同的组合导航系统。例如:扫布雷舰由于其特殊的作战任务,就需要具备高精度的定位和航迹自动保持工作等功能的组合导航系统。

实际上,舰艇组合导航系统与民用组合导航系统最大的不同之处,在于其不仅仅是保障复杂的航行安全,同时还是作战武器系统的重要组成部分,为舰船的作战提供准确的信息支持。

2. 舰艇组合导航信息系统结构

由于舰艇组合导航系统的组成和规模是由舰船所担负的任务决定的。根据不同的舰船的具体要求,可配备相应的舰艇组合导航系统。图1-46为舰艇组合导航系统的典型结构框图。尽管组合导航系统的类型繁多,但都具有一个共同点,这就是它们都要以一种连续的或间断的导航系统传感器为基础,在此基础上对不同的导航信息进行综合处理,通过计算和控制,实现系统的优化组合,完成不同目的和要求的导航任务。舰艇组合导航系统的硬件部分应以高速计算机为核心,其运行速度和容量应能满足舰艇组合导航系统的需要,并应有一定的冗余度,此外还应具有防潮、防热、抗冲击、抗干扰的能力,能适应海上恶劣环境下长期工作,一般采用加固机形式。各种导航传感器是组合导航系统的信息源,也是数据处理的依据。组合导航系统除要求各种传感器应处于正常工作状态外,还必须掌握其误差特性——系统误差和随机误差。信息来源应有冗余度,以保证舰艇组合导航系统自动取舍和工作模式的自动转换,从而保证系统的高可靠性。

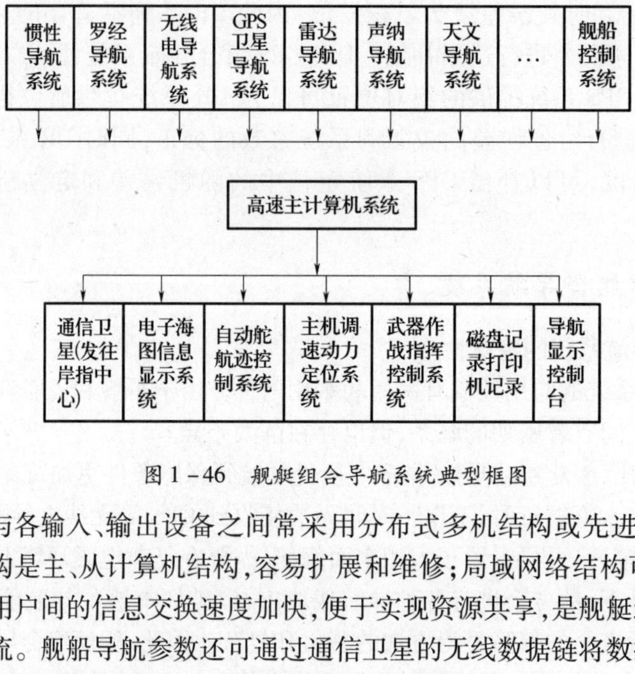

图1-46　舰艇组合导航系统典型框图

主计算机与各输入、输出设备之间常采用分布式多机结构或先进的局域网络结构。分布式多机结构是主、从计算机结构,容易扩展和维修;局域网络结构可使各种导航装备与控制设备及用户间的信息交换速度加快,便于实现资源共享,是舰艇组合导航系统总线设计的发展主流。舰船导航参数还可通过通信卫星的无线数据链将数据发往岸上指挥中心或旗舰,这也逐渐成为舰艇组合导航系统的标准功能。

舰艇组合导航系统的软件分为系统管理软件、数据处理软件和功能软件三大部分。系统管理软件是为全面管理主计算机中的中央处理器的时序、存储空间、各传感器的导航信息以及调度数据处理软件和功能软件而设计的一套程序,它还应具有自检、故障分析、报警以及计算机网络通信等多种功能。数据处理软件是对来自各传感器的导航信息进行信息预处理和对预处理后的数据进行状态最优估计和信息融合的软件。功能软件是在系统管理软件的统一管理下，依据数据处理软件给出的本船的估计状态，按照导航显示控制台上指挥员的命令进行解算、控制和多种应用功能实现的软件。

设计高性能的信息融合滤波器是舰艇组合导航系统的技术核心。舰艇组合导航系统采用信息融合技术，将采入计算机的各种信息进行综合处理，相互取长补短，解算出本舰的最优导航参数，形成一个统一的数据整体。借助于主、从计算机的分布式结构或局域网结构，把各种导航设备以最优形式组合起来，通过多种导航信息的综合处理，使组合导航系统的性能达到最佳。这样既提高了导航信息的精度，又扩大了单一导航设备或系统的功能，可同时完成诸如导航、避碰、自动驾驶及战斗航海作业，并为武器作战指挥控制系统提供精确可靠的运动参数和姿态信息。

1.5　组合导航理论的发展

1.5.1　组合导航与信息融合之间的关系

组合导航理论与组合导航技术始终同步发展，其中最常用的组合导航算法即为卡尔曼滤波最优估计理论。该理论由卡尔曼于 1960 年提出后，立即引起重视。美国麻省理工学院在其基础上最终完成了阿波罗计划中的组合导航的研究工作。卡尔曼滤波理论也因此直接影响了最优估计理论的建立，并成为现代控制理论体系确立的标志。在信息融合理论方面，尽管推动研究的动力多源自于美军 C^3I 系统的研究，实际上，最优估计理论在组合导航中的成功应用也极大影响了信息融合理论的发展，特别是对于目标跟踪领域的研究工作。多种资料表明，卡尔曼滤波方法至今仍旧是国内外本领域信息融合应用技术研究的重点，并已经成为信息融合状态估计理论的重要基石之一。

与此同时，兴起于军事领域的现代数据融合的思想、概念、理论和技术也迅速向其他领域渗透，日益成为一门多学科、多领域、多层次的前沿性综合性理论。根据多传感器信息融合理论的划分，组合导航多传感器信息融合属于位置级和属性级融合，处于信息融合系统基础层级。组合导航系统要求能够自适应地接收和处理所有可用的导航信息数据源，并对导航信息数据进行融合，提供精确的位置、速度和姿态等导航信息。同时高精度导航系统根据对系统可靠性和鲁棒性的要求，还必须具有强容错能力，即具有对子系统进行故障诊断并对故障子系统进行隔离、全系统信息余度控制优化、提供系统最优的多余度导航信息以及提供辅助决策的能力。组合导航系统的多传感器系统融合结构可以采取集总式结构方案、分布式结构方案、联合式结构方案，可以分别对应信息融合系统的相应结构。总的来说，组合导航系统本质上是一种多传感器融合的参数估计系统，功能上是一种单目标多传感器信息融合跟踪系统。

组合导航信息融合是根据系统的物理模型（由状态方程和观测方程描述）及传感器的噪声的统计假设，将观测数据映射到状态矢量空间。状态矢量包括一组导航与制导系统的状态变量，如位置、速度、角速度、姿态和各种失调偏差量等，可以用来描述系统的运行状态，精确测定载体的运动行为。融合的过程对于多传感器导航系统实际上是传感器测量数据的互联与状态矢量估计。对来自多传感器的数据首先要进行数据对准，将各种传感器的输入数据通过坐标变换和单位变换，转换到同一个公共导航坐标系中，将属于同一个状态的数据联系起来,根据建立的描述载体的运动规律、系统的状态方程及观测量的物理性质的数学模型,在一定的最优估计准则下,进行最优估计,即使状态矢量与观测达到最佳拟合,获得状态矢量的最佳估计值。最佳准则有最小二乘法、加权最小二乘法、最小均方误差、极大似然、贝叶斯准则等,处理方式有最小二乘、加权最小二乘、贝叶斯加权最小二乘及最大似然估计等大批处理方法。由此可见,导航与制导多传感器信息融合的最终结果,是以最优估计方法进行系统的状态矢量估计。

下面简要介绍与组合导航和本书后续内容密切相关的线性及非线性状态估计理论概况。

1.5.2 线性组合导航系统状态估计理论

1. 线性卡尔曼滤波(Linear Kalman Filter,LKF)

在卡尔曼滤波理论的发展过程中,线性卡尔曼滤波被最早提出,多应用于间接法组合导航系统。这类系统中所采用的导航系统误差方程多是通过近似推导得到的线性方程。采用线性卡尔曼滤波处理导航系统线性误差模型的优点在于:各个误差状态数量级相近,计算量少,并且便于单一系统与组合导航之间进行转换。正因如此,LKF 被组合导航算法研究广泛采用。

2. 分散卡尔曼滤波(Decentralized Kalman Filter,DKF)

系统状态维数的增加将为集中卡尔曼滤波器带来巨大的计算量,严重影响滤波器的实时性和容错性。同时由于传感器数据信息的集中处理,当其中任一传感器出现故障时,错误信息将污染其他系统状态的估计,系统的鲁棒性较差。国外 20 世纪 70 年代初期由 Sanders、Shah 和 Hassan 先后提出了不同的分散化卡尔曼滤波方法。其基本思想是两级数据处理,它把原来集中式的卡尔曼滤波器用一个主滤器和若干个局部滤波器代替。将动态系统按某种方式分解成若干个子系统,而各子系统之间的耦合关系用等效控制、等效噪声来处理,只要保证各子系统的可控可观性,子系统就是滤波稳定的。由于耦合关系项处理具有近似性,分散式卡尔曼滤波器是次优的。由于卡尔曼滤波器的计算时间与状态维数的立方成正比,所以分散式方法能有效地降低计算量。另外局部滤波器的存在使得整个多传感器系统具有一定的容错能力。分散卡尔曼滤波器的主要问题是解决各子系统噪声与量测噪声之间以及子滤波器与主滤波器之间的相关性问题。

3. 联邦卡尔曼滤波(Federated Kalman Filter,FKF)

在分散卡尔曼滤波的基础上,1988 年 Carlson 提出了联邦卡尔曼滤波理论(FKF),旨在为容错组合导航系统提供设计理论。它是一种特殊的分散卡尔曼滤波,利用方差上界技术来处理各局部滤波器的消除相关性的问题,使得主滤器可以用简单的算法融合局部滤波器的结果。其独特之处在于采用了信息分配原理,即将滤波器的输出结果(包括状态估计、估计误差协方差矩阵和系统噪声矩阵)在几个子滤波器中进行适当分配,各子滤波器结合各自的观测信息完成局部估计,其结果再送入主滤波器进行融合,从而得到全局最优估计。实际设计的联邦滤波器是全局次优的,但其设计灵活,计算量小,容错性好,对于自主性要求特别高的重要运载体来说,导航系统的可靠性比精度更为重要。该算法已被美国空军作为容错导航系统卡尔曼滤波器的标准算法。

4. 自适应卡尔曼滤波(Adaptive Kalman Filter,AKF)

当卡尔曼滤波器实际的估计误差比理论预计误差大许多倍时,滤波器发散。即使理论上证明卡尔曼滤波器是渐近稳定的,也并不能保证滤波器算法在实际上具有收敛性。卡尔曼滤波器的正确应用依赖于准确的系统模型和噪声误差统计模型。即使在初始条件较差的情况下,也可以在较短时间内获得相当理想的状态估计结果。然而,通常无法得到准确的各种模型,许多参数在系统运行过程中发生缓慢变化,而各种统计模型误差将导致滤波器产生更大的误差。发散的原因来自模型误差和递推过程中的计算误差。自适应卡尔曼滤波器(AKF)可以使算法更加准确地适应模型的准确性差和动态变化问题。主要的自适应算法包括衰减滤波算法、限定记忆法、多模型自适应估计器、新息方差调制算法和 Sage – Husa 自适应滤波算法等。

1.5.3　非线性组合导航系统状态估计理论

1. 扩展卡尔曼滤波(Extended Kalman Filter,EKF)

最初提出的卡尔曼滤波仅适用于线性系统,而实际组导系统是非线性系统,滤波初值如何取才合理,这些都需要作进一步的思考。广义卡尔曼滤波就是在此情况下提出的。实际的导航系统基本都是非线性系统,但非线性系统的最优估计问题至今理论上尚未得到完好解决。为了找到一种类似线性卡尔曼滤波的递推滤波方法,扩展卡尔曼滤波采取近似方法对非线性系统模型进行线性化。常用的方法是对非线性系统函数进行一阶泰勒级数展开,通过建立线性干扰微分方程对非线性系统进行近似处理[12]。采用何种线性化方法是卡尔曼滤波理论应用于非线性系统的关键。

2. 无迹卡尔曼滤波(Unscented Kalman Filter,UKF)

扩展卡尔曼滤波(EKF)只是简单地将所有非线性模型线性化,然后再利用线性卡尔曼滤波方法,给出的是最佳估计的一阶近似。其明显的缺陷:一是线性化有可能产生极不稳定的滤波;二是扩展卡尔曼滤波需计算雅克比矩阵的导数,这在多数情况下不是一件容易的事。近年来,无迹卡尔曼滤波作为卡尔曼滤波的一种新的推广而受到关注。无迹卡尔曼滤波(UKF)思想不同于广义卡尔曼滤波,它采用确定性的采样方法来解决高随机变量在非线性方程中的传播。通过选择设计 σ 点集合表示高斯随机变量(GRV),σ 点的加权可以准确得到 GRV 的均值和方差,当 GRV 在非线性函数中传播时,可以得到 GRV 均值和方差三阶的准确性,而扩展卡尔曼滤波只能达到一阶。因此它比扩展卡尔曼滤波能更好地逼近状态方程的非线性特性并具有更高的估计精度。这一方法可以应用于再入飞行器跟踪、惯导初始对准和卡尔曼滤波在状态估计等方面的研究。

3. 粒子滤波(Partical Filter,PF)

当系统满足线性、高斯分布的前提条件时,卡尔曼滤波是一种最优的选择。但是这些条件在实际工作中一般较难满足。在非线性系统中,扩展卡尔曼滤波、无迹卡尔曼滤波等方法仍需要求系统噪声满足高斯分布。对于非高斯系统,20 世纪 50 年代末,Hammersley 等人就提出了序贯重要性采样(Sequential Importance Sampling,SIS)方法。1993 年 Gordon 等人提出了一种基于 SIS 思想的 Bootstrap 非线性滤波方法,从而奠定了粒子滤波算法的基础。

所谓粒子滤波,就是从某合适的概率密度函数中采样一定数目的离散样本(粒子),

以样本点概率密度(或概率)为相应的权值,以这些样本以及相应权值可以近似估算出所求的后验概率密度,从而实现状态估计。概率密度越大时,粒子相应权值也越大。当样本数量足够大时,这种离散粒子估计的方法将以足够高的精度逼近任意分布(高斯或者非高斯)的后验概率密度,因此该方法不受后验概率分布的限制。

4. 贝叶斯(Bayes)估计

贝叶斯估计理论是数学概率论的一个重要分支,其基本思想是通过随机变量先验信息和新的观测样本的结合求取后验信息。先验分布反映了随机变量试验前关于样本的知识,有了新的样本观测信息后,这个知识发生了改变,其结果必然反映在后验分布中,即后验分布综合了先验分布和样本的信息。如果将前一时刻的后验分布作为求解后一时刻先验分布依据,依次迭代递推,便构成了递推贝叶斯估计[13,14]。

实际上各种形式的卡尔曼滤波器以及无迹卡尔曼滤波和粒子滤波均为贝叶斯估计的一些特殊形式,贝叶斯估计是上述估计方法的基本形式和内在本质的统一。它为解决状态估计问题提供了更为普遍意义的理解方式。与经典学派视参数为未知常数不同,贝叶斯学派视参数为随机变量且具有先验分布,赞成主观概率,将事件的概率理解为认识主体对事件发生的相信程度,当然,对于可以独立重复实验的事件,概率仍可视为频率稳定值。显然,将参数视为随机变量且具有先验分布具有实际意义,能拓宽统计学应用的范围。

5. 模糊控制与神经网络

模糊逻辑法和神经网络法均不需要建立准确的数学模型(如传递函数、状态方程),都是由样本数据(数值的或语言的)即过去的经验来估计函数关系。如果将系统的一切输入/输出关系(如变换、映射、规则、估计等)都看作是数学模型,那么两者将建立的是系统广义的数学模型。同时两者都有较强的容错能力,从神经网络中删除一个神经元或从模糊规则中删除一个规则,都不会破坏整个系统性能。两者都属于非线性控制并具有相似的拓扑结构。进入 20 世纪 90 年代,神经网络模糊推理 ANFIS 融合控制理论逐渐引起人们的重视。国外的研究开始尝试将 ANFIS 理论引入研究,用以处理滤波过程中模型不准确造成的发散问题,在 20 世纪 90 年代后期,这一方法开始应用于定位系统研究。上述方法的价值在于寻找到了一个人工智能理论与传统卡尔曼滤波最优估计理论发挥各自特长的结合点,在解决明显的模型发散上有较好的效果,从参考文献[15,16]分析的结果上看,也能够起到提高系统精度的作用。虽然 ANFIS 卡尔曼滤波技术目前虽尚处于基础研究的阶段,但相信今后将成为研究的热点,为解决组合导航系统中存在的问题提供新的解决途径。

本章小结

本章为本书首章,着重介绍了信息融合、导航与组合导航的主要概念、联系和相关理论的发展状况。首先从基本概念和信息融合系统的功能与系统模型架构两个方面对信息融合进行了介绍,使读者能够了解信息融合的基本概念。在此基础上,指出组合导航系统是一种典型的位置级信息融合系统。为便于读者快速从宏观角度了解组合导航技术的特点和全貌,本章根据功能的差异将舰船常用的航海导航系统分为三大类型进行快速概要性的介绍,指出将多种导航系统结合起来组成性能更强的组合导航系统是一种十分普遍的导航方法。在此基础上，对组合导航的发展过程、基本概念、常见组导系统类型和海军舰艇组合导航系统特点等进行了介绍。最后对组合导航的线性状态估计理论和非线性状态估计理论进行了概述，一方面指出组合导航所具有信息融合的本质特征，另一方面指出组合导航与信息融合技术在理论方法上交互影响的客观联系。通过本章，读者可以建立起一系列围绕组合导航信息融合技术相关的重要概念。本书后续的章节将逐步对主要理论方法进行介绍。

参考文献

[1]　Linas J, Waltz E. Multisensor DataFusion. Norwood, Massachusetts. Artech House, 1990.

[2]　D. L. Hall. Mathmetical Techniques in Multisensor Data Fusion. Artech House, Boston, London, 1992.

[3]　赵宗贵，耿立贤，周中元，等. 多传感器数据融合. 南京：电子工业部二十八研究所，1993.

[4]　赵宗贵. 数据融合方法概论. 南京：电子工业部二十八研究所，1998.

[5]　刘同明，夏祖勋，解洪成. 数据融合技术及其应用. 北京：国防工业出版社，1998.

[6]　Harris C J. Application of Artificial Intelligence to Commond and Control System. London: Peter Pergrinus LTD, 1998.

[7]　王亦农，何友，谭庆海. 分布检测系统评述. 海军航空工程学院学报，1991(2).

[8]　何友，谭庆海. 多传感器系统分类研究. 火力与指挥控制，1988(2):1 - 10.

[9]　何友. 多目标多传感器分布信息融合算法研究. 北京：清华大学，1996.

[10]　李海森，等. 船载多目标水声跟踪系统的实时阵列信号处理. 北京：中国造船，1996.

[11]　eleGeography, Inc. Global Communications Submarine cable Map 2003, 2003.

[12]　Xiufeng He. A reduced-Order Model for Integrated GPS/INS. IEEE AES systems magazine, 1998.

[13]　Bergman N. Recursive Bayesian estimation: Navigation and tracking applications. Ph. D. thesis, Linkoping Univ, Sweden, 1999.

[14]　Bernardo J M, Smith A F M. Bayesian Theory. 2nd ed. New York: Wiley, 1998.

[15]　Zhi Qiao Wu, Harris C J. An Adaptive Neurofuzzy Kalman Filter. Proceeding of the Fifth IEEE International Conference on Fuzzy Systems, 1996, Volume: 2, 8 - 11: 1344 - 1350.

[16]　Vaidei V, Chitra N, Krishnan C N, et al. Neural Network Aided Kalman Filtering for Multitarget Tracking Applications. The Record of the 1999 IEEE Radar Conference, 1999, 160 - 165.

[17]　卞鸿巍. 漫话导航. 海陆空天惯性世界，2001, 1(36).

[18]　周永余，高敬东. 舰船导航系统导论. 北京：国防工业出版社，2006.

[19]　边少峰，李文魁. 卫星导航系统概论. 北京：电子工业出版社，2005.

[20]　许江宁，卞鸿巍，刘强等. 陀螺原理及应用. 北京：国防工业出版社，2009.

[21]　卞鸿巍，金志华，马恒. 船用平台式 INS 光学标校初始对准方法研究. 系统仿真学报，2005, 17(11).

第2章　组合导航数学基础与研究方法

根据不同的要求，组合导航系统有不同的组合形式。然而，组合导航系统的主要研究方法却有许多共性。本章主要介绍在组合导航研究中所采用的数学基础知识以及主要方法，帮助读者了解组合导航系统研究的理论基础和基本过程，为有关组合导航理论算法研究、仿真验证和实际工程试验打下基础。

2.1　组合导航数学基础

本节和2.2节将主要介绍与组合导航理论密切相关的概率论、随机过程和具有随机干扰的线性动力学系统的基础知识，是后续组合导航算法理论推导的基础。熟悉这部分内容的读者可以跳过本节直接学习后续内容。

2.1.1　概率论基础知识

1. 贝叶斯公式

对于不独立的事件，条件概率的概念可以提供附加信息。给定事件 B 出现，事件 A 出现的条件概率用 $P(A \mid B)$ 表示。这个概率用下式定义

$$P(A \mid B) = P(AB)/P(B) \tag{2.1.1}$$

显而易见，若事件 A 和 B 独立，条件概率化为简单概率 $P(A)$。因 A 和 B 在上式中可以互换，所以

$$P(A \mid B)P(B) = P(B \mid A)P(A) \tag{2.1.2}$$

条件概率 $P(A \mid B)$ 也可以写为

$$P(A \mid B) = P(B \mid A)P(A)/P(B) \tag{2.1.3}$$

现在考虑给定 B 出现条件下的 $A_i(i=1,2,\cdots,n)$ 出现的概率，根据上式应为

$$P(A_i \mid B) = P(B \mid A_i)P(A_i)/P(B)$$

但 $P(B)=P(B|A_1)P(A_1)+P(B|A_2)P(A_2)+\cdots+P(B|A_n)P(A_n)$

故

$$P(A_i \mid B) = \frac{P(B \mid A_i)P(A_i)}{\sum_{i=1}^{n} P(B \mid A_i)P(A_i)} \tag{2.1.4}$$

式(2.1.4)称为贝叶斯公式。

2. 随机变量、概率分布函数和概率密度函数

1）随机变量

在研究具体物理现象时，常常要遇到一些不确定量的概率问题，如导航系统中的航向误差、位置误差、速度误差等参量，以及惯性元件中的加速度计零偏和陀螺漂移等。通常

把这些取值具有随机性的量称为随机变量。

2）概率分布函数和概率密度函数

要完全刻画一个随机变量，还应该知道该随机变量取不同值的概率分布情况。以 $F(x)$ 表示随机变量 X 的概率分布函数，定义为

$$F(x) = P(X \leqslant x) \tag{2.1.5}$$

随机变量 X 在区间 $[x, x+\Delta x]$ 取值的概率为

$$P\{X \in [x, x+\Delta x]\} = f(x)\Delta x$$

称 $f(x)$ 为随机变量 X 的**概率密度函数**，则

$$f(x) = \frac{\mathrm{d}F(x)}{\mathrm{d}x} \tag{2.1.6}$$

当随机变量 X 取值范围为 $(-\infty, +\infty)$，概率分布函数 $F(x)$ 应为概率密度函数的积分，积分下限为 $-\infty$，上限为 x，即

$$F(x) = \int_{-\infty}^{x} f(u)\,\mathrm{d}u \tag{2.1.7}$$

概率分布函数的一个明显特性为

$$F(\infty) = \int_{-\infty}^{+\infty} f(u)\,\mathrm{d}u = 1 \tag{2.1.8}$$

3）联合概率密度函数

同时考虑两个随机变量的情况，假定它们为 X 与 Y，在给定域内的概率用联合概率分布函数描述为

$$F(x,y) = P(X \leqslant x, Y \leqslant y) \tag{2.1.9}$$

相应的联合概率密度函数为

$$f(x,y) = \frac{\partial^2 F(x,y)}{\partial x \partial y} \tag{2.1.10}$$

显然 X 和 Y 的单独概率分布函数和概率密度函数可以由联合概率分布函数和联合概率密度函数导出。对于 X，有

$$F(x) = F(x, \infty) \tag{2.1.11}$$

$$F(x) = \int_{-\infty}^{+\infty} f(x,y)\,\mathrm{d}y \tag{2.1.12}$$

Y 的概率分布函数和概率密度函数也有类似的对应关系。

这些概念可以推广到两个以上的随机变量的联合分布特性[1]。若随机变量 X 和 Y 相互独立，则事件 $(X \leqslant x)$ 独立于事件 $(Y \leqslant y)$。因此这些事件联合出现的概率是单独出现概率的乘积，于是

$$F(x,y) = P(X \leqslant x, Y \leqslant y) = P(X \leqslant x)P(Y \leqslant y) = F(x)F(y) \tag{2.1.13}$$

此时的联合概率密度函数为

$$f(x,y) = f(x)f(y) \tag{2.1.14}$$

3. 随机变量的数学期望、方差和协方差

1）数学期望（Expectation）

定义 2.1　设离散型随机变量 X 的分布规律为

$$P\{X = x_k\} = p_k \quad (k = 1, 2, \cdots, \infty)$$

若级数 $\sum_{k=1}^{\infty} x_k p_k$ 绝对收敛,则称级数 $\sum_{k=1}^{\infty} x_k p_k$ 为 X 的数学期望,记为 $E(X)$,即

$$E(X) = \sum_{k=1}^{\infty} x_k p_k \tag{2.1.15}$$

定义 2.2 设连续型随机变量 X 的概率密度为 $f(x)$,若积分

$$\int_{-\infty}^{+\infty} xf(x)\,\mathrm{d}x$$

绝对可积,则称积分 $\int_{-\infty}^{+\infty} xf(x)\,\mathrm{d}x$ 为 X 的数学期望,记为 $E(X)$,即

$$E(X) = \int_{-\infty}^{+\infty} xf(x)\,\mathrm{d}x \tag{2.1.16}$$

数学期望简称期望或均值。

设 C 为常数,X、Y 是任意两个随机变量,则有数学期望的性质

$$E(C) = C$$

$$E(CX) = CE(X)$$

$$E(X+Y) = E(X) + E(Y)$$

2) 方差(Variance)

定义 2.3 设 X 为一个随机变量,若 $E\{[X-E[X]]^2\}$ 存在,则称 $E\{[X-E[X]]^2\}$ 为 X 的方差,记为 $D(X)$ 或 $\mathrm{Var}(X)$,即

$$D(X) = \mathrm{Var}(X) = E\{[X-E(X)]^2\} \tag{2.1.17}$$

$\sqrt{D(X)}$ 称为标准差或均方差,记作 $\sigma(X)$。

由方差的定义,对于离散型随机变量 X,有

$$\mathrm{Var}(X) = \sum_{k=1}^{\infty} [X-E(X)]^2 p_k \tag{2.1.18}$$

式中:$p_k = P\{X = x_k\}(k=1,2,\cdots)$。

对于连续型随机变量 X,有

$$\mathrm{Var}(X) = \int_{-\infty}^{+\infty} [X-E[X]]^2 f(x)\,\mathrm{d}x \tag{2.1.19}$$

方差的性质:

(1) 设 C 为常数,则有 $D(C)=0$。

(2) 设 X 是一个随机变量,C 为常数,则有

$$D(CX) = C^2 D(X)$$

(3) 设 X、Y 是两个相互独立的随机变量,则有

$$D(X+Y) = D(X) + D(Y)$$

3) 协方差和相关系数(Covariance)

协方差描述了二维随机变量(X,Y)之间相互关系的数学特征。

定义 2.4 若 $E\{[X-E(X)][Y-E(Y)]\}$ 存在,则称它为随机变量 X 和 Y 的协方

差,记为 $\mathrm{Cov}(X,Y)$,即

$$\mathrm{Cov}(X,Y) = E\{[X-E(X)][Y-E(Y)]\} \tag{2.1.20}$$

$$\rho_{xy} = \frac{\mathrm{Cov}(X,Y)}{\sqrt{D(X)}\sqrt{D(Y)}} \tag{2.1.21}$$

称为随机变量 X 和 Y 的相关系数。$\mathrm{Cov}(X,Y)$ 或 ρ_{xy} 是表示随机变量 X 和 Y 的相关程度的量。当 $\mathrm{Cov}(X,Y)=0$ 或 $\rho_{xy}=0$ 时,称随机变量 X 和 Y 是不相关的。当随机变量 X 和 Y 相互独立时,它们必不相关;但当它们不相关时,X 和 Y 不一定是独立的。

4) 矩、协方差阵

定义 2.5　设 X 和 Y 是随机变量,若 $E(X^k)(k=1,2,\cdots)$ 存在,则称它为 X 的 k 阶原点矩。若 $E\{[X-E(X)]^k\}(k=1,2,\cdots)$ 存在,则称它为 X 的 k 阶中心距。若 $E(X^kY^l)$ $(k,l=1,2,\cdots)$ 存在,则称它为 X 和 Y 的 $k+l$ 阶混合距。若 $E\{[X-E(X)]^k[Y-E(Y)]^l\}$ 存在,则称它为 X 和 Y 的 $k+l$ 阶中心混合矩。

设 n 维随机变量 $(X_1,X_2,\cdots,X_n)$ 的二阶中心矩

$\mathrm{Cov}(X_i,X_j)=E\{[X_i-E(X_i)][X_j-E(X_j)]\}(i,j=1,2,\cdots,n)$ 都存在,则称矩阵

$$\boldsymbol{B} = \begin{bmatrix} \mathrm{Cov}(X_1,X_1) & \mathrm{Cov}(X_1,X_2) & \cdots & \mathrm{Cov}(X_1,X_n) \\ \mathrm{Cov}(X_2,X_1) & \mathrm{Cov}(X_2,X_2) & \cdots & \mathrm{Cov}(X_2,X_n) \\ \vdots & \vdots & \cdots & \vdots \\ \mathrm{Cov}(X_n,X_1) & \mathrm{Cov}(X_n,X_2) & \cdots & \mathrm{Cov}(X_n,X_n) \end{bmatrix}$$

为 n 维随机变量 $(X_1,\cdots,X_n)$ 的协方差矩阵,协方差阵的主对角线是随机矢量 X 各分量的方差,随机矢量的协方差阵刻画它的各个分量概论分布的分散程度,以及各分量之间线性联系的密切程度。由于 $\mathrm{Cov}(X_i,X_j)=\mathrm{Cov}(X_j,X_i)(i\neq j,i,j=1,2,\cdots,n)$,因此协方差阵为对称矩阵。

2.1.2　随机过程基础知识

1. 随机过程的描述

实际中存在两类过程。一类过程随时间变化而变化,是有规律的,可以用时间 t 的确定性函数来描述,这是确定性过程。另一类过程随时间推移呈现不规则的随机变化,但不能用时间 t 的确定性函数来描述,这就是随机过程。随机过程定义如下:

定义 2.6　设 T 是一个实数(或复数)集合,对于每个 $t\in T$,都有一个随机变量 $X(t)$ 与之对应,则 $X(t)$ 可以称为 t 的随机函数,记为 $\{X(t),t\in T\}$。若 t 表示时间,也称 $\{X(t),t\in T\}$ 为随机过程。特别当 $T=N$ 时是离散时间集合,则称 $\{X(t),t\in T\}$ 是随机序列,我们常称随机序列为时间序列。

在导航系统中,我们常常遇到以时间为参量并服从概率法则的现象。例如:在陀螺导航设备中,陀螺的性能好坏十分重要,其最重要的指标是陀螺漂移的大小。机械陀螺漂移产生的原因是作用在陀螺上的干扰力矩。由确定性的干扰力矩引起的陀螺漂移是有规律的和确定的,可以在系统中进行补偿。由摩擦力矩、不平衡力矩和非等弹性力矩等随干扰力矩引起的陀螺漂移量则是一个随机变量,随着时间的演变形成一个随机向量的集合,只能用统计的方法来估计其概率统计特性。当随机变量仅有一维时,称之为标量随机过程。当随机变量有多维时,形成一个随机向量的集合,称之为向量随机过程[2]。我们主要讨

论向量随机过程。

2. 随机过程的独立与相关

1）随机过程的独立

独立和相关的概念完全像均值和协方差概念一样,可由概率论引入随机过程理论中。

如果对于随机过程$\{X(t),t\in I\}$:相对于I中任意m个时刻$t_1,t_2,\cdots,t_m$,有任意m个n维向量$\boldsymbol{X}_1=x(t_1)$, $\boldsymbol{X}_2=x(t_2)$, $\cdots$, $\boldsymbol{X}_m=x(t_m)$,其中m为任意正整数,且有

$$P(\boldsymbol{X}_1\leqslant x_1,\boldsymbol{X}_2\leqslant x_2,\cdots,\boldsymbol{X}_m\leqslant x_m)=\prod_{i=1}^{m}P_i(X_i\leqslant x_i)$$

或

$$F(x_1,x_2,\cdots,x_m)=\prod_{i=1}^{m}F_i(x_i)$$

则称该随机过程$\{X(t),t\in I\}$为独立随机过程。

如果相应的概率密度存在,则上述定义还可表示为

$$f(x_1,x_2,\cdots,x_m)=\frac{\partial^{mn}F}{\partial x_{11}\cdots\partial x_{1n}\cdots\partial x_{m1}\cdots\partial x_{mn}}=\prod_{i=1}^{m}f_i(x_i) \tag{2.1.22}$$

如果有两个随机过程$\{\boldsymbol{X}(t),t\in I\}$和$\{\boldsymbol{Y}(t),t\in I\}$,其中$\boldsymbol{X}$为$n$维,$\boldsymbol{Y}$为$p$维,对$I$中任意$m$个时刻$t_1,t_2,\cdots,t_m$有任意$m$个$n$维随机向量$\boldsymbol{X}_1,\boldsymbol{X}_2,\cdots,\boldsymbol{X}_m$和$p$维随机向量$\boldsymbol{Y}_1$,$\boldsymbol{Y}_2,\cdots,\boldsymbol{Y}_m$,其中$m$为任意正整数,且有

$$\begin{aligned}&P(\boldsymbol{X}_1\leqslant x_1,\cdots,\boldsymbol{X}_m\leqslant x_m;\boldsymbol{Y}_1\leqslant y_1,\cdots,\boldsymbol{Y}_m\leqslant y_m)\\&=P_1(\boldsymbol{X}_1\leqslant x_1,\cdots,\boldsymbol{X}_m\leqslant x_m)P_2(\boldsymbol{Y}_1\leqslant y_1,\cdots,\boldsymbol{Y}_m\leqslant y_m)\end{aligned} \tag{2.1.23}$$

则称这两个随机过程为相互独立的。上式亦可写为

$$F(x_1,\cdots,x_m;y_1,\cdots,y_m)=F_1(x_1,\cdots,x_m)F_2(y_1,\cdots,y_m) \tag{2.1.24}$$

如果概率密度函数存在,则有

$$f(x_1,\cdots,x_m;y_1,\cdots,y_m)=f_1(x_1,\cdots,x_m)f_2(y_1,\cdots,y_m) \tag{2.1.25}$$

2）随机过程的相关

讨论随机过程的相关情况。随机过程的相关矩阵定义为

$$\boldsymbol{\psi}_{XX}(t,\tau)=E[\boldsymbol{X}(t)\boldsymbol{X}^{\mathrm{T}}(\tau)] \tag{2.1.26}$$

式中:、$t,\tau\in I$ 。

已知协方差为$\boldsymbol{P}_{XX}(t,\tau)=E(\{\boldsymbol{X}(t)-E[\boldsymbol{X}(t)]\}\{\boldsymbol{X}(\tau)-\boldsymbol{E}[X(\tau)]^{\mathrm{T}}\})$

有
$$\begin{aligned}\boldsymbol{P}_{XX}(t,\tau)&=E[\boldsymbol{X}(t)\boldsymbol{X}^{\mathrm{T}}(\tau)]-2E[\boldsymbol{X}(t)]\{E[\boldsymbol{X}(\tau)]\}^{\mathrm{T}}+E[\boldsymbol{X}(t)]\{E[\boldsymbol{X}(\tau)]\}^{\mathrm{T}}\\&=E[\boldsymbol{X}(t)\boldsymbol{X}^{\mathrm{T}}(\tau)]-E[\boldsymbol{X}(t)][E[\boldsymbol{X}(\tau)]\}^{\mathrm{T}}\\&=\boldsymbol{\psi}_{XX}(t,\tau)-E[\boldsymbol{X}(t)]\{E[X(t)]\}^{\mathrm{T}}\end{aligned} \tag{2.1.27}$$

如果$\{\boldsymbol{X}(t),t\in I\}$为零均值随机过程,则

$$\boldsymbol{P}_{XX}(t,\tau)=\boldsymbol{\psi}_{XX}(t,\tau) \tag{2.1.28}$$

如果对I中所有$t,\tau(t\neq\tau)$,有

$$\boldsymbol{\psi}_{XX}(t,\tau)=E[\boldsymbol{X}(t)][\boldsymbol{E}[X(\tau)]\}^{\mathrm{T}} \tag{2.1.29}$$

则称随机过程$\{\boldsymbol{X}(t),t\in I\}$为不相关的随机过程。两个随机过程$\{\boldsymbol{X}(t),t\in I\}$和

$\{Y(t), t\in I\}$ 的互相关矩阵 $\psi_{XY}(t,\tau)$ 定义为

$$\psi_{XY}(t,\tau) = E[X(t)Y^{\mathrm{T}}(\tau)] \quad (t,\tau\in I) \tag{2.1.30}$$

如果满足 $\psi_{XY}(t,\tau) = E[X(t)Y^{\mathrm{T}}(\tau)] = E[X(t)]E[Y^{\mathrm{T}}(\tau)] \quad (t,\tau\in I)$,则称两随机过程互不相关。

3. 随机过程的平稳与非平稳

根据产生随机过程的物理系统的特性可把随机过程分为两类。一类是平稳随机过程,其特点为统计特性不随时间而变。反之,如果一个随机过程的统计特性随时间而改变,则称之为非平稳随机过程。对于一个向量随机过程$\{X(t), t\in I\}$,如果 I 中任意两组 m 个时间点$(t_1,t_2,\cdots,t_m)$和$(t_1+\tau,t_2+\tau,\cdots,t_m+\tau)$(其中 m 为正整数,τ 为任意常数)对所有的 n 维向量 $X_1,X_2,\cdots,X_m$ 有

$$F(x_1,t_1;x_2,t_2;\cdots;x_m,t_m) = F(x_1,t_1+\tau;x_2,t_2+\tau;\cdots;x_m,t_m+\tau) \tag{2.1.31}$$

则称该过程为严格平稳过程。对严格平稳过程显然有

$$f(x,t) = f(x,0) = f(x) \tag{2.1.32}$$

即随机向量的联合概率密度函数不依赖于时间。于是可以推出

$$E[X(t)] = \int_{-\infty}^{+\infty}\cdots\int_{-\infty}^{+\infty} xf(x)\,\mathrm{d}x_1\cdots\mathrm{d}x_n = E[X] = \text{常数向量} \tag{2.1.33}$$

$$\begin{aligned}P_{XX}(t) &= E\{[X(t) - E(X(t)]\}\{X(t) - E[X(t)]\}^{\mathrm{T}}\\ &= \int_{-\infty}^{+\infty}\cdots\int_{-\infty}^{+\infty}[x - E(X)][X - E(X)]^{\mathrm{T}}f(x)\,\mathrm{d}x_1\cdots\mathrm{d}x_n = P_{XX} = \text{常数阵}\end{aligned}$$

另外,由于$f(x_1,t_1;x_2,t_2) = f(x_1,0;x_2,t_2-t_1)$,所以

$$\begin{aligned}P_{XX}(t_1,t_2) &= \int_{-\infty}^{+\infty}\cdots\int_{-\infty}^{+\infty}[x_1 - E(X_1)][x_2 - E(X_2)]^{\mathrm{T}}f(x_1,0;x_2,t_2-t_1)\,\mathrm{d}x_{11}\cdots\mathrm{d}x_{1n}\mathrm{d}x_{21}\cdots\mathrm{d}x_{2n}\\ &= P_{XX}(0,t_2-t_1) = P_{XX}(\tau) \quad (\tau = t_2 - t_1)\end{aligned}$$

即有

$$\begin{cases}P_{XX}(t) = P_{XX} = C\\ P_{XX}(t_1,t_2) = P_{XX}(t_2-t_1) = P_{XX}(\tau)\end{cases} \tag{2.1.34}$$

其中 C 为常数阵。这就是说协方差函数仅取决于时间差 $\tau = t_2 - t_1$,具有以上这些性质(即 $E[X(t)]$为常数向量)的平稳随机过程称为广义平稳过程或协方差平稳过程。协方差平稳的这些性质是从严格平稳条件推演出来的,所以,一个严格平稳随机过程一定是协方差平稳随机过程,但其逆不真。今后我们通常所说的平稳随机过程,除特别说明外,都是指广义平稳随机过程。

与平稳随机过程有关的一个重要概念是遍历性假设。根据这一假设,在一段时间内,对一遍历性总体的所有样本值取平均值的统计计算,也可以用总体中单独一个代表性样本在全部时间内取平均值的统计计算来代替。所谓代表性,即总体中一个具体样本在统计上能代表全体,这意味着,它在各个时间点上所取的值,必须符合总体所有样本中可能出现的全部幅值范围、幅值变化率等。在实践中,所有平稳过程的统计特征差不多都是在遍历性假设成立的情况下对单个样本计算得出的。对一个标量随机过程,其均值、均方值、相关函数为

$$\begin{cases} E(x) = \lim\limits_{T\to\infty}\dfrac{1}{2T}\displaystyle\int_{-T}^{T} x(t)\,\mathrm{d}t \\ E(x^2) = \lim\limits_{T\to\infty}\dfrac{1}{2T}\displaystyle\int_{-T}^{T} x^2(t)\,\mathrm{d}t \\ \psi_{XX}(\tau) = \lim\limits_{T\to\infty}\dfrac{1}{2T}\displaystyle\int_{-T}^{T} x(t)x(t+\tau)\,\mathrm{d}t \\ \psi_{XX}(\tau) = \lim\limits_{T\to\infty}\dfrac{1}{2T}\displaystyle\int_{-T}^{T} x(t)y(t+\tau)\,\mathrm{d}t \end{cases} \tag{2.1.35}$$

一个向量随机过程的统计特征亦可用同样的方法计算得出。

4. 高斯随机过程

高斯随机向量即为常说的正态随机向量或常态随机向量。由于这种向量可以刻画大量微弱独立随机因素的综合作用，因此常作为系统随机因素的总体表示，在随机系统的研究中得到了广泛的应用。

$\boldsymbol{X}$ 为 n 维随机向量。如果它的特征函数具有

$$\boldsymbol{\Phi}_X(S) = \exp\left\{\mathrm{j}\bar{\boldsymbol{X}}^{\mathrm{T}}\boldsymbol{S} - \frac{1}{2}\boldsymbol{S}^{\mathrm{T}}\boldsymbol{P}\boldsymbol{S}\right\} \tag{2.1.36}$$

的形式，则称该向量为具有高斯分布的随机向量，简称高斯随机向量，常用 $\boldsymbol{X}=N(\bar{\boldsymbol{X}},\boldsymbol{P})$ 来表示。式(2.1.36)中，$\mathrm{j}=\sqrt{-1}$ 为虚数单位；$\boldsymbol{S}$ 是与 $\boldsymbol{X}$ 同维的向量，其分量定义在复数域上；$\bar{\boldsymbol{X}}=\boldsymbol{E}(\boldsymbol{X})$，$\boldsymbol{P}=\boldsymbol{E}[(\boldsymbol{X}-\bar{\boldsymbol{X}})(\boldsymbol{X}-\bar{\boldsymbol{X}})^{\mathrm{T}}]=\mathrm{Var}(\boldsymbol{X})$。

也可用概率密度函数来定义高斯随机向量。高斯随机向量 $\boldsymbol{X}$ 的概率分布密度函数为

$$f(\boldsymbol{X}) = \frac{1}{(2\pi)^n\,|\boldsymbol{P}|^{\frac{1}{2}}}\exp\left\{-\frac{1}{2}(\boldsymbol{X}-\bar{\boldsymbol{X}})^{\mathrm{T}}\boldsymbol{P}^{-1}(\boldsymbol{X}-\bar{\boldsymbol{X}})\right\} \tag{2.1.37}$$

显然，如果 $\boldsymbol{P}$ 奇异，则 $f(\boldsymbol{X})$ 不存在。一个高斯向量随机过程的统计特性完全由其平均值函数和自协方差函数确定。高斯随机向量的线性变换与线性组合仍是高斯随机向量。

5. 马尔可夫过程

导航系统经常会使用马尔可夫过程建立数学模型。下面对马尔可夫过程作简要介绍。

考虑随机过程 $\{\boldsymbol{X}(t), t\in T\}$。如果 m 个随机向量 $\boldsymbol{X}_{t_1},\cdots,\boldsymbol{X}_{t_m}$ 的条件概率分布函数可以写成

$$F(x_m \mid x_{m-1}, x_{m-2}, \cdots, x_1) = F(x_m \mid x_{m-1}) \tag{2.1.38}$$

则称该过程为一阶马尔可夫过程或简称马尔可夫过程。这里 m 和 $(t_i, 1\leqslant i\leqslant m)$ 是任意选取的。从式(2.1.38)可知，如果把 t_{m-1} 看成现在时刻，把 $t_1, t_2, \cdots, t_{m-2}$ 看成过去时刻，那么过程在未来时刻 t_m 的概率规律仅依赖于过程的现在值，而与过去值无关，这是马尔可夫过程最基本最重要的性质，常称之为马尔可夫性或无后效性。

马尔可夫过程的概念可以推广到高阶的情况。如果对于随机过程 $\{\boldsymbol{X}(t), t\in T\}$ 和 $t_1<t_2<\cdots<t_m$，有 $F(x_m|x_{m-1},x_{m-2},\cdots,x_1)=F(x_m|x_{m-1},x_{m-2})$，则称 $\{\boldsymbol{X}(t), t\in T\}$ 为二阶马尔可夫过程。类似地可以定义更高阶的马尔可夫过程。一般来说，当我们提到马尔可夫过程时，都是指一阶马尔可夫过程，遇到高阶马尔可夫过程时将指明其阶数，以区别不同阶数的马尔可夫过程。

如果随机过程$\{X(t), t\in T\}$既是高斯的,又是马尔可夫过程,则称为高斯-马尔可夫过程。

6. 白噪声和有色噪声

若随机过程$\omega(t)$满足

$$\begin{cases}E[\omega(t)]=0\\E[\omega(t)\omega^{\mathrm{T}}(\tau)]=q\delta(t-\tau)\end{cases} \tag{2.1.39}$$

则称$\omega(t)$为白噪声过程,式中q为$\omega(t)$的方差强度。

$$S_{\omega}(\omega)=\int_{+\infty}^{+\infty}q\delta(\mu)\mathrm{e}^{-\mathrm{j}\omega\mu}\mathrm{d}\mu=q \tag{2.1.40}$$

式(2.1.40)说明,白噪声$\omega(t)$的功率谱在整个频率区间内都为常值q,这与白色光的频谱分布在整个频率范围内的现象是类似的,所以$\omega(t)$被称为白噪声过程。其功率谱与方差强度相等。

若随机序列$\{W_k\}$满足

$$\begin{cases}E(W_k)=0\\E(W_kW_j^{\mathrm{T}})=Q_k\delta_{kj}\end{cases} \tag{2.1.41}$$

则称W_k为白噪声序列,在时间上,白噪声序列是出现在离散时间点上的杂乱无章的上下跳动。

凡是不满足式(2.1.39)的噪声过程都称为有色噪声过程。有色噪声的功率谱随频率而变,这与有色光的光谱分布在某一频段内的现象是类似的,“有色”一词也因此而得名。有色噪声可看作某一线性系统在白噪声驱动下的响应。对有色噪声建模就是确定出这一线性系统。常用的建模方法一般有两种:相关函数法和时间序列分析法。

相关函数分析法也称为成型滤波器法。设有一单位白噪声过程(功率谱密度为1)$\omega(t)$,输入到传递函数为$\Phi(s)$的线性系统中。根据线性系统理论,对应的输出信号$Y(t)$功率谱密度为:

$$S_Y(\omega)=|\Phi(\mathrm{j}\omega)|^2\cdot 1=\Phi(\mathrm{j}\omega)\Phi(-\mathrm{j}\omega) \tag{2.1.42}$$

因此,如果有色噪声$Y(t)$的功率谱密度可写成$\Phi(\mathrm{j}\omega)\Phi(-\mathrm{j}\omega)$的形式,则$Y(t)$可看作传递函数为$\Phi(s)$的线性系统对单位强度白噪声$\omega(t)$的响应,即$Y(t)$可以用$\omega(t)$来表示,这就实现了对有色噪声$Y(t)$的白化。$\Phi(s)$是实现白化的关键,被称为成型滤波器。对随机过程作建模处理时,一般都假设其满足各态历经性,即用在一个样本时间过程中采集到的数据计算相关函数,再由相关函数求出功率谱,然后由功率谱求出成型滤波器,所以这种方法称为相关函数法。

时间序列分析法把平稳的有色噪声序列看作是各个时刻相关的序列和各时刻出现的白噪声所组成,即k时刻的有色噪声Y_k为

$$Y_k=\phi_1Y_{k-1}+\phi_2Y_{k-2}+\phi_2Y_{k-2}+\cdots+\phi_pY_{k-p}+W_k-\theta_1W_{k-1}-\theta_2W_{k-2}-\cdots-\theta_qW_{k-q} \tag{2.1.43}$$

式中:$\phi_i<1(i=1,2,3,\cdots,p)$为自回归参数;$\theta_i<1(i=1,2,3,\cdots,q)$滑动平均参数;$\{W_k\}$为白噪声序列。上述表示有色噪声的递推方程成为$(p,q)$阶的自回归滑动平均模型ARMA$(p,q)$。模型式(2.1.43)可分别简化为自回归模型AR(p)和滑动模型MA(q)。

2.2 具有随机干扰的线性动力学系统

2.2.1 随机线性连续系统的数学模型

对一个多输入、多输出的物理系统，其状态的变化规律常用一组写成向量矩阵形式的一阶线性微分方程组进行描述，这组一阶线性微分方程组称为系统的状态方程。利用状态空间法在时域上对系统进行分析，常常比在频域上进行系统分析更为实用。

当一个线性动力学系统的输入为向量随机过程、初始条件是一个随机向量时，描绘该系统的状态方程是随机微分方程，系统的输出也是一个向量随机过程[3,8]。

一个连续时间系统同时具有确定性输入和随机噪声时，其动态过程一般可用下列的状态方程和观测方程描述为

$$\dot{\boldsymbol{X}}(t) = f[\boldsymbol{X}(t), \boldsymbol{U}(t), \boldsymbol{W}(t), t] \tag{2.2.1a}$$

$$\boldsymbol{Z}(t) = h[\boldsymbol{X}(t), \boldsymbol{U}(t), \boldsymbol{V}(t), t] \tag{2.2.1b}$$

式中：$\boldsymbol{X}(t)$为系统n维状态向量；$\boldsymbol{Z}(t)$为系统m维观测向量；f和h分别为已知的线性或非线性n维和m维向量函数；$\boldsymbol{U}(t)$为r维控制向量；$\boldsymbol{W}(t)$为p维系统随机过程噪声向量；$\boldsymbol{V}(t)$为m维系统随机观测噪声向量；系统的初始状态$\boldsymbol{X}(t_0)=X_0$是一个具有确定概率分布的n维随机向量。若式(2.2.1)中向量函数f和h对于$\boldsymbol{X}(t)$、$\boldsymbol{U}(t)$、$\boldsymbol{W}(t)$及$\boldsymbol{V}(t)$都是线性的，则有线性的系统状态方程和观测方程如下：

$$\dot{\boldsymbol{X}}(t) = \boldsymbol{A}(t)\boldsymbol{X}(t) + \boldsymbol{B}(t)\boldsymbol{U}(t) + \boldsymbol{F}(t)\boldsymbol{W}(t) \tag{2.2.2a}$$

$$\boldsymbol{Z}(t) = \boldsymbol{H}(t)\boldsymbol{X}(t) + \boldsymbol{D}(t)\boldsymbol{U}(t) + \boldsymbol{V}(t) \tag{2.2.2b}$$

式中：$\boldsymbol{A}(t)$是$n\times n$阶矩阵；$\boldsymbol{B}(t)$是$n\times r$阶矩阵；$\boldsymbol{D}(t)$是$m\times r$阶矩阵；$\boldsymbol{H}(t)$是$m\times m$阶矩阵；$\boldsymbol{F}(t)$是$n\times p$阶随时间连续变化的矩阵。

如果$\boldsymbol{A}(t)$、$\boldsymbol{B}(t)$、$\boldsymbol{D}(t)$、$\boldsymbol{H}(t)$和$\boldsymbol{F}(t)$都是与时间无关的常值矩阵，且$\boldsymbol{W}(t)$与$\boldsymbol{V}(t)$都是平稳随机过程，则式(2.2.2a)和式(2.2.2b)可写成如下的随机线性定常系统数学模型

$$\dot{\boldsymbol{X}}(t) = \boldsymbol{A}\boldsymbol{X}(t) + \boldsymbol{B}\boldsymbol{U}(t) + \boldsymbol{F}\boldsymbol{W}(t) \tag{2.2.3a}$$

$$\boldsymbol{Z}(t) = \boldsymbol{H}\boldsymbol{X}(t) + \boldsymbol{D}\boldsymbol{U}(t) + \boldsymbol{V}(t) \tag{2.2.3b}$$

在研究和分析随机线性系统的状态估计时，可以暂时不考虑系统的确定性输入，即认为$\boldsymbol{B}(t)=\boldsymbol{0}$，$\boldsymbol{D}(t)=0$，则式(2.2.2a)、式(2.2.2b)和式(2.2.3a)、式(2.2.3b)可分别写成

$$\dot{\boldsymbol{X}}(t) = \boldsymbol{A}(t)\boldsymbol{X}(t) + \boldsymbol{F}(t)\boldsymbol{W}(t) \tag{2.2.4a}$$

$$\boldsymbol{Z}(t) = \boldsymbol{H}(t)\boldsymbol{X}(t) + \boldsymbol{V}(t) \tag{2.2.4b}$$

和

$$\dot{\boldsymbol{X}}(t) = \boldsymbol{A}\boldsymbol{X}(t) + \boldsymbol{F}\boldsymbol{W}(t) \tag{2.2.5a}$$

$$\boldsymbol{Z}(t) = \boldsymbol{H}\boldsymbol{X}(t) + \boldsymbol{V}(t) \tag{2.2.5b}$$

关于随机线性连续系统噪声的假设与性质如下：

(1) 系统的过程噪声向量$\boldsymbol{W}(t)$和观测噪声向量$\boldsymbol{V}(t)$为零均值或非零均值的白噪声或高斯白噪声随机过程向量，即

$$\begin{cases} E[\boldsymbol{W}(t)] = \boldsymbol{0} \quad 或 \quad E[\boldsymbol{W}(t)] = \boldsymbol{\mu}_W \\ E[\boldsymbol{W}(t)\boldsymbol{W}^{\mathrm{T}}(\mu)] = \boldsymbol{Q}(t)\delta(t-\tau) \end{cases} \tag{2.2.6}$$

$$\begin{cases} E[\boldsymbol{V}(t)] = \boldsymbol{0} \quad 或 \quad E[\boldsymbol{V}(t)] = \boldsymbol{\mu}_V \\ E[\boldsymbol{V}(t)\boldsymbol{V}^{\mathrm{T}}(\tau)] = \boldsymbol{R}(t)\delta(t-\tau) \end{cases} \tag{2.2.7}$$

式中：$\boldsymbol{Q}(t)$是系统的过程噪声向量$\boldsymbol{W}(t)$的方差强度阵，为对称非负定矩阵；$\boldsymbol{R}(t)$是系统的观测噪声向量$\boldsymbol{V}(t)$的方差强度阵，为对称正定矩阵；$\delta(t-\tau)$是狄拉克(Dirac)δ函数，它满足

$$\begin{cases} \delta(t-\tau) = \begin{cases} 0 & (t \neq \tau) \\ \infty & (t = \tau) \end{cases} \\ \int_{-\infty}^{\infty} \delta(\tau)\mathrm{d}\tau = 1 \end{cases}$$

(2) 系统的过程噪声向量$\boldsymbol{W}(t)$和观测噪声向量$\boldsymbol{V}(t)$不相关或δ相关，即$E[\boldsymbol{W}(t)\boldsymbol{V}^{\mathrm{T}}(\tau)]=\boldsymbol{0}$或$E[\boldsymbol{W}(t)\boldsymbol{V}^{\mathrm{T}}(\tau)]=\boldsymbol{S}(t)\delta(t-\tau)$。式中：$\boldsymbol{S}(t)$是$\boldsymbol{W}(t)$和$\boldsymbol{V}(t)$的协方差强度阵。

(3) 系统的初始状态$\boldsymbol{X}(t_0)$是某种已知分布或正态分布的随机向量，其均值向量和方差阵分别为

$$\begin{cases} E[\boldsymbol{X}(t_0)] = \boldsymbol{X}_0 \\ E[\boldsymbol{X}(t_0)\boldsymbol{X}^{\mathrm{T}}(t_0)] = \boldsymbol{P}_0 \end{cases} \tag{2.2.8}$$

(4) 系统的过程噪声向量$\boldsymbol{W}(t)$和观测噪声向量$\boldsymbol{V}(t)$都与初始状态$\boldsymbol{X}(t_0)$不相关，即

$$\begin{cases} E[\boldsymbol{X}(t_0)\boldsymbol{W}^{\mathrm{T}}(t)] = 0 \\ E[\boldsymbol{X}(t_0)\boldsymbol{V}^{\mathrm{T}}(t)] = 0 \end{cases} \tag{2.2.9}$$

系统的过程噪声和观测噪声与系统的初始状态不相关的假设在多数情况下是有实际意义的。首先，因为观测设备属于系统的外围设备，它的观测误差不应与系统的初始状态有关；其次，系统的过程噪声与系统初始状态往往也是无关的，例如对于一个惯性导航系统，其系统过程噪声（诸如陀螺漂移和加速度计误差等）一般与系统初始状态（如经度、纬度和高度等）是无关的或者关系不大。

2.2.2 随机线性离散系统的数学模型

前述为连续系统，实际中人们更关心离散系统。随机线性离散系统的运动可用带有随机初始状态、系统过程噪声及观测噪声的差分方程和离散型观测方程来描述，它们可以从连续随机线性系统的状态方程和观测方程离散化来得到。设随机线性离散系统的状态方程和观测方程为

$$\boldsymbol{X}_k = \boldsymbol{\Phi}_{k,k-1}\boldsymbol{X}_{k-1} + \boldsymbol{\Gamma}_{k,k-1}\boldsymbol{W}_{k-1} \tag{2.2.10a}$$

$$\boldsymbol{Z}_k = \boldsymbol{H}_k\boldsymbol{X}_k + \boldsymbol{V}_k \tag{2.2.10b}$$

式中：$\boldsymbol{\Phi}_{k,k-1}$为$n \times n$阶非奇异状态一步转移矩阵；$\boldsymbol{\Gamma}_{k,k-1}$是$n \times p$阶系统过程噪声输入矩阵；$\boldsymbol{H}_k$是$m \times n$阶观测矩阵；$\boldsymbol{W}_k$为$p$维系统随机过程噪声序列；$\boldsymbol{V}_k$为$m$维系统随机观测噪声序列。对于随机线性定常系统，式(2.2.10a)和式(2.2.10b)可以进一步写成

$$X_k = \boldsymbol{\Phi} X_{k-1} + \boldsymbol{\Gamma} W_{k-1} \tag{2.2.11a}$$

$$Z_k = H X_k + V_k \tag{2.2.11b}$$

关于随机线性离散系统噪声的假设与性质如下：

（1）系统的过程噪声序列 $\boldsymbol{W}_k$ 和观测噪声序列 $\boldsymbol{V}_k$ 为零均值或非零均值的白噪声或高斯白噪声随机过程向量序列，即

$$\begin{cases} E(\boldsymbol{W}_k) = \boldsymbol{0}, E(\boldsymbol{V}_k) = \boldsymbol{0} \quad 或 \quad E(\boldsymbol{W}_k) = \boldsymbol{\mu}_W, E(\boldsymbol{V}_k) = \boldsymbol{\mu}_V \\ E(\boldsymbol{W}_k \boldsymbol{V}_j^{\mathrm{T}}) = \boldsymbol{Q}_k \delta_{kj}, E(\boldsymbol{V}_k \boldsymbol{V}_j^{\mathrm{T}}) = \boldsymbol{R}_k \delta_{kj} \end{cases} \tag{2.2.12}$$

式中：$\boldsymbol{Q}_k$ 是系统的过程噪声向量序列 $\boldsymbol{W}_k$ 的方差阵，为对称非负定矩阵；$\boldsymbol{R}_k$ 是系统的观测噪声向量序列 $\boldsymbol{V}_k$ 的方差阵，为对称正定矩阵；δ_{kj} 是克罗内克（Kronecker）δ 函数。并且系统的过程噪声序列 $\boldsymbol{W}_k$ 和观测噪声序列 $\boldsymbol{V}_k$ 是不相关的或 δ 相关，即

$$E(\boldsymbol{W}_k \boldsymbol{V}_j^{\mathrm{T}}) = \boldsymbol{0} \quad 或 \quad E(\boldsymbol{W}_k \boldsymbol{V}_j^{\mathrm{T}}) = \boldsymbol{S}_k \delta_{kj} \tag{2.2.13}$$

式中：$\boldsymbol{S}_k$ 是 $\boldsymbol{W}_k$ 和 V_k 的协方差阵。

（2）系统的初始状态 X_0 是某种已知分布或正态分布的随机向量，其均值向量和方差阵分别为

$$\begin{aligned} E(\boldsymbol{X}_0) &= \boldsymbol{\mu}_{X_0} \\ E(\boldsymbol{X}_0 \boldsymbol{X}_0^{\mathrm{T}}) &= \boldsymbol{P}_0 \end{aligned} \tag{2.2.14}$$

（3）系统的过程噪声向量序列 $\boldsymbol{W}_k$ 和观测噪声向量序列 $\boldsymbol{V}_k$ 都与初始状态 $\boldsymbol{X}_0$ 不相关，即

$$\begin{aligned} E(\boldsymbol{X}_0 \boldsymbol{W}_k^{\mathrm{T}}) &= \boldsymbol{0} \\ E(\boldsymbol{X}_0 \boldsymbol{V}_k^{\mathrm{T}}) &= \boldsymbol{0} \end{aligned} \tag{2.2.15}$$

2.2.3 随机线性连续系统的离散化

将随机线性连续系统的状态方程离散化可得到随机线性离散系统的状态方程。下面给出具体的连续系统离散化过程。

对于式(2.2.2a)和(2.2.2b)所示的随机线性连续系统，重写如下

$$\dot{\boldsymbol{X}}(t) = \boldsymbol{A}(t)\boldsymbol{X}(t) + \boldsymbol{B}(t)\boldsymbol{U}(t) + \boldsymbol{F}(t)\boldsymbol{W}(t) \tag{2.2.16a}$$

$$\boldsymbol{Z}(t) = \boldsymbol{H}(t)\boldsymbol{X}(t) + \boldsymbol{D}(t)\boldsymbol{U}(t) + \boldsymbol{V}(t) \tag{2.2.16b}$$

初始状态为 $\boldsymbol{X}(t_0) = X_0$，式(2.2.16a)状态方程的解为

$$\boldsymbol{X}(t) = \boldsymbol{\Phi}(t,t_0)\boldsymbol{X}(t_0) + \int_{t_0}^{t} \boldsymbol{\Phi}(t,\tau)\boldsymbol{B}(\tau)\boldsymbol{U}(\tau)\mathrm{d}\tau + \int_{t_0}^{t} \boldsymbol{\Phi}(t,\tau)\boldsymbol{F}(\tau)\boldsymbol{W}(\tau)\mathrm{d}\tau \tag{2.2.17}$$

$\boldsymbol{\Phi}(t,t_0)$ 是系统状态方程的 $n \times n$ 阶状态转移矩阵，它是下列矩阵方程的解

$$\begin{cases} \dot{\boldsymbol{\Phi}}(t,t_0) = \boldsymbol{A}(t)\boldsymbol{\Phi}(t,t_0) \\ \boldsymbol{\Phi}(t,t_0) = \boldsymbol{I}_n \end{cases} \tag{2.2.18}$$

$\boldsymbol{\Phi}(t,t_0)$ 还具备如下性质

$$\begin{cases} \boldsymbol{\Phi}(t,\tau)\boldsymbol{\Phi}(\tau,t_0) = \boldsymbol{\Phi}(t,t_0) \\ [\boldsymbol{\Phi}(t,\tau)]^{-1} = \boldsymbol{\Phi}(\tau,t) \end{cases} \tag{2.2.19}$$

由于系统初始状态 $\boldsymbol{X}(t_0) = \boldsymbol{X}_0$ 是随机向量，系统过程噪声 $\boldsymbol{W}(t)$ 和观测噪声 $\boldsymbol{V}(t)$ 是

向量随机过程,故系统的状态向量也将是一个向量随机过程。

假定等时间间隔采样,采样间隔 $\Delta t = t_{k+1} - t_k (k=0,1,2,\cdots)$ 为常值。在采样时刻 $t_k < t < t_{k+1} (k=0,1,2,\cdots)$,从 t_k 到 t_{k+1} 可得到下式

$$\boldsymbol{X}(t_{k+1}) = \boldsymbol{\Phi}(t_{k+1},t_k)\boldsymbol{X}(t_k) + \int_{t_k}^{t_{k+1}} \boldsymbol{\Phi}(t_{k+1},\tau)\boldsymbol{B}(\tau)\boldsymbol{U}(\tau)\mathrm{d}\tau + \int_{t_k}^{t_{k+1}} \boldsymbol{\Phi}(t_{k+1},\tau)\boldsymbol{F}(\tau)\boldsymbol{W}(\tau)\mathrm{d}\tau \tag{2.2.20}$$

在采样间隔 t_k 到 t_{k+1} 之间,认为 $\boldsymbol{U}(\tau)$ 和 $\boldsymbol{W}(t)$ 保持常值,设为 $\boldsymbol{U}(t_k)$ 和 $\boldsymbol{W}(t_k)$,根据式(2.2.20)可得

$$\boldsymbol{X}(t_{k+1}) = \boldsymbol{\Phi}(t_{k+1},t_k)\boldsymbol{X}(t_k) + \left[\int_{t_k}^{t_{k+1}} \boldsymbol{\Phi}(t_{k+1},\tau)\boldsymbol{B}(\tau)\mathrm{d}\tau\right]\boldsymbol{U}(t_k) + \left[\int_{t_k}^{t_{k+1}} \boldsymbol{\Phi}(t_{k+1},\tau)\boldsymbol{F}(\tau)\mathrm{d}\tau\right]\boldsymbol{W}(t_k)$$

如令

$$\int_{t_k}^{t_{k+1}} \boldsymbol{\Phi}(t_{k+1},\tau)\boldsymbol{B}(\tau)\mathrm{d}\tau = \boldsymbol{G}(t_{k+1},t_k) \quad (G(t_{k+1},t_k)\text{ 为 } n\times r \text{ 阶矩阵})$$

$$\int_{t_k}^{t_{k+1}} \boldsymbol{\Phi}(t_{k+1},\tau)\boldsymbol{F}(\tau)\mathrm{d}\tau = \boldsymbol{\Gamma}(t_{k+1},t_k) \quad (\boldsymbol{\Gamma}(t_{k+1},t_k)\text{ 为 } n\times p \text{ 阶矩阵})$$

则可得方程(2.2.16a)的差分方程

$$\boldsymbol{X}(t_{k+1}) = \boldsymbol{\Phi}(t_{k+1},t_k)\boldsymbol{X}(t_k) + \boldsymbol{G}(t_{k+1},t_k)\boldsymbol{U}(t_k) + \boldsymbol{\Gamma}(t_{k+1},t_k)\boldsymbol{W}(t_k) \tag{2.2.21a}$$

如 $\boldsymbol{W}(t)$ 为 p 维白噪声向量,则 $\boldsymbol{W}(t_k)$ 为 p 维白噪声向量序列。

与式(2.2.16b)的观测方程对应的离散观测方程为

$$\boldsymbol{Z}(t_{k+1}) = \boldsymbol{H}(t_{k+1})\boldsymbol{X}(t_{k+1}) + \boldsymbol{V}(t_{k+1} \tag{2.2.21b}$$

如令

$$\begin{cases} \boldsymbol{X}_{k+1} \triangleq \boldsymbol{X}(t_{k+1}) \\ \boldsymbol{X}_k \triangleq \boldsymbol{X}(t_k) \\ \boldsymbol{W}_k \triangleq \boldsymbol{W}(t_k) \\ \boldsymbol{V}_k \triangleq \boldsymbol{V}(t_k) \\ \boldsymbol{Z}_k \triangleq \boldsymbol{Z}(t_k) \\ \boldsymbol{\Phi}_{k+1,k} \triangleq \boldsymbol{\Phi}(t_{k+1},t_k) \\ \boldsymbol{\Gamma}_{k+1,k} \triangleq \int_{t_k}^{t_{k+1}} \boldsymbol{\Phi}(t_{k+1},\tau)\boldsymbol{F}(\tau)\mathrm{d}\tau \\ \boldsymbol{G}_{k+1,k} \triangleq \int_{t_k}^{t_{k+1}} \boldsymbol{\Phi}(t_{k+1},\tau)\boldsymbol{B}(\tau)\mathrm{d}\tau \end{cases}$$

则差分方程(2.2.21a)和离散观测方程(2.2.21b)可简写成

$$\boldsymbol{X}_{k+1} = \boldsymbol{\Phi}_{k+1,k}\boldsymbol{X}_k + \boldsymbol{G}_{k+1,k}\boldsymbol{U}_k + \boldsymbol{\Gamma}_{k+1,k}\boldsymbol{W}_k \tag{2.2.22a}$$

$$\boldsymbol{Z}_{k+1} = \boldsymbol{H}_{k+1}\boldsymbol{X}_{k+1} + \boldsymbol{V}_{k+1} \tag{2.2.22b}$$

$\boldsymbol{W}_k$ 和 $\boldsymbol{V}_k$ 都是零均值的白噪声序列,$\boldsymbol{W}_k$ 和 $\boldsymbol{V}_k$ 互相独立,在采样间隔内 $\boldsymbol{W}_k$ 和 $\boldsymbol{V}_k$ 都为常值,其统计特性如下

$$\begin{cases} E(\boldsymbol{W}_k) = E(\boldsymbol{V}_k) = 0 \\ E(\boldsymbol{W}_k\boldsymbol{W}_j^{\mathrm{T}}) = \boldsymbol{Q}_k\delta_{kj} \\ E(\boldsymbol{V}_k\boldsymbol{V}_j^{\mathrm{T}}) = \boldsymbol{R}_k\delta_{kj} \\ E(\boldsymbol{W}_k\boldsymbol{V}_j^{\mathrm{T}}) = \boldsymbol{0} \end{cases} \tag{2.2.23}$$

式中:δ_{kj}是 Kronecker $-\delta$ 函数。

下面讨论 $\boldsymbol{Q}_k$、$\boldsymbol{R}_k$ 与 $\boldsymbol{Q}(t)$、$R(t)$的关系。比较式(2.2.20))和式(2.2.21a)可得

$$\int_{t_k}^{t_{k+1}} \boldsymbol{\Phi}(t_{k+1},\tau)\boldsymbol{F}(\tau)\boldsymbol{W}(\tau)\mathrm{d}\tau = \boldsymbol{\Gamma}(t_{k+1},t_k)\boldsymbol{W}(t_k)$$

所以有

$$\begin{aligned} &E\left\{\left[\int_{t_k}^{t_{k+1}} \boldsymbol{\Phi}(t_{k+1},\tau)\boldsymbol{F}(\tau)\boldsymbol{W}(\tau)\mathrm{d}\tau\right]\left[\int_{t_k}^{t_{k+1}} \boldsymbol{\Phi}(t_{k+1},\tau')\boldsymbol{F}(\tau')\boldsymbol{W}(\tau')\mathrm{d}\tau'\right]^{\mathrm{T}}\right\} \\ &= E\{[\boldsymbol{\Gamma}(t_{k+1},t_k)\boldsymbol{W}(t_k)]\,[\boldsymbol{\Gamma}(t_{k+1},t_k)\boldsymbol{W}(t_k)]^{\mathrm{T}}\} \end{aligned} \tag{2.2.24}$$

式(2.2.24)的左边为

$$\begin{aligned} &\int_{t_k}^{t_{k+1}}\int_{t_k}^{t_{k+1}} \boldsymbol{\Phi}(t_{k+1},\tau)\boldsymbol{F}(\tau)E[\boldsymbol{W}(\tau)\boldsymbol{W}^{\mathrm{T}}(\tau')]\boldsymbol{F}^{T}(\tau')\boldsymbol{\Phi}^{\mathrm{T}}(t_{k+1},\tau')\mathrm{d}\tau\mathrm{d}\tau' \\ &= \int_{t_k}^{t_{k+1}}\int_{t_k}^{t_{k+1}} \boldsymbol{\Phi}(t_{k+1},\tau)\boldsymbol{F}(\tau)\boldsymbol{Q}(\tau)\delta(\tau-\tau')\boldsymbol{F}^{\mathrm{T}}(\tau')\boldsymbol{\Phi}^{\mathrm{T}}(t_{k+1},\tau')\mathrm{d}\tau\mathrm{d}\tau' \\ &= \int_{t_k}^{t_{k+1}} \boldsymbol{\Phi}(t_{k+1},\tau)\boldsymbol{F}(\tau)\boldsymbol{Q}(\tau)\boldsymbol{F}^{\mathrm{T}}(\tau)\boldsymbol{\Phi}^{\mathrm{T}}(t_{k+1},\tau)\mathrm{d}\tau \end{aligned}$$

式(2.2.24)的右边为

$$\boldsymbol{\Gamma}(t_{k+1},t_k)E[\boldsymbol{W}(t_k)\boldsymbol{W}^{\mathrm{T}}(t_k)]\boldsymbol{\Gamma}^{\mathrm{T}}(t_{k+1},t_k) = \boldsymbol{\Gamma}(t_{k+1},t_k)\boldsymbol{Q}_k\boldsymbol{\Gamma}^{\mathrm{T}}(t_{k+1},t_k)$$

则 $\boldsymbol{Q}_k$ 与 $\boldsymbol{Q}(\tau)$满足下列关系式

$$\boldsymbol{\Gamma}(t_{k+1},t_k)\boldsymbol{Q}_k\boldsymbol{\Gamma}^{\mathrm{T}}(t_{k+1},t_k) = \int_{t_k}^{t_{k+1}} \boldsymbol{\Phi}(t_{k+1},\tau)\boldsymbol{F}(\tau)\boldsymbol{Q}(\tau)\boldsymbol{F}^{\mathrm{T}}(\tau)\boldsymbol{\Phi}^{\mathrm{T}}(t_{k+1},\tau)\mathrm{d}\tau \tag{2.2.25}$$

当 $t_{k=1}-t_k \to 0$ 时

$$\boldsymbol{\Gamma}(t_{k+1},t_k) = [\boldsymbol{I}+\boldsymbol{A}(t)\Delta t+\cdots]\Delta t\boldsymbol{F}(t) \qquad (t_k < t < t_{k+1})$$

式(2.2.25)的左边为

$$\begin{aligned} \boldsymbol{\Gamma}(t_{k+1},t_k)\boldsymbol{Q}_k\boldsymbol{\Gamma}^{\mathrm{T}}(t_{k+1},t_k) &= [\boldsymbol{I}+\boldsymbol{A}(t)\Delta t+\cdots]\boldsymbol{F}(t)\boldsymbol{Q}_k\boldsymbol{F}^{\mathrm{T}}(t)[\boldsymbol{I}+\boldsymbol{A}^{\mathrm{T}}(t)\Delta t+\cdots]\Delta t^2 \\ &\approx \boldsymbol{F}(t)\boldsymbol{Q}_k\boldsymbol{F}^{\mathrm{T}}(t)\Delta t^2 \end{aligned}$$

式(2.2.25)的右边为

$$\begin{aligned} &\int_{t_k}^{t_{k+1}} \boldsymbol{\Phi}(t_{k+1},\tau)\boldsymbol{F}(\tau)\boldsymbol{Q}(\tau)\boldsymbol{F}^{\mathrm{T}}(\tau)\boldsymbol{\Phi}^{\mathrm{T}}(t_{k+1},\tau)\mathrm{d}\tau \\ &= [\boldsymbol{I}+\boldsymbol{A}(t)\Delta t+\cdots]\boldsymbol{F}(t)\boldsymbol{Q}_k\boldsymbol{F}^{\mathrm{T}}(t)[\boldsymbol{I}+\boldsymbol{A}^{\mathrm{T}}(t)\Delta t+\cdots]\Delta t \end{aligned}$$

$$\approx \boldsymbol{F}(t)\boldsymbol{Q}_k\boldsymbol{F}^{\mathrm{T}}(t)\Delta t$$

综合上述两式,可得

$$\boldsymbol{Q}_k\Delta t^2 = \boldsymbol{Q}(t)\Delta t$$

所以

$$\boldsymbol{Q}_k = \frac{\boldsymbol{Q}(t)}{\Delta t} \tag{2.2.26}$$

当 $\Delta t \to 0$ 时,$\lim\limits_{\Delta t \to 0}\boldsymbol{Q}_k = \infty$

就是说 $\Delta t \to 0$ 的极限条件下,离散噪声序列 $\boldsymbol{W}_k$ 趋向于持续时间为零、幅值为无穷大的脉冲序列。而“脉冲”自相关函数与横轴所围的面积 $\boldsymbol{Q}_k \cdot \Delta t$ 等于连续白噪声脉冲自相关函数与横轴所围的面积 $\boldsymbol{Q}(t)$。

同样,我们令

$$\boldsymbol{R}_k = \frac{\boldsymbol{R}(t)}{\Delta t} \tag{2.2.27}$$

当 $\Delta t \to 0$ 时

$$\lim_{\Delta t \to 0}\boldsymbol{R}_k = \infty$$

就是说,在 $\Delta t \to 0$ 的极限条件下,离散噪声序列 $\boldsymbol{V}_k$ 趋向于持续时间为零、幅值为无穷大的脉冲序列。而“脉冲”自相关函数与横轴所围的面积 $\boldsymbol{R}_k \cdot \Delta t$ 等于连续白噪声脉冲自相关函数与横轴所围的面积 $\boldsymbol{R}(t)$。由此可见,随机线性连续系统是随机线性离散系统在采样周期 $T = \Delta t \to 0$ 时的极限情况。显然,下列关系式将随机线性连续系统和随机线性离散系统联系起来了。

$$\begin{cases} \boldsymbol{\Phi}(t+\Delta t, t) = \boldsymbol{I} + \boldsymbol{A}(t) \cdot \Delta t + o(\Delta t^2) \\ \boldsymbol{\Gamma}(t+\Delta t, t) = \boldsymbol{F}(t) \cdot \Delta t + o(\Delta t^2) \\ \boldsymbol{Q}_k = \boldsymbol{Q}(t)/\Delta t \\ \boldsymbol{R}_k = \boldsymbol{R}(t)/\Delta t \end{cases} \tag{2.2.28}$$

2.3 导航系统数学模型

在组合导航系统中,为了研究有效的信息融合算法获得最佳的状态估计,各种导航系统的数学模型常常利用随机线性动力学模型来进行描述。本节列写惯性导航系统和 GPS 导航系统的模型。

2.3.1 惯性导航系统数学误差模型

惯导系统在结构安装、惯性元件及系统的工程实现中都不可避免地存在着多种误差因素,从而导致平台误差和系统输出误差。主要误差源包括元件误差、安装误差、初始值误差、载体运动干扰误差、计算机误差等[5,11]。

误差源对系统输出误差之间的关系清楚,下面直接给出静基座指北方位惯导的误差模型:

$$\delta_{\dot{\lambda}} = \frac{1}{R}\sec\varphi \cdot \delta_{v_x} \tag{2.3.1}$$

$$
\begin{cases}
\delta_L = \dfrac{1}{R}\delta_{v_y} \\
\delta_{\dot{v}_x} = 2w_{ie}\sin L \cdot \delta_{v_y} - \phi_y g + \Delta A_x \\
\delta_{\dot{v}_y} = -2w_{ie}\sin L \cdot \delta_{v_x} + \phi_x g + \Delta A_y \\
\dot{\phi}_x = -\dfrac{1}{R}\delta_{v_y} + w_{ie}\sin L \cdot \phi_y - w_{ie}\cos L \cdot \phi_z + \varepsilon_x \\
\dot{\varphi}_y = \dfrac{\delta_{v_x}}{R} - w_{ie}\sin L \cdot \delta_L - w_{ie}\sin L \cdot \phi_x + \varepsilon_y \\
\dot{\phi}_z = \dfrac{\tan L}{R}\delta_{v_x} + w_{ie}\cos L \cdot \delta_L + w_{ie}\cos L \cdot \phi_x + \varepsilon_z
\end{cases}
\tag{2.3.2}
$$

式中：λ 、L 分别为载体的经、纬度；v_x 、v_y 分别为载体运动的东向、北向速度；w_{ie} 为地球自转角速度；ϕ_x 、ϕ_y 、ϕ_z 分别为北向水平误差角、东向水平误差角和方位误差角；ΔA_x 、ΔA_y 分别为东向加速度计误差和北向加速度计误差；ε_x 、ε_y 、ε_z 分别为等效各陀螺漂移。

式(2.3.2)也可写成矩阵形式：

$$
\begin{bmatrix} \delta_{\dot{v}_x} \\ \delta_{\dot{v}_y} \\ \delta_L \\ \dot{\phi}_x \\ \dot{\phi}_y \\ \dot{\phi}_z \end{bmatrix}
=
\begin{bmatrix}
0 & 2w_{ie}\sin L & 0 & 0 & -g & 0 \\
-2w_{ie}\sin L & 0 & 0 & g & 0 & 0 \\
0 & \dfrac{1}{R} & 0 & 0 & 0 & 0 \\
0 & \dfrac{1}{R} & 0 & 0 & w_{ie}\sin L & -w_{ie}\cos L \\
\dfrac{1}{R} & 0 & -w_{ie}\sin L & -w_{ie}\sin L & 0 & 0 \\
\dfrac{\tan L}{R} & 0 & w_{ie}\cos L & w_{ie}\cos L & 0 & 0
\end{bmatrix}
\begin{bmatrix} \delta_{v_x} \\ \delta_{v_y} \\ \delta_L \\ \phi_x \\ \phi_y \\ \phi_z \end{bmatrix}
+
\begin{bmatrix} \Delta A_x \\ \Delta A_y \\ 0 \\ \varepsilon_x \\ \varepsilon_y \\ \varepsilon_z \end{bmatrix}
\tag{2.3.3}
$$

2.3.2　卫星导航系统误差数学模型

卫星导航系统包括 GPS、Glonass 和北斗系统。以 GPS 为例，定位误差源大体分为 3 类：

（1）与信号传播有关的误差，如对流层折射、电离层折射、多路径效应和相对论效应等。

（2）与 GPS 卫星有关的误差，如卫星钟差、轨道误差等。

（3）与接收机和参考系有关的误差，如接收机钟差、天线相位中心偏差、地球旋转和固体潮的影响等。

获得完全准确描述 GPS 动力学特性的模型十分困难，当前针对 GPS 模拟器的研究日益得到重视。系统采用 GPS 误差为随机常数、随机噪声和一阶马尔可夫过程之和，分别表示安装误差、接收机误差和多路径误差。

记 $X_{GPS}(t) = [\delta_{L_G}, \delta_{\lambda_G}, \delta_{v_{EG}}, \delta_{v_{NG}}, \delta_{\psi_{bG}}, \delta_{\gamma_{bG}}, \delta_{\psi_{mG}}, \delta_{\gamma_{mG}}]^T$，其中 δ_{L_G}、δ_{λ_G}、$\delta_{v_{EG}}$、$\delta_{v_{NG}}$、$\delta_{\psi_{bG}}$、$\delta_{\gamma_{bG}}$、$\delta_{\psi_{mG}}$、$\delta_{\gamma_{mG}}$ 分别为 GPS 导航系统输出的纬度误差、经度误差、东向和北向速度误差、航向角随机常数偏差、纵摇角随机常数偏差、航向角一阶马尔可夫误差、纵摇角一阶马尔可

夫误差。GPS 姿态测量系统的误差模型为

$$\dot{X}_{GPS} = F_{GPS}X_{GPS} + B_{GPS} + W_{GPS} \tag{2.3.4}$$

$$Z = H_{GPS}X_{GPS} + V_{GPS} \tag{2.3.5}$$

式中

$$F_{GPS} = \mathrm{diag}\left[-\frac{1}{\tau_{L_G}} \quad -\frac{1}{\tau_{\lambda_G}} \quad -\frac{1}{\tau_{v_{EG}}} \quad -\frac{1}{\tau_{v_{NG}}} \quad 0 \quad 0 \quad -\frac{1}{\tau_{\psi_{mG}}} \quad -\frac{1}{\tau_{\gamma_{mG}}}\right]$$

$$B_{GPS} = \mathrm{diag}[1 \quad 1 \quad 1 \quad 1 \quad 0 \quad 0 \quad 1 \quad 1]$$

$$W_{GPS} = [W_{\delta_{L_G}} \quad W_{\delta_{\lambda_G}} \quad W_{\delta_{v_{EG}}} \quad W_{\delta_{v_{NG}}} \quad W_{\delta_{\psi_{mG}}} \quad W_{\delta_{\gamma_{mG}}}]^{T}$$

$$H_{GPS} = \mathrm{diag}[1 \quad 1 \quad 1 \quad 1 \quad 0 \quad 0 \quad 1 \quad 1]$$

且 W_{GPS} 为均值为零、方差为 Q_{GPS} 的白噪声。相关时间 τ_{L_G}、τ_{λ_G}、$\tau_{v_{EG}}$、$\tau_{v_{NG}}$ 分别在 100s～200s 区间内选取，$\tau_{\psi_{mG}} = 4000\mathrm{s}$，$\tau_{\gamma_{mG}} = 600\mathrm{s}$。

2.4　最优估计方法

组合导航信息融合的核心是状态最优估计。由于观测量是有噪声的测量，所以最优是在统计意义下提出的，在某一最优准则基础上，求得系统状态的最好估计值。本节我们来讨论如何从掺杂着噪声的观测数据中，估计一个状态向量，而且在某种意义上使估计误差为最小，即在一种规定的准则下估计是最优的。下面介绍几种统计估计方法。

2.4.1　最小二乘估计

最小二乘估计是一种经典的数据处理方法，由著名数学家高斯在 1795 年提出。他认为根据观测数据来估计“未知参数最可能的估计值是，它使各次实际观测值与相应的估计值之间的差值的平方乘以度量其精确度的数值之后的和为最小”。这就是最小二乘估计的基本思想。

下面我们来具体介绍这一方法。假定观测向量 $\boldsymbol{z}$ 与被估计向量 $\boldsymbol{x}$ 之间存在以下线性关系

$$\boldsymbol{z} = \boldsymbol{H}\boldsymbol{x} + \boldsymbol{v}$$

$\boldsymbol{H}$ 为已知的观测矩阵，其行数与 $\boldsymbol{z}$ 的维数相同，列数等于 $\boldsymbol{x}$ 的维数；$\boldsymbol{v}$ 为观测误差向量，维数与 $\boldsymbol{z}$ 相同。在这种情况下即使不知道观测误差的任何统计特性，我们仍可以用最小二乘法对被估计向量 $\boldsymbol{x}$ 进行估计。选取估计值 $\hat{\boldsymbol{x}}$ 能使观测值 $\boldsymbol{z}$ 与其估计值 $\boldsymbol{H}\hat{\boldsymbol{x}}$ 之间误差的平方和最小。共进行 k 次观测，下标 i 表示第 i 次观测，用 $\boldsymbol{J}(\tilde{x})$ 表示误差的平方和，则

$$\boldsymbol{J}(\tilde{x}) = \sum_{i=1}^{k}(z_i - H_i\hat{x})^2 \tag{2.4.1}$$

上式也可写为

$$\boldsymbol{J}(\tilde{x}) = (\boldsymbol{z} - \boldsymbol{H}\hat{\boldsymbol{x}})^{T}(\boldsymbol{z} - \boldsymbol{H}\hat{\boldsymbol{x}}) \tag{2.4.2}$$

式中

$$z = \begin{bmatrix} z_1 \\ z_2 \\ \vdots \\ z_k \end{bmatrix}, \boldsymbol{H} = \begin{bmatrix} H_1 \\ H_2 \\ \vdots \\ H_k \end{bmatrix}$$

由于每次观测的精确度不尽相同,所以必须对每个观测值与估计值之间误差的平方进行加权后再求和。为此在式中引入正定加权矩阵 $\boldsymbol{W}$,并令

$$\boldsymbol{J}_W(\tilde{x}) = (z - \boldsymbol{H}\hat{\boldsymbol{x}})^{\mathrm{T}}\boldsymbol{W}(z - \boldsymbol{H}\hat{\boldsymbol{x}}) \tag{2.4.3}$$

为了选择 $\hat{\boldsymbol{x}}$ 使 $\boldsymbol{J}_W(\tilde{x})$ 有极小值,根据数学分析中求极值的原理,将 $\boldsymbol{J}_W(\tilde{x})$ 对 $\tilde{x}$ 求偏导数,然后令其等于零,即

$$\frac{\partial}{\partial \tilde{x}}\boldsymbol{J}_W(\hat{x}) = -2\boldsymbol{H}^{\mathrm{T}}\boldsymbol{W}(z - \boldsymbol{H}\hat{\boldsymbol{x}}) = 0 \tag{2.4.4}$$

由式(2.4.4)解得 $\hat{\boldsymbol{x}}$ 并用 $\hat{\boldsymbol{x}}_{\mathrm{LS}}$ 表示

$$\hat{\boldsymbol{x}}_{\mathrm{LS}} = (\boldsymbol{H}^{\mathrm{T}}\boldsymbol{W}\boldsymbol{H})^{-1}\boldsymbol{H}^{\mathrm{T}}\boldsymbol{W}z \tag{2.4.5}$$

可以证明,加权最小二乘估计的估计误差的均值为零,即估计值与真值有相同的期望,这样的估计值称为无偏估计。加权矩阵 $\boldsymbol{W}$ 选为观测误差协方差阵的逆,可以证明加权矩阵 $\boldsymbol{W} = \boldsymbol{R}^{-1}$ 是使误差协方差矩阵达到最小的加权矩阵。

可以证明,$\boldsymbol{W}$ 为任何一个加权矩阵时,估计误差协方差阵均较取 $\boldsymbol{R}^{-1}$ 为加权矩阵时为大。有时把加权矩阵 $\boldsymbol{W}$ 为 $\boldsymbol{R}^{-1}$ 时的加权最小二乘估计

$$\hat{\boldsymbol{x}}_{\mathrm{LS}} = (\boldsymbol{H}^{\mathrm{T}}\boldsymbol{R}^{-1}\boldsymbol{H})^{-1}\boldsymbol{H}^{\mathrm{T}}\boldsymbol{R}^{-1}z \tag{2.4.6}$$

称为马尔可夫估计。

如果对观测误差缺乏验前的统计知识,只能假定每次观测的精度相同,则各次实际观测值与相应估计之间差值的平方等权相加求和,此时 $\boldsymbol{W} = \boldsymbol{I}$,$\boldsymbol{x}$ 的最小二乘估计 $\hat{\boldsymbol{x}}_{\mathrm{LS}}$ 应为

$$\hat{\boldsymbol{x}}_{\mathrm{LS}} = (\boldsymbol{H}^{\mathrm{T}}\boldsymbol{H})^{-1}\boldsymbol{H}^{\mathrm{T}}z \tag{2.4.7}$$

显然,用式(2.4.7)计算出的估计值,其估计误差协方差阵大于马尔可夫估计的误差协方差阵。增加观测次数,$\boldsymbol{Z}_k$ 的维数随之增加,矩阵 $\boldsymbol{H}_k$ 和 $\boldsymbol{R}_k^{-1}$ 将越来越大,计算 $\hat{\boldsymbol{x}}_{\mathrm{LS}}(k)$ 的工作量也将越来越大以至超出计算机的容量而无法计算。那么利用新的第 $k+1$ 次观测向量 z_{k+1} 来修正经过 k 次观测已经得到的最小二乘估计 $\hat{\boldsymbol{x}}_{\mathrm{LS}}(k)$,从而求得 $k+1$ 次观测后的最小二乘估计 $\hat{\boldsymbol{x}}_{\mathrm{LS}}(k+1)$。根据这一思想可以推算出 $\hat{\boldsymbol{x}}_{\mathrm{LS}}(k+1)$ 的表达式。

$$\begin{aligned} \hat{\boldsymbol{x}}_{\mathrm{LS}}(k+1) &= (\boldsymbol{I} - \boldsymbol{K}_{k+1}\boldsymbol{h}_{k+1})\hat{\boldsymbol{x}}_{LS}(k) + \boldsymbol{K}_{k+1}\boldsymbol{Z}_{k+1} \\ &= \hat{\boldsymbol{x}}_{\mathrm{LS}}(k) + \boldsymbol{K}_{k+1}[z_{k+1} - \boldsymbol{h}_{k+1}\hat{\boldsymbol{x}}_{\mathrm{LS}}(k)] \end{aligned} \tag{2.4.8}$$

增加一次新的观测以后,只需将新的观测量去修正原有的最小二乘估计 $\hat{\boldsymbol{x}}_{\mathrm{LS}}(k)$,无须再用全部观测值,这样可以大大减小计算工作量。式(2.4.8)中的 $\boldsymbol{K}_{k+1}$ 为加权矩阵,$\boldsymbol{z}_{k+1} - \boldsymbol{h}_{k+1}\hat{\boldsymbol{x}}_{\mathrm{LS}}(k)$ 为残差,$\hat{\boldsymbol{x}}_{\mathrm{LS}}(k+1)$ 为 $\hat{\boldsymbol{x}}_{\mathrm{LS}}(k)$ 与残差的加权和。式(2.4.8)为递推最小二乘估计的表达式。

2.4.2 最小方差估计与线性最小方差估计

1. 最小方差估计

1)最小方差估计与条件均值

设 $\boldsymbol{X}$ 为随机向量,$\boldsymbol{Z}$ 为 $\boldsymbol{X}$ 的观测向量,即 $\boldsymbol{Z} = \boldsymbol{Z}(\boldsymbol{X}) + \boldsymbol{V}$,求 $\boldsymbol{X}$ 的估计 $\hat{\boldsymbol{X}}$ 就是根据 $\boldsymbol{Z}$ 解

算出 $\boldsymbol{X}$，显然 $\hat{\boldsymbol{X}}$ 是 $\boldsymbol{Z}$ 的函数。由于 $\boldsymbol{V}$ 是随机误差，$\boldsymbol{X}$ 无法从 $\boldsymbol{Z}$ 的函数关系式中直接求取，而必须按统计意义的最优标准求取。最小方差估计是使下述指标达到最小估计 $\hat{\boldsymbol{X}}_{\mathrm{MV}}(\boldsymbol{Z})$，即

$$\boldsymbol{J} = \boldsymbol{E}_{X,Z}\{[\boldsymbol{X} - \hat{\boldsymbol{X}}(z)]^{\mathrm{T}}[\boldsymbol{X} - \hat{\boldsymbol{X}}(z)]\}_{\hat{X}(Z)=\hat{X}_{\mathrm{MV}}(Z)} = \min \tag{2.4.9}$$

式中：$\boldsymbol{X} - \hat{\boldsymbol{X}}$ 为估计误差，对于 $\boldsymbol{Z}$ 的某一个实现，$\hat{\boldsymbol{X}}(z)$ 是与之对应的某一具体样本，所以上式中求均值是对 $\boldsymbol{X}$ 和 $\boldsymbol{Z}$ 同时进行的。最小方差估计等于量测为某一具体实现条件下的条件均值：$\hat{\boldsymbol{X}}_{\mathrm{MV}}(\boldsymbol{Z}) = \boldsymbol{E}[\boldsymbol{X}/\boldsymbol{Z}]$。

2）最小方差估计的无偏性

最小方差估计是 $\boldsymbol{X}$ 的无偏估计，即

$$E[\boldsymbol{X} - \hat{\boldsymbol{X}}(z)] = 0 \text{ 或 } E[\hat{\boldsymbol{X}}_{\mathrm{MV}}(\boldsymbol{Z})] = E(\boldsymbol{X}) \tag{2.4.10}$$

3）正态随机向量的最小方差估计

若被估计量$\boldsymbol{X}_{n\times 1}$和观测向量 $\boldsymbol{Z}_{m\times 1}$都服从正态分布，且

$$E(\boldsymbol{X}) = \boldsymbol{m}_X, E(\boldsymbol{Z}) = \boldsymbol{m}_Z$$

$$\mathrm{Cov}(\boldsymbol{X},\boldsymbol{Z}) = E[(\boldsymbol{X} - \boldsymbol{m}_X)(\boldsymbol{Z} - \boldsymbol{m}_z)^{\mathrm{T}}] = \boldsymbol{C}_{XZ}$$

$$\mathrm{Var}(\boldsymbol{Z}) = E[(\boldsymbol{Z} - \boldsymbol{m}_z)(\boldsymbol{Z} - \boldsymbol{m}_z)^{\mathrm{T}}] = \boldsymbol{C}_Z$$

则 $\boldsymbol{X}$ 的最小方差估计为

$$\hat{\boldsymbol{X}}_{\mathrm{MV}}(\boldsymbol{Z}) = \boldsymbol{m}_X + \boldsymbol{C}_{XZ}\boldsymbol{C}_Z^{-1}(\boldsymbol{Z} - \boldsymbol{m}_Z) \tag{2.4.11}$$

该估计的均方差为

$$\mathrm{Var}[\boldsymbol{X} - \hat{\boldsymbol{X}}_{\mathrm{MV}}(\boldsymbol{Z})] = \boldsymbol{P} = \boldsymbol{C}_X - \boldsymbol{C}_{XZ}\boldsymbol{C}_Z^{-1}\boldsymbol{C}_{ZX} \tag{2.4.12}$$

上式说明，当被估计量 $\boldsymbol{X}$ 和观测量 $\boldsymbol{Z}$ 都服从正态分布时，$\boldsymbol{X}$ 的最小方差估计不必通过求取对条件概率密度的积分，只需知道 $\boldsymbol{X}$ 及 $\boldsymbol{Z}$ 的一阶和二阶矩。并且 $\hat{\boldsymbol{X}}_{\mathrm{MV}}(\boldsymbol{Z})$ 是关于观测量 $\boldsymbol{Z}$ 的线性函数，所以 $\hat{\boldsymbol{X}}_{\mathrm{MV}}(\boldsymbol{Z})$ 是一种线性估计。

2. 线性最小方差估计

所谓线性最小方差估计，就是在已知被估计量 $\boldsymbol{X}$ 和观测量 $\boldsymbol{Z}$ 的一、二阶矩（即均值 $E(\boldsymbol{X})$、$E(\boldsymbol{Z})$，方差 $\mathrm{Var}(\boldsymbol{X})$、$\mathrm{Var}(\boldsymbol{Z})$ 和协方差 $\mathrm{Cov}(\boldsymbol{X},\boldsymbol{Z})$ 的情况下，假定所求的估计量是观测量的线性函数，以估计误差方差矩阵达到最小作为最优估计的性能指标（损失函数）的估计方法。

我们假定估计 $\hat{\boldsymbol{X}}$ 是观测量 $\boldsymbol{Z}$ 的线性函数，即设 $\hat{\boldsymbol{X}}(\boldsymbol{Z}) = \boldsymbol{a} + \boldsymbol{BZ}$。式中，$\boldsymbol{a}$ 为与 $\boldsymbol{X}$ 同维的非随机向量；$\boldsymbol{B}$ 为行数等于被估计量 $\boldsymbol{X}$ 的维数、列数等于观测向量维数的非随机矩阵。记 $\tilde{\boldsymbol{x}} = \boldsymbol{X} - \boldsymbol{X}(\boldsymbol{Z})$，则选择向量 $\boldsymbol{a}$ 和矩阵 $\boldsymbol{B}$，使得下列平均二次性能指标

$$\begin{aligned}\bar{\boldsymbol{J}}(\tilde{\boldsymbol{X}}) &= \mathrm{tr}E[(\boldsymbol{X} - \boldsymbol{a} - \boldsymbol{BZ})(\boldsymbol{X} - \boldsymbol{a} - \boldsymbol{BZ})^{\mathrm{T}}] \\ &= E[(\boldsymbol{X} - \boldsymbol{a} - \boldsymbol{BZ})^{\mathrm{T}}(\boldsymbol{X} - \boldsymbol{a} - \boldsymbol{BZ})]\end{aligned} \tag{2.4.13}$$

达到极小，则此时得到的 $\boldsymbol{X}$ 的最优估计就称为线性最小方差估计，并记为 $\hat{\boldsymbol{X}}_{\mathrm{LMV}}(\boldsymbol{Z})$。如果把使 $\bar{\boldsymbol{J}}(\tilde{\boldsymbol{X}})$ 达到极小的 $\boldsymbol{a}$ 和 $\boldsymbol{B}$ 记为 $\boldsymbol{a}_{\mathrm{L}}$ 和 $\boldsymbol{B}_{\mathrm{L}}$，则有

$$\hat{\boldsymbol{X}}_{\mathrm{LMV}}(\boldsymbol{Z}) = \boldsymbol{a}_{\mathrm{L}} + \boldsymbol{B}_{\mathrm{L}}\boldsymbol{Z} \tag{2.4.14}$$

因此，只要求得 $\boldsymbol{a}_{\mathrm{L}}$ 和 $\boldsymbol{B}_{\mathrm{L}}$，就能由式(2.4.14)得到 $\hat{\boldsymbol{X}}_{\mathrm{LMV}}(\boldsymbol{Z})$。

为了求得 $\boldsymbol{a}_{\mathrm{L}}$ 和 $\boldsymbol{B}_{\mathrm{L}}$，我们将 $\bar{\boldsymbol{J}}(\tilde{\boldsymbol{X}})$ 对 $\boldsymbol{a}_{\mathrm{L}}$ 和 $\boldsymbol{B}_{\mathrm{L}}$ 求导。由于 $\bar{\boldsymbol{J}}(\tilde{\boldsymbol{X}})$ 是向量 $\boldsymbol{a}$ 和 $\boldsymbol{B}$ 的标量函数，考虑到微分运算和期望运算是可交换的，可以得到下面的结果

$$\frac{\partial}{\partial \boldsymbol{a}}E[(\boldsymbol{X}-\boldsymbol{a}-\boldsymbol{BZ})^{\mathrm{T}}(\boldsymbol{X}-\boldsymbol{a}-\boldsymbol{BZ})]=E\left\{\frac{\partial}{\partial \boldsymbol{a}}[(\boldsymbol{X}-\boldsymbol{a}-\boldsymbol{BZ})^{\mathrm{T}}(\boldsymbol{X}-\boldsymbol{a}-\boldsymbol{BZ})]\right\}$$
$$=-2E[(\boldsymbol{X}-\boldsymbol{a}-\boldsymbol{BZ})]$$
$$=2[a+\boldsymbol{B}E(\boldsymbol{Z})-E(\boldsymbol{X})]$$

$$\frac{\partial}{\partial \boldsymbol{B}}E[(\boldsymbol{X}-\boldsymbol{a}-\boldsymbol{BZ})^{\mathrm{T}}(\boldsymbol{X}-\boldsymbol{a}-\boldsymbol{BZ})]=E\left[\frac{\partial}{\partial \boldsymbol{B}}(\boldsymbol{X}-\boldsymbol{a}-\boldsymbol{BZ})^{\mathrm{T}}(\boldsymbol{X}-\boldsymbol{a}-\boldsymbol{BZ})\right]$$
$$=E\left\{\frac{\partial}{\partial \boldsymbol{B}}[\mathrm{Tr}(\boldsymbol{X}-\boldsymbol{a}-\boldsymbol{BZ})(\boldsymbol{X}-\boldsymbol{a}-\boldsymbol{BZ})^{\mathrm{T}}]\right\}$$
$$=-2E[(\boldsymbol{X}-\boldsymbol{a}-\boldsymbol{BZ})\boldsymbol{Z}^{\mathrm{T}}]$$
$$=2[\boldsymbol{a}E(\boldsymbol{Z}^{\mathrm{T}})+\boldsymbol{B}E(\boldsymbol{Z}\boldsymbol{Z}^{\mathrm{T}})-E(\boldsymbol{X}\boldsymbol{Z}^{\mathrm{T}})]$$

令上面两式等于零,即可求得 $\boldsymbol{a}_{\mathrm{L}}$ 和 $\boldsymbol{B}_{\mathrm{L}}$,代入式(2.4.14)得到 $\hat{\boldsymbol{X}}_{\mathrm{LMV}}(\boldsymbol{Z})$,表达式为

$$\boldsymbol{a}_{\mathrm{L}}=E(\boldsymbol{X})-\mathrm{Cov}(\boldsymbol{X},\boldsymbol{Z})[\mathrm{Var}(\boldsymbol{Z})]^{-1}E(\boldsymbol{Z})$$
$$\boldsymbol{B}_{\mathrm{L}}=\mathrm{Cov}(\boldsymbol{X},\boldsymbol{Z})[\mathrm{Var}(\boldsymbol{Z})]^{-1}$$
$$\hat{\boldsymbol{X}}_{\mathrm{LMV}}(\boldsymbol{Z})=E(\boldsymbol{X})+\mathrm{Cov}(\boldsymbol{X},\boldsymbol{Z})[\mathrm{Var}[\boldsymbol{Z}]]^{-1}[\boldsymbol{Z}-E(\boldsymbol{Z})]$$

$\hat{\boldsymbol{X}}_{\mathrm{LMV}}(\boldsymbol{Z})$就是由观测值 $\boldsymbol{Z}$ 求 $\boldsymbol{X}$ 的线性最小估计表达式。它具有如下性质:

(1) 线性最小方差估计 $\hat{\boldsymbol{X}}_{\mathrm{LMV}}(\boldsymbol{Z})$是无偏估计,即 $E[\hat{\boldsymbol{X}}_{\mathrm{LMV}}(\boldsymbol{Z})]=E(\boldsymbol{X})$。

(2) 估计误差的方差阵为

$$\begin{aligned}\mathrm{Var}[\tilde{X}_{\mathrm{LMV}}(Z)]&=E\{[\boldsymbol{X}-\hat{\boldsymbol{X}}_{\mathrm{LMV}}(\boldsymbol{Z})][\boldsymbol{X}-\hat{\boldsymbol{X}}_{\mathrm{LMV}}(\boldsymbol{Z})]^{\mathrm{T}}\}\\&=E(\{\boldsymbol{X}-E(\boldsymbol{X})-\mathrm{Cov}(\boldsymbol{X},\boldsymbol{Z})[\mathrm{Var}(\boldsymbol{Z})]^{-1}[\boldsymbol{Z}-E(\boldsymbol{Z})]\}\cdot\\&\quad\{\boldsymbol{X}-E(\boldsymbol{X})-\mathrm{Cov}(\boldsymbol{X},\boldsymbol{Z})[\mathrm{Var}(\mathrm{Z})]^{-1}[\boldsymbol{Z}-E(\boldsymbol{Z})]\}^{\mathrm{T}})\\&=\mathrm{Var}(\boldsymbol{X})-\mathrm{Cov}(\boldsymbol{X},\boldsymbol{Z})[\mathrm{Var}(\mathrm{Z})]^{-1}\mathrm{Cov}(\boldsymbol{Z},\boldsymbol{X})\end{aligned}$$

任何一种线性估计的误差方差阵都将大于等于线性最小方差估计的误差方差矩阵。

2.4.3 极大验后估计与极大似然估计

极大验后估计与极大似然估计是从另一种最优准则出发来求最优估计值。

1. 极大验后估计

在求最小二乘估计时,可以完全不考虑 $\boldsymbol{x}$ 的概率分布,但如果我们已知试验结果$\boldsymbol{Z}=\boldsymbol{z}$的条件下被估计向量 $\boldsymbol{x}$ 的条件概率密度函数 $f(\boldsymbol{x}|\boldsymbol{z})$,就可以从另一角度来定义最优准则。从直观上来看,一个使概率密度函数达到极大的那个 $\boldsymbol{x}$ 值,就是相应随机向量的最大可能值。因为随机向量落在最大可能值附近一个小的领域内的概率大于落在其他任何值的同样领域内的概率,所以我们可以把验后概率达到极大作为一种最优准则,并把验后概率达到极大的 $\boldsymbol{x}$ 记作 $\hat{\boldsymbol{x}}_{\mathrm{MA}}$,称之为极大验后估计。由于对数函数是单调增函数,所以 $\log f(\boldsymbol{x}|\boldsymbol{z})$与 $f(\boldsymbol{x}|\boldsymbol{z})$ 在相同的 $\boldsymbol{x}$ 值达到极大,故由数学分析知道 $\hat{\boldsymbol{x}}_{\mathrm{MA}}$应满足下列方程:

$$\frac{\partial}{\partial \boldsymbol{x}}\log f(\boldsymbol{x}\mid\boldsymbol{z})\mid_{\boldsymbol{x}=\hat{\boldsymbol{x}}_{MA}}=0 \tag{2.4.15}$$

方程式(2.4.15)称为验后方程。

2. 极大似然估计

还有一种最优准则称为极大似然准则,根据这个准则求得 $\boldsymbol{x}$ 的最优估计值称为极大似然估计。极大似然估计是使条件概率密度函数 $f(\boldsymbol{z}|\boldsymbol{x})$ 取极大的那个 $\boldsymbol{x}$ 值并用 $\boldsymbol{x}_{\mathrm{ML}}$ 表

之,则 $\boldsymbol{x}_{ML}$应满足下列方程:

$$\frac{\partial}{\partial \boldsymbol{x}}\log f(\boldsymbol{z} \mid \boldsymbol{x}) \mid_{\boldsymbol{x}=\hat{\boldsymbol{x}}_{ML}} = 0 \tag{2.4.16}$$

方程式(2.4.16)称为似然方程。

根据贝叶斯公式,验后概率密度函数与似然概率函数密度的关系如下:

$$f(\boldsymbol{x}|\boldsymbol{z}) = f(\boldsymbol{z}|\boldsymbol{x})f(\boldsymbol{x})/f(\boldsymbol{z})$$

对上式两边取对数,然后对 $\boldsymbol{x}$ 求偏导并令其等于零,即可得到 $\hat{\boldsymbol{x}}_{MA}$,有

$$\frac{\partial}{\partial \boldsymbol{x}}\log f(\boldsymbol{x} \mid \boldsymbol{z}) = \hat{\boldsymbol{x}}_{ML} = \left[\frac{\partial}{\partial \boldsymbol{x}}\log f(\boldsymbol{z} \mid \boldsymbol{x}) + \frac{\partial}{\partial \boldsymbol{x}}\log f(\boldsymbol{x})\right]\Bigg|_{\boldsymbol{x}=\hat{\boldsymbol{x}}_{ML}} = 0$$

根据贝叶斯公式,从上式可以看出,如果对 $\boldsymbol{x}$ 具有验前统计知识,即 $f(\boldsymbol{x})$ 为已知,则极大验后估计与极大似然估计是不相同的。因此在没有验前知识的情况下,极大验后估计与极大似然估计是相同的。由于极大验后估计考虑了 $\boldsymbol{x}$ 的验前信息,较之极大似然估计有所改善。但在实用中要确切知道 x 的验前概率分布往往是很困难的,因此常常采用极大似然估计。

2.4.4 贝叶斯估计

前面介绍的最小方差估计和极大验后估计,实质上都是贝叶斯估计的特殊形式,因此有必要对贝叶斯估计作介绍。

设 $\boldsymbol{X}$ 为被估计量,$\boldsymbol{Z}$ 是 $\boldsymbol{X}$ 的观测量,$\hat{\boldsymbol{X}}(Z)$ 是根据 $\boldsymbol{Z}$ 给出的 $\boldsymbol{X}$ 的估计,$\tilde{\boldsymbol{X}} = \boldsymbol{X} - \hat{\boldsymbol{X}}(Z)$ 为估计误差,如果标量函数 $\boldsymbol{L}(\tilde{\boldsymbol{X}}) = \boldsymbol{L}[\boldsymbol{X} - \hat{\boldsymbol{X}}(\boldsymbol{Z})]$ 具有性质

(1) 当 $\|\tilde{\boldsymbol{X}}_2\| \geqslant \|\tilde{\boldsymbol{X}}_1\|$ 时,$\boldsymbol{L}(\tilde{\boldsymbol{X}}_2) \geqslant \boldsymbol{L}(\tilde{\boldsymbol{X}}_1) \geqslant 0$

(2) $\|\tilde{\boldsymbol{X}}\| = 0$ 时,$\boldsymbol{L}(\tilde{\boldsymbol{X}}) = 0$

(3) $\boldsymbol{L}(\tilde{\boldsymbol{X}}) = \boldsymbol{L}(-\tilde{\boldsymbol{X}})$

则称 $\boldsymbol{L}(\tilde{\boldsymbol{X}})$ 为 $\hat{\boldsymbol{X}}(\boldsymbol{Z})$ 对被估计量 $\boldsymbol{X}$ 的损失函数,也称代价函数,并称其期望值 $\boldsymbol{B}(\hat{\boldsymbol{X}}) = E[\boldsymbol{L}(\tilde{\boldsymbol{X}})]$ 为 $\hat{X}(\boldsymbol{Z})$ 的贝叶斯风险。其中,$\|\tilde{\boldsymbol{X}}\|$ 为 $\tilde{\boldsymbol{X}}$ 的范数。

将上式中的数学期望写成积分形式

$$\begin{aligned}\boldsymbol{B}(\hat{\boldsymbol{X}}) &= \int_{-\infty}^{\infty}\int_{-\infty}^{\infty}\boldsymbol{L}[\boldsymbol{x} - \hat{\boldsymbol{X}}(z)]\boldsymbol{p}(\boldsymbol{x},z)\,\mathrm{d}\boldsymbol{x}\mathrm{d}z \\ &= \int_{-\infty}^{\infty}\left\{\int_{-\infty}^{\infty}\boldsymbol{L}[\boldsymbol{x} - \hat{\boldsymbol{X}}(z)]\boldsymbol{p}(\boldsymbol{x}/z)\,\mathrm{d}\boldsymbol{x}\right\}\boldsymbol{p}_z(z)\,\mathrm{d}z\end{aligned}$$

如果估计量 $\hat{\boldsymbol{X}}_B(Z)$ 使贝叶斯风险

$$\boldsymbol{B}(\hat{\boldsymbol{X}}_B) = E\{\boldsymbol{L}[\boldsymbol{X} - \hat{\boldsymbol{X}}(\boldsymbol{Z})]\}_{\hat{X}=\hat{X}_B(Z)} = min$$

则称 $\hat{\boldsymbol{X}}_B(\boldsymbol{Z})$ 为 $\boldsymbol{X}$ 的贝叶斯估计。

显然,当 $\boldsymbol{L}(\tilde{\boldsymbol{X}}) = \tilde{\boldsymbol{X}}^{\mathrm{T}}\tilde{\boldsymbol{X}}$ 时,$\hat{\boldsymbol{X}}_B(\boldsymbol{Z})$ 就是 $\boldsymbol{X}$ 的最小方差估计 $\hat{\boldsymbol{X}}_{MV}(\boldsymbol{Z})$。

下面再分析贝叶斯估计与极大验后估计的关系。取估计量 $\hat{\boldsymbol{X}}$ 的损失函数为

$$\boldsymbol{L}(\boldsymbol{X} - \hat{\boldsymbol{X}}) = \begin{cases} 0\left(\|\boldsymbol{X} - \hat{\boldsymbol{X}}\| < \dfrac{\varepsilon}{2}\right) \\ \dfrac{1}{\varepsilon}\left(\|X - \hat{\boldsymbol{X}}\| \geqslant \dfrac{\varepsilon}{2}\right)\end{cases} \tag{2.4.17}$$

$\hat{\boldsymbol{X}}$ 的贝叶斯风险为

$$B(\hat{X}) = E[L(X - \hat{X})] = \int_{-\infty}^{\infty}\left[\int_{\|x-\hat{X}\| \geq \frac{\varepsilon}{2}} \frac{1}{\varepsilon} p(x/z)\mathrm{d}x\right] p_z(z)\mathrm{d}z$$

$$= \int_{-\infty}^{\infty} \frac{1}{\varepsilon}\left[1 - \int_{\|x-\hat{X}\| < \frac{\varepsilon}{2}} p(x/z)\mathrm{d}x\right] p_z(z)\mathrm{d}z \tag{2.4.18}$$

设 $\hat{X}_B(Z)$ 为 X 的贝叶斯估计，由上式知 $B(\hat{X})|_{\hat{X}=\hat{X}_B} = \min$ 等价于

$$\int_{\|x-\hat{X}\| < \frac{\varepsilon}{2}} p(x/z)\mathrm{d}x \,|_{\hat{X}=\hat{X}_B} = \max$$

当 ε 足够小($\varepsilon>0$)时，这又相当于要求

$$p(x/z)\,|_{\hat{X}=\hat{X}_B} = \max \tag{2.4.19}$$

此时，$\hat{X}_B$ 又是 X 的极大验后估计 $\hat{X}_{MA}$。因此，当损失函数为式(2.4.17)，且 ε 足够小时，X 的贝叶斯估计就是 X 的极大验后估计。

2.4.5 几种最优估计比较

由于各种估计满足的最优指标不同，利用的信息不同，所以适用的对象、达到的精度和计算的复杂性各不同。

最小二乘估计法适用于对常值向量或随机向量的估计。由于适用的最优指标是使量测估计的精度达到最佳，估计中不必使用与被估计量有关的动态信息，甚至连量测误差的统计信息也可不必使用，所以估计精度不高。这种方法的最大优点是算法简单，在对被估计量和量测误差缺乏了解的情况下仍能适用，所以至今仍被大量采用。

最小方差估计是所有估计中估计的均方差为最小的估计，是所有估计中的最佳者。但这种最优估计值确定出了估计值是被估计量在量测空间上的条件均值这一抽象关系。一般情况下条件均值需通过条件概率密度求取，而条件概率密度的获取本身就非易事。所以按条件均值的一般求法求取最小方差估计是很困难的。

线性最小方差估计是所有线性估计中的最优者，只有当被估计量和观测量都服从正态分布时，线性最小方差估计才与最小方差估计等同，即在所有估计中也是最优的。线性最小方差估计可适用于随机过程的估计，估计过程只需知道被估计量和观测量的一阶和二阶矩。对于平稳过程，这些一阶和二阶矩都为常值；但对于非平稳过程，一阶和二阶矩随时间变化，必须确切知道每一估计时刻的一、二阶矩才能求出估计值，这种要求是十分苛刻的。所以线性最小方差估计适用于平稳过程而难以适用非平稳过程。

极大验后估计、贝叶斯估计、极大似然估计都与条件概率密度有关。除一些特殊分布外，每一个最优滤波器的“最优”都是相对而言，都是在某种准则下的“最优”。上述最优准则不仅可用于状态估计，还可以用于参数估计[4]。

2.5 组合导航系统的研究方法

2.5.1 组合导航系统研究的一般过程

组合导航系统研究的一般过程如下：

(1) 数学建模：通过试验数据和理论分析建立各导航系统模型以及误差特性规律。

(2) 理论分析：根据需求和工况研究各类实用的组合算法，如递推最小二乘法、卡尔

曼滤波、非线性滤波以及各种提高精度、容错性和鲁棒性的自适应改进算法。

(3) 系统集成:以组合导航计算机为核心的组导系统硬件、接口、软件设计开发,特别是软件开发,如通信接口、人机界面、组合计算和附加服务功能实现(电子海图、航路管理、设备监控等)。

(4) 调试测试:室内建立外部仿真环境,导航设备的数据仿真和接口仿真,实现系统接口调试和功能调试,考核系统长时间运行的可靠性。

(5) 性能评估:室内模拟检验组合导航系统精度、容错等综合性能[10]。

2.5.2　组合导航系统的设计模式

1. 直接法与间接法

当设计组合导航系统的卡尔曼滤波器时,首先必须列写出描述导航系统动态特性的系统方程和反映量测与状态关系的量测方程。如果直接以各导航子系统的导航输出参数作为状态,即直接以导航参数作为估计对象,则称实现组合导航的滤波处理为直接法滤波。如果以各子系统的误差量作为状态,即以导航参数的误差量作为估计对象,则称实现组合导航的滤波处理为间接法滤波。

直接法滤波中,组合导航状态滤波器接收各导航子系统的导航参数,经过滤波计算,得到导航参数的最优估计,如图2-1所示。

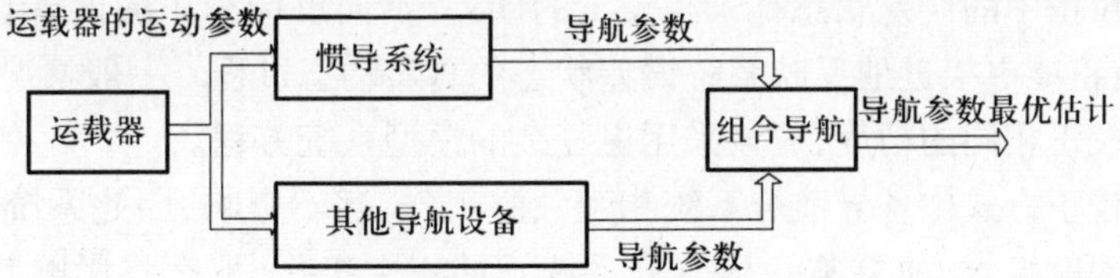

图2-1　直接法滤波示意图

间接法滤波中,组合导航状态滤波器接收多个导航子系统对同一导航参数输出值的差值,经过滤波计算,估计各误差量,如图2-2所示。

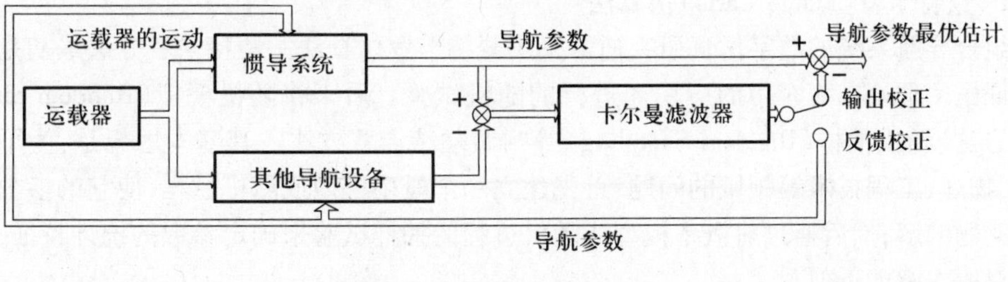

图2-2　间接法滤波示意图

直接法滤波和间接法滤波各自的优缺点如下:

(1) 直接法的模型系统方程直接描述系统导航参数的动态过程,它能较准确地反映真实状态的演变情况;间接法的模型系统方程是误差方程,它是按一阶近似推导出来的,有一定的近似性。

(2) 直接法的系统方程一般都是非线性方程,必须采用非线性滤波方法;间接法的系统方程都是线性方程,可采用十分成熟的线性滤波方法。

(3) 间接法的各个状态量都是误差量,相应的数量级是相近的;直接法的状态,有的是导航参数本身(如速度和位置),有的却是数值很小的误差(如姿态误差角),数值相差很大,这会给数值计算带来一定困难,且影响这些误差估计的准确性。

(4) 直接法能直接反映出系统的动态过程,但在实际应用中却存在不少困难。只有在空间导航的惯性飞行阶段,或在加速度变化缓慢的舰船中,惯导系统的状态滤波才用直接法。对没有惯导系统的组合导航系统,如果不需要速度方程,也可以采用直接法。

2. 输出校正和反馈校正

从组合导航滤波器中得到的状态估计有两种利用方法:一种是用各导航系统误差的估计值去分别校正各导航系统相应的输出导航参数,以得到导航参数的最优估计,这种方法称为开环法,也称为输出校正;另一种是用导航系统误差的估计值去校正导航系统力学编排中相应的导航参数,即将误差估计值反馈到各导航系统的内部,将导航系统中相应的误差量校正掉,这种方法称为闭环法,也称为反馈校正,如图2-2所示。从直接法和间接法得到的估计都可以采用开环法和闭环法进行校正,间接法估计的都是误差量,这些估计结果作为校正量来使用。

输出校正和反馈校正各有特点:

(1) 如果模型系统方程和量测方程能正确反映系统本身,则输出校正和反馈校正在本质上是一样的,即估计和校正的效果是一样的。

(2) 输出校正中的误差状态是未经校正的误差量,而反馈校正的误差状态已经过校正,因此反馈校正能更接近地反映系统误差状态的真实动态过程。一般情况下,输出校正要得到与反馈校正相同的精度,应该采用更复杂的模型系统方程。

(3) 输出校正方式中各导航分系统相互独立工作,互不影响,因此系统可靠性较高;反馈校正属于深度组合,如果某一导航分系统不能正常工作,那么将影响其他导航分系统,因此可靠性相对于输出校正较差。

2.5.3 组合导航数学仿真方法

1. 蒙特卡罗(Monte Carlo)仿真法

组合导航系统的数字仿真研究通常采用蒙特卡罗仿真法。蒙特卡罗方法最初是指为了验证概率理论在博弈中的应用而进行的随机试验。后来将随机模拟(Random Simulation)方法、随机抽样(Random Sampling)等叫做蒙特卡罗方法。其基本思想是:为了求解数学、物理、工程技术等领域的问题,首先建立一个概率模型或随机过程,使它的参数等于所求问题的解;然后通过对概率模型或随机过程的抽样试验来确定参数的统计特征,从而实现对所求解的近似。

蒙特卡罗方法可以解决各种类型的问题,但总体上,视其是否涉及随机过程的性态和结果,用蒙特卡罗方法处理的问题可以分为两类:第一类是确定性的数学问题,在本书第5章中我们将用到这一方法;第二类是随机性问题[6,7],对于这类问题,一般情况直接采用模拟方法。根据实际物理情况的概率法则,用计算机进行抽样试验,如原子核物理问题、运筹学中的库存问题、动物的生态竞争和传染病蔓延等。在应用蒙特卡罗方法解决实际问题的过程中,大体上有如下几个内容:

(1) 对求解的问题建立简单而又便于实现的概率统计模型,使所求的解恰好是所建立模型的概率分布或数学期望。

(2) 根据概率统计模型的特点和计算实践的需要,尽量改进模型,以便减小方差和降低费用,提高计算效率。

(3) 建立对随机变量的抽样方法,其中包括建立产生伪随机数的方法和建立对所遇到的分布产生随机变量的随机抽样方法。

(4) 给出获得所求解的统计估什值及其方差或标准误差的方法。

2. 组合导航系统的数字仿真

组合导航系统种类多样,仿真研究的方法也有很多种。总体上,组合导航系统数学仿真的目的主要是验证系统数学模型、信息融合算法以及数学运算程序等的正确性。组合导航系统的数字仿真研究通常采用蒙特卡罗仿真法。但在具体的应用中,往往略有差异。

图2-3(a)所示是一种常见理论研究阶段的仿真方法。在这种方式中,首先采取组合导航系统状态空间模型产生系统的量测数据和状态量参考值。量测数据通常是不同导航系统输出同类导航参数之差,在图中用 $\boldsymbol{Z}$ 表示,它既是系统状态数学模型的输出,又是组合导航状态估计滤波器的数据输入。状态空间系统模型的各状态量参考值用 $\boldsymbol{X}_R$ 表示,它也是组合导航系统误差量的模拟真值,作为评估组合导航状态估计滤波器的估计效果。$\boldsymbol{X}$ 是组合导航滤波器的输出状态,$\boldsymbol{Q}$、$\boldsymbol{R}$ 分别是系统噪声方差阵和量测噪声方差阵;初值指 $t=0$ 时刻 $\boldsymbol{X}$ 与估计方差阵 $\boldsymbol{P}$ 的值。$\boldsymbol{ERR}$ 是 $\boldsymbol{X}$ 与 $\boldsymbol{X}_R$ 的差值,表示组合导航滤波器的估计精度。k 时刻计算式为

$$\boldsymbol{ERR}_k = |\boldsymbol{X}_k - \boldsymbol{X}_{R_k}| \tag{2.5.1}$$

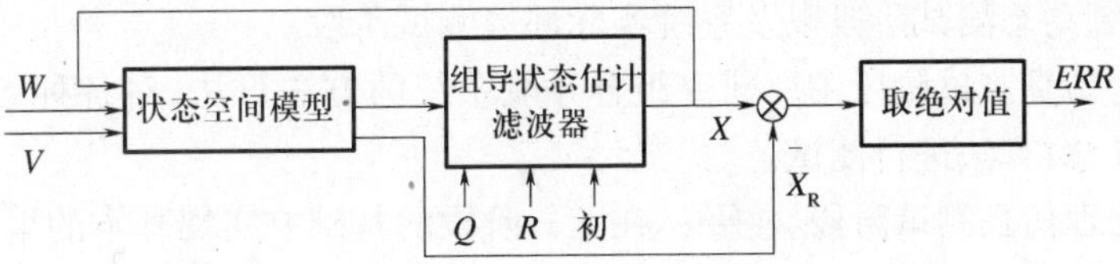

(a)

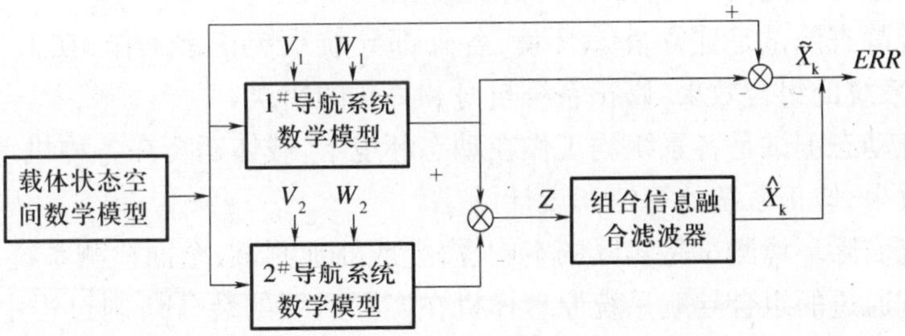

(b)

图2-3　组合导航仿真方法研究示意图

图2-3(a)中 $\boldsymbol{W}$、$\boldsymbol{V}$ 分别是系统噪声和量测噪声。在单次仿真过程中,噪声的仿真根据概率分布模型随机产生。正如一次真实的试验不能完全反映系统的性能一样,一次仿真也不能反映组合导航滤波器的效果。因此采取蒙特卡罗仿真法,抽样进行多次试验的仿真,并对各时刻的各状态的估计误差和其他参量进行数据统计,通常采取各时刻的数据统计均值来反映大量试验的总体效果,以此来评估算法性能。

上述组合导航数学仿真的研究方法中,状态空间系统模型与组合导航滤波器的数学

模型完全一致,所采取的系统噪声和量测噪声的模型也完全一致。根据线性系统最优估计理论(见第2、3章),这样进行的系统仿真实质上是在重复一个结果明确的逆运算,所以这类仿真实际上是在检验程序和算法的正确性,与实际系统的研究尚存在一定的差异。

在实际系统中,往往并不存在两类模型完全已知的前提。为了更加接近实际系统,实际研究中可以采取图2-3(b)所示的数学仿真方法。这一方法的量测数据主要基于不同导航系统仿真模拟器产生的导航参数求差获得,与图2-3(a)不同,这时所采取的导航系统的数学模型是各类导航系统的基本控制方程,可以是线性定常的,也可以是非线性时变的,各系统模型包含各自的量测噪声和系统噪声,这样获得的量测数据将更加接近实际系统。而组合导航滤波器所采取系统方程和量测方程或者其他的数学模型往往是对各导航系统组合的一种近似,而不是一致。评估信息融合效果的真实参考值与图2-3(a)也不同,往往直接生成载体的运动参数,再由此,计算各导航系统的数据实际误差值作为参考。在多次仿真验证中,同样采取蒙特卡罗方法来最终评估组合系统的总体精度。

采取图2-3(b)所示的数学仿真方法有较大的灵活性。各个导航系统的数学模型不仅可以来自理论分析,也可以根据实测数据进行系统辨识建模,其模型往往比组合导航信息融合滤波器的模型更为复杂和接近实际。同时,这种仿真方法不仅可以检验计算程序,还可以对系统模型、噪声模型以及滤波算法的适应性等进行检验。

2.5.4 组合导航系统的测试

组合导航系统的测试可以分为:理论仿真测试阶段、半物理仿真测试阶段、系统静态测试阶段、系统动态测试阶段以及系统实际环境测试阶段。

(1) 理论仿真测试阶段主要研究组合导航系统的方法算法,对各种参与组合的导航系统进行仿真,对算法进行测试。

(2) 半物理仿真测试阶段,主要是在上一阶段的基础上实现基本的组合导航系统,进行系统的实际运行性能测试,排除各类软硬件错误。

(3) 系统静态测试是建立静态环境,各外部导航系统正常工作,在上一阶段的基础上,测试实际系统的组合效果,修正系统自身和算法的错误。

(4) 系统动态测试是各系统均工作在动态环境下,载体运行在各种机动状态,测试系统的运行和效果,修正系统的算法和设计。

(5) 系统实际环境测试是实际的空中、海上或陆地测试,全面检测系统综合性能。

经过测试通过的组合导航系统原理样机在实际后续的装备研制过程中,还需要进行大量的环境适应性试验、可靠性试验、电磁兼容试验、陆上联调、系泊试验和海上试验等。在不同的测试阶段,根据不同的测试方案有着不同的系统性能评价标准。主要的评价项目有:组合精度评估、系统可靠性评估、系统抗电磁干扰能力评估和系统可操作性评估等。一个优秀的组合导航系统应该是具有强大多样的导航功能,满足系统需求的导航精度,具备友好的操作界面以及可靠和冗余的系统性能等。

2.6 组合导航系统数字开发平台

从高精度的军事应用到民用领域,组合导航系统在系统结构和应用上存在诸多共性。

随着组导技术应用领域的不断拓展,提高系统通用快速的研发能力研究逐渐引起人们的高度重视。传统的研发工作存在着理论分析与工程开发分离、技术可重用度低、研发周期长等实际困难。造成这一状况的重要原因是目前各种组合导航系统软硬件平台差异很大,如海军舰艇组合导航系统曾先后采用 iRMX、DOS、VXworks 等多种操作系统。不同的系统组成、复杂的应用环境和灵活多样的系统功能等一系列因素影响了技术上的统一。相比之下,国外组合导航系统的研发却异常迅速,如美军 JDAM 系统自方案提出至样机实现仅花费了不到两年的时间,其模块化的开发调试环境是其得以成功的重要因素。在性能优越的数字开发平台上,国外组合导航系统的功能扩展灵活。组导数字开发平台与当前多种应用于其他领域的通用开发系统一样,更多的是借助成熟的计算机硬软件技术,特别是近年来快速发展的组件技术,实现系统模块的快速搭建和效能评估。图 2-4 为美国 CastNav 4000 GPS/INS 仿真模拟器框图[12]。国内有关单位也开发了针对 GPS/INS 组合导航通用开发平台的相关研究。

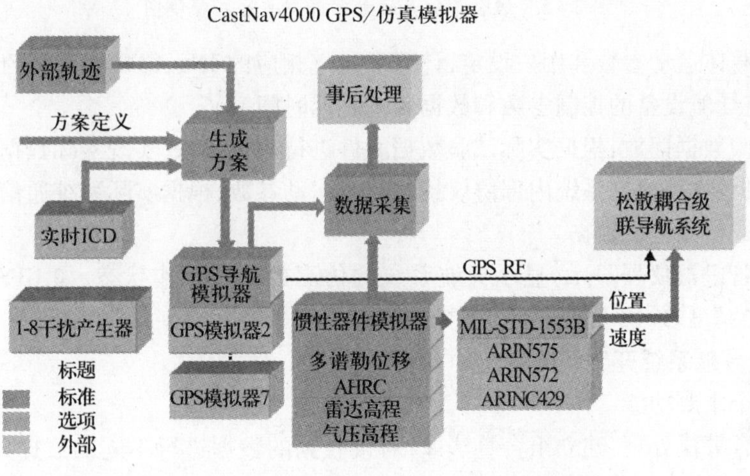

图 2-4 CastNav 4000 GPS/INS 仿真模拟器框图

本节在对国内外组合导航系统数字开发平台的分析的基础上,对一种组合导航数字开发平台[9]的系统架构设计、数学模型进行介绍,以帮助读者加深对组合导航系统开发方法的理解。

2.6.1 组合导航系统数字开发平台架构

图 2-5 所示为组合导航系统数字开发平台的基本功能框图。它主要由三个不同功能的系统组成,分别为系统评估平台、导航系统模拟器和组合导航模拟开发系统。系统评估平台和组合导航开发系统可基于计算机实现,并采取网卡和通信卡实现通信功能,其中导航模拟器与组合导航开发系统之间采取各导航系统本身的协议,开发平台与导航模拟器之间采取二进制内部数据协议。平台可根据需求,选择操作系统和硬件平台。下面简要介绍各系统的功能。

1. 导航系统模拟器功能

实现 4 个主要功能:

(1) 导航系统仿真:根据实际应用需要,建立不同的导航系统通用数学误差模型,根

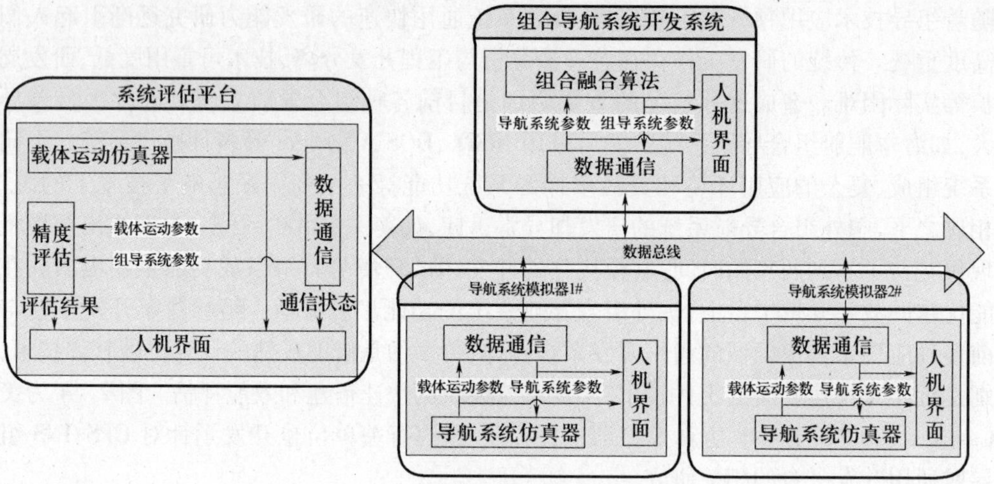

图 2-5　组合导航系统数字开发平台功能框图

据接收到的载体运动参数和用户设定，计算和建立相应的 INS、GPS 等系统的误差仿真数据；人工设定导航设备的控制参数和数据传输延迟时间。

（2）试验数据回放：根据实际试验数据文件进行有效读取，实现实际数据的回放。

（3）数据通信：根据系统内部协议接收载体运动参数，根据实际系统通信协议发送导航系统仿真或试验记录数据。

（4）设备虚拟仪器显示：显示导航系统的仿真数据和工作状态，如 GPS 卫星数目、DOP 值、测量精度、外部干扰强度等参数。

2. 组合导航系统开发系统功能

实现 3 个主要功能：

（1）组合算法处理：建立组合算法库，对接收到的数据进行不同的数据处理、时空关联、信息融合计算，得到相应的组合导航系统数据。

（2）数据通信：根据实际导航系统协议接收各导航系统数据，并向外部系统发送组导数据。

（3）设备的功能界面：以数字、图形、虚拟仪器、数字地图等方式显示组合导航系统的数据、工作状态、航迹等结果。

3. 系统评估平台功能

实现 3 个主要功能：

（1）载体运动仿真器：通过建立载体运动模型和运动环境模型实现载体运动参数的仿真。载体可根据需要，选择船舶、飞机、导弹、汽车、气艇等不同载体。运动环境模型包括海流、气流等环境干扰因素建模。载体运动参数包括位置、速度、姿态和时间。载体运动仿真的目的是给出载体运动航迹，由于研究的是载体沿一定航迹运动中导航系统的性能，航迹设定是整个仿真系统的基础。设定方法是直接设定载体即时偏航、俯仰、横滚角和在载体系中测量的载体速度，并由此算出载体在地理水平坐标系中即时位置和运动速度作为真值。

（2）数据通信：根据系统内部通信数据格式，通过数据通信（串行、网络方式可选）将仿真载体运动参数发送给各导航系统模拟器；根据外部组合导航系统通信数据格式，通信获取组合导航系统输出数据。

(3) 性能评估：根据载体基准运动参数，采取有效的数据处理算法，对组合导航系统进行数据分析和精度性能评估。通过虚拟仪表、各类曲线分析或数据文件输出评估结果。

2.6.2 数字开发平台系统数学模型研究

组合导航系统数字开发平台的数学模型主要包括各导航系统数学模型、组合导航算法以及性能评估算法研究。导航系统数学模型包括惯导、GPS及其他导航系统的通用数学模型，在2.4节有简要的说明。组合导航算法是本书研究的重点，在此不再详述。下面介绍载体数学模型。

目标运动与自身动力及环境因素密切相关，运动状态复杂。在进行理论和算法研究时，不能只研究静态条件，还需要动态模拟载体运动，并将载体运动数据发送至各子导航系统的模拟程序。为简化问题，系统假定载体运动采用平面直线运动、圆周运动、原地转向、不规则运动以及下潜和上浮运动等。

以舰船载体为例，记 $\boldsymbol{x}_k=[\varphi(k),\lambda(k),V_N(k),V_E(k),s(k),V(k)]$，分别代表载体纬度、经度、海流北分量、海流东分量、载体航向和航速。载体数学动态模型为非线性微分方程，线性化处理后得到的线性方程为

$$\boldsymbol{x}(k+1)=\boldsymbol{\Phi}(k+1,k)\boldsymbol{x}(k) \tag{2.6.1}$$

记 T 为采样时间，β 为海流相关时间，则 $\boldsymbol{\Phi}(k+1,k)$ 为

$$\boldsymbol{\Phi}(k+1,k)=\begin{bmatrix}1 & 0 & T-\beta T^2/2 & 0 & -\hat{V}_N T\sin\hat{s}(k) & T\cos\hat{s}(k)\\ 0 & 1 & 0 & T-\beta T^2/2 & 0 & \hat{V}_N T\cos\hat{s}(k)\\ 0 & 0 & 1-\beta T+\beta^2T^2/2 & 0 & 0 & 0\\ 0 & 0 & 0 & 1-\beta T+\beta^2T^2/2 & 0 & 0\\ 0 & 0 & 0 & 0 & 1 & 0\\ 0 & 0 & 0 & 0 & 0 & 1\end{bmatrix} \tag{2.6.2}$$

在此基础上进一步建立通用载体模型，实现对三维位置、速度、姿态的模拟仿真，通过运动学参数的不同设定，仿真不同运动规律的载体。

2.6.3 组合导航系统数字开发平台功能

数字开发平台可实现以下6种不同功能。

1. 系统开发功能

组合导航开发平台以数据为核心，系统地规划数据通信、关联、组合、处理、表现、存储等问题，对已有的组合导航系统的软件设计进行通用化改进，设计出易于扩展的程序接口，使开发人员致力于系统开发的具体问题，而不必重复一些通用技术层面的开发。如目前要开发一个以磁罗盘和GPS为外部设备的组合导航系统，系统开发人员可以把主要精力放在确定具体的数据协议、设计特殊的算法以及专门的程序功能上，不必过多关注数据通信通道、程序数据处理流程和存储方式以及主要的人机界面技术等通用技术上。而通

过将由其他计算机实现的导航系统模拟器内的导航系统数学模型和通信协议变更为磁罗盘和 GPS,即可实现系统开发的实际调试环境,以此提高组合导航系统的研发效率。

2. 系统模拟功能

系统模拟主要是指实现不同外部导航系统的模拟,以往大部分调试由于在开发过程中没有实际的外部导航系统,而需要对这些必要的导航系统数据通信接口进行模拟。开发平台中的导航系统模拟器在提供必需的通信协议数据之外,进一步提高了发送数据本身的特性。模拟器可以根据建立的系统数学模型,产生导航系统理想的误差数据;对于某些试验场合,在系统开发过程中只能进行数据记录,而不能进行系统调试的情况下,也可以读取以往导航系统试验数据记录文件,实际发送这些历史的真实数据以复现整个试验过程。

3. 系统调试功能

通过组合导航系统数字开发平台 3 类不同系统之间的互动,可以在试验室环境下建立一个功能多样的系统调试环境。可以实现数据接口调试、系统长时间稳定工作测试。开发平台还可以通过设定特殊的载体机动、导航系统误差干扰来调试组合系统对多种情况的处理,使调试平台成为组合导航系统的虚拟工作环境。

4. 系统评估功能

与实际试验不同,开发平台可人为设定各种特殊运动和干扰,建立上述条件下的仿真载体运动基准;数字仿真基准可以对不同组合算法的精度性能进行评估,也可以通过数字模拟特定组合导航系统的工作环境,完成对现有组导系统性能的室内评估。

5. 算法研究功能

组合算法研究是组合导航系统信息处理的核心,涉及卡尔曼滤波、数据融合、信号处理以及人工智能等多种算法。理论算法研究的工程化应用需进行较大改进。鉴于组导算法大多基于导航数据更新的共同特点,采取矩阵运算设计算法标准接口,这一接口方式在目前应用广泛的 MATLAB 工具箱和函数命令中得到了较好的应用。在此基础上,进一步解决工程化应用的多种实际问题,如计算精度、计算速度、数据同步、时空关联、线程设计、内存管理等。开发平台上的算法研究将更倾向于理论研究的工程应用价值。

6. 系统演示功能

开发平台即是导航信息平台,也是功能演示平台,具备的虚拟仪表、图表曲线、地图显示、数据管理等功能可以较好地增强系统分析演示效果,既可直观演示研发系统外观效果,也可复示试验过程。

上述通用组合导航数字开发平台可以整合系统开发过程。它基于通用计算机软硬件系统建立半物理仿真开发和调试环境,可以对常用组合导航系统进行理论分析、模型建模、系统集成和系统设计调试,提高系统数据组合分析精度,缩短工程应用开发过程。

本章小结

本章主要介绍了组合导航系统的数学基础和相关研究方法,主要帮助初步从事组合导航研究的读者理解与组合导航理论研究相关的基本问题,同时也为后续章节理论推导及论述建立数学基础。组合导航研究经常使用的数学知识主要包括概率论与随机过程,而导航系统常采用具有随机干扰的线性动力学系统模型来进行描述。在 2.1 节和 2.2 节中对上述内容进行了介绍,熟悉这部分知识的读者既可将其作为系统理解组合导航理论研究的理论内容回顾,也可以跳过这两节直接学习后续内容。2.3 节选取了常见的 INS 模型和 GPS 模型进行了系统模型描述。根据不同的要求,组合导航系统有多种组合形式和组合方法。由于观测量是有噪声的测量,所以估计值的最优是在统计意义下提出的,即在某一最优准则基础上,求得系统状态的最好估计值。组合导航信息融合的核心就是状态最优估计。2.4 节讨论了多种组合导航相关的统计估计方法。2.5 节和 2.6 节主要介绍了组合导航系统的基本研究方法,即有关组合导航理论算法研究、仿真验证和实际工程试验的一般过程,包括直接法与间接法、输出校正与反馈校正的设计模式以及蒙特卡罗仿真法等。组合导航系统的研究有许多共性和基本规律。通过本章的学习,读者可以比较清晰地了解开展组合导航研究的基本方法。

参考文献

[1] 费史. 概率论与数理统计. 上海:上海科技出版社,1962.

[2] 汪荣鑫. 随机过程. 西安:西安交通大学出版社,1987.

[3] 关肇直. 线性控制系统理论在惯性导航中的应用. 北京:科学出版社,1984.

[4] 王志贤. 最优状态估计与系统辨识. 西安:西北工业大学出版社,2004.

[5] Bar Itzhack I Y, Coshen Meskin D Unified Approach to Inertial Navigation System Error Modeling, Journal of Guidance, Control and Dynamics, 1992, 15(3): 648 - 653.

[6] Kitagawa G. Monte Carlo Filter and Smoother for Non-Gaussian Nonlinear State Space Model. J of Computational and Graphical Statistics, 1996, 5(1): 1 - 25.

[7] Liu J S, Chen R. Sequential Monte Carlo Methods for dynamical Systems. J of the American Statistical Association, 1998, 93(5): 1032 - 1044.

[8] 陆恺,田蔚风. 最优估计理论及其在导航中的应用. 上海:上海交通大学出版社,1989.

[9] 卞鸿巍. 舰艇组合导航系统自适应信息融合技术研究. 上海:上海交通大学,2005.

[10] 张国良,曾静. 组合导航原理与技术. 西安:西安交通大学,2008.

[11] 陈永冰,钟斌. 惯性导航原理. 北京:国防工业出版社,2007.

[12] Zhang Xiaohong. Integration of GPS with A Medium Accuracy IMU for Metre-Level Positioning. France: University of Calgary, 2003.

第3章 离散线性系统最优估计方法及其应用

3.1 卡尔曼滤波的基本概念

3.1.1 卡尔曼滤波的基本原理

对于确定性系统，已知系统初始条件，通过求解系统的微分方程，就可以得到系统在未来各个时刻的准确状态。但是实际中大部分系统都是随机线性动力系统，在运行过程中都受到各种干扰和噪声的影响，给其运行状态带来某种不确定性，并因此产生各种误差。组合导航系统即属于此类随机线性动力系统。组合导航系统最常使用的状态估计算法就是卡尔曼滤波算法。卡尔曼滤波器采用状态空间法建立准确的线性系统的状态方程、量测方程，同时掌握系统噪声与量测噪声精确的白噪声统计特性，在上述理想的条件下(实际应用中难以满足)，通过建立一套由计算机实现的实时递推算法，根据系统每一时刻的观测量实现对系统状态的最优估计。

卡尔曼滤波是一种线性最小方差估计，它是采用状态空间法在时域内进行滤波的方法，适用于多维随机过程的估计。卡尔曼滤波有多种理论推导方法，也有多种不同的表示方法，但卡尔曼滤波器的原理实际上十分简单。我们可以通过一个常见的例子来直观地理解卡尔曼滤波的基本原理。

在以舰炮为主要武器的海战时代，舰艇必须能够精确地瞄准远处的动态海面目标。由于目标在海面上不断运动，如果根据瞄准后的目标的方位距离控制火炮开火，则很难命中目标。这是因为炮弹飞行需要一定时间，待着落时，目标已经离开了原来的位置。因此舰员必须能够通过观测目标的运动规律预估到弹着时刻的目标方位和距离。具体的说，舰员必须通过瞄准器不断跟踪瞄准，记下每一个当前时刻的数据，并估计目标下一来时刻的位置。但当第二次测量时，常常发现估计目标的位置与测量的位置有偏差，舰员以此调整和修正下一时刻点的估计精度。如果目标估计的运动速度过大，会导致估计位置超前于实际目标，则将该方向的目标位移预测位移距离降低，反之，如果目标估计的运动速度过慢，导致估计位置滞后于实际目标，则将该方向的目标位移预测位移距离增大。经过多次调整之后，就能够使对目标的位置估计和预测越来越精确，直至达到最佳效果。

我们认真分析一下上述的瞄准过程。舰员通过测量获得一个当前目标测量值后，立即对目标下一个时刻的可能位置做出预测，这个环节称为状态的预测。而由于预测常常是不准确的，所以当获得下一时刻的目标观测值后，也就能够立刻发现这一预测的误差，舰员将根据这一误差调整下一时刻目标位置估计，不再照搬上一时刻的估计方式，这个环节称为估计的修正。以此周而复始，反复迭代，逐渐达到状态的最优估计。最为关键的环节就是状态的预测和修正。

现直接给出离散卡尔曼递推滤波算法，与之作一个对照。

首先采取第 2 章的随机离散线性系统的方程描述，设 t_k 时刻系统状态方程与量测方程描述如下

$$\boldsymbol{X}_k = \boldsymbol{\Phi}_{k,k-1}\boldsymbol{X}_{k-1} + \boldsymbol{\Gamma}_{k,k-1}\boldsymbol{W}_{k-1} \tag{3.1.1a}$$

$$\boldsymbol{Z}_k = \boldsymbol{H}_k\mathrm{X}_k + \boldsymbol{V}_k \tag{3.1.1b}$$

式中：$\boldsymbol{X}_K$ 为估计状态。$\boldsymbol{W}_K$ 为系统噪声序列。$\boldsymbol{V}_k$ 为测量噪声序列。$\boldsymbol{\Phi}_{k,k-1}$ 为 t_{k-1} 时刻至 t_k 时刻的一步转移阵；$\boldsymbol{\Gamma}_{k,k-1}$ 为系统噪声驱动阵；$\boldsymbol{H}_k$ 为量测阵。且 $\boldsymbol{W}_k$ 和 $\boldsymbol{V}_k$ 满足：$E[W_k]=0$，$\mathrm{Cov}[W_k,W_j]=\boldsymbol{Q}_k\delta_{kj}$，$E[V_k]=0$，$\mathrm{Cov}[V_k,V_j]=\boldsymbol{R}_k\delta_{kj}$，$\mathrm{Cov}[W_k,V_j]=0$，狄拉克 δ 函数 $\delta_{kj}=\begin{cases}1(k=j)\\0(k\neq j)\end{cases}$（$\boldsymbol{Q}_k$ 是系统噪声序列的方差阵，假设为非负定阵；$\boldsymbol{R}_k$ 为测量噪声序列的方差阵，假设为正定阵）。

离散卡尔曼滤波器的计算步骤的形式如下：

状态的一步预测

$$\hat{\boldsymbol{X}}_{k,k-1} = \boldsymbol{\Phi}_{k,k-1}\hat{\boldsymbol{X}}_{k-1} \tag{3.1.2}$$

状态估计

$$\hat{\boldsymbol{X}}_k = \hat{\boldsymbol{X}}_{k,k-1} + \boldsymbol{K}_k(\boldsymbol{Z}_k - \boldsymbol{H}_k\hat{\boldsymbol{X}}_{k,k-1}) \tag{3.1.3}$$

滤波增益矩阵

$$\boldsymbol{K}_k = \boldsymbol{P}_{k,k-1}\boldsymbol{H}_k^{\mathrm{T}}(\boldsymbol{H}_k\boldsymbol{P}_{k,k-1}\boldsymbol{H}_k^{\mathrm{T}} + \boldsymbol{R}_k)^{-1} \tag{3.1.4}$$

一步预测误差方差阵

$$\boldsymbol{P}_{k,k-1} = \boldsymbol{\Phi}_{k,k-1}\boldsymbol{P}_{k-1}\boldsymbol{\Phi}_{k,k-1}^{\mathrm{T}} + \boldsymbol{\Gamma}_{k,k-1}\boldsymbol{Q}_{k-1}\boldsymbol{\Gamma}_{k,k-1}^{\mathrm{T}} \tag{3.1.5}$$

估计误差方差阵

$$\boldsymbol{P}_k = (\boldsymbol{I} - \boldsymbol{K}_k\boldsymbol{H}_k)\boldsymbol{P}_{k,k-1} \tag{3.1.6}$$

只要给定初值 $\hat{\boldsymbol{X}}_0$ 和 $\boldsymbol{P}_0$，根据 k 时刻的量测值 Z_k 就可递推计算得到 k 时刻的状态估计 $\hat{\boldsymbol{X}}_k(k=1,2,\cdots)$。式(3.1.2)至式(3.1.6)表示的离散型卡尔曼滤波器基本算法如图 3－1所示。

从图中可以明显看出卡尔曼滤波具有两个计算回路，即滤波计算回路（左侧）和增益计算回路（右侧）。其中增益计算回路是独立计算回路，而滤波计算回路依赖于计算回路。在一个滤波周期内，可以看到卡尔曼滤波有时间更新和量测更新两个过程。这两个过程先后使用系统信息和量测信息来实现对系统状态估计的信息更新。

式(3.1.2)和式(3.1.5)属于时间更新过程，其中式(3.1.2)说明了根据 $k-1$ 时刻的状态估计预测 k 时刻状态估计的方法；式(3.1.5)对这种预测的质量优劣做出了定量描述。该两式的计算中仅使用了与系统动态特性有关的信息，如一步转移阵、噪声驱动阵、驱动噪声的方差阵。从时间的推移过程来看，这两个公式仅根据系统自身的特性将状态估计的时间从 $k-1$ 时刻推进到 k 时刻，并没有使用量测的信息，因此它们描述了卡尔曼滤波的时间更新过程。这一过程与前面目标跟踪的预测环节相似。

量测更新过程主要由式(3.1.3)、式(3.1.4)和式(3.1.6)描述，主要用来计算对时间更新值的修正量，该修正量由时间更新的质量优劣($\boldsymbol{P}_{k/k-1}$)、量测信息的质量优劣($\boldsymbol{R}_k$)、量测与状态的关系($\boldsymbol{H}_k$)以及具体的观测值($\boldsymbol{Z}_k$)所确定，所有这些方程围绕一个目的，即

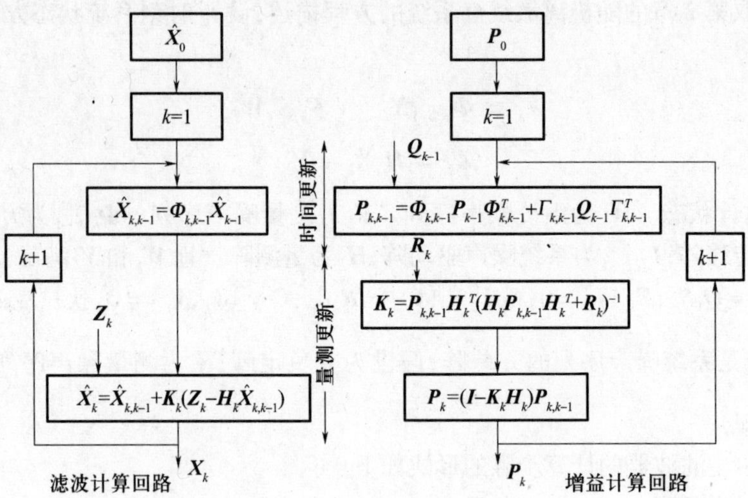

图 3-1　卡尔曼滤波器的计算流程图

正确合理地利用观测值(Z_k),所以这一过程描述了卡尔曼滤波的量测更新过程,与前面目标跟踪的修正环节相似。

3.1.2　最优滤波、预测与平滑的概念

根据状态向量和观测向量在时间上存在的不同的对应关系,我们可以把估计问题分为滤波、预测和平滑,以式(3.1.1a)所描述的随机线性离散系统为例,设$\hat{X}_{k,j}$表示根据j时刻和j以前的观测值,对k时刻状态X_k做出的某种估计,则按照k和X_k的不同对应关系分别叙述如下:

(1) 当$k=j$时,对$\hat{X}_{k,j}$的估计称为滤波,即依据过去直至现在的观测量来估计现在的状态。相应地,称$\hat{X}_{k,k}$为X_k的最优滤波估计值,简记为$\hat{X}_k$。这类估计主要用于随机系统的实时控制。

(2) 当$k>j$时,对$\hat{X}_{k,j}$的估计称为预测或外推,即依据过去直至现在的观测量来预测未来的状态,并把$\hat{X}_{k,j}$称为X_k的最优预测估计值。这类估计主要用于对系统未来状态的预测和实时控制。

(3) 当$k<j$时,对$\hat{X}_{k,j}$的估计称为平滑和内插,即依据过去直至现在的观测量去估计过去的历史状态,并称$\hat{X}_{k,j}$为X_k的最优平滑估计值。这类估计广泛应用于通过分析试验或试验数据,对系统进行评估。

若把X_k换成X_t,$\hat{X}_{k,j}$换成$\hat{X}_{t,t_1}$,则上述分类对于连续时间系统同样适用。换句话说,线性系统的状态估计都可以分为以上三类。在预测、滤波和平滑三类状态估计问题上,预测是滤波的基础,滤波是平滑的基础。接下来我们首先讨论滤波问题。

3.2　随机线性离散系统的卡尔曼滤波方程

卡尔曼滤波的精髓就是迭代的预测与修正。历史上推导卡尔曼滤波基本方程的方法

有很多。1960 年 R. E. Kalman 在其发表的卡尔曼滤波论文中,采用投影法在数学上对卡尔曼滤波理论进行了严密的证明。1970 年 Kailath 采用 wold 和 Kolmogorov 创立的新息概念重新推导和描述了卡尔曼滤波理论。根据新息的观点,卡尔曼滤波器是一个白化滤波器,可以通过新息白噪声程度来判断状态最优估计的程度,新息序列越接近白噪声则表明状态估计越接近最优。1964 年 Y. C. Ho 和 R. C. K. Lee 等多名学者又通过贝叶斯滤波方程成功推导了卡尔曼滤波方程,并发现著名的卡尔曼滤波器仅仅是贝叶斯滤波的一个特殊形式,可以完全纳入贝叶斯理论框架,并从贝叶斯滤波的角度加以完美解释。在本节,我们用直观推导方法对卡尔曼滤波基本方程进行推导[10],尽管有些地方在数学上不够严密,却反映了滤波的物理过程。

3.2.1　随机线性离散系统的卡尔曼滤波方程的直观推导

假设在 k 时刻我们得到了 k 观测值 $\boldsymbol{Z}_1,\cdots,\boldsymbol{Z}_{k-1},\boldsymbol{Z}_k$,且找到了 $\boldsymbol{X}_{k-1}$ 的一个最优线性估计 $\hat{\boldsymbol{X}}_{k-1}$,即 $\hat{\boldsymbol{X}}_{k-1}$ 是 $\boldsymbol{Z}_1,\cdots,\boldsymbol{Z}_{k-1}$ 的线性函数,由状态方程(3.1.1a)可见,$\boldsymbol{W}_{k-1}$ 是白噪声,一个简单而直观的想法是用

$$\hat{\boldsymbol{X}}_{k,k-1} = \boldsymbol{\Phi}_{k,k-1}\hat{\boldsymbol{X}}_{k-1} \tag{3.2.1}$$

作为 $\boldsymbol{X}_k$ 的预测估计由于 $\boldsymbol{V}_k$ 也为白噪声,考虑到 $E(\boldsymbol{V}_k)=0$,所以对于 k 时刻系统的观测值 $\boldsymbol{Z}_k$ 的预测估计为

$$\hat{\boldsymbol{Z}}_{k,k-1} = \boldsymbol{H}_k\hat{\boldsymbol{X}}_{k,k-1} \tag{3.2.2}$$

我们在 k 时刻获得观测值 $\boldsymbol{Z}_k$,它与预测估计 $\hat{\boldsymbol{Z}}_{k,k-1}$ 之间有误差

$$\tilde{\boldsymbol{Z}}_{k,k-1} = \boldsymbol{Z}_k - \hat{\boldsymbol{Z}}_{k,k-1} = \boldsymbol{Z}_k - \boldsymbol{H}_k\hat{\boldsymbol{X}}_{k,k-1} \tag{3.2.3}$$

造成这一误差的原因是预测估计 $\hat{\boldsymbol{X}}_{k,k-1}$ 与观测值 $\boldsymbol{Z}_k$ 都可能有误差,为了得到 k 时刻 $\boldsymbol{X}_k$ 的滤波值,自然会想到利用预测误差 $\tilde{\boldsymbol{Z}}_{k,k-1}$ 来修正原来的状态预测估计 $\hat{\boldsymbol{X}}_{k,k-1}$,于是有

$$\hat{\boldsymbol{X}}_k = \hat{\boldsymbol{X}}_{k,k-1} + \boldsymbol{K}_k(\boldsymbol{Z}_k - \boldsymbol{H}_k\hat{\boldsymbol{X}}_{k,k-1}) \tag{3.2.4}$$

式中:$\boldsymbol{K}_k$ 为待定的滤波增益矩阵。

记

$$\tilde{\boldsymbol{X}}_{k,k-1} = \boldsymbol{X}_k - \hat{\boldsymbol{X}}_{k,k-1} \tag{3.2.5}$$

$$\tilde{\boldsymbol{X}}_k = \boldsymbol{X}_k - \hat{\boldsymbol{X}}_k \tag{3.2.6}$$

它们的含义分别为获得观测值 $\boldsymbol{Z}_k$ 前后对 $\boldsymbol{X}_k$ 的估计误差。

现在的问题是如何按照目标函数 $\boldsymbol{J}=E(\tilde{\boldsymbol{X}}_k\tilde{\boldsymbol{X}}_k^{\mathrm{T}})$ 最小的要求来确定最优滤波增益矩阵 $\boldsymbol{K}_k$。

根据式(3.2.6)、式(3.2.4)和式(3.2.1)有

$$\begin{aligned}
\tilde{\boldsymbol{X}}_k &= \boldsymbol{X}_k - \hat{\boldsymbol{X}}_k = \boldsymbol{X}_k - \hat{\boldsymbol{X}}_{k,k-1} - \boldsymbol{K}_k[\boldsymbol{Z}_k - \boldsymbol{H}_k\hat{\boldsymbol{X}}_{k,k-1}]\\
&= \tilde{\boldsymbol{X}}_{k,k-1} - \boldsymbol{K}_k[\boldsymbol{H}_k\boldsymbol{X}_k + \boldsymbol{V}_k - \boldsymbol{H}_k\hat{\boldsymbol{X}}_{k,k-1}]\\
&= \tilde{\boldsymbol{X}}_{k,k-1} - \boldsymbol{K}_k[\boldsymbol{H}_k\tilde{\boldsymbol{X}}_{k,k-1} + \boldsymbol{V}_k] = [\boldsymbol{I} - \boldsymbol{K}_k\boldsymbol{H}_k]\tilde{\boldsymbol{X}}_{k,k-1} - \boldsymbol{K}_k\boldsymbol{V}_k
\end{aligned}$$

由于 $\tilde{\boldsymbol{X}}_{k,k-1}$ 是 $\boldsymbol{Z}_k,\cdots,\boldsymbol{Z}_{k-1}$ 的线性函数,故有

$$E[\tilde{X}_{k,k-1}V_k^{\mathrm{T}}]=0, E[V_k\tilde{X}_{k,k-1}^{\mathrm{T}}]=0 \tag{3.2.7}$$

$$\begin{aligned}\tilde{X}_k\tilde{X}_k^{\mathrm{T}} &= [(I-K_kH_k)\tilde{X}_{k,k-1}-K_kV_k]\times[(I-K_kH_k)\tilde{X}_{k,k-1}-K_kV_k]^{\mathrm{T}}\\ &=(I-K_kH_k)\tilde{X}_{k,k-1}\tilde{X}_{k,k-1}^{\mathrm{T}}(I-K_kH_k)^{\mathrm{T}}-K_kV_k\tilde{X}_{k,k-1}^{\mathrm{T}}(I-K_kH_k)^{\mathrm{T}})\\ &=(I-K_kH_k)\tilde{X}_{k,k-1}V_k^{\mathrm{T}}K_k^{\mathrm{T}}+K_kV_kV_k^{\mathrm{T}}K_k^{\mathrm{T}}\end{aligned} \tag{3.2.8}$$

于是,滤波误差方差矩阵为

$$P_k=E(\tilde{X}_k\tilde{X}_k^{\mathrm{T}})=(I-K_kH_k)P_{k,k-1}(I-K_kH_k)^{\mathrm{T}}+K_kR_kK_k^{\mathrm{T}} \tag{3.2.9}$$

将上式展开,并同时加上和减去

$$P_{k,k-1}H_k^{\mathrm{T}}(H_kP_{k,k-1}H_k^{\mathrm{T}}+R_k)^{-1}H_kP_{k,k-1}$$

这一项,再把有关 K_k 的项合并到一起,即

$$\begin{aligned}P_k &= P_{k,k-1}-P_{k,k-1}H_k^{\mathrm{T}}(H_kP_{k,k-1}H_k^{\mathrm{T}}+R_k)^{-1}H_kP_{k,k-1}+\\ &\quad [K_k-P_{k,k-1}H_k^{\mathrm{T}}(H_kP_{k,k-1}H_k^{T}+R_k)^{-1}]+\\ &\quad (H_kP_{k,k-1}H_k^{T}+R_k)[K_k-P_{k,k-1}H_k^{\mathrm{T}}(H_kP_{k,k-1}H_k^{T}+R_k)^{-1}]\end{aligned} \tag{3.2.10}$$

在式(3.2.10)中前两项不含 K_k 因子,因此,为使滤波误差方差阵 P_k 极小,只要选择

$$K_k-P_{k,k-1}H_k^{\mathrm{T}}(H_kP_{k,k-1}H_k^{\mathrm{T}}+R_k)^{-1}=0 \tag{3.2.11}$$

于是得到

$$K_k=P_{k,k-1}H_k^{\mathrm{T}}(H_kP_{k,k-1}H_k^{\mathrm{T}}+R_k)^{-1} \tag{3.2.12}$$

而此时误差方差阵 P_k 为

$$P_k=P_{k,k-1}-P_{k,k-1}H_k^{\mathrm{T}}(H_kP_{k,k-1}H_k^{\mathrm{T}}+R_k)^{-1}H_kP_{k,k-1}=(I-K_kH_k)P_{k,k-1} \tag{3.2.13}$$

式中的 $P_{k,k-1}$ 为进一步预测误差方差阵,即

$$P_{k,k-1}=E(\tilde{X}_{k,k-1}\tilde{X}_{k,k-1}^{\mathrm{T}}) \tag{3.2.14}$$

进一步有

$$\begin{aligned}\tilde{X}_{k,k-1} &= X_k-\hat{X}_{k,k-1}=\Phi_{k,k-1}X_{k-1}+\Gamma_{k,k-1}W_{k-1}-\Phi_{k,k-1}\hat{X}_{k-1}\\ &=\Phi_{k,k-1}\tilde{X}_{k-1}+\Gamma_{k,k-1}W_{k-1}\end{aligned} \tag{3.2.15}$$

$$\begin{aligned}\tilde{X}_{k,k-1}\tilde{X}_{k,k-1}^{\mathrm{T}} &= (\Phi_{k,k-1}\tilde{X}_{k-1}+\Gamma_{k,k-1}W_{k-1})(\Phi_{k,k-1}\tilde{X}_{k-1}+\Gamma_{k,k-1}W_{k-1})^{\mathrm{T}}\\ &=\Phi_{k,k-1}\tilde{X}_{k-1}\tilde{X}_{k-1}^{\mathrm{T}}\Phi_{k,k-1}^{\mathrm{T}}+\Gamma_{k,k-1}W_{k-1}W_{k-1}^{\mathrm{T}}\Gamma_{k,k-1}^{\mathrm{T}}+\\ &\quad \Gamma_{k,k-1}W_{k-1}\tilde{X}_{k,k-1}^{\mathrm{T}}\Phi_{k,k-1}^{\mathrm{T}}+\Phi_{k,k-1}\tilde{X}_{k,k-1}W_{k-1}^{\mathrm{T}}\Gamma_{k,k-1}^{\mathrm{T}}\end{aligned} \tag{3.2.16}$$

因为

$$E(\Phi_{k,k-1}\tilde{X}_{k-1}W_{k-1}^{\mathrm{T}}\Gamma_{k,k-1}^{\mathrm{T}})=\mathbf{0}, E(\Gamma_{k,k-1}W_{k-1}\tilde{X}_{k-1}^{\mathrm{T}}\Phi_{k,k-1}^{\mathrm{T}})=\mathbf{0} \tag{3.2.17}$$

于是有

$$P_{k,k-1}=\tilde{X}_{k,k-1}\tilde{X}_{k,k-1}^{\mathrm{T}}=\Phi_{k,k-1}P_{k-1}\Phi_{k,k-1}^{\mathrm{T}}+\Gamma_{k,k-1}Q_{k-1}\Gamma_{k,k-1}^{\mathrm{T}} \tag{3.2.18}$$

至此,我们得到了随机线性离散系统卡尔曼滤波基本方程。卡尔曼滤波算法具有如下特点:

(1) 由于卡尔曼滤波算法将被估计的信号看作在白噪声作用下的一个随机线性系统

输出,并且其输入/输出关系是由状态方程和输出方程在时间域内给出的,因此这种滤波方法不仅适用于平稳序列的滤波,而且特别适用于非平稳或平稳马尔可夫序列或高斯-马尔可夫序列的滤波,因此其应用范围是十分广泛的。

(2) 由于卡尔曼滤波的基本方程是时间域内的递推形式,其计算过程是一个不断地"预测—修正"过程,在求解时不要求存储大量数据,并且一旦观测到了新的数据,随时可以算得新的滤波值,因此这种滤波方法非常有利于实时处理,便于计算机实现。

(3) 由于滤波器的增益矩阵与观测无关,因此它可预先离线算出,从而可以减少实时在线计算量;在求滤波器增益矩阵 $\boldsymbol{K}_k$ 时,要求一个矩阵的逆,即要计算 $(\boldsymbol{H}_k\boldsymbol{P}_{k,k-1}\boldsymbol{H}_k^{\mathrm{T}}+\boldsymbol{R}_k)^{-1}$,它的阶数只取决于观测方程的维数 m,而 m 通常是很小的,这样,上面的求逆运算是比较方便的;另外,在求解滤波器增益的过程中,随时可以算得滤波器的精度指标 P_k,其对角线上的元就是滤波误差向量各分量的方差。

(4) 增益矩阵 $\boldsymbol{K}_k$ 与初始方差阵 $\boldsymbol{P}_0$、系统噪声方差阵 $\boldsymbol{Q}_{k-1}$ 以及观测噪声方差阵 $\boldsymbol{R}_k$ 之间具有如下关系:

① 由卡尔曼滤波的基本方程(3.1.2)、(3.1.3)可以看出:$\boldsymbol{P}_0$、$\boldsymbol{Q}_{k-1}$ 和 $\boldsymbol{R}_k(k=1,2,\cdots)$ 同乘一个相同的标量时 $\boldsymbol{K}_k$ 值不变。

② 由滤波基本方程(3.1.2)可见,当 $\boldsymbol{R}_k$ 增大时,$\boldsymbol{K}_k$ 就变小,这在直观上是很容易理解的,因为如果观测噪声增大,那么滤波增益就应取小一些(因为这时的新息里的误差比较大),以减弱观测噪声对滤波值的影响。

如果 $\boldsymbol{P}_0$ 变小,$\boldsymbol{Q}_{k-1}$ 变小,或两者都变小,则由滤波的基本方程(3.1.5)可以看出,这时 $\boldsymbol{P}_{k,k-1}$ 变小;同时而由滤波的基本方程(3.1.6)可以看出,这时 $\boldsymbol{P}_k$ 也变小,从而 $\boldsymbol{K}_k$ 变小。这也是很自然的。$\boldsymbol{P}_0$ 变小表示初始估计较好,$\boldsymbol{Q}_{k-1}$ 变小表示系统噪声变小,于是增益矩阵也应小些以便于较小的修正。

综上所述,可以简单说,增益矩阵 $\boldsymbol{K}_k$ 与 $\boldsymbol{Q}_{k-1}$ 成正比,而与 $\boldsymbol{R}_k$ 成反比。

3.2.2　随机线性连续系统的卡尔曼滤波基本方程

采用递推算法是离散卡尔曼滤波的最大优点,由于其递推性,算法可以由计算机执行,不必存储大量观测数据,因此,离散卡尔曼滤波在工程上得到了广泛的应用。尽管许多实际的物理系统是连续系统,但只要进行离散化,就可以用离散卡尔曼滤波方程。

连续卡尔曼滤波是根据连续时间过程中的观测值,采用求解矩阵微分方程的方法估计系统状态变量的时间连续值。连续卡尔曼滤波是最优估计理论的一部分,因此在此给出连续性卡尔曼滤波算法,以保持理论的完整性。

在推导连续系统卡尔曼滤波基本方程时,先不考虑控制信号的作用,这样系统的状态方程为

$$\dot{\boldsymbol{X}}(t)=\boldsymbol{A}(t)\boldsymbol{X}(t)+\boldsymbol{F}(t)\boldsymbol{W}(t) \tag{3.2.19}$$

式中:$\boldsymbol{X}(t)$ 是系统的 n 维观测向量;$\boldsymbol{W}(t)$ 是 p 维零均值白噪声向量;$\boldsymbol{A}(t)$ 是 $n\times n$ 阶系统矩阵;$\boldsymbol{F}(t)$ 是 $n\times p$ 阶干扰输入矩阵。

观测方程为

$$\boldsymbol{Z}(t)=\boldsymbol{H}(t)\boldsymbol{X}(t)+\boldsymbol{V}(t) \tag{3.2.20}$$

式中:$\boldsymbol{Z}(t)$是m维观测向量;$\boldsymbol{H}(t)$是$m\times n$阶观测矩阵;$\boldsymbol{V}(t)$是m阶零均值白噪声向量。

$\boldsymbol{W}(t)$和$\boldsymbol{V}(t)$互相独立,它们的协方差阵分别为

$$\begin{cases} E[\boldsymbol{W}(t)\boldsymbol{W}^{\mathrm{T}}(\tau)] = \boldsymbol{Q}(t)\delta(t-\tau) \\ E[\boldsymbol{V}(t)\boldsymbol{V}^{\mathrm{T}}(\tau)] = \boldsymbol{R}(t)\delta(t-\tau) \\ E[\boldsymbol{W}(t)\boldsymbol{V}^{\mathrm{T}}(\tau)] = 0 \end{cases} \tag{3.2.21}$$

式中:$\delta(t-\tau)$是狄拉克(Dirac)δ函数;$\boldsymbol{Q}(t)$为对称非负定矩阵;$\boldsymbol{R}(t)$为对称正定矩阵;$\boldsymbol{Q}(t)$和$\boldsymbol{R}(t)$都对t连续。

$\boldsymbol{X}(t)$的初始状态$\boldsymbol{X}(t_0)$是一个随机变量,假定$\boldsymbol{X}(t)$的统计特性(如数学期望$E[\boldsymbol{X}(t_0)]=\boldsymbol{m}_0$)和方差矩阵$\boldsymbol{P}(t_0)=E\{[\boldsymbol{X}(t_0)-\boldsymbol{m}_0][\boldsymbol{X}(t_0)-\boldsymbol{m}_0]^{\mathrm{T}}\}$都为已知。从时间$t=t_0$开始得到观测值$\boldsymbol{Z}(t)$,在区间$t_0\leqslant\sigma\leqslant t$内已给出观测值$\boldsymbol{Z}(\sigma)$,要求找出$\boldsymbol{X}(t_1)$的最优线性估计,使得:

(1) 估计值$\hat{\boldsymbol{X}}(t_1,t)$是$\boldsymbol{Z}(\sigma)(t_0\leqslant\sigma\leqslant t)$的线性函数;

(2) 估计值是无偏的,即$E[\hat{\boldsymbol{X}}(t_1,t)]=E[\boldsymbol{X}(t_1)]$。

(3) 要求估计误差$\tilde{\boldsymbol{X}}(t_1,t)=\boldsymbol{X}(t_1)-\hat{\boldsymbol{X}}(t_1,t)$的方差最小,即要求

$$E\{[\boldsymbol{X}(t_1)-\hat{\boldsymbol{X}}(t_1,t)][\boldsymbol{X}(t_1)-\hat{\boldsymbol{X}}(t_1,t)]^{\mathrm{T}}\} = \min \tag{3.2.22}$$

连续系统卡尔曼滤波公式有很多推导方法。这里采用卡尔曼在1962年提出的方法。令离散系统的采样间隔$\Delta t\to 0$,取离散卡尔曼滤波的极限,可得到连续卡尔曼滤波基本方程

$$\dot{\hat{\boldsymbol{X}}}(t) = \boldsymbol{A}(t)\hat{\boldsymbol{X}}(t) + \boldsymbol{K}(t)[\boldsymbol{Z}(t) - \boldsymbol{H}(t)\hat{\boldsymbol{X}}(t)] \tag{3.2.23}$$

$$\boldsymbol{K}(t) = \boldsymbol{P}(t)\boldsymbol{H}^{\mathrm{T}}(t)\boldsymbol{R}^{-1}(t) \tag{3.2.24}$$

$$\dot{\boldsymbol{P}}(t) = \boldsymbol{A}(t)\boldsymbol{P}(t) + \boldsymbol{P}(t)\boldsymbol{A}^{\mathrm{T}}(t) + \boldsymbol{F}(t)\boldsymbol{Q}(t)\boldsymbol{F}^{T}(t) - \boldsymbol{P}(t)\boldsymbol{H}^{\mathrm{T}}(t)\boldsymbol{R}^{-1}(t)\boldsymbol{H}(t)\boldsymbol{P}(t) \tag{3.2.25}$$

其中$t\geqslant t_0$,并且初始条件为

$$\begin{cases} \hat{\boldsymbol{X}}(t_0) = \boldsymbol{E}[\boldsymbol{X}(t_0)] = \boldsymbol{u}_x(t_0) \\ \boldsymbol{P}(t_0) = \mathrm{Var}[\boldsymbol{X}(t_0)] = \boldsymbol{P}_x(t_0) \end{cases} \tag{3.2.26}$$

对以上结果,作如下说明:

(1) 基本滤波方程(3.2.23)是连续卡尔曼滤波方程,其中$n\times m$阶矩阵$\boldsymbol{K}(t)$称为滤波器增益矩阵。如果我们把$\hat{\boldsymbol{Z}}(t)=\boldsymbol{H}(t)\hat{\boldsymbol{X}}(t)$称为预测观测,则在$t$时刻观测$\boldsymbol{Z}(t)$所提供的“新信息”就为

$$\tilde{\boldsymbol{Z}}(t) = \boldsymbol{Z}(t) - \hat{\boldsymbol{Z}}(t) = \boldsymbol{Z}(t) - \boldsymbol{H}(t)\hat{\boldsymbol{X}}(t)$$

这样,我们就可以把连续卡尔曼滤波器看作在反馈校正信号$\boldsymbol{K}(t)\tilde{\boldsymbol{Z}}(t)$作用下的一个随机线性系统,如图3-2所示。

(2) $\boldsymbol{X}(t)$的方差阵$\boldsymbol{P}(t)$完全由基本方程(3.2.25)决定,此方程称为黎卡提(*Riccati*)

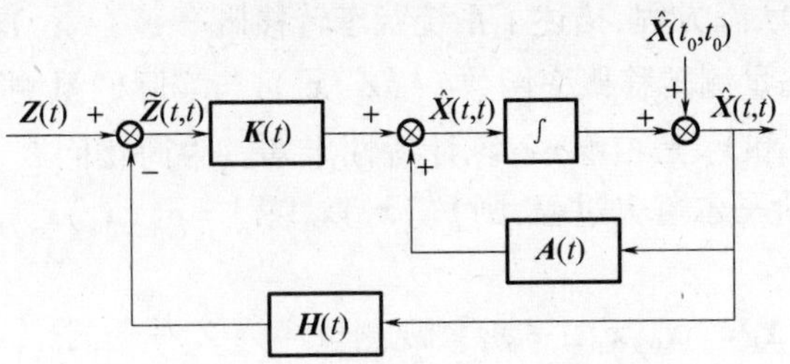

图3-2　线性连续系统卡尔曼滤波器结构图

矩阵方程，该方程可以单独离线算出。

(3) 由基本滤波方程(3.2.24)和方程(3.2.25)可见，矩阵 $\boldsymbol{R}(t)$ 必须是正定矩阵。在物理上，这表示观测向量 $\boldsymbol{Z}(t)$ 的每个分量都存在某种误差。

(4) 基本滤波方程(3.2.23)可改写成

$$\hat{\boldsymbol{X}}(t) = [\boldsymbol{A}(t) - \boldsymbol{K}(t)\boldsymbol{H}(t)]\hat{\boldsymbol{X}}(t) + \boldsymbol{K}(t)\boldsymbol{Z}(t) \tag{3.2.27}$$

设上式的解为

$$\hat{\boldsymbol{X}}(t) = \boldsymbol{\Psi}(t,t_0)\hat{\boldsymbol{X}}(t_0) + \int_{t_0}^{t}\boldsymbol{\Psi}(t,\tau)\boldsymbol{K}(\tau)Z(\tau)\mathrm{d}\tau$$

其中 $\boldsymbol{\Psi}(t,\tau)$ 是系统(3.2.27)的状态转移矩阵。因此当 $\hat{\boldsymbol{X}}(t_0) = \boldsymbol{u}_X(t_0) = \boldsymbol{0}$ 时，有

$$\hat{\boldsymbol{X}}(t) = \int_{t_0}^{t}\boldsymbol{\Psi}(t,\tau)\boldsymbol{K}(\tau)Z(\tau)\mathrm{d}\tau$$

如果令 $\boldsymbol{\Psi}(t,\tau)\boldsymbol{K}(\tau) = \boldsymbol{\Psi}_K(t,\tau)$，则上式可简化为

$$\hat{\boldsymbol{X}}(t) = \int_{t_0}^{t}\boldsymbol{\Psi}(t,\tau)\boldsymbol{Z}(\tau)\mathrm{d}\tau \tag{3.2.28}$$

由此可见，当初始状态的平均值为零时，连续卡尔曼滤波估计 $\boldsymbol{X}(t)$ 可以表示成观测值 $\boldsymbol{Z}(t)$ 的一个特殊线性变换。

3.3　线性系统卡尔曼滤波的贝叶斯推导

本节的目的是从递推贝叶斯估计的角度来重新认识信息融合中随机系统状态最优估计问题的本质。相对于以往其他方式的描述，贝叶斯估计更容易让我们理解种类多样的最优估计问题的实质。这不仅有利于我们理解以卡尔曼滤波为代表的线性系统最优估计理论，同时也利于我们对今后其他非线性系统最优估计理论以及以模糊控制和神经网络为代表的智能信息融合技术有更加统一的认识。为了达到这一目的，本节首先简要推导递推贝叶斯估计的形式，并对随机系统状态滤波估计问题进行了必要说明；在此基础上，完成随机高斯线性系统中的卡尔曼滤波递推方程的贝叶斯推导证明[11]。

3.3.1　递推贝叶斯估计

假定广义状态空间模型描述的离散系统状态方程如下

$$\boldsymbol{x}_{k+1} = f(\boldsymbol{x}_k, \boldsymbol{w}_k) \tag{3.3.1a}$$

$$\boldsymbol{z}_k = g(\boldsymbol{x}_k, \boldsymbol{v}_k) \tag{3.3.1b}$$

方程(3.3.1a)为状态方程,描述了系统状态转移概率 $p((x_{k+1})\boldsymbol{x}_k)$;方程(3.3.1b)为量测方程,描述了状态量测转移概率函数 $p((\mathrm{z_k})\boldsymbol{x}_k)$,与实际的量测噪声模型相关。$f:\boldsymbol{R}^{N_x}\Rightarrow\boldsymbol{R}^{N_x}$,$g:\boldsymbol{R}^{N_x}\Rightarrow\boldsymbol{R}^{N_y}$,$\boldsymbol{w}_k$ 和 $\boldsymbol{v}_k$ 是白噪声,统计特性未知。为简化问题,假设上述系统满足:(1)系统状态遵循一阶马尔可夫过程,则 $p((\boldsymbol{x}_k)\boldsymbol{x}_{0:k-1})=p((\boldsymbol{x}_k)\boldsymbol{x}_{k-1})$;(2)观测值与系统内部状态无关。

定义状态量序列 $\boldsymbol{X}_k=[\boldsymbol{x}_0,\boldsymbol{x}_1,\cdots,\boldsymbol{x}_k]$,观测量序列 $\boldsymbol{Z}_k=[z_0,z_1,\cdots,z_k]$。记 $p(\boldsymbol{x}_k|\boldsymbol{Z}_k)$ 表示 $\boldsymbol{x}_k$ 的条件概率密度函数。根据贝叶斯准则,得到

$$
\begin{aligned}
p(\boldsymbol{x}_k \mid \boldsymbol{Z}_k) &= \frac{p(\boldsymbol{Z}_k \mid \boldsymbol{x}_k)p(\boldsymbol{x}_k)}{p(\boldsymbol{Z}_k)} = \frac{p(z_k,\boldsymbol{Z}_{k-1} \mid \boldsymbol{x}_k)p(\boldsymbol{x}_k)}{p(z_k,\boldsymbol{Z}_{k-1})} \\
&= \frac{p(z_k \mid \boldsymbol{Z}_{k-1},\boldsymbol{x}_k)p(\boldsymbol{Z}_{k-1} \mid \boldsymbol{x}_k)p(\boldsymbol{x}_k)}{p(z_k \mid \boldsymbol{Z}_{k-1})p(\boldsymbol{Z}_{k-1})} \\
&= \frac{p(z_k \mid \boldsymbol{Z}_{k-1},\boldsymbol{x}_k)p(\boldsymbol{x}_k \mid \boldsymbol{Z}_{k-1})p(\boldsymbol{Z}_{k-1})p(\boldsymbol{x}_k)}{p(\boldsymbol{y}_k \mid \boldsymbol{Z}_{k-1})p(\boldsymbol{Z}_{k-1})p(\boldsymbol{x}_k)} \\
&= \frac{p(z_k \mid \boldsymbol{x}_k)p(\boldsymbol{x}_k \mid \boldsymbol{Z}_{k-1})}{p(z_k \mid \boldsymbol{Z}_{k-1})}
\end{aligned}
\tag{3.3.2}
$$

上式中有几个概念术语在随后的表述和推导中经常使用,在此做必要说明。

$p((\boldsymbol{x}_k)\boldsymbol{Z}_{k-1})$ 的数学意义为系统从0时刻开始到 $k-1$ 时刻为止获得系统观测量序列 $\boldsymbol{Z}_{k-1}=[z_0,z_1,\cdots,z_{k-1}]$ 时,下一时刻系统状态将为 $\boldsymbol{x}_k$ 的概率。这是根据以往的观测量事先预测下一时刻的系统状态,因此称为先验概率密度函数(Prior)。

$p(\boldsymbol{x}_k|\boldsymbol{Z}_k)$ 的数学意义为系统从0时刻开始到 k 时刻为止获得系统观测量序列 $\boldsymbol{Z}_k=[z_0,z_1,\cdots,z_k]$ 时,当前 k 时刻系统状态为 $\boldsymbol{x}_k$ 的概率,因为系统观测量 $\boldsymbol{y}_k$ 实际上是系统状态 $\boldsymbol{x}_k$ 的外在表现结果,所以这实际上是根据结果来分析原因,或者说根据已知系统输出来判断系统输入的概率,因此称为后验概率密度函数(Posterior)。需要说明的是,$\boldsymbol{x}_k$ 就是我们希望估计的系统状态的真实值,我们所说的系统状态估计从极大后验估计的意义上就是希望获得 $\boldsymbol{x}_k$ 出现最大概率的数值。

$p(\boldsymbol{x}_k|\boldsymbol{x}_{k-1})$ 表明系统 $k-1$ 时刻系统状态为 $\boldsymbol{x}_{k-1}$ 时,系统当前状态 k 时刻为 $\boldsymbol{x}_k$ 的概率,称为状态转移概率密度函数;$p(z_k|\boldsymbol{x}_k)$ 称为似然概率密度函数(Likelihood);$p(\boldsymbol{y}_k|\boldsymbol{Y}_{k-1})$ 称为证据函数(Evidence)。

、 式(3.3.2)分子和分母中各项的计算公式分别为

$$p(\boldsymbol{x}_k \mid \boldsymbol{Z}_{k-1}) = \int p(\boldsymbol{x}_k \mid \boldsymbol{x}_{k-1})p(\boldsymbol{x}_{k-1} \mid \boldsymbol{Z}_{k-1})\mathrm{d}\boldsymbol{x}_{k-1} \tag{3.3.3a}$$

$$p(z_k \mid \boldsymbol{Z}_{k-1}) = \int p(z_k \mid \boldsymbol{x}_k)p(\boldsymbol{x}_k \mid \boldsymbol{Z}_{k-1})\mathrm{d}\boldsymbol{x}_k \tag{3.3.3b}$$

在此,将递推贝叶斯估计表述如下:

假定 $k-1$ 时刻后验概率密度 $p(\boldsymbol{x}_{k-1}|\boldsymbol{Z}_{k-1})$ 已知,通过时间更新可求得 k 时刻的先验概率密度函数

$$p(\boldsymbol{x}_k \mid \boldsymbol{Z}_{k-1}) = \int p(\boldsymbol{x}_k \mid \boldsymbol{x}_{k-1})p(\boldsymbol{x}_k \mid \boldsymbol{Z}_{k-1})\mathrm{d}\boldsymbol{x}_{k-1} \tag{3.3.4}$$

在 k 时刻获得新的观测信息 $\boldsymbol{y}_k$ 后,进行量测更新,后验概率密度函数计算公式为

$$p(\boldsymbol{x}_k \mid \boldsymbol{Z}_k) = \frac{p(\boldsymbol{z}_k \mid \boldsymbol{x}_k)p(\boldsymbol{x}_k \mid \boldsymbol{Z}_{k-1})}{\int p(\boldsymbol{z}_k \mid \boldsymbol{x}_k)p(\boldsymbol{x}_k \mid \boldsymbol{Z}_{k-1})\mathrm{d}\boldsymbol{x}_{k-1}} \tag{3.3.5}$$

递推流程如图 3-3 所示。将递推贝叶斯估计流程可以进一步抽象为两个基本步骤，即预测与校正。

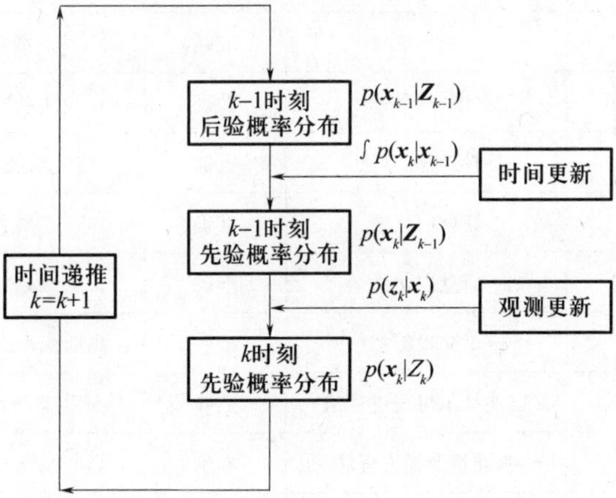

图 3-3　递推贝叶斯估计流程

实际上，随机滤波问题可以描述如下：已知初始概率密度 $p(\boldsymbol{x}_0)$、$p(\boldsymbol{x}_k \mid \boldsymbol{x}_{k-1})$、$p(\boldsymbol{z}_k \mid \boldsymbol{x}_k)$，滤波的目的就是从开始时刻 0 到当前 k 时刻以来所有的量测中来估计当前系统的最佳状态。本质上，这是在估计后验密度 $p(\boldsymbol{x}_k \mid \boldsymbol{z}_{0:k})$ 或 $p(\boldsymbol{x}_{0:k} \mid \boldsymbol{z}_{0:k})$。随机系统状态滤波估计问题本质上是一个求逆问题，即已知不同离散时刻测量到的测量值 $\boldsymbol{Z}_k = [\boldsymbol{z}_0, \boldsymbol{z}_1, \cdots, \boldsymbol{z}_k]$，和已知状态空间映射函数 $f: \boldsymbol{R}^{N_x} \Rightarrow \boldsymbol{R}^{N_x}$ 以及量测空间映射函数 $g: \boldsymbol{R}^{N_x} \Rightarrow \boldsymbol{R}^{N_y}$ 的条件下，计算系统状态 $\boldsymbol{x}_k$ 的最优或者次优解。虽然后验概率密度提供了随机滤波问题完整的解决方法，但由于概率密度函数是一个函数，而不是一个有限维数的待估计的点，所以问题仍旧十分棘手。需要说明的是，大部分物理系统并不是有限维的，而无限维的系统只能被有限模型近似表示，换言之，滤波器在这种意义上只能是次优的。

从另一个角度来看，这个问题可以视为一个反向映射学习问题，即寻找出最终导致系统数据输出序列到系统状态输入序列之间内在的合成映射函数。与简单的已知输入求取输出的映射前向学习不同，逆学习问题是一对多映射，而不像前向学习往往是一种多对一的映射。因此从某种意义上说，这种由输出到输入的映射通常不是唯一的。数学上一个正常的求解问题通常应满足存在、唯一、稳定 3 个条件，否则这一问题将被视为病态问题。本质上，随机系统状态滤波估计问题就是这样的一个病态问题，这一问题与其他领域，如回归分析、系统辨识、非线性重构、数据补缺等问题十分类似。

随机系统状态滤波估计问题可以被贝叶斯估计形式所描述，是一个十分广泛的问题，而对于线性高斯随机动力学系统的状态滤波最优估计解就是卡尔曼滤波解，卡尔曼滤波实质上是在不断更新的观测信息下对系统状态的递推估计。由系统状态方程可得到状态及其协方差的一步预测，再由系统观测方程求得一步预测在观测下的校正。以系统状态及协方差的一步预测为先验分布，则卡尔曼滤波过程就是在不断更新的观测信息条件下求取后验分布的递推贝叶斯估计过程，因此卡尔曼滤波算法可以完美地统一在贝叶斯估计理论框架之下。下面进行证明。

表 3-1　主要状态估计随机滤波的历史发展列表

作者(年份)	状态估计方法	状态估计解	应用条件
Kolmogorov (1941)	新息法	准确	线性系统，平稳过程
Wiener (1942)	谱分解法	准确	线性系统，平稳过程，无限记忆
Levinson (1947)	网格滤波器法	近似	线性系统，非平稳过程，无限记忆
Bode&Shannon (1950)	新息白化法	准确	线性系统，平稳过程
Zadeh&Rragazzini (1950)	新息白化法	准确	线性系统，非平稳过程
Kalman (1960)	正交投影法	准确	高斯线性二次型，非平稳过程，离散
Stratonovich (1960)	条件马尔可夫过程法	准确	非线性系统，非平稳过程
Kalman&Bucy (1961)	递推黎卡提方程法	准确	高斯线性二次型，非平稳过程，连续
Kushner (1967)	偏微分方程法	准确	非线性系统，非平稳过程
Zakai (1969)	偏微分方程法	准确	非线性系统，非平稳过程
Handschin&Mayne (1969)	蒙特卡罗法	近似	非线性系统，非高斯，非平稳过程
Bucy&Senne (1971)	质心法，贝叶斯法	近似	非线性系统，非高斯，非平稳过程
Kallath (1971)	新息法	准确	线性系统，非高斯，非平稳过程
Gordon, Salmond&Smith (1993)	自举，序列蒙特卡罗法	近似	线性系统，非高斯，非平稳过程
Julier&Uhlmann (1997)	UKF 法	近似	线性系统，非高斯，自由求导

表 3-1 列出了随机滤波问题的历史发展。发展的轨迹是从线性到非线性、高斯到非高斯、稳态到非稳态。

3.3.2　随机线性离散系统的卡尔曼滤波方程的贝叶斯推导

将离散系统状态方程(3.3.1)进一步简化，得到线性离散高斯随机动力学系统，其系统方程和量测方程分别为

$$\boldsymbol{x}_{k+1} = \boldsymbol{\Phi}_{k+1,k}\boldsymbol{x}_k + \boldsymbol{w}_k \tag{3.3.6a}$$

$$\boldsymbol{z}_{k+1} = \boldsymbol{H}_{k+1}\boldsymbol{x}_{k+1} + \boldsymbol{v}_{k+1} \tag{3.3.6b}$$

式中：$\boldsymbol{x}_k$ 是 k 时刻 $n\times1$ 阶系统状态量；$\boldsymbol{\Phi}_{k+1,k}$ 是系统 $n\times n$ 阶一步状态转移矩阵；$\boldsymbol{H}_{k+1}$ 是系统 $m\times n$ 阶观测矩阵；$\boldsymbol{z}_{k+1}$ 是 $k+1$ 时刻系统 $m\times1$ 阶观测量；$\boldsymbol{w}_k$ 为 $n\times1$ 阶系统噪声，服从零均值、高斯分布，其协方差阵为 $\boldsymbol{Q}_k$($n\times n$ 阶)；$\boldsymbol{v}_{k+1}$ 为 $m\times1$ 阶观测噪声，服从零均值、高斯分布，其协方差阵为 $\boldsymbol{R}_k$($m\times m$ 阶)；系统噪声和观测噪声及系统状态相互独立。

$$\boldsymbol{w}_k \sim N(0,\boldsymbol{Q}_k) \tag{3.3.7a}$$

$$\boldsymbol{v}_k \sim N(0,\boldsymbol{R}_k) \tag{3.3.7b}$$

$N(\cdot)$表示高斯概率密度函数。上述系统的最优估计滤波解决方案就是卡尔曼滤波方法。下面推导离散卡尔曼滤波算法,连续卡尔曼算法在经离散化后也可作离散问题处理。

(1) 证明:根据系统状态估计 $\hat{\boldsymbol{X}}_k$ 和协方差阵 $\overline{\boldsymbol{P}}_k$ 计算先验概率密度函数 $p(\boldsymbol{x}_{k+1}\boldsymbol{Z}_k)$。

假设 k 时刻系统状态 $\boldsymbol{x}_k$ 的估计 $\hat{\boldsymbol{X}}_k$ 以及协方差阵 $\boldsymbol{P}_k$ 已知,记 $\boldsymbol{x}_k \sim N(\hat{\boldsymbol{X}}_k, \boldsymbol{P}_k)$,由系统状态方程(3.3.6$a$)可知,$k+1$ 时刻的先验概率密度函数 $p(\boldsymbol{x}_{k+1} \mid \boldsymbol{Z}_k)$的均值、协方差分别为

$$\hat{\boldsymbol{X}}_{k+1,k} = E(\boldsymbol{x}_{k+1} \mid \boldsymbol{Z}_k) = E(\boldsymbol{\Phi}_{k+1,k}\boldsymbol{x}_k + \boldsymbol{w}_k \mid \boldsymbol{Z}_k) = \boldsymbol{\Phi}_{k+1,k}\hat{\boldsymbol{X}}_k \tag{3.3.8}$$

$$\begin{aligned}\boldsymbol{P}_{k+1,k} &= \mathrm{Cov}(\boldsymbol{x}_{k+1} \mid \boldsymbol{Z}_k) = \mathrm{Cov}(\boldsymbol{e}_{k+1,k}) = \mathrm{Cov}(\boldsymbol{x}_{k+1} - \hat{\boldsymbol{X}}_{k+1,k}) \\ &= \mathrm{Cov}(\boldsymbol{\Phi}_{k+1,k}\boldsymbol{x}_k + \boldsymbol{w}_k) = \boldsymbol{\Phi}_{k+1,k}\boldsymbol{P}_k\boldsymbol{\Phi}_{k+1,k}^{\mathrm{T}} + \boldsymbol{Q}_k\end{aligned} \tag{3.3.9}$$

式中:$E(\cdot)$、$\mathrm{Cov}(\cdot)$分别是数学期望和协方差算子。

则 $k+1$ 时刻的先验概率密度函数

$$\begin{aligned}p(\boldsymbol{x}_{k+1} \mid \boldsymbol{Z}_k) &= N(\hat{\boldsymbol{X}}_{k+1,k}, \boldsymbol{P}_{k+1,k}) \\ &= \boldsymbol{A}_1\exp\left[-\frac{1}{2}(\boldsymbol{x}_{k+1} - \hat{\boldsymbol{X}}_{k+1,k})^{\mathrm{T}}\boldsymbol{P}_{k+1,k}^{-1}(\boldsymbol{x}_{k+1} - \hat{\boldsymbol{X}}_{k+1,k})\right]\end{aligned} \tag{3.3.10}$$

式中:$\boldsymbol{A}_1 = (2\pi)^{\frac{-n}{2}}|\boldsymbol{P}_{k+1,k}|^{\frac{-1}{2}}$。

(2) 计算似然概率密度函数 $p(\boldsymbol{z}_{k+1}|\boldsymbol{x}_{k+1})$。

又由系统观测方程可知,$k+1$ 时刻的 $p(\boldsymbol{z}_{k+1}|\boldsymbol{x}_{k+1})$似然概率密度函数的均值、协方差分别为

$$E(\boldsymbol{z}_{k+1} \mid \boldsymbol{x}_{k+1}) = E(\boldsymbol{H}_{k+1}\boldsymbol{x}_{k+1} + \boldsymbol{v}_{k+1}) = \boldsymbol{H}_{k+1}\boldsymbol{x}_{k+1} \tag{3.3.11}$$

$$\mathrm{Cov}(\boldsymbol{z}_{k+1} \mid \boldsymbol{x}_{k+1}) = \mathrm{Cov}(\boldsymbol{H}_{k+1}\boldsymbol{x}_{k+1} + \boldsymbol{v}_{k+1}) = \boldsymbol{R}_{k+1} \tag{3.3.12}$$

因此,$k+1$ 时刻的似然概率密度函数 $p(\boldsymbol{z}_{k+1}|\boldsymbol{x}_{k+1})$为

$$\begin{aligned}p(\boldsymbol{z}_{k+1} \mid \boldsymbol{x}_{k+1}) &= N[E(\boldsymbol{z}_{k+1} \mid \boldsymbol{x}_{k+1}), \mathrm{Cov}(\boldsymbol{z}_{k+1} \mid \boldsymbol{x}_{k+1})] \\ &= \boldsymbol{A}_2\exp\left[-\frac{1}{2}(\boldsymbol{z}_{k+1} - \boldsymbol{H}_{k+1}\boldsymbol{x}_{k+1})^{\mathrm{T}}\boldsymbol{R}_{k+1}^{-1}(\boldsymbol{z}_{k+1} - \boldsymbol{H}_{k+1}\boldsymbol{x}_{k+1})\right]\end{aligned} \tag{3.3.13}$$

式中:$\boldsymbol{A}_2 = (2\pi)^{\frac{-m}{2}}|\boldsymbol{R}_{k+1,k}|^{\frac{-1}{2}}$。

(3) 计算后验概率密度函数 $p(\boldsymbol{x}_{k+1}|\boldsymbol{Z}_{k+1})$

设 $k+1$ 时刻系统状态 $\boldsymbol{x}_{k+1}$ 的后验概率密度函数为 $p(\boldsymbol{x}_{k+1}|\boldsymbol{Z}_{k+1})$,将(3.3.10)和(3.3.13)代入贝叶斯观测更新公式(3.3.2),得

$$\begin{aligned}p(\boldsymbol{x}_{k+1} \mid \boldsymbol{Z}_{k+1}) &\propto p(\boldsymbol{x}_{k+1} \mid \boldsymbol{Z}_k)p(\boldsymbol{z}_{k+1} \mid \boldsymbol{x}_{k+1}) \\ &\propto \boldsymbol{A}_1\boldsymbol{A}_2\exp\Big[-\frac{1}{2}(\boldsymbol{x}_{k+1} - \hat{\boldsymbol{X}}_{k+1,k})^{\mathrm{T}}\boldsymbol{P}_{k+1,k}^{-1}(\boldsymbol{x}_{k+1} - \hat{\boldsymbol{X}}_{k+1,k}) - \\ &\qquad \frac{1}{2}(\boldsymbol{y}_{k+1} - \boldsymbol{H}_{k+1}\boldsymbol{x}_{k+1})^{T}\boldsymbol{R}_{k+1}^{-1}(\boldsymbol{y}_{k+1} - \boldsymbol{H}_{k+1}\boldsymbol{x}_{k+1})\Big]\end{aligned} \tag{3.3.14}$$

式中:$\propto$表示比例运算符。

(4) 计算极大后验估计准则下的最优估计 $\hat{\boldsymbol{X}}_{k+1}^{\mathrm{MAP}}$。

用 $\hat{X}_{k+1}^{\mathrm{MAP}}$ 表示 x_{k+1} 的极大后验估计(Maximum a Posteriori, MAP),简称 MAP 估计值。在极大后验估计准则下,要求 $k+1$ 时刻系统状态 x_{k+1} 的最优估计 x_{k+1}^{MAP},只需

$$\left.\frac{\partial \log[p(x_{k+1} \mid Z_{k+1})]}{\partial x_{k+1}}\right|_{x_{k+1}=\hat{X}_{k+1}^{\mathrm{MAP}}} = 0 \qquad (3.3.15)$$

所以由式(3.3.15)可得

$$\hat{x}_{k+1}^{\mathrm{MAP}} = (H_{k+1}^{\mathrm{T}} R_{k+1}^{-1} H_{k+1} + P_{k+1,k}^{-1})^{-1} \times (P_{k+1,k}^{-1} \hat{X}_{k+1,k} + H_{k+1}^{\mathrm{T}} R_{k+1}^{-1} z_{k+1}) \qquad (3.3.16)$$

根据矩阵理论,已知 A 阵满足

$$A = B^{-1} + CD^{-1}C^{\mathrm{T}}$$

则

$$A^{-1} = B - BC(D + C^{\mathrm{T}}BC)^{-1}C^{\mathrm{T}}B$$

因此可将式(3.3.16)右边第一项按上式矩阵求逆公式展开可得

$$\hat{x}_{k+1}^{\mathrm{MAP}} = \hat{X}_{k+1,k} + K_{k+1}(z_{k+1} - H_{k+1}\hat{X}_{k+1,k}) \qquad (3.3.17)$$

式中:K_{k+1} 是卡尔曼滤波增益,$K_{k+1} = P_{k+1,k} H_{k+1}^{\mathrm{T}} (H_{k+1} P_{k+1,k} H_{k+1}^{\mathrm{T}} + R_{k+1})^{-1}$。

可见,观测噪声协方差 R_{k+1} 越小,卡尔曼滤波增益 K 越大,后验分布更趋近于似然分布;观测噪声协方差 R_{k+1} 越大,卡尔曼滤波增益 K 越小,后验分布更趋近于先验分布。存在两种极限情况

$$\lim_{R_{k+1}\to 0} K_{k+1} = H_{k+1}^{-1} \qquad (3.3.18)$$

$$\lim_{R_{k+1}\to \infty} K_{k+1} = 0 \qquad (3.3.19)$$

另一方面,当先验状态协方差 $P_{k+1,k}$ 越小,卡尔曼滤波增益 K_{k+1} 越小,后验分布更趋近于先验分布;当先验状态协方差 $P_{k+1,k}$ 越大,卡尔曼滤波增益 K_{k+1} 越大,后验分布更趋近于似然分布。存在两种极限情况

$$\lim_{P_{k+1,k}\to 0} K_{k+1} = 0 \qquad (3.3.20)$$

$$\lim_{P_{k+1,k}\to \infty} K_{k+1} = H_{k+1}^{-1} \qquad (3.3.21)$$

(5) 计算 $P_{k+1,k}$ 和 P_{k+1}。

记 $e_{k+1,k}$ 为 $\hat{X}_{k+,|k}$ 的误差,则有

$$e_{k+1,k} = x_{k+1} - \hat{X}_{k+1,k} = \Phi_{k+1,k}x_k + w_k - \Phi_{k+1,k}\hat{x}_k^{\mathrm{MAP}} = \Phi_{k+1,k}e_k^{\mathrm{MAP}} + w_k \qquad (3.3.22)$$

由 $P_{k+1,k}$ 定义,假设已知 $P_k = \mathrm{Cov}(e_k^{\mathrm{MAP}})$,则有

$$P_{k+1,k} = \mathrm{Cov}(e_{k+1,k}^{\mathrm{MAP}}) = \Phi_{k+1,k}P_kF_{k+1,k}^{\mathrm{T}} + Q_k \qquad (3.3.23)$$

$$e_{k+1} = x_{k+1} - \hat{x}_{k+1}^{\mathrm{MAP}} = x_{k+1} - x_{k+1|k} - K_{k+1}(z_{k+1} - H_{k+1}\hat{X}_{k+1|k}) \qquad (3.3.24)$$

考虑到

$$e_{k+1,k} = x_{k+1} - x_{k+1|k}$$

$$z_{k+1} = H_{k+1}x_{k+1} + v_{k+1}$$

将式(3.3.25)代入式(3.3.24)得

$$e_{k+1} = e_{k+1,k} - K_{k+1}(H_{k+1}e_{k+1,k} + v_{k+1}) = (I - K_{k+1}H_{k+1})e_{k+1,k} - K_{k+1}v_{k+1} \qquad (3.3.25)$$

计算 $k+1$ 时刻系统状态 $\boldsymbol{x}_{k+1}$ 的协方差为 $\boldsymbol{P}_{k+1}$ 则有

$$\begin{aligned}\boldsymbol{P}_{k+1} &= \mathrm{Cov}(\boldsymbol{e}_{k+1}^{\mathrm{MAP}}) \\ &= (\boldsymbol{I}-\boldsymbol{K}_{k+1}\boldsymbol{H}_{k+1})\boldsymbol{P}_{k+1,k}(\boldsymbol{I}-\boldsymbol{K}_{k+1}\boldsymbol{H}_{k+1})^{\mathrm{T}}+\boldsymbol{K}_{k+1}\boldsymbol{R}_{k+1}\boldsymbol{K}_{k+1}^{\mathrm{T}} \\ &= (\boldsymbol{I}-\boldsymbol{K}_{k+1}\boldsymbol{H}_{k+1})\boldsymbol{P}_{k+1,k} \end{aligned} \tag{3.3.26}$$

$$\boldsymbol{P}_{k+1} = \boldsymbol{P}_{k+1,k} - \boldsymbol{\Phi}_{k+1,k}\boldsymbol{K}_{k+1}\boldsymbol{H}_{k+1}\boldsymbol{P}_{k+1,k} \tag{3.3.27}$$

至此，将上述基于贝叶斯估计求得的 $k+1$ 时刻系统状态 $\boldsymbol{x}_{k+1}$ 均值 $\bar{\boldsymbol{x}}_{k+1}$ 和协方差 $\boldsymbol{P}_{k+1}$ 的过程迭代递推，即可实现卡尔曼滤波解算的完成过程。归纳起来如图 3－4 所示。

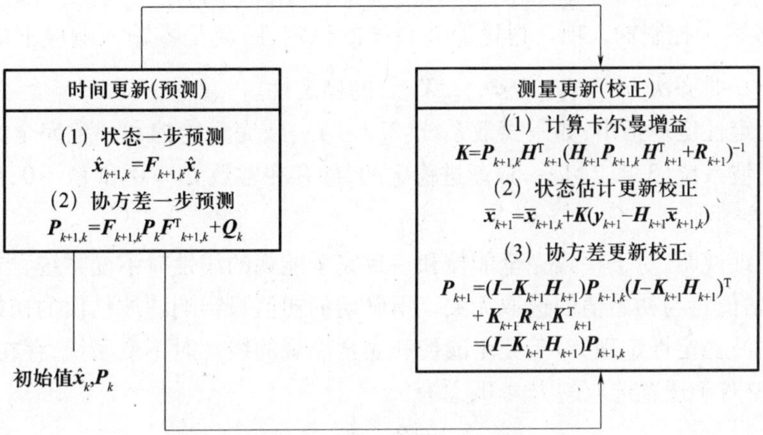

图 3－4　卡尔曼滤波算法步骤

上述基于极大后验估计准则的推导过程经过简单的变化，也可以改为极大似然估计准则(ML 准则)推导，结果都是相同的。当然这一推导还可以基于新息框架进行，在此就不再介绍了。

3.4　卡尔曼滤波的稳定性

前面几节我们导出了线性离散系统在不同情形下的滤波估值算法。利用这些算法，只要知道了初值 $\hat{\boldsymbol{X}}_0$ 和估计误差方差阵的初值 $\boldsymbol{P}_0$，便可根据一系列的观测数据，递推求得最优滤波估计值 $\hat{\boldsymbol{X}}_k$（当 $\hat{\boldsymbol{X}}_0=E(\boldsymbol{X}_0)$，$\boldsymbol{P}_0=\mathrm{Var}(\boldsymbol{X}_0)$ 时，卡尔曼滤波估计从开始就是无偏的，且估计误差方差阵最小）。但是如果对系统的初始状态 $\boldsymbol{X}_0$ 和初始协方差阵 $\mathrm{var}(\boldsymbol{X}_0)$ 缺乏确切的了解，所假定的最优初始条件 $\hat{\boldsymbol{X}}_0$ 和 $\boldsymbol{P}_0$ 与应当取的最优初值 $E(\boldsymbol{X}_0)$ 和 $\mathrm{Var}(\boldsymbol{X}_0)$ 就会有相当大的误差。那么，初值选择不合适将对以后的滤波产生何种影响？是否需要所选的初值的误差充分小才能保证以后的滤波值与最优值之间相差任意小？还是无论怎样选取初值，随着时间的增长就能使滤波值与最优值任意接近（也就是说在时间充分长后，初值的影响可以忽略）？这就是滤波的稳定性问题。这里我们不加证明地给出滤波稳定性定理。随机离散动态系统

$$\boldsymbol{X}_{k+1} = \boldsymbol{\Phi}_{k+1,k}\boldsymbol{X}_k + \boldsymbol{\Gamma}_{k+1,k}\boldsymbol{W}_k \tag{3.4.1a}$$

$$\boldsymbol{Z}_{k+1} = \boldsymbol{H}_{k+1,k}\boldsymbol{X}_k + \boldsymbol{V}_{k+1} \tag{3.4.1b}$$

的滤波方程为

$$\begin{aligned}\hat{\boldsymbol{X}}_{k+1} &= \boldsymbol{\Phi}_{k+1,k}\hat{\boldsymbol{X}}_k + \boldsymbol{K}_{k+1}(\boldsymbol{Z}_{k+1} - \boldsymbol{H}_{k+1}\boldsymbol{\Phi}_{k+1,k}\hat{\boldsymbol{X}}_k] \\ &= (\boldsymbol{I}_{m_2} - \boldsymbol{K}_{k+1,k}\boldsymbol{H}_{k+1})\boldsymbol{\Phi}_{k+1,k}\hat{\boldsymbol{X}}_k + \boldsymbol{K}_{k+1,k}\boldsymbol{Z}_{k+1} \\ &= \overline{\boldsymbol{\Phi}}_{k+1,k}\hat{\boldsymbol{X}}_k + \boldsymbol{K}_{k+1,k}\boldsymbol{Z}_{k+1}\end{aligned} \tag{3.4.2}$$

式中

$$\overline{\boldsymbol{\Phi}}_{k+1,k} = (\boldsymbol{I}_{m_2} - \boldsymbol{K}_{k+1,k}\boldsymbol{H}_{k+1})\boldsymbol{\Phi}_{k+1,k}$$

$\boldsymbol{K}_{k+1,k}\boldsymbol{Z}_{k+1}$为控制输入项。讨论滤波系统的稳定性,就是零输入响应下的稳定性,即$\boldsymbol{K}_{k+1,k}\boldsymbol{Z}_{k+1}=0$时齐次方程$\hat{\boldsymbol{X}}_{k+1}=\overline{\boldsymbol{\Phi}}_{k+1,k}\hat{\boldsymbol{X}}_k$解的稳定性。

滤波稳定性定理指出:如果离散系统(3.4.1)一致完全能控和一致完全能观,则它的最优线性滤波系统(3.4.2)是一致渐进稳定的,即存在常数$C_1>0$和$C_2>0$,使得$\|\boldsymbol{\Phi}(k,j)\| \leqslant C_2 e^{-C_1(k-j)}$。

这个定理说明,对于一致完全能控和一致完全能观的线性时不变系统,当时间充分长以后,滤波估值将与初始值的选取无关。不确切的初值只影响滤波估值的初始阶段。

上述滤波稳定性定理,对于完全能控和完全能观的线性时不变系统,存在唯一的正定矩阵$\boldsymbol{P}$,使得对于任意选取的$P_0 \geqslant 0$,总有

$$\lim_{k\to\infty}\boldsymbol{P}_{k,P_0} = \boldsymbol{P}$$

可见,对于一致完全能控和一致完全能观的系统,滤波是稳定的,随着时间的推移,观测数据的增多,滤波估计的精度应该越来越好,滤波方差阵或者趋于稳态值,或者有界。然而,实际情况并不都是这样。有时候,滤波估计的误差,可能大大超过其理论值,甚至趋于无穷大,这种现象称作滤波发散。滤波发散的原因主要有以下两类:

(1) 由于对物理系统了解不够精确,因此用于推导滤波公式的数学模型与实际物理系统不相吻合,或者在简化模型时处理不当,带来模型误差;

(2) 由于计算机字长有限,每步递推计算的舍入误差积累,从而使所计算的估计误差协方差阵逐步失去正定性,造成计算值与实际值越来越大的差距。

3.5 随机线性离散系统的最优预测

所谓随机线性离散系统的最优预测问题,就是根据系统的观测方程所提供的观测数据$\boldsymbol{Z}_1,\boldsymbol{Z}_2,\cdots,\boldsymbol{Z}_j$对系统状态方程(3.1.1a)在$k(k>j)$时刻的状态向量$\boldsymbol{X}_k$在给定假设条件下进行最优估计的问题。

假设式(3.1.1a)和式(3.1.1b)所描述的离散系统中,$\boldsymbol{Q}_k$为已知的$p\times p$阶半正定矩阵,$\boldsymbol{R}_k$为已知的$m\times m$阶正定矩阵。现在已知$\boldsymbol{X}_k$和$\boldsymbol{Z}_k$的一、二阶矩的情况下,用正交投影法来最优预测$\hat{\boldsymbol{X}}_{k,j}$,即

$$\hat{\boldsymbol{X}}_{k,j} = \tilde{E}(\boldsymbol{X}_k/\boldsymbol{Z}_1,\boldsymbol{Z}_2,\cdots,\boldsymbol{Z}_j) \tag{3.5.1}$$

由于

$$X_k = \boldsymbol{\Phi}_{k,j}X_j + \sum_{i=j+1}^{k}\boldsymbol{\Phi}_{k,i}\boldsymbol{\Gamma}_{i,i-1}W_{i-1} \qquad (k \geqslant j+1) \tag{3.5.2}$$

将其代入 $\hat{X}_{k,j}$的表达式(3.4.1),并利用正交投影的性质,得

$$\begin{aligned}\hat{X}_{k,j} &= \tilde{E}[(\boldsymbol{\Phi}_{k,j}X_j + \sum_{i=j+1}^{k}\boldsymbol{\Phi}_{k,i}\boldsymbol{\Gamma}_{i,i-1}W_{i-1})/Z_1,Z_2\cdots,Z_j]\\ &= \tilde{E}(\boldsymbol{\Phi}_{k,j}X_j/Z_1,Z_2\cdots,Z_j) + \tilde{E}[(\sum_{i=j+1}^{k}\boldsymbol{\Phi}_{k,i}\boldsymbol{\Gamma}_{i,i-1}W_{i-1})/Z_1,Z_2\cdots,Z_j]\\ &= \boldsymbol{\Phi}_{k,j}\tilde{E}(X_j/Z_1,Z_2\cdots,Z_j) + \sum_{i=j+1}^{k}\boldsymbol{\Phi}_{k,i}\boldsymbol{\Gamma}_{i,i-1}\tilde{E}(W_{i-1}/Z_1,Z_2\cdots,Z_j)\end{aligned} \tag{3.5.3}$$

随机向量集合$\{W_{i-1},i=j+1,j+2,\cdots,k\}$和 $Z_1,Z_2,\cdots,Z_j$ 对于任意 $k\geqslant j+1$ 是互不相关的,又因为两者都是随机向量,所以这两个向量集合必然是相互独立的。考虑到$\{W_k,k=0,1,\cdots\}$具有零均值,故

$$\tilde{E}[W_{i-1}/Z_1,Z_2\cdots,Z_j) = 0 \qquad (i = j+1,j+2,\cdots,k) \tag{3.5.4}$$

由方程式(3.3.4)并根据卡尔曼滤波的表达式

$$\hat{X}_{k,j} = \tilde{E}(X_k/Z_1^{k-1}) + \tilde{E}[\tilde{X}_{k,k-1}\tilde{Z}_{k,k-1}^{\mathrm{T}})[E(\tilde{Z}_{k,k-1}\tilde{Z}_{k,k-1}^{\mathrm{T}})]^{-1}\tilde{Z}_{k,k-1}$$

得

$$\hat{X}_{k,j} = \boldsymbol{\Phi}_{k,j}\tilde{E}(X_j/Z_1,Z_2,\cdots,Z_j) = \boldsymbol{\Phi}_{k,j}\hat{X}_j \tag{3.5.5}$$

式(3.4.5)即为最优预测 $\hat{X}_{k,j}$的表达式。

下面推导预测误差的协方差矩阵。预测误差 $\tilde{X}_{k,j}$可表示为

$$\begin{aligned}\tilde{X}_{k,j} &= X_k - \hat{X}_{k,j}\\ &= \boldsymbol{\Phi}_{k,j}X_j + \sum_{i=j+1}^{k}\boldsymbol{\Phi}_{k,i}\boldsymbol{\Gamma}_{i,i-1}W_{i-1} - \boldsymbol{\Phi}_{k,j}\hat{X}_j\\ &= \boldsymbol{\Phi}_{k,j}\tilde{X}_j + \sum_{i=j+1}^{k}\boldsymbol{\Phi}_{k,i}\boldsymbol{\Gamma}_{i,i-1}W_{i-1}\end{aligned} \tag{3.5.6}$$

显然,$\{X_{k,j},k=j+1,j+2\cdots,\}$为零均值高斯序列。预测误差方差阵 $P_{k,j}$应为

$$P_{k,j} = E(\tilde{X}_{k,j}\tilde{X}_{k,j}^{\mathrm{T}}) = \tilde{E}[(\boldsymbol{\Phi}_{k,j}\tilde{X}_j + \sum_{i=j+1}^{k}\boldsymbol{\Phi}_{k,i}\boldsymbol{\Gamma}_{i,i-1}W_{i-1})(\boldsymbol{\Phi}_{k,j}\tilde{X}_j + \sum_{i=j+1}^{k}\boldsymbol{\Phi}_{k,i}\boldsymbol{\Gamma}_{i,i-1}W_{i-1})^{\mathrm{T}}] \tag{3.5.7}$$

由于

$$E(\tilde{X}_jW_{i-1}^{\mathrm{T}}) = E[(X_jW_{i-1}^{\mathrm{T}}) - E(\hat{X}_jW_{i-1}^{\mathrm{T}})]$$

当 $i=j+1,j+2,\cdots,k$ 时,上式等号右边第一项应为零,而第二项为

$$E(\hat{X}_jW_{i-1}^{\mathrm{T}}) = E\{[(\boldsymbol{\Phi}_{j,j-1}\hat{X}_{j-1}) + K_j(Z_j - H_j\boldsymbol{\Phi}_{j,j-1}\hat{X}_{j-1})]W_{i-1}^{\mathrm{T}}\} \quad (i = j+1,j+2,\cdots)$$

又由于

$$E(\hat{X}_{j-1}W_{i-1}^{\mathrm{T}}] = 0 \quad (i = j+1,j+2,\cdots),E(W_jW_k^{\mathrm{T}}] = 0 \quad (j \neq k)$$

故式(3.5.7)可写成

$$\boldsymbol{P}_{k,j} = \boldsymbol{\Phi}_{k,j}E(\tilde{\boldsymbol{X}}_j\tilde{\boldsymbol{X}}_{k,j}^{\mathrm{T}}] + \sum_{i=j+1}^{k}\boldsymbol{\Phi}_{k,i}\boldsymbol{\Gamma}_{i,i-1}E[\boldsymbol{W}_{i-1}\boldsymbol{W}_{i-1}^{\mathrm{T}}]\boldsymbol{\Gamma}_{i,i-1}^{\mathrm{T}}\boldsymbol{\Phi}_{k,j}^{\mathrm{T}}$$

由 $E(\tilde{\boldsymbol{X}}_j\tilde{\boldsymbol{X}}_j^{\mathrm{T}}) = \boldsymbol{P}_j, E(\boldsymbol{W}_{i-1}\boldsymbol{W}\sim_{i-1}^{\mathrm{T}}) = \boldsymbol{Q}_{i-1}$，最后得到预测误差方差阵为

$$\boldsymbol{P}_{k,j} = \boldsymbol{\Phi}_{k,j}\boldsymbol{P}_j\boldsymbol{\Phi}_{k,j}^{\mathrm{T}} + \sum_{i=j+1}^{k}\boldsymbol{\Phi}_{k,i}\boldsymbol{\Gamma}_{i,i-1}\boldsymbol{Q}_{i-1}\boldsymbol{\Gamma}_{i,i-1}^{\mathrm{T}}\boldsymbol{\Phi}_{k,j}^{\mathrm{T}} \tag{3.5.8}$$

预测误差方差阵还可以写成另外一种形式

$$\begin{aligned}
\tilde{\boldsymbol{X}}_{k,j} &= \boldsymbol{\Phi}_{k,j}\tilde{\boldsymbol{X}}_j + \sum_{i=j+1}^{k}\boldsymbol{\Phi}_{k,i}\boldsymbol{\Gamma}_{i,i-1}\boldsymbol{W}_{i-1} \\
&= \boldsymbol{\Phi}_{k,k-1}\boldsymbol{\Phi}_{k-1,j}\tilde{\boldsymbol{X}}_j + \boldsymbol{\Phi}_{k,k}\boldsymbol{\Gamma}_{k,k-1}\boldsymbol{W}_{k-1} + \sum_{i=j+1}^{k-1}\boldsymbol{\Phi}_{k,i}\boldsymbol{\Gamma}_{i,i-1}\boldsymbol{W}_{i-1} \\
&= \boldsymbol{\Phi}_{k,k-1}\boldsymbol{\Phi}_{k-1,j}\tilde{\boldsymbol{X}}_j + \boldsymbol{\Gamma}_{k,k-1}\boldsymbol{W}_{k-1} + \boldsymbol{\Phi}_{k,k-1}\sum_{i=j+1}^{k-1}\boldsymbol{\Phi}_{k-1,i}\boldsymbol{\Gamma}_{i,i-1}\boldsymbol{W}_{i-1} \\
&= \boldsymbol{\Phi}_{k,k-1}(\boldsymbol{\Phi}_{k-1,j}\tilde{\boldsymbol{X}}_j + \sum_{i=j+1}^{k-1}\boldsymbol{\Phi}_{k-1,i}\boldsymbol{\Gamma}_{i,i-1}\boldsymbol{W}_{i-1}) + \boldsymbol{\Gamma}_{k,k-1}\boldsymbol{W}_{k-1} \\
&= \boldsymbol{\Phi}_{k,k-1}\tilde{\boldsymbol{X}}_{k-1,j} + \boldsymbol{\Gamma}_{k,k-1}\boldsymbol{W}_{k-1}
\end{aligned} \tag{3.5.9}$$

由此可见，$\tilde{\boldsymbol{X}}_{k,j}$不仅为零均值高斯白噪声序列，而且具有马尔可夫性质。下面利用式(3.5.9)来求预测误差方差阵 $\boldsymbol{P}_{k,j}$，即

$$\boldsymbol{P}_{k,j} = E(\tilde{\boldsymbol{X}}_{k,j}^{\mathrm{T}}) = E[(\boldsymbol{\Phi}_{k,k-1}\tilde{\boldsymbol{X}}_{k-1,j} + \boldsymbol{\Gamma}_{k,k-1}\boldsymbol{W}_{k-1})(\boldsymbol{\Phi}_{k,k-1}\tilde{\boldsymbol{X}}_{k-1,j} + \boldsymbol{\Gamma}_{k,k-1}\boldsymbol{W}_{k-1})^{\mathrm{T}}] \tag{3.5.10}$$

由于 $E(\tilde{\boldsymbol{X}}_{k-1,j}\boldsymbol{W}_{k-1}^{\mathrm{T}}) = \boldsymbol{0}$，故可将上式写为

$$\boldsymbol{P}_{k,j} = \boldsymbol{\Phi}_{k,k-1}\tilde{\boldsymbol{P}}_{k-1,j}\boldsymbol{\Phi}_{k,k-1}^{\mathrm{T}} + \boldsymbol{\Gamma}_{k,k-1}\boldsymbol{Q}_{k-1} + \boldsymbol{\Gamma}_{k,k-1}^{\mathrm{T}} \tag{3.5.11}$$

上式为预测误差方差阵 $\boldsymbol{P}_{k,j}$的另一种表达形式。

式(3.5.5)和式(3.5.11)即为最优预测估计及估计误差方差阵的计算式。

3.6 随机线性离散系统的最优平滑

当所希望得到状态估值的时刻与最后观测时刻重合时，称为滤波问题；当希望得到状态估值的时刻在最后观测时刻之后时，称为预测问题；而当状态估值的时刻处于可得到观测数据的时间间隔之内时，称为平滑问题。前面已经介绍了滤波和预测，本节讨论最优平滑估计。

3.6.1 平滑估计方法

主要有3类平滑估计方法。

第一类称为固定区间平滑估计，它是一种利用 $t=0$ 到 N 之间所有观测值来估计系统在某一时刻 k 的状态的算法，如图 3-5 所示；可以应用于飞行数据处理和气动参数辨识、舰船导航数据监测、惯导系统初始对准精度事后评估等领域；可用 $\hat{\boldsymbol{X}}_{k,N}$ 符号表示，k 取从 0 到 $N-1$ 内的所有值，由于 N 为固定正整数，故称为固定区间平滑。其递推方程为

$$\begin{cases}\tilde{\boldsymbol{X}}_{k,N} = \tilde{\boldsymbol{X}}_{k,k} + \boldsymbol{B}_k(\tilde{\boldsymbol{X}}_{k+1,N} - \tilde{\boldsymbol{X}}_{k+1,k}) \\ \boldsymbol{B}_k = \boldsymbol{P}_{k,k}\boldsymbol{\Phi}_{k+1,k}^{\mathrm{T}}\boldsymbol{P}_{k+1,k}^{-1} \\ \boldsymbol{P}_{k,N} = \boldsymbol{P}_{k,k} + \boldsymbol{B}_k(\boldsymbol{P}_{k+1,N} + \boldsymbol{P}_{k+1,k})\boldsymbol{B}_k^{\mathrm{T}}\end{cases}$$

式中：$\hat{\boldsymbol{X}}_{k,k}$、$\boldsymbol{P}_{k,k}$分别是 k 时刻卡尔曼滤波的状态向量估计和协方差矩阵；$\boldsymbol{P}_{k+1,k}$为一步预测协方差矩阵；$\boldsymbol{B}_k$ 为固定区间最优平滑增益矩阵；边界条件为 $\boldsymbol{X}_{N,N}$，$\boldsymbol{P}_{N,N}(k=N-1,N-2,\cdots)$。

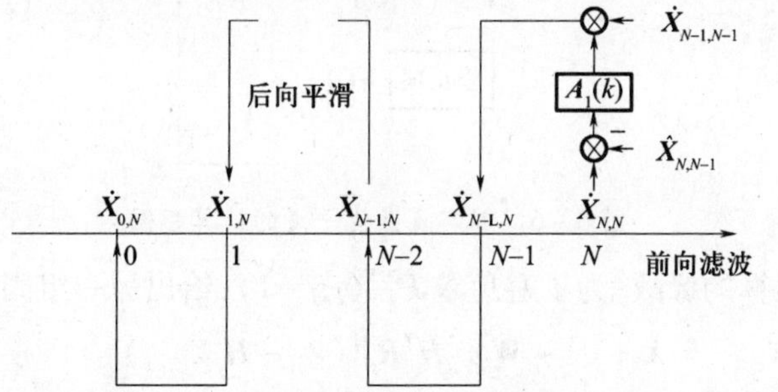

图 3－5　固定区间最优平滑的计算框图

由递推方程和计算流程图可以看出，前向滤波与后向平滑分开进行，先进行 N 点的前向滤波，再逐点进行后向平滑，由于前向滤波数据处理过程已经消除了大部分的误差，再将滤波结果作为后向平滑的初始值，在利用了包括 k 时刻以后的全部观测新息的基础上，固定区间平滑算法定位精度要优于前向滤波结果。另外，对于具体某一时刻点来说，固定区间平滑估计仅融入其前后两个时刻点的信息（$\hat{\boldsymbol{X}}_{k,k}$包含 $\hat{\boldsymbol{X}}_{k-1,k-1}$的递推值），相邻点之间的联系没有稍后介绍的固定滞后平滑算法紧密。

第二类平滑估计称为固定点平滑，它是利用较多的观测数据 $\boldsymbol{Z}(1)$，$\boldsymbol{Z}(2)$，$\cdots$，$\boldsymbol{Z}(j)$，对观测时刻的某一固定时间 $N(0\leqslant N\leqslant j)$ 上的系统状态向量 $\boldsymbol{X}_N$ 进行最优估计，除了 k 时刻以前的观测值外，还利用 k 时刻以后的观测值对系统状态进行估计，如图 3－6 所示。由于 k 为固定的正整数，故称为固定点平滑，可以应用于惯导动基座传递对准、多传感器目标跟踪量测处理等领域，可表示为 $\hat{\boldsymbol{X}}_{k^*,j}(j=k^*+1,k^*+2,\cdots)$，有

$$\begin{cases}\hat{\boldsymbol{X}}_{k^*,j} = \hat{\boldsymbol{X}}_{k^*,j-1} + \tilde{\boldsymbol{A}}_{k^*,j}(\hat{\boldsymbol{X}}_{j,j} - \hat{\boldsymbol{X}}_{j-1,j}) \\ \tilde{\boldsymbol{A}}_{k^*,j} = \prod_{i=k^*}^{j-1}\boldsymbol{B}_i \quad (\boldsymbol{B}_i = \boldsymbol{P}_{i,i}\boldsymbol{\Phi}_{i+1,i}^{\mathrm{T}}\boldsymbol{P}_{i+1|i,i}^{-1}) \\ \boldsymbol{P}_{k^*,j} = \boldsymbol{P}_{k^*,j-1} + \boldsymbol{A}_{k^*,j}(\boldsymbol{P}_{i,i} - \boldsymbol{P}_{j,j-1})\boldsymbol{A}_{k^*,j}^{\mathrm{T}}\end{cases}$$

式中：$\hat{\boldsymbol{X}}_{j,j}$、$\boldsymbol{P}_{j,j}$分别是 j 时刻卡尔曼滤波的状态向量估计和协方差矩阵；$\boldsymbol{P}_{k^*,j}$为一步预测协方差矩阵；$\boldsymbol{A}_{k^*,j}$为固定点最优平滑增益矩阵；边界条件为 $\hat{\boldsymbol{X}}_{k^*,k^*}$、$\boldsymbol{P}_{k^*,k^*}(j=k^*+1,k^*+2,\cdots)$。

观察区间平滑和固定点平滑的增益矩阵可以看出，两者都存在我们所不期望的预测误差协方差阵的求逆运算，但在固定区间平滑运算时，矩阵求逆所产生的误差只影响本次增益矩阵，然而在固定点平滑算法中矩阵求逆误差却是积累的，这是因为固定点平滑增益

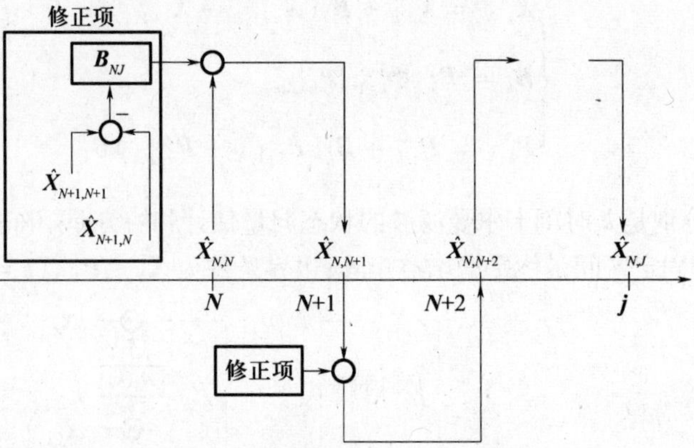

图 3-6　固定点最优平滑的计算框图

矩阵是连续乘积运算的缘故，为了避免求 $P^{-1}(j,j-1)$，给出另一组固定点平滑计算式

$$\begin{cases}\hat{\boldsymbol{X}}_{k*,j}=\hat{\boldsymbol{X}}_{k*,j-1}+\boldsymbol{W}_{k*,j}\boldsymbol{H}_j^{\mathrm{T}}\boldsymbol{R}_j^{-1}(\boldsymbol{Z}_j-\boldsymbol{H}_j\hat{\boldsymbol{X}}_{j,j-1})\\ \boldsymbol{W}_{k*,j}=\boldsymbol{W}_{k*,j-1}\boldsymbol{\Phi}_{j,j-1}^{\mathrm{T}}(\boldsymbol{I}-\boldsymbol{H}_j^{\mathrm{T}}\boldsymbol{R}_j^{-1}\boldsymbol{H}_j\boldsymbol{P}_{j,j-1})\\ \boldsymbol{P}_{k*,j}=\boldsymbol{P}_{k*,j-1}-\boldsymbol{W}_{k*,j-1}(\boldsymbol{H}_j^{\mathrm{T}}\boldsymbol{R}_j^{-1}\boldsymbol{H}_j\boldsymbol{P}_{j,j-1}\boldsymbol{H}_j^{\mathrm{T}}\boldsymbol{R}_j^{-1}\boldsymbol{H}_j)\boldsymbol{W}_{k*,j}^{\mathrm{T}}\end{cases}$$

式中：$\boldsymbol{W}_{k*,j}$ 的初始条件为 $\boldsymbol{W}_{k*,k*}=\boldsymbol{P}_{k*,k*}$。

这一计算公式的优点为不必进行 $\boldsymbol{P}_{j,j-1}$ 的逆运算。虽然也需要计算 $\boldsymbol{R}_j$ 的逆，但在多数情况下 $\boldsymbol{X}$ 的维数高于 $\boldsymbol{V}$ 的维数，因此能显著减小计算工作量。

第三类平滑估计称为固定滞后平滑，是在滞后最新观测时间一个固定时间间隔 J 的时间点上，给出系统状态最优估计的一种方法，这表示相对时刻 k 有固定滞后 J，即利用 $k+J$ 时的观测值来估计 k 时刻的系统状态，如图 3-7 所示。这种方法在通信和遥测数据的处理中具有广泛的应用，可表示为 $\hat{\boldsymbol{X}}_{k,k+J}(k=0,1,2,\cdots)$，其递推方程如下

$$\begin{cases}\hat{\boldsymbol{X}}_{k+1,k+1+J}=\boldsymbol{\Phi}_{k+1,k}\hat{\boldsymbol{X}}_{k,k+J}+\boldsymbol{U}_{k+1}(\hat{\boldsymbol{X}}_{k,k+J}-\hat{\boldsymbol{X}}_{k,k})+\boldsymbol{A}_{k+1,k+1+J}\boldsymbol{K}_{k+1+J}(\boldsymbol{Z}_{k+1+J}-\tilde{\boldsymbol{H}}_{k+1+J}\hat{\boldsymbol{X}}_{k+1+J,k+J})\\ \boldsymbol{A}_{k+1,k+1+J}=\prod_{i=k+1*}^{k+J}\boldsymbol{B}_i\quad(\boldsymbol{B}_i=\boldsymbol{P}_{i,i}\boldsymbol{\Phi}_{i+1,i}^{\mathrm{T}}\boldsymbol{P}_{i+1,i}^{-1},\boldsymbol{U}_{k+1}=\boldsymbol{\Gamma}_{k+1,k}\boldsymbol{Q}_k\boldsymbol{\Gamma}_{k+1,k}^{\mathrm{T}}\boldsymbol{\Phi}_{k+1,k}^{\mathrm{T}}\boldsymbol{P}_{k|k}^{-1})\\ \boldsymbol{P}_{k+1,k+1+J}=\boldsymbol{P}_{k+1,k}-\boldsymbol{B}_k^{-1}(\boldsymbol{P}_{k,k}-\boldsymbol{P}_{k,k+J})(\boldsymbol{B}_k^{\mathrm{T}})^{-1}-\boldsymbol{A}_{k+1,k+1+J}\boldsymbol{K}_{k+1+J}\boldsymbol{H}_{k+1+J}\boldsymbol{P}_{k+1+J,k+J}\cdot\boldsymbol{A}_{k+1,k+1+J}^{\mathrm{T}}\end{cases}$$

式中：$\hat{\boldsymbol{X}}_{k,k}$、$\boldsymbol{P}_{k,k}$、$\boldsymbol{P}_{k+1,k}$ 与固定区间平滑公式含义相同；$\boldsymbol{A}_{k+1,k+1+J}$ 为固定滞后最优平滑增益矩阵；边界条件为 $\hat{\boldsymbol{X}}_{0,k}$、$\boldsymbol{P}_{0,k}(k=0,1,2,\cdots)$。

离散线性系统最优固定滞后平滑算法由固定区间平滑算法和固定点平滑算法两者结合而得到，其滤波计算与平滑同时进行，平滑滞后于滤波 N 个时刻点，整个滤波过程像一个窗口逐点前移，当平滑区间增大时，固定滞后平滑避免了逐点平滑，因此计算量小于固定区间平滑。另外，滞后平滑估计在包括前一时刻点的信息的同时，还融入其后 N 个时刻点的状态估计，因此相邻点之间的联系更加紧密。

3.6.2　固定区间平滑递推公式推导

下面将对离散线性系统固定区间平滑的递推方程进行推导，固定点和固定滞后平滑

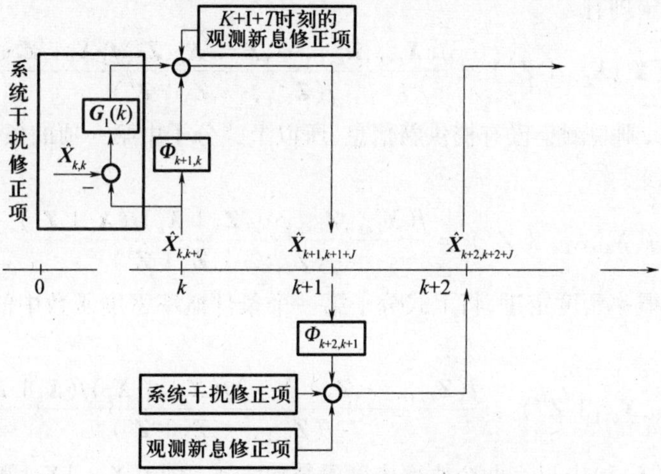

图 3－7　固定滞后最优平滑的计算框图

请读者参看参考文献[1,2]。

仍假设系统模型和观测模型为

$$X_k = \boldsymbol{\Phi}_{k,k-1}X_{k-1} + \boldsymbol{\Gamma}_{k-1}\boldsymbol{W}_{k-1} \tag{3.6.1}$$

$$\boldsymbol{Z}_k = \boldsymbol{H}_k\boldsymbol{X}_k + \boldsymbol{V}_k \tag{3.6.2}$$

式中：$\boldsymbol{W}_k$ 和 $\boldsymbol{V}_k$ 均界定为零均值高斯白噪声系列，两者互不相关，且有 $E(\boldsymbol{W}_k\boldsymbol{W}_j^{\mathrm{T}}) = \boldsymbol{Q}_k\delta_{k-j}$，$E(\boldsymbol{V}_k\boldsymbol{W}_j^{\mathrm{T}}) = \boldsymbol{R}_k\delta_{k-j}$。另外还假定初始条件 $\boldsymbol{X}_0$ 是高斯分布，其均值为 $\boldsymbol{m}_{X_0}$，方差为 $\boldsymbol{P}_0$，因此与之相关联的量的概率密度都是高斯分布，我们只要确定均值和方差就可以完全确定该随机向量的概率密度。假定观测集 $\boldsymbol{Z}^N = \{Z_1,\cdots,Z_N,N>k\}$，$\boldsymbol{X}_k$ 的极大验后估计就是使条件概率密度 $f(\boldsymbol{X}_k|\boldsymbol{Z}^N)$ 达到极大的 $\boldsymbol{X}_k$ 值，并用 $\hat{\boldsymbol{X}}_{k,N}$ 表示。显然，$\hat{\boldsymbol{X}}_{k,N}$ 和 $\hat{\boldsymbol{X}}_{k+1,N}$ 可以通过解以下两个联立方程来确定

$$\left.\frac{\partial f(\boldsymbol{X}_k,\boldsymbol{X}_{k+1}\mid\boldsymbol{Z}^N)}{\partial\boldsymbol{X}_k}\right|_{\substack{X_k=\hat{X}_{k,N}\\X_{k+1}=\hat{X}_{k+1,N}}} = 0 \tag{3.6.3}$$

$$\left.\frac{\partial f(\boldsymbol{X}_k,\boldsymbol{X}_{k+1}\mid\boldsymbol{Z}^N)}{\partial\boldsymbol{X}_{k+1}}\right|_{\substack{X_k=\hat{X}_{k,N}\\X_{k+1}=\hat{X}_{k+1,N}}} = 0 \tag{3.6.4}$$

由于最优固定区间平滑是由终止时刻 N 向后递推的，所以从以后的推导中可知只需求解方程(3.5.3)即可。根据贝叶斯定理可将条件概率密度 $f(\boldsymbol{X}_k,\boldsymbol{X}_{k+1}|\boldsymbol{Z}^N)$ 写为

$$f(\boldsymbol{X}_k,\boldsymbol{X}_{k+1}\mid\boldsymbol{Z}^N) = \frac{f(\boldsymbol{X}_k,\boldsymbol{X}_{k+1},\boldsymbol{Z}^N)}{f(\boldsymbol{Z}^N)}$$

利用联合概率密度定律可将上式写为

$$f(\boldsymbol{X}_k,\boldsymbol{X}_{k+1}\mid\boldsymbol{Z}^N) = \frac{f(\boldsymbol{X}_k,\boldsymbol{X}_{k+1},\boldsymbol{Z}_{k+1},\cdots,\boldsymbol{Z}_N\mid\boldsymbol{Z}^k)f(\boldsymbol{Z}^k)}{f(\boldsymbol{Z}_{k+1},\cdots,\boldsymbol{Z}_N\mid\boldsymbol{Z}^k)f(\boldsymbol{Z}^k)}$$

消去共同项 $f(\boldsymbol{Z}^k)$ 后，上式变为

$$f(\boldsymbol{X}_k,\boldsymbol{X}_{k+1}\mid\boldsymbol{Z}^N) = \frac{f(\boldsymbol{X}_k,\boldsymbol{X}_{k+1},\boldsymbol{Z}_{k+1},\cdots,\boldsymbol{Z}_N\mid\boldsymbol{Z}^k)}{f(\boldsymbol{Z}_{k+1},\cdots,\boldsymbol{Z}_N\mid\boldsymbol{Z}^k)}$$

由联合概率密度定理有

$$f(\boldsymbol{X}_k,\boldsymbol{X}_{k+1}\mid \boldsymbol{Z}^N)=\frac{f(\boldsymbol{X}_{k+1},\boldsymbol{Z}_{k+1},\cdots,\boldsymbol{Z}_N\mid \boldsymbol{X}_k,\boldsymbol{Z}^k)f(\boldsymbol{X}_k\mid \boldsymbol{Z}^k)}{f(\boldsymbol{Z}_{k+1},\cdots,\boldsymbol{Z}_N\mid \boldsymbol{Z}^k)}$$

如果给定 $\boldsymbol{X}_k$，则观测集没有提供新信息，所以上式分子中第一项的条件变量只是 $\boldsymbol{X}_k$，条件概率密度将变为

$$f(\boldsymbol{X}_k,\boldsymbol{X}_{k+1}\mid \boldsymbol{Z}^N)=\frac{f(\boldsymbol{X}_{k+1},\boldsymbol{Z}_{k+1},\cdots,\boldsymbol{Z}_N\mid \boldsymbol{X}_k)f(\boldsymbol{X}_k\mid \boldsymbol{Z}^k)}{f(\boldsymbol{Z}_{k+1},\cdots,\boldsymbol{Z}_N\mid \boldsymbol{Z}^k)}$$

再利用一次概率密度定理，将上式分子第一个条件概率密度函数中的 $\boldsymbol{X}_{k+1}$ 变换为条件变量得

$$f(\boldsymbol{X}_k,\boldsymbol{X}_{k+1}\mid \boldsymbol{Z}^N)=\frac{f(\boldsymbol{Z}_{k+1},\cdots,\boldsymbol{Z}_N\mid \boldsymbol{X}_{k+1})f(\boldsymbol{X}_{k+1}\mid \boldsymbol{X}_k)f(\boldsymbol{X}_k\mid \boldsymbol{Z}^k)}{f(\boldsymbol{Z}_{k+1},\cdots,\boldsymbol{Z}_N\mid \boldsymbol{Z}^k)} \tag{3.6.5}$$

在表达式(3.6.5)中只有两个概率密度函数包含 $\boldsymbol{X}_k$，即 $f(\boldsymbol{X}_{k+1}|\boldsymbol{X}_k)$ 和 $f(\boldsymbol{X}_k|\boldsymbol{Z}^k)$。由于这两个函数都是高斯的，所以只需求出相应的均值和协方差，就可写出两个函数的表达式，对于概率密度 $f(\boldsymbol{X}_{k+1}|\boldsymbol{X}_k)$，其均值和方差为

$$E(\boldsymbol{X}_{k+1}\mid \boldsymbol{X}_k)=\boldsymbol{\Phi}(k+1,k)\boldsymbol{X}_k$$

$$E[(\boldsymbol{X}_{k+1}-\boldsymbol{\Phi}_{k+1,k}\boldsymbol{X}_k)(\boldsymbol{X}_{k+1}-\boldsymbol{\Phi}_{k+1,k}\boldsymbol{X}_k)^{\mathrm{T}}]=E[(\boldsymbol{\Gamma}_k\boldsymbol{W}_k)(\boldsymbol{\Gamma}_k\boldsymbol{W}_k)^{\mathrm{T}}]=\boldsymbol{\Gamma}_k\boldsymbol{Q}_k\boldsymbol{\Gamma}_k^{\mathrm{T}}$$

因此，概率密度函数 $f(\boldsymbol{X}_{k+1}|\boldsymbol{X}_k)$ 为

$$f(\boldsymbol{X}_{k+1}\mid \boldsymbol{X}_k)=K_1\exp\left[-\frac{1}{2}(\boldsymbol{X}_{k+1}-\boldsymbol{\Phi}_{k+1,k}\boldsymbol{X}_k)^{\mathrm{T}}(\boldsymbol{\Gamma}_k\boldsymbol{Q}_k\boldsymbol{\Gamma}_k^{\mathrm{T}})^{-1})(\boldsymbol{X}_{k+1}-\boldsymbol{\Phi}_{k+1,k}\boldsymbol{X}_k)\right] \tag{3.6.6}$$

对于概率密度函数 $f(\boldsymbol{X}_k|\boldsymbol{Z}^k)$，显然其均值为滤波估计，即

$$E(\boldsymbol{X}_k\mid \boldsymbol{Z}^k)=\hat{\boldsymbol{X}}_{k,k}$$

协方差为滤波误差协方差

$$E[(\boldsymbol{X}_k-\hat{\boldsymbol{X}}_{k,k})(\boldsymbol{X}_k-\hat{\boldsymbol{X}}_{k,k})^{\mathrm{T}}]=\boldsymbol{P}_{k,k}$$

这两个量都可以从计算滤波估计时得到。$f(\boldsymbol{X}_k|\boldsymbol{Z}^k)$ 的表达式为

$$f(\boldsymbol{X}_k\mid \boldsymbol{Z}^k)=K_2\exp\left[-\frac{1}{2}(\boldsymbol{X}_k-\hat{\boldsymbol{X}}_k)^{\mathrm{T}}\boldsymbol{P}^{-1}(k\mid k)(\boldsymbol{X}_k-\hat{\boldsymbol{X}}_k)\right] \tag{3.6.7}$$

将式(3.6.6)和式(3.6.7)代入式(3.6.4)，有

$$f(\boldsymbol{X}_k,\boldsymbol{X}_{k+1}\mid \boldsymbol{Z}^N)=K\exp\Big[-\frac{1}{2}(\boldsymbol{X}_{k+1}-\boldsymbol{\Phi}_{k+1,k}\boldsymbol{X}_k)^{\mathrm{T}}(\boldsymbol{\Gamma}_k\boldsymbol{Q}_k\boldsymbol{\Gamma}_k^{\mathrm{T}})^{-1}\cdot(\boldsymbol{X}_{k+1}-\boldsymbol{\Phi}_{k+1,k}\boldsymbol{X}_k)+$$

$$(\boldsymbol{X}_k-\hat{\boldsymbol{X}}_{k,k})^{\mathrm{T}}\boldsymbol{P}_{k,k}^{-1}\cdot(\boldsymbol{X}_k-\hat{\boldsymbol{X}}_{k,k})]\cdot\frac{f(\boldsymbol{Z}_{k+1},\cdots,\boldsymbol{Z}_N\mid \boldsymbol{X}_{k+1})}{f(\boldsymbol{Z}_{k+1},\cdots,\boldsymbol{Z}_N\mid \boldsymbol{Z}^k)} \tag{3.6.8}$$

式中：$K=K_1K_2$ 为标准化常数。对式(3.6.8)两边取对数，有

$$\ln f(\boldsymbol{X}_k,\boldsymbol{X}_{k+1}\mid \boldsymbol{Z}^N)=-\frac{1}{2}[(\boldsymbol{X}_{k+1}-\boldsymbol{\Phi}_{k+1,k}\boldsymbol{X}_k)^{\mathrm{T}}(\boldsymbol{\Gamma}_k\boldsymbol{Q}_k\boldsymbol{\Gamma}_k^{\mathrm{T}})^{-1}\cdot(\boldsymbol{X}_{k+1}-\boldsymbol{\Phi}_{k+1,k}\boldsymbol{X}_k)+$$

$$(\boldsymbol{X}_k-\hat{\boldsymbol{X}}_{k,k})^{\mathrm{T}}\boldsymbol{P}_{k,k}^{-1}\cdot(\boldsymbol{X}_k-\hat{\boldsymbol{X}}_{k,k})]+\text{不含 }\boldsymbol{X}_k\text{ 的项}$$

因此平滑估计必须满足方程

$$\frac{\partial}{\partial \boldsymbol{X}_k}\ln f(\boldsymbol{X}_k,\boldsymbol{X}_{k+1}\boldsymbol{Z}^N)\Bigg|_{\substack{X_k=\hat{X}_{k,N}\\ X_{k+1}=\hat{X}_{k+1,N}}} = \boldsymbol{P}_{k,k}^{-1}(\hat{\boldsymbol{X}}_{k,N}-\hat{\boldsymbol{X}}_{k,k})-$$

$$\boldsymbol{\Phi}_{k+1,k}^{\mathrm{T}}(\boldsymbol{\Gamma}_k\boldsymbol{Q}_k\boldsymbol{\Gamma}_k^{\mathrm{T}})^{-1}(\hat{\boldsymbol{X}}_{k+1,N}-\boldsymbol{\Phi}_{k+1,k}\hat{\boldsymbol{X}}_{k,N})=0 \tag{3.6.9}$$

由式(3.6.9)解出 $\hat{\boldsymbol{X}}_{(k,N)}$ 得

$$\hat{\boldsymbol{X}}_{k,N}=\boldsymbol{I}+\boldsymbol{P}_{k,k}\boldsymbol{\Phi}_{k+1,k}^{\mathrm{T}}(\boldsymbol{\Gamma}_k\boldsymbol{Q}_k\boldsymbol{\Gamma}_k^{\mathrm{T}})^{-1}\boldsymbol{\Phi}_{k+1,k}]^{-1}$$

$$[\hat{\boldsymbol{X}}_{k,k}+\boldsymbol{P}_{k,k}\boldsymbol{\Phi}_{k+1,k}^{\mathrm{T}}(\boldsymbol{\Gamma}_k\boldsymbol{Q}_k\boldsymbol{\Gamma}_k^{\mathrm{T}})^{-1}\hat{\boldsymbol{X}}_{k+1,N}] \tag{3.6.10}$$

利用矩阵求逆公式得

$$\boldsymbol{I}+\boldsymbol{P}_{k,k}\boldsymbol{\Phi}_{k+1,k}^{\mathrm{T}}(\boldsymbol{\Gamma}_k\boldsymbol{Q}_k\boldsymbol{\Gamma}_k^{\mathrm{T}})^{-1}\boldsymbol{\Phi}_{k+1,k}]^{-1}=\boldsymbol{I}-\boldsymbol{P}_{k,k}\boldsymbol{\Phi}_{k+1,k}^{\mathrm{T}}(\boldsymbol{\Gamma}_k\boldsymbol{Q}_k\boldsymbol{\Gamma}_k^{\mathrm{T}}+\boldsymbol{\Phi}_{k+1,k}\boldsymbol{P}_{k,k}\boldsymbol{\Phi}_{k+1,k}^{\mathrm{T}})^{-1}\boldsymbol{\Phi}_{k+1,k}^{\mathrm{T}}$$

代入式(3.6.10)可得

$$\hat{\boldsymbol{X}}_{k,N}=\boldsymbol{I}-\boldsymbol{P}_{k,k}\boldsymbol{\Phi}_{k+1,k}^{\mathrm{T}}(\boldsymbol{\Gamma}_k\boldsymbol{Q}_k\boldsymbol{\Gamma}_k^{\mathrm{T}}+\boldsymbol{\Phi}_{k+1,k}\boldsymbol{P}_{k,k}\boldsymbol{\Phi}_{k+1,k}^{\mathrm{T}})^{-1}\cdot\boldsymbol{\Phi}_{k+1,k}^{\mathrm{T}}]$$

$$[\boldsymbol{X}_{k,k}+\boldsymbol{P}_{k,k}\boldsymbol{\Phi}_{k+1,k}^{\mathrm{T}}(\boldsymbol{\Gamma}_k\boldsymbol{Q}_k\boldsymbol{\Gamma})^{-1}\hat{\boldsymbol{X}}_{k+1,N}]$$

$$=[\boldsymbol{X}_{k,k}+\boldsymbol{P}_{k,k}\boldsymbol{\Phi}_{k+1,k}^{\mathrm{T}}(\boldsymbol{\Gamma}_k\boldsymbol{Q}_k\boldsymbol{\Gamma})_k^{\mathrm{T}}+\boldsymbol{\Phi}_{k+1,k}\boldsymbol{P}_{k,k}\boldsymbol{\Phi}_{k+1,k}^{\mathrm{T}})^{-1}\cdot$$

$$[\boldsymbol{\Phi}_{k+1,k}^{\mathrm{T}}[\hat{\boldsymbol{X}}_{k,k}+(\boldsymbol{\Gamma}_k\boldsymbol{Q}_k\boldsymbol{\Gamma}_k^{\mathrm{T}}+\boldsymbol{\Phi}_{k+1,k}^{\mathrm{T}}\boldsymbol{P}_{k,k}\boldsymbol{\Phi}_{k+1,k}^{\mathrm{T}})^{-1}\cdot$$

$$(\boldsymbol{\Gamma}_k\boldsymbol{Q}_k\boldsymbol{\Gamma}_k^{\mathrm{T}})^{-1}\hat{\boldsymbol{X}}_{k+1,N}-\boldsymbol{\Phi}_{k+1,k}\boldsymbol{P}_{k,k}\boldsymbol{\Phi}_{k+1,k}^{\mathrm{T}})(\boldsymbol{\Gamma}_k\boldsymbol{Q}_k\boldsymbol{\Gamma}_k^{\mathrm{T}})^{-1}\hat{\boldsymbol{X}}_{k+1,N}$$

$$=\hat{\boldsymbol{X}}_{k,k}\boldsymbol{P}_{k,k}\boldsymbol{\Phi}_{k+1,k}^{\mathrm{T}}(\boldsymbol{\Gamma}_k\boldsymbol{Q}_k\boldsymbol{\Gamma}_k^{\mathrm{T}}+\boldsymbol{\Phi}_{k+1,k}\boldsymbol{P}_{k,k}\boldsymbol{\Phi}_{k+1,k}^{\mathrm{T}}]^{-1}\cdot\hat{\boldsymbol{X}}_{k+1|N}\boldsymbol{\Phi}_{k+1,k}\hat{\boldsymbol{X}}_{k|k}) \tag{3.6.11}$$

其中,$k=N-1,N-2,\cdots,0$,令 $\boldsymbol{B}_k=\boldsymbol{P}_{k,k}\boldsymbol{\Phi}_{k+1,k}^{\mathrm{T}}(\boldsymbol{\Gamma}_k\boldsymbol{Q}_k\boldsymbol{\Gamma}_k^{\mathrm{T}}+\boldsymbol{\Phi}_{k+1,k}\boldsymbol{P}_{k,k}\boldsymbol{\Phi}_{k+1,k}^{\mathrm{T}})^{-1}$,$\boldsymbol{B}_k$ 即为增益矩阵。由于 $\boldsymbol{P}_{k+1,k}=\boldsymbol{\Phi}_{k+1,k}\boldsymbol{P}_{k,k}\boldsymbol{\Phi}_{k+1,k}^{\mathrm{T}}+\boldsymbol{\Gamma}k\boldsymbol{Q}_k\boldsymbol{\Gamma}_k^{\mathrm{T}}$,所以

$$\boldsymbol{B}_k=\boldsymbol{P}_{k,k}\boldsymbol{\Phi}_{k+1,k}^{\mathrm{T}}\boldsymbol{P}_{k,k}^{-1} \tag{3.6.12}$$

则式(3.6.11)可写为

$$\hat{\boldsymbol{X}}_{k,N}=\hat{\boldsymbol{X}}_{k,k}+\boldsymbol{B}_k(\hat{\boldsymbol{X}}_{k+1,N}-\hat{\boldsymbol{X}}_{k+1,k}) \tag{3.6.13}$$

式(3.6.13)表示了最优固定区间平滑算法。在每个时刻 k 需要有该时刻的最优估计 $\hat{\boldsymbol{X}}_{k|k}$ 和最优预测估计 $\hat{\boldsymbol{X}}_{k+1,k}=\boldsymbol{\Phi}_{k+1,k}\hat{\boldsymbol{X}}_{k,k}$ 作为平滑滤波器的输入。从式(3.6.11)可以看出固定区间平滑算法实际是解以 $\hat{\boldsymbol{X}}_{k,N}$ 和 $\hat{\boldsymbol{X}}_{k+1,N}$ 为未知量的 n 个一阶差分方程。如果已知在时刻 $k=0,1,\cdots,N$ 上的最优滤波估计,就可以以最优估计值 $\hat{\boldsymbol{X}}_{N,N}$ 作为边界状态向后递推,求得 $\hat{\boldsymbol{X}}_{N-1,N}$、$\hat{\boldsymbol{X}}_{N-2,N}$,$\cdots$,$\hat{\boldsymbol{X}}_{0,N}$。当 $k=N-1$ 时

$$\hat{\boldsymbol{X}}_{N-1,N}=\hat{\boldsymbol{X}}_{N-1,N-1}+\boldsymbol{B}_{N-1}(\hat{\boldsymbol{X}}_{N,N}-\hat{\boldsymbol{X}}_{N,N-1})$$

式中 $\hat{\boldsymbol{X}}_{N,N}$、$\hat{\boldsymbol{X}}_{N,N-1}$、$\hat{\boldsymbol{X}}_{N-1,N-1}$、$\boldsymbol{B}_{N-1}$ 都是已知的,可以求出 $\hat{\boldsymbol{X}}_{N-1,N}$。当 $k=N-2$ 时

$$\hat{\boldsymbol{X}}_{N-2,N}=\hat{\boldsymbol{X}}_{N-2,N-2}+\boldsymbol{B}_{N-2}(\hat{\boldsymbol{X}}_{N-1,N}-\hat{\boldsymbol{X}}_{N-1,N-2})$$

由于 $\hat{X}_{N-1,N}$已经求出,所以 $\hat{X}_{N-2,N}$也可求出。这样一步一步递推就可求出 $\hat{X}_{N-3,N}$, $\cdots,\hat{X}_{0,N}$的值。根据式(3.6.13)还可画出最优固定区间平滑器框图,如图3-8所示。

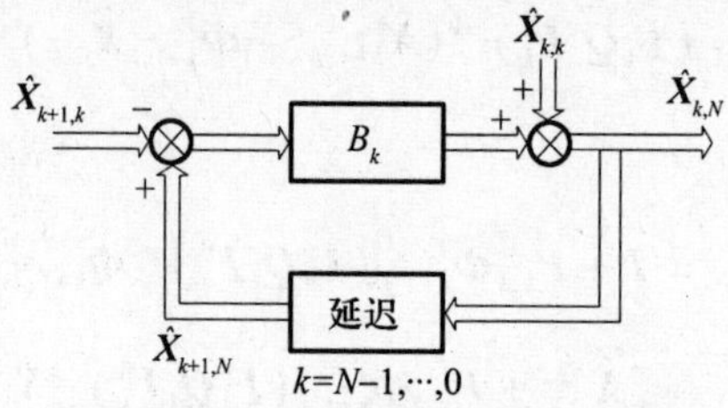

图3-8 最优固定区间平滑器框图

下面讨论最优固定区间平滑误差序列和协方差方阵。最优固定区间平滑误差为

$$\tilde{X}_{k,N} = X_k - \hat{X}_{k,N}$$

将 $\hat{X}_{k,N}$的表达式代入上式得

$$\tilde{X}_{k,N} = \tilde{X}_{k,k} - B_k(\hat{X}_{k+1,N} - \hat{X}_{k+1,k}) \quad (k = N-1,N-2,\cdots,0) \tag{3.6.14}$$

由于 $\hat{X}_{k+1,N} = X_{k+1} - \tilde{X}_{k+1,N}, \hat{X}_{k+1,k} = X_{k+1} - \tilde{X}_{k+1,N}$,带入式(3.6.14)得

$$\tilde{X}_{k,N} = \tilde{X}_{k,k} - B_k(\tilde{X}_{k+1,k} - \tilde{X}_{k+1,N}) = \tilde{X}_{k,k} + B_k(\tilde{X}_{k+1,N} - \tilde{X}_{k+1,k}) \tag{3.6.15}$$

现在来求协方差阵 $P_{k,N}$,将式(3.6.14)写为

$$\hat{X}_{k,N} + B_k\hat{X}_{k+1,N} = \tilde{X}_{k,k} + B_k\hat{X}_{k+1,N} \tag{3.6.16}$$

以式(3.6.16)的转置分别后乘该方程的等号两边,再取期望,则有

$$P_{k,N} + B_kP_{\hat{X}\hat{X}}(k+1,N)B_k^{\mathrm{T}} = P_{\hat{X}\hat{X}}(k,k) + B_kP_{\hat{X}\hat{X}}(k+1,k)B_k^{\mathrm{T}}$$

亦可改写为

$$P_{k,N} = P_{k,k} + B(k)(P_{\hat{X}\hat{X}}(k+1,k) - P_{\hat{X}\hat{X}}(k+1,N))B^{\mathrm{T}}(k) \tag{3.6.17}$$

式中

$$P_{\hat{X}\hat{X}}(k+1,k) = E(\hat{X}_{k+1,k}\hat{X}_{k+1,k}^{\mathrm{T}})$$

$$P_{\hat{X}\hat{X}}(k+1,N) = E(\hat{X}_{k+1,N}\hat{X}_{k+1,N}^{\mathrm{T}})$$

由于 $E(\hat{X}_{k+1,k}\hat{X}_{k+1,k}^{\mathrm{T}}) = 0$,于是

$$\begin{aligned} P_{XX}(k+1,N) &= E(X_{k+1}X_{k+1}^{\mathrm{T}}) = E[(\hat{X}_{k+1,k} + \hat{X}_{k+1,k}^{\mathrm{T}}) \cdot (\hat{X}_{k+1,k} + \tilde{X}_{k+1,k})^{T}] \\ &= P_{\hat{X}\hat{X}}(k+1,k) + P_{k+1,k} \end{aligned} \tag{3.6.18}$$

类似地有 $X_{k+1} = \hat{X}_{k+1,N} + \tilde{X}_{k+1,N}$则

$$P_{XX}(k+1) = P_{\hat{X}\hat{X}}(k+1,N) + P_{k+1,N} \tag{3.6.19}$$

由式(3.6.18)和式(3.6.19)有

$$P_{\hat{X}\hat{X}}(k+1,k) - P_{\hat{X}\hat{X}}(k+1,N) = P_{k+1,N} - P_{k+1,k} \tag{3.6.20}$$

将式(3.6.20)代入式(3.6.17)得

$$\boldsymbol{P}_{k,N}=\boldsymbol{P}_{k,k}+\boldsymbol{B}(k)(\boldsymbol{P}_{k+1,N}-\boldsymbol{P}_{k+1,k})\boldsymbol{B}^{\mathrm{T}}(k) \tag{3.6.21}$$

式(3.6.21)即为最优固定区间平滑误差协方差的一阶差分方程,可见它是以最优滤波器的协方差 $\boldsymbol{P}_{k,k}$ 和 $\boldsymbol{P}_{k+1,k}$ 作为输入,且具有递推特性,它的时间指标为 $k=N-1,N-2,\cdots,0$,其边界条件为 $P_{N,N}$。

3.7　基于 INS 的组合导航通用卡尔曼滤波模型

尽管理论上输出校正和反馈校正具有相同的滤波效果,但实际上由于卡尔曼滤波器是线性系统的最优估计,相对于输出校正,反馈校正通过对导航系统本身的修正,使系统始终工作在小误差状态,更加满足线性系统条件,所以工程效果优于前者。但是由于在输出校正中各个导航子系统独立工作,相互之间没有耦合,可以有效提高系统的独立性和可靠性,所以工程中仍大量使用输出校正[10]。

本节基于输出校正方式设计基于 INS 的组合导航系统,其示意图如图 3-9 所示。图中可与惯导系统进行组合的其他导航系统的种类很多,常用的有卫星导航系统,如采取位置或者速度信息与惯导组合;也可以采用绝对计程仪的速度或者罗经的航向与惯导进行组合等。本节推导一种通用的平台惯导(GINS)的组合导航方程,可以满足提供多种不同信息的其他导航系统的组合要求,这些信息包括载体的位置、速度、航向和姿态等[11]。

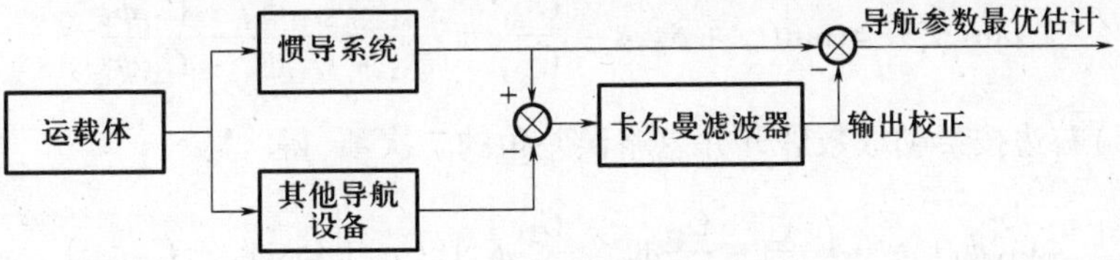

图 3-9　组合导航系统输出校正示意图

3.7.1　GINS 系统平台与姿态角误差变换矩阵

若采用的其他导航信息中包含有航向、纵摇和横摇信息,则需要推导 GINS 平台失准角与载体姿态误差角之间的转换矩阵。

令 b 系为载体坐标系,t 系为地理坐标系,p 系为平台坐标系,设载体的航向角、纵摇角和横摇角分别为 ψ、θ 和 γ,则姿态阵为

$$C_b^t=\begin{bmatrix} C_{11} & C_{12} & C_{13} \\ C_{21} & C_{22} & C_{23} \\ C_{31} & C_{32} & C_{33} \end{bmatrix}=\begin{bmatrix} \cos\gamma\cos\psi-\sin\gamma\sin\theta\sin\psi & -\cos\theta\sin\psi & \sin\gamma\cos\psi \\ \cos\gamma\sin\psi+\sin\gamma\sin\theta\mathrm{con}\psi & \cos\theta\cos\psi & \sin\gamma\sin\psi \\ -\sin\gamma\cos\theta & \sin\theta & \cos\gamma\cos\theta \end{bmatrix} \tag{3.7.1}$$

由坐标变换理论可知

$$\boldsymbol{C}_b^p=\boldsymbol{C}_t^p\times\boldsymbol{C}_b^t \tag{3.7.2}$$

式(3.7.2)中

$$C_b^p = \begin{bmatrix} C'_{11} & C'_{12} & C'_{13} \\ C'_{21} & C'_{22} & C'_{23} \\ C'_{31} & C'_{32} & C'_{33} \end{bmatrix}$$

则有

$$\begin{aligned} C'_{12} &= C_{12} + C_{22}\phi_U - C_{32}\phi_N \\ C'_{22} &= C_{22} + C_{12}\phi_U - C_{32}\phi_E \\ C'_{31} &= C_{31} + C_{11}\phi_N - C_{21}\phi_E \\ C'_{33} &= C_{33} + C_{13}\phi_N - C_{23}\phi_E \\ C'_{32} &= C_{32} + C_{12}\phi_U - C_{23}\phi_E \end{aligned} \tag{3.7.3}$$

令 INS 输出的载体姿态角的量测值分别为 $\psi_I = \psi + \delta\psi_I$、$\theta_I = \theta + \delta\theta_I$、$\gamma_I = \gamma + \delta\gamma_I$，则根据式(3.7.2)和式(3.7.3)可得

$$\tan(\psi_I) = \tan(\psi + \delta\psi_I) - \frac{C'_{12}}{C'_{22}} = \frac{C_{12} + C_{22}\phi_U - C_{32}\phi_N}{C_{22} + C_{32}\psi_E - C_{12}\phi_U} \tag{3.7.4}$$

$$\sin(\theta_I) = \sin(\theta + \delta\theta_I) = C'_{32} = C_{32} + C_{12}\phi_N - C_{22}\phi_E \tag{3.7.5}$$

$$\tan(\gamma_I) = \tan(\gamma + \delta\gamma_I) - \frac{C'_{31}}{C'_{33}} = \frac{C_{31} + C_{11}\phi_N - C_{21}\phi_E}{C_{33} + C_{13}\phi_N - C_{23}\psi_E} \tag{3.7.6}$$

将式(3.7.6)右边按泰勒级数展开并忽略误差角的二次项，得

$$\begin{aligned} \tan(\psi_I) &= -\left(\frac{1}{C_{22}} + \frac{C_{12}}{C_{22}^2}\phi_U - \frac{C_{32}}{C_{22}^2}\phi_E\right)(C_{12} + C_{22}\phi_U - C_{32}\phi_N) \\ &= -\frac{C_{12}1}{C_{22}} - \left(1 + \frac{C_{12}^2}{C_{22}^2}\right)\phi_U + \frac{C_{32}}{C_{22}^2}\phi_N + \frac{C_{12}C_{22}}{C_{22}^2}\phi_E \end{aligned} \tag{3.7.7}$$

式(3.7.7)左边可以写为 $\tan(\psi + \delta\psi_I) = \dfrac{\tan\psi + \tan\delta\psi_I}{1 - \tan\psi\tan\delta\psi_I}$，由于 $\delta\psi_I$ 是一个小量，可以近似认为 $\tan\delta\psi_I = \delta\psi_I$，则有

$$\tan(\psi + \delta\psi_I) = \frac{\tan\psi + \delta\psi_I}{1 - \delta\psi_I\tan\psi} \tag{3.7.8}$$

将式(3.7.8)按泰勒级数展开，并忽略 $\delta\psi_I$ 的二次项，式(3.7.8)变为

$$\tan(\psi + \delta\psi_I) = (1 - \delta\psi_I\tan\psi)(\tan\psi + \delta\psi_I) = \tan\psi + (1 + \tan^2\psi)\delta\psi_I \tag{3.7.9}$$

由式(3.7.6)可知 $\tan\psi = -\dfrac{C_{12}}{C_{22}}$，$1 + \tan^2\psi = \dfrac{C_{22}^2 + C_{12}^2}{C_{22}^2}$，连同式(3.7.4)、式(3.7.5)和式(3.7.7)可得

$$\delta\psi_I = \frac{C_{12}C_{32}}{C_{12}^2 + C_{22}^2}\phi_E + \frac{C_{22}C_{32}}{C_{12}^2 + C_{22}^2}\phi_N - \phi_U \tag{3.7.10}$$

同理可得

$$\delta\gamma_{\mathrm{I}} = \frac{C_{21}C_{33} - C_{23}C_{31}}{C_{31}^2 + C_{33}^2}\phi_{\mathrm{E}} + \frac{C_{13}C_{31} - C_{11}C_{33}}{C_{31}^2 + C_{33}^2}\phi_{\mathrm{N}} \tag{3.7.11}$$

式(3.7.5)的左边可以改写为 $\sin(\theta + \delta\theta_{\mathrm{I}}) = \sin\theta\cos\delta\theta_{\mathrm{I}} + \cos\theta\sin\delta\theta_{\mathrm{I}}\sin\delta\theta_{\mathrm{I}}$，由于 $\delta\theta_{\mathrm{I}}$ 的值很小，所以近似认为 $\sin\delta\theta_{\mathrm{I}} = \delta\theta_{\mathrm{I}}, \cos\delta\theta_{\mathrm{I}}$，则有

$$\sin(\theta + \delta\theta_{\mathrm{I}}) = \sin\theta + \delta\theta_{\mathrm{I}}\cos\theta \tag{3.7.12}$$

由式(3.7.6)可知 $\sin\theta = C_{32}, \cos\theta = \sqrt{1 - C_{32}^2}$，连同式(3.7.8)、式(3.7.1)可得

$$\delta\theta_{\mathrm{I}} = \frac{C_{12}}{\sqrt{1 - C_3^2 2}}\phi_{\mathrm{N}} - \frac{C_{22}}{\sqrt{1 - C_3^2 2}}\phi_{\mathrm{E}} \tag{3.7.13}$$

$$\boldsymbol{H}_{\mathrm{INS}} = \left[\begin{array}{c:cccc} \boldsymbol{I}_{4\times4} & & \boldsymbol{0}_{4\times8} & & \\ \hdashline & \dfrac{C_{12}C_{32}}{C_{12}^2 + C_{22}^2} & \dfrac{C_{22}C_{32}}{C_{12}^2 + C_{22}^2} & -1 & \\ \boldsymbol{0}_{3\times4} & -\dfrac{C_{22}}{\sqrt{1 - C_3^2 2}} & \dfrac{C_{12}}{\sqrt{1 - C_3^2 2}} & 0 & \boldsymbol{0}_{3\times5} \\ & \dfrac{C_{21}C_{33} - C_{23}C_{31}}{C_{31}^2 + C_{33}^2} & \dfrac{C_{13}C_{31} - C_{11}C_{33}}{C_{31}^2 + C_{33}^2} & 0 & \end{array}\right] \tag{3.7.14}$$

3.7.2　基于 INS 的组合导航通用卡尔曼滤波模型

如前所述，当采取外部观测量进行初始对准和组合测量时，通常将 GINS 信息与外部同类信息相比较，得到 GINS 信息误差量测，进而采取卡尔曼滤波器完成系统相关状态的估计。下面建立的基于 GINS 的组合导航通用卡尔曼滤波模型，可以方便我们进一步讨论采取多种不同组合导航的特点规律，特别是可以方便对通过多种导航技术手段获取载体全部或部分姿态角信息实现组合导航的研究提供理论分析的基础。

1. 基于 INS 的组合导航量测方程

建立基于纬度、经度、速度和三轴姿态信息的 INS 系统状态及量测方程为

$$\begin{cases} \dot{\boldsymbol{X}}_{\mathrm{INS}} = \boldsymbol{F}_{\mathrm{INS}}\boldsymbol{X}_{\mathrm{INS}} + \boldsymbol{B}_{\mathrm{INS}}\boldsymbol{W}_{\mathrm{INS}} \\ \boldsymbol{Z} = \boldsymbol{H}_{\mathrm{INS}}\boldsymbol{X}_{\mathrm{INS}} + \boldsymbol{V}_{\mathrm{INS}} \end{cases} \tag{3.7.15}$$

式中：$\boldsymbol{V}$ 为外部系统的量测噪声；H_{INS}满足。

$$\boldsymbol{H}_{\mathrm{INS}} = \left[\begin{array}{c:cccc} \boldsymbol{I}_{4\times4} & & \boldsymbol{0}_{4\times8} & & \\ \hdashline & \dfrac{C_{12}C_{32}}{C_{12}^2 + C_{22}^2} & \dfrac{C_{22}C_{32}}{C_{12}^2 + C_{22}^2} & -1 & \\ \boldsymbol{0}_{3\times4} & -\dfrac{C_{22}}{\sqrt{1 - C_3^2 2}} & \dfrac{C_{12}}{\sqrt{1 - C_3^2 2}} & 0 & \boldsymbol{0}_{3\times5} \\ & \dfrac{C_{21}C_{33} - C_{23}C_{31}}{C_{31}^2 + C_{33}^2} & \dfrac{C_{13}C_{31} - C_{11}C_{33}}{C_{31}^2 + C_{33}^2} & 0 & \end{array}\right]$$

若外系统能输出纬度、经度、速度和三轴姿态信息，则组合系统的量测方程为

$$
\boldsymbol{Z}=\begin{bmatrix} L_I-L_G \\ \lambda_I-\lambda_G \\ v_{EI}-v_{EG} \\ v_{NI}-v_{NG} \\ \psi_I-\psi_G \\ \theta_I-\theta_G \\ \gamma_I-\gamma_G \end{bmatrix}=\begin{bmatrix} \delta L_I-\delta L_G \\ \delta\lambda_I-\delta\lambda_G \\ \delta v_{EI}-\delta v_{EG} \\ \delta v_{NI}-\delta v_{NG} \\ \delta\psi_I-\delta\psi_G \\ \delta\theta_I-\delta\theta_G \\ \delta\gamma_I-\delta\gamma_G \end{bmatrix}=\boldsymbol{H}_{INS}\boldsymbol{X}_{INS}\boldsymbol{V}_{INS} \tag{3.7.16}
$$

不同的外部导航设备将为 INS 提供不同的外部测量信息，相应地构成不同的组合系统，均可以视为外部导航设备不足以提供式(3.7.16)中所有导航信息的特例。若仅采取外部位置和速度为观测量(常用于 INS/GPS 方式)，则有

$$
\boldsymbol{H}_{INS4}=[\boldsymbol{I}_{4\times4}\quad \boldsymbol{0}_{4\times8}] \tag{3.7.17}
$$

若采取外部位置、速度以及航向、纵摇为观测量，则有

$$
\boldsymbol{H}_{INS6}=\left[\begin{array}{c:cccc} \boldsymbol{I}_{4\times4} & & \boldsymbol{0}_{4\times8} & & \\ \hdashline \boldsymbol{0}_{2\times4} & \dfrac{C_{12}C_{32}}{C_{12}^2+C_{22}^2} & \dfrac{C_{22}C_{32}}{C_{12}^2+C_{22}^2} & -1 & \boldsymbol{0}_{2\times5} \\ & -\dfrac{C_{22}}{\sqrt{1-C_3^2 2}} & \dfrac{C_{12}}{\sqrt{1-C_3^2 2}} & 0 & \end{array}\right]
$$

2. INS 姿态误差角计算

基于平台失准角估计误差计算 INS 系统姿态误差角的公式为

$$
\begin{bmatrix} \delta\psi_I \\ \delta\theta_I \\ \delta\gamma_I \end{bmatrix}=\left[\begin{array}{c:cccc} \boldsymbol{I}_{4\times4} & & \boldsymbol{0}_{4\times8} & & \\ \hdashline & \dfrac{C_{12}C_{32}}{C_{12}^2+C_{22}^2} & \dfrac{C_{22}C_{32}}{C_{12}^2+C_{22}^2} & -1 & \\ \boldsymbol{0}_{3\times4} & -\dfrac{C_{22}}{\sqrt{1-C_3^2 2}} & \dfrac{C_{12}}{\sqrt{1-C_3^2 2}} & 0 & \boldsymbol{0}_{3\times5} \\ & \dfrac{C_{21}C_{33}-C_{23}C_{31}}{C_{31}^2+C_{33}^2} & \dfrac{C_{13}C_{31}-C_{11}C_{33}}{C_{31}^2+C_{33}^2} & 0 & \end{array}\right] \tag{3.7.18}
$$

式中：$[\delta\hat{\psi}_I\quad \delta\hat{\theta}_I\quad \delta\hat{\gamma}_I]^T$ 为 INS 输出姿态角误差估计；$[\delta\hat{\phi}_e\quad \delta\hat{\phi}_n\quad \delta\hat{\phi}_u]^T$ 为 INS 平台失准角误差估计。$\boldsymbol{H}$ 为姿态角转换矩阵，如式(3.7.14)中的

$$\boldsymbol{C}_b^t = \begin{bmatrix} C_{11} & C_{12} & C_{13} \\ C_{21} & C_{22} & C_{23} \\ C_{31} & C_{32} & C_{33} \end{bmatrix}$$

$$= \begin{bmatrix} \cos\gamma\cos\psi - \sin\gamma\sin\theta\sin\psi & -\cos\theta\sin\psi & \sin\gamma\cos\psi + \cos\gamma\sin\theta\sin\psi \\ \cos\gamma\sin\psi + \sin\gamma\sin\theta\cos\psi & \cos\theta\cos\psi & \sin\gamma\sin\psi - \cos\gamma\sin\theta\cos\psi \\ -\sin\gamma\cos\theta & \sin\theta & \cos\gamma\cos\theta \end{bmatrix}$$

式中:ψ、θ、γ 为 INS 输出的姿态角度。

表 3.2 所示为不同外部观测量对应系统量测矩阵,即基于不同的外部导航信息的组合系统模型。以此建立统一的测量方程,只需替换相应的 H 就可以实现对于不同系统的分析和计算。

表 3-2　不同组合系统量测矩阵

观测量数量 j	外部观测量	组合系统种类	量测方程 $\boldsymbol{H}_{\mathrm{INS}j}$
$j=4$	位置　速度	INS/GPS	$\boldsymbol{H}_{\mathrm{INS4}} = [\boldsymbol{I}_{4\times4} \quad \boldsymbol{0}_{4\times8}]$
$j=5$	位置　速度 航向	INS/GPS/罗经	$\boldsymbol{H}_{\mathrm{INS5}} = \left[\begin{array}{c:cccc} \boldsymbol{I}_{4\times4} & & \boldsymbol{0}_{4\times8} & & \\ \hdashline \boldsymbol{0}_{1\times4} & -\dfrac{C_{12}C_{32}}{C_1^2 2 + C_2^2 2} & \dfrac{C_{22}C_{32}}{C_{12}^2 + C_{22}^2} & -1 & \boldsymbol{0}_{1\times5} \end{array}\right]$
$j=6$	位置　速度 航向　纵摇	INS/GPS 姿态 测量系统/OCS	$\boldsymbol{H}_{\mathrm{INS6}} = \left[\begin{array}{c:cccc} \boldsymbol{I}_{4\times4} & & \boldsymbol{0}_{4\times8} & & \\ \hdashline & -\dfrac{C_{12}C_{32}}{C_{12}^2 + C_{22}^2} & \dfrac{C_{22}C_{32}}{C_{12}^2 + C_{22}^2} & -1 & \\ \boldsymbol{0}_{2\times4} & & & & \boldsymbol{0}_{2\times5} \\ & -\dfrac{C_{22}}{\sqrt{1 - C_{32}^2}} & \dfrac{C_{12}}{\sqrt{1 - C_{32}^2}} & 0 & \end{array}\right]$
$j=7$	位置　速度 航向　纵摇 横摇	INS/GPS 三轴 姿态测量系统	$\boldsymbol{H}_{\mathrm{INS}} = \left[\begin{array}{c:cccc} \boldsymbol{I}_{4\times4} & & \boldsymbol{0}_{4\times8} & & \\ \hdashline & \dfrac{C_{12}C_{32}}{C_{12}^2 + C_{22}^2} & \dfrac{C_{22}C_{32}}{C_{12}^2 + C_{22}^2} & -1 & \\ \boldsymbol{0}_{3\times4} & -\dfrac{C_{22}}{\sqrt{1 - C_{32}^2}} & \dfrac{C_{12}}{\sqrt{1 - C_{32}^2}} & 0 & \boldsymbol{0}_{3\times5} \\ & \dfrac{C_{21}C_{33} - C_{23}C_{31}}{C_{31}^2 + C_{33}^2} & \dfrac{C_{13}C_{31} - C_{11}C_{33}}{C^1 1_{31} + C_{33}^2} & 0 & \end{array}\right]$

3.7.3　不同外观测量下的组合子系统的可观测性分析

组合导航系统通过多种导航技术手段获取载体速度、位置、全部或部分姿态角信息,作为 INS 系统初始对准的外部观测量,实现不同的子组合系统。这里以常规采取外部速度或位置信息作为 INS 的外部基准观测量为参照,研究采取多种不同外部观测量对提高 INS 各种误差估计能力的影响,为后续研究提供理论分析的依据。

在设计以 INS 为核心的组合导航卡尔曼滤波器之前,为了确定滤波效果,可以进行系统的可观测性分析。因为对于可观测的状态变量,卡尔曼滤波器会收敛,可将这些状态变量估计出来;对于不可观测变量,卡尔曼滤波器则无效[12]。如仅依靠速度观测量,系统将始终无法观测东向陀螺漂移和两个加速度计的零偏[13]。静止状态下 INS 误差模型可以近似看为线性定常系统。对于线性定常系统,系统的可观测矩阵为 $\boldsymbol{Q}_j=[\boldsymbol{H}_{\mathrm{INS}j}\boldsymbol{H}_{\mathrm{INS}j}\boldsymbol{F}\boldsymbol{H}_{\mathrm{INS}j}\boldsymbol{F}^2\cdots\boldsymbol{H}_{\mathrm{INS}j}\boldsymbol{F}^{n-1}]^{\mathrm{T}}j\in(1,7)$,采取基于 INS 的组合导航通用卡尔曼滤波模型,通过计算可观测矩阵的秩可以获得系统可观测状态数量[14,15]。

表 3-3　不同外部观测量下 INS 误差状态能测数量

外部观测量数量	外部观测量种类	能观状态数量	不可观测量
2	位置	7	3
2	速度	7	3
4	位置速度	9	3
5	位置速度航向	10	2
6	位置速度航向纵摇	11	1
7	位置速度姿态	12	0

通过计算,可以方便得出采取不同外部导航信息观测量的静基座 INS 系统能观测矩阵的秩,表 3-3 为计算结果(INS 状态变量 $\boldsymbol{X}_{\mathrm{INS}}$ 含 12 个误差状态)。根据表 3-3 的前 3 项,可以看出当采取位置、速度作为外观测量时,系统有 3 个状态无法观测,依次为东向加速度计零偏 ∇_{e} 北向加速度计零偏 ∇_{n} 和东陀螺仪漂移 $\boldsymbol{\varepsilon}_{\mathrm{e}}$。根据表 3-3 的后 3 项,可以看出当逐渐增加外部姿态信息为观测量时,可观测矩阵的秩不断增加,系统的可观测性获得直接的提高。当外观测量采用所有载体姿态信息时,系统无须采取附加机动,也将全部可观。所以增加姿态观测量的种类将直接提高 INS 系统误差的可观测性。

3.7.4　不同外观测量下的初始对准可观测度分析

对系统可观测性矩阵的秩进行计算,可以定性的分析系统的可观测性。但这种方法无法对系统进行定量分析,即无法知道系统各个状态变量的可观测程度,并不能确切知道增加的可观测量系统误差变量种类和相应的可观测度(Degree Of Observability)。对于静基座条件下的系统状态可观测度的定量研究,可采用误差协方差阵分析和基于可观测性矩阵的以下两种主要方法。

1. 基于奇异值分解方法的可观测度分析

基于可观测性矩阵 $\boldsymbol{Q}$ 的分析分为奇异值法和特征值法,前者[16]基于对系统可观测性矩阵的奇异值分解,记 $\boldsymbol{U}^{\mathrm{T}}\boldsymbol{Q}\boldsymbol{V}=[\boldsymbol{S}\quad 0;0\quad 0]$;其中 $\boldsymbol{S}=\mathrm{diag}(\sigma_1,\sigma_2,\cdots,\sigma_i)$ 且 $\sigma_1\geqslant\sigma_2\geqslant\cdots\geqslant\sigma_i\geqslant0$,$\sigma_i$ 为 $\boldsymbol{Q}$ 的奇异值,根据 $\boldsymbol{U}$、$\boldsymbol{V}$ 和 $\boldsymbol{Z}$ 计算出每一个奇异值 σ_i 对应的初始状态向量 $\boldsymbol{X}_{0,i}$,定量分析系统状态可观测度。较大的奇异值可以获得较好的状态估计,对于小于某一固定值的奇异值,可能会引起多个 $\boldsymbol{X}_0$ 的奇异,最终落入不可观测空间内。后者将正定对称阵 $\boldsymbol{Q}_j^{\mathrm{T}}\boldsymbol{Q}_j$

单位化后的特征值 $\lambda_j(0\leqslant\lambda\leqslant1)$ 作为其特征向量所对应的状态向量或状态向量线性组合的观测度。λ_j 越大，其特征向量所对应的状态向量或状态向量的线性组合具有更好的可观测度；反之，其特征向量所对应的状态向量或状态向量的线性组合不可观测[17,18]。

基于可观测性矩阵 $\boldsymbol{Q}$ 的分析 GINS 采取不同外测量值条件下的可观测度问题，表 3－4 为采用奇异值分解方法分析 6 观测量条件下的系统可观测度结果。可以看到，去掉 $\boldsymbol{\varepsilon}_e$ 和 $\boldsymbol{\varepsilon}_u$ 的 $\boldsymbol{Q}$ 的奇异值 $\boldsymbol{\sigma}_{11}$ 近似为 0，所以 $\boldsymbol{\varepsilon}_e$ 和 $\boldsymbol{\varepsilon}_u$ 为可观测量，且观测度较好，而去掉 $\boldsymbol{A}_e$ 和 $\boldsymbol{A}_n$ 的 $\boldsymbol{Q}$ 的奇异值均大于去掉其他惯性元件误差状态的情况，所以两者可观测度仍不是最佳，其中 $\boldsymbol{A}_e$ 的观测效果略好于 $\boldsymbol{A}_n$，但几乎可以忽略。所以增加外部姿态角的观测信息将提高平台失准角和惯性元件误差的估计能力。

表 3－4　采用奇异值分解方法分析 6 观测量条件下的量统可观测度

$\boldsymbol{Q}$ 的奇异值	去掉 ∇_e	去掉 ∇_n	去掉 $\boldsymbol{\varepsilon}_e$	去掉 $\boldsymbol{\varepsilon}_n$	去掉 $\boldsymbol{\varepsilon}_u$
$\boldsymbol{\sigma}_1$	9.92606	9.926056	9.940598	9.940598	9.940598
$\boldsymbol{\sigma}_2$	9.890682	9.890682	9.890698	9.890698	9.890698
$\boldsymbol{\sigma}_3$	9.854937	9.854941	9.865379	9.865385	9.890682
$\boldsymbol{\sigma}_4$	9.840016	9.840016	1.000036	1.000036	9.840015
$\boldsymbol{\sigma}_5$	1.000036	1.000036	1	1	1
$\boldsymbol{\sigma}_6$	1	1	1	1	1
$\boldsymbol{\sigma}_7$	1	1	1	1	1
$\boldsymbol{\sigma}_8$	1	1	1	1	1
$\boldsymbol{\sigma}_9$	0.999999	0.999999	0.999963	0.999963	1
$\boldsymbol{\sigma}_{10}$	0.999963	0.999963	0.100598	0.100598	0.100598
$\boldsymbol{\sigma}_{11}$	0.071134	0.071125	1.27E－06	0	5.21E－06

2. 基于协方差分析方法的可观测度分析

基于误差协方差阵分析方法分为直接法和间接法两种，前者由误差协方差阵的直接计算结果反映各个系统状态的收敛情况，物理意义明确，但计算工作量较大，尤其对高阶的、具有较多分段的时变系统，几乎难于分析；后者根据误差协方差阵的特征值和特征向量间接分析系统状态的可观测度，但对于有重特征值的情况，应用该方法分析系统状态的可观测度较为困难。

图 3－10 分别表示表 3－3 中不同观测量条件下的平台方位失准角、东向、北向加速度计零偏以及东向、北向、方位陀螺常漂估计误差协方差 $\boldsymbol{P}$ 阵的变化规律，其中粗线表示 $j=4$，点虚线表示 $j=5$，下划虚线表示 $j=6$，黑实线表示 $j=7$。可见：当增加航向信息观测量时（$j=5$），$\boldsymbol{\varphi}_u$、$\boldsymbol{\varepsilon}_e$ 和 $\boldsymbol{\varepsilon}_u$ 的观测度得到较大提高，但 $\boldsymbol{A}_e$ 和 $\boldsymbol{A}_n$ 仍旧不可观测；当继续增加纵摇信息观测量时（$j=6$），$\boldsymbol{A}_e$ 和 $\boldsymbol{A}_n$ 的观测度得到一定程度的提高；当继续增加横摇信息观测量时（$j=7$），$\boldsymbol{A}_e$ 和 $\boldsymbol{A}_n$ 的观测度得到显著提高，但 $\boldsymbol{\varepsilon}_u$ 的可观测度有一定程度的下降。这一结论与基于奇异值分解方法的结论一致。综上所述，增加外部姿态角的观测信息将有效提高包括平台失准角和惯性元件误差在内的估计能力。

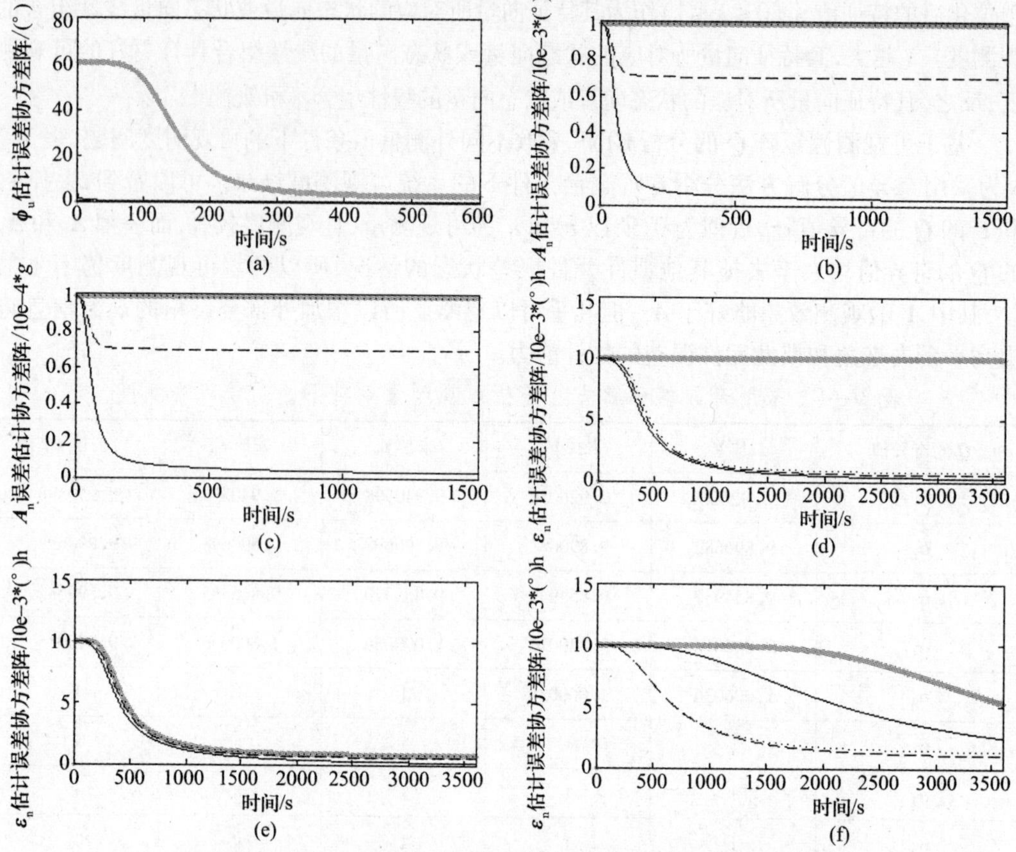

图 3-10　不同观测量的 INS 系统状态估计误差协方差 $\boldsymbol{P}$ 阵
常漂(粗线表示 $j=4$,点虚线表示 $j=5$,下划虚线表示 $j=6$,黑实线表示 $j=7$)

3.8　卡尔曼滤波在组合导航中的应用算例

3.8.1　卡尔曼滤波器在 INS/GPS 组合导航中的应用

舰船航行、作战需要导航设备为其提供高精度的舰船运动参数,惯性导航系统定位精度高,自主性强,但误差随时间积累;GPS 导航系统定位误差不积累,但易受干扰,对于运动的载体,有时信号会被遮挡,导致 GPS 定位中断。由于两种系统具备相异互补的工作特性,将两者结合起来构成更高精度的组合导航系统备受人们关注。通常采取 GPS 的位置或速度信息作为 INS 的外部修正信息;而采取可以提供位置、速度、航向和纵摇的高精度 GPS 姿态测量系统与 INS 进行组合,可得更佳的系统可观性和更优越的舰船组合导航性能[19]。下面以 INS/GPS 姿态测量系统组合导航系统卡尔曼滤波算法设计为例介绍组合导航卡尔曼滤波器的基本设计方法。

1. GPS 误差方程

获得完全准确的描述 GPS 动力学特性的模型是很困难的,并且在组合导航系统的设计过程中,GPS 模型被列入卡尔曼滤波器的状态,模型越复杂,用于描述其动力学特性的状态变量就越多,卡尔曼滤波器的计算量就越大,实时计算就越难实现。因此所建立的模型既要反映出 GPS 主要的动力学特性,又要简单实用,阶数应适当低。我们采用一阶马尔可夫过程来描述 GPS 位置和速度误差。由参考文献[3]可知,每个 GPS 的姿态误差都可以认为是 3 个独立随机过程的和,即随机常数、随机噪声和一阶马尔可夫过程,它们分别表示安装误差、接收机误差和多路径误差。

$$\boldsymbol{X}_{\mathrm{GPS}} = [\delta_{L_\mathrm{G}} \quad \delta_{\lambda_\mathrm{G}} \quad \delta_{V_\mathrm{EG}} \quad \delta_{V_\mathrm{NG}} \quad \delta_{K_\mathrm{G}} \quad \delta_{\psi_\mathrm{G}} \quad \delta_{\theta_\mathrm{G}}]^\mathrm{T}$$

式中:δ_{L_G}　$\delta_{\lambda_\mathrm{G}}$　δ_{V_EG}　δ_{V_NG}　δ_{K_G}　δ_{ψ_G}、$\delta_{\theta_\mathrm{G}}$ 分别为 GPS 导航系统输出的纬度误差、经度误差、东向速度误差、北向速度误差、航向角误差、纵摇角误差、横摇角误差。

GPS 姿态测量系统的误差模型为

$$\begin{aligned}\dot{\boldsymbol{X}}_{\mathrm{GPS}} &= \boldsymbol{F}_{\mathrm{GPS}}\boldsymbol{X}_{\mathrm{GPS}} + \boldsymbol{B}_{\mathrm{GPS}}\boldsymbol{W}_{\mathrm{GPS}} \\ \boldsymbol{Z} &= \boldsymbol{H}_{\mathrm{GPS}}\boldsymbol{X}_{\mathrm{GPS}} + \boldsymbol{V}_{\mathrm{GPS}}\end{aligned} \tag{3.8.1}$$

式中

$$\boldsymbol{B}_{\mathrm{GPS}} = \boldsymbol{I}_{7\times7}$$

$$\boldsymbol{F}_{\mathrm{GPS}} = \mathrm{diag}\left[-\frac{1}{\tau_{L_\mathrm{G}}} \quad -\frac{1}{\tau_{\lambda_\mathrm{G}}} \quad -\frac{1}{\tau_{V_\mathrm{EG}}} \quad -\frac{1}{\tau_{V_\mathrm{NG}}} \quad -\frac{1}{\tau_{K_\mathrm{G}}} \quad -\frac{1}{\tau_{\psi_\mathrm{G}}} \quad -\frac{1}{\tau_{\theta_\mathrm{G}}}\right]$$

$$\boldsymbol{W}_{\mathrm{GPS}} = [W_{\delta_{L_\mathrm{G}}} \quad W_{\delta_{\lambda_\mathrm{G}}} \quad W_{\delta_{V_\mathrm{EG}}} \quad W_{\delta_{V_\mathrm{nG}}} \quad W_{\delta_{K_\mathrm{G}}} \quad W_{\delta_{\psi_\mathrm{G}}} \quad W_{\delta_{\theta_\mathrm{G}}}]^\mathrm{T}$$

2. INS/GPS 组合系统卡尔曼滤波器设计

为了简化问题,取组合系统状态模型与惯导的误差模型一致(该模型在 INS 初始对准中经常使用),令 INS 输出的载体姿态角的测量值分别为 $\psi_\mathrm{I} = \psi + \delta_{\psi_\mathrm{I}、\theta_\mathrm{I}} = \theta + \delta_{\theta_\mathrm{I}}、\gamma_\mathrm{I} = \gamma + \delta_{\gamma_\mathrm{I}}$,令 GPS 测量的姿态角分别 $\psi_\mathrm{G} = \psi + \delta_{\psi_\mathrm{G}}、\theta_\mathrm{G} = \theta + \delta_{\theta_\mathrm{G}}$。考虑到当前组合导航系统获得的平台式 INS 的位置速度是由计算机运算数字发送实现,而舰船姿态角则依靠平台高精度的旋转变压器测量并通过高精度的数字固态发送实现,上述传输过程中的误差与 INS 的系统误差相比较小。所以为了简化对准时刻的系统观测方程,忽略 INS 的量测噪声,而将 GPS 姿态测量系统的各种误差归为组合系统的量测噪声。上述设定并不影响系统理论分析。根据试验分析,假定 $\boldsymbol{V}_{\mathrm{GPS}}$是零均值、方差强度可变的 GPS 量测白噪声,$\boldsymbol{R}_{\mathrm{GPS}}$为其正常情况下的噪声协方差。$\boldsymbol{V}_{\mathrm{GPS}}$、$\boldsymbol{W}_{\mathrm{INS}}$互不相关。

根据系统实际性能和误差分析可以得到 INS/GPS 组合导航系统的误差方程

$$\dot{\boldsymbol{X}} = \begin{bmatrix}\dot{X}_{\mathrm{INS}} \\ \dot{X}_{\mathrm{GPS}}\end{bmatrix} = \begin{bmatrix}\boldsymbol{F}_{\mathrm{INS}} & \boldsymbol{0} \\ 0 & \boldsymbol{F}_{\mathrm{GPS}}\end{bmatrix}\begin{bmatrix}\boldsymbol{X}_{\mathrm{INS}} \\ \boldsymbol{X}_{\mathrm{GPS}}\end{bmatrix} + \begin{bmatrix}\boldsymbol{B}_{\mathrm{INS}} & \boldsymbol{0} \\ \boldsymbol{0} & \boldsymbol{B}_{\mathrm{GPS}}\end{bmatrix}\begin{bmatrix}\boldsymbol{W}_{\mathrm{INS}} \\ \boldsymbol{W}_{\mathrm{GPS}}\end{bmatrix} \tag{3.8.2}$$

惯导误差状态变量取为:纬度误差、经度误差、东向速度误差、北向速度误差、平台的东向失准角、平台的北向失准角、平台的方位失准角,东向和北向加速度计零偏,东向、北向和方位陀螺仪漂移,即

$$\boldsymbol{X}_{\mathrm{INS}} = [\delta_L \quad \delta_\lambda \quad \delta_{V_e} \quad \delta_{V_n} \quad \varphi_\mathrm{e} \quad \varphi_\mathrm{n} \quad \varphi_\mathrm{u} \quad \nabla_\mathrm{e} \quad \nabla_\mathrm{n} \quad \varepsilon_\mathrm{e} \quad \varepsilon_\mathrm{n} \quad \varepsilon_\mathrm{u}]^\mathrm{T}$$

$$\boldsymbol{F}_{\mathrm{INS}} = \left[\begin{array}{c:c}\boldsymbol{D}_{7\times7} & \boldsymbol{0}_{2\times5} \\ \hdashline & \boldsymbol{I}_{5\times5} \\ \boldsymbol{0}_{5\times7} & \boldsymbol{0}_{5\times5}\end{array}\right]$$

$\boldsymbol{D}_{7\times7}$中的非零项为

$$D(1,4)=\frac{1}{R_\mathrm{M}},D(2,1)=\frac{V_\mathrm{E}}{R_\mathrm{N}}\sec L\tan L,D(2,3)=\frac{1}{R_\mathrm{N}}\sec L,$$

$$D(3,1)=2\omega_\mathrm{ie}V_\mathrm{N}\cos L+\frac{V_\mathrm{E}V_\mathrm{N}}{R_\mathrm{N}}\sec^2 L,D(3,3)=\frac{V_\mathrm{N}}{R_\mathrm{N}}\tan L,$$

$$D(3,4)=2\omega_\mathrm{ie}\sin L+\frac{V_\mathrm{E}}{R_\mathrm{N}}\tan L,D(3,6)=-f_\mathrm{U},D(3,7)=f_\mathrm{N},D(3,8)=1,$$

$$D(4,1)=-\left(2\omega_\mathrm{ie}V_\mathrm{E}\cos L+\frac{V_\mathrm{E}^2\sec^2 L}{R_\mathrm{N}}\right),D(4,3)=-2\left(\omega_\mathrm{ie}\sin L+\frac{V_\mathrm{E}}{R_\mathrm{N}}\tan L\right),$$

$$D(4,5)=f_\mathrm{U},D(4,7)=-f_\mathrm{E},D(4,9)=1,D(5,4)=-\frac{1}{R_\mathrm{M}},$$

$$D(5,6)=\omega_\mathrm{ie}\sin L+\frac{V_\mathrm{E}}{R_\mathrm{N}}\tan L,D(5,7)=-\left(\omega_\mathrm{ie}\cos L+\frac{V_\mathrm{E}}{R_\mathrm{N}}\right),D(5,10)=1,$$

$$D(6,1)=-\omega_\mathrm{ie}\sin L,D(6,3)=\frac{1}{R_N},D(6,5)=-\left(\omega_\mathrm{ie}\sin L+\frac{V_\mathrm{E}}{R_\mathrm{N}}\tan L\right),$$

$$D(6,7)=-\frac{V_\mathrm{N}}{R_\mathrm{M}},D(6,11)=1,D(7,1)=\omega_\mathrm{ie}\cos L+\frac{V_\mathrm{E}\sec^2 L}{R_\mathrm{N}},D(7,3)=\frac{\tan L}{R_\mathrm{N}},$$

$$D(7,5)=\omega_\mathrm{ie}\cos L+\frac{V_\mathrm{E}}{R_\mathrm{N}},D(7,6)=\frac{V_\mathrm{N}}{R_\mathrm{M}},D(7,12)=1$$

另外，$\boldsymbol{W}_\mathrm{INS}=[W_{\delta\nabla_e}\quad W_{\delta\nabla_n}\quad W_{\varepsilon_e}\quad W_{\varepsilon_n}\quad W_{\varepsilon_u}]^\mathrm{T}$，$\boldsymbol{B}_\mathrm{INS}=[0_{2\times5}\quad \boldsymbol{I}_{5\times5}\quad 0_{5\times5}]^\mathrm{T}$

得到组合导航系统的量测方程为

$$\boldsymbol{Z}=\begin{bmatrix}L_\mathrm{I}-L_\mathrm{G}\\ \lambda_\mathrm{I}-\lambda_\mathrm{G}\\ v_\mathrm{EI}-v_\mathrm{EG}\\ v_\mathrm{NI}-v_\mathrm{NG}\\ \psi_\mathrm{I}-\psi_\mathrm{G}\\ \theta_\mathrm{I}-\theta_\mathrm{G}\end{bmatrix}=\begin{bmatrix}\delta L_\mathrm{I}-\delta L_\mathrm{G}\\ \delta\lambda_\mathrm{I}-\delta\lambda_\mathrm{G}\\ \delta v_\mathrm{EI}-\delta v_\mathrm{EG}\\ \delta v_\mathrm{NI}-\delta v_\mathrm{NG}\\ \delta\psi_\mathrm{I}-\delta\psi_\mathrm{G}\\ \delta\theta_\mathrm{I}-\delta\theta_\mathrm{G}\end{bmatrix}=\boldsymbol{H}_\mathrm{INS}\boldsymbol{X}_\mathrm{INS}\boldsymbol{V}_\mathrm{INS} \tag{3.8.3}$$

其中

$$\boldsymbol{H}_\mathrm{INS}=\left[\begin{array}{c|cccc} \boldsymbol{I}_{4\times4} & & \boldsymbol{0}_{4\times8} & & \\ \hline & \dfrac{C_{12}C_{32}}{C_{12}^2+C_{22}^2} & \dfrac{C_{22}C_{32}}{C_{12}^2+C_{22}^2} & -1 & \\ \boldsymbol{0}_{3\times4} & -\dfrac{C_{22}}{\sqrt{1-C_3^2 2}} & \dfrac{C_{12}}{\sqrt{1-C_3^2 2}} & 0 & \boldsymbol{0}_{3\times5} \\ & \dfrac{C_{21}C_{33}-C_{23}C_{31}}{C_{31}^2+C_{33}^2} & \dfrac{C_{13}C_{31}-C_{11}C_{33}}{C_{31}^2+C_{33}^2} & 0 & \end{array}\right] \tag{3.8.4}$$

3. INS/GPS 系统仿真

根据 INS/GPS 组合导航系统的设计，对系统组合算法进行设计分析。设定舰船作匀速直线航行，速度取为 15kn，航向为 45°，其他参数选择根据实际系统的指标，取 GPS 数据更新率为 1Hz，陀螺常值漂移均取为 0.001°/h，随机漂移为 0.0005°/h，加速度计的初始零偏均取为 100μg,随机零偏为 50μg,东向、北向和方位失准角的初始值取为 1°。采用两种卡尔曼滤波器进行 INS/GPS 组合导航系统进行对比仿真。第一种采用位置、速度作为观测量,第二种采用位置、速度和姿态作为观测量,根据本文的分析得出系统模型设计滤波器。

图 3－11 和图 3－12 显示了两类仿真结果中失准角的估计误差的对比曲线。图中灰线代表第一种方法,即位置、速度作为观测量的失准角估计误差曲线;黑线代表第二种方法,即位置、速度和姿态作为观测量时失准角估计的误差曲线。比较图 3－11 与图 3－12 中的黑线和灰线可以看到:黑线的收敛精度均明显优于灰线,同时在方位失准角的比对中黑线收敛速度也明显优于灰线。这说明增加姿态信息后不仅三个失准角的估计精度得到了提高,而且方位失准角的估计速度也得到了提高。

通过以上分析可以得出结论,采用 GPS 测姿系统的姿态、速度、位置信息作为观测量参与滤波运算,相对于只采用速度、位置作为观测量的组合导航系统,不仅提高了组合导航系统的估计精度,还可提高方位角的估计速度,以及提高导航参数的估计状况。这使得该系统相对于过去的系统有了更好的性能和应用价值。

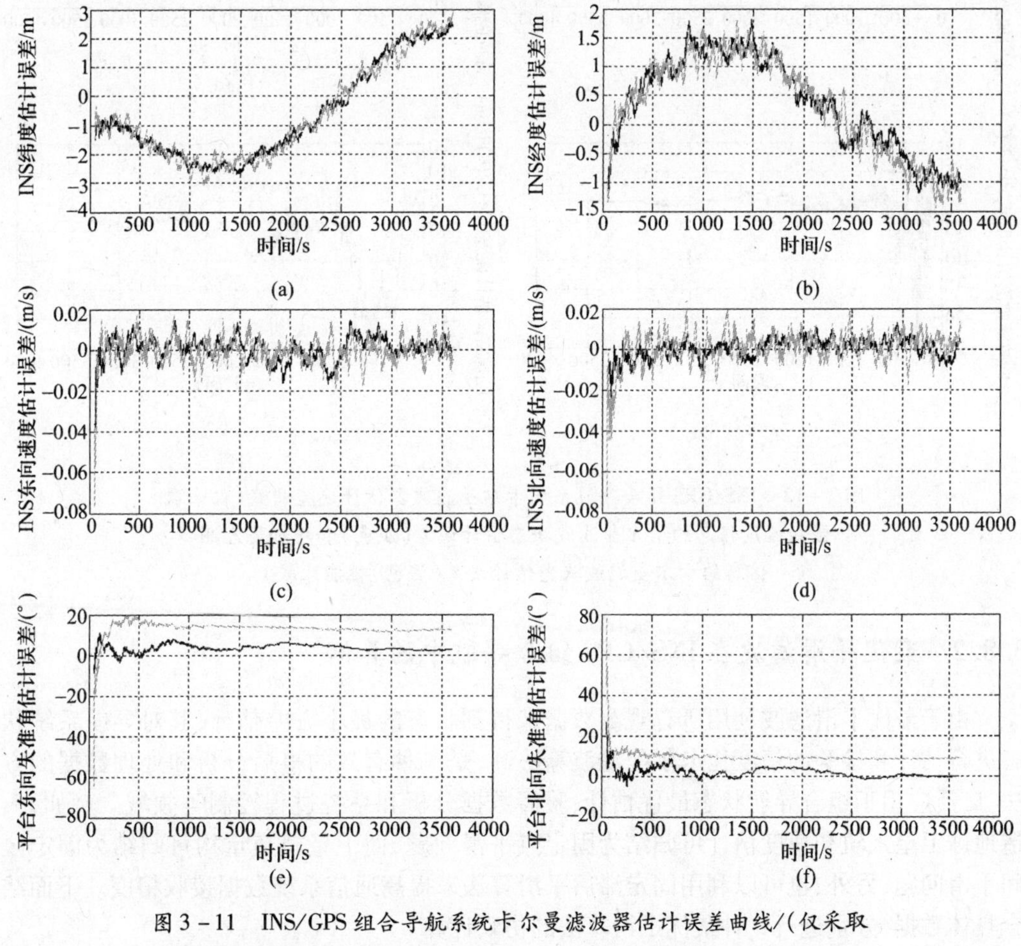

图 3－11　INS/GPS 组合导航系统卡尔曼滤波器估计误差曲线/(仅采取位置和速度信息的卡尔曼滤波状态估计误差(灰色)和增加姿态测量信息的卡尔曼滤波状态估计误差(黑色)性能比较)

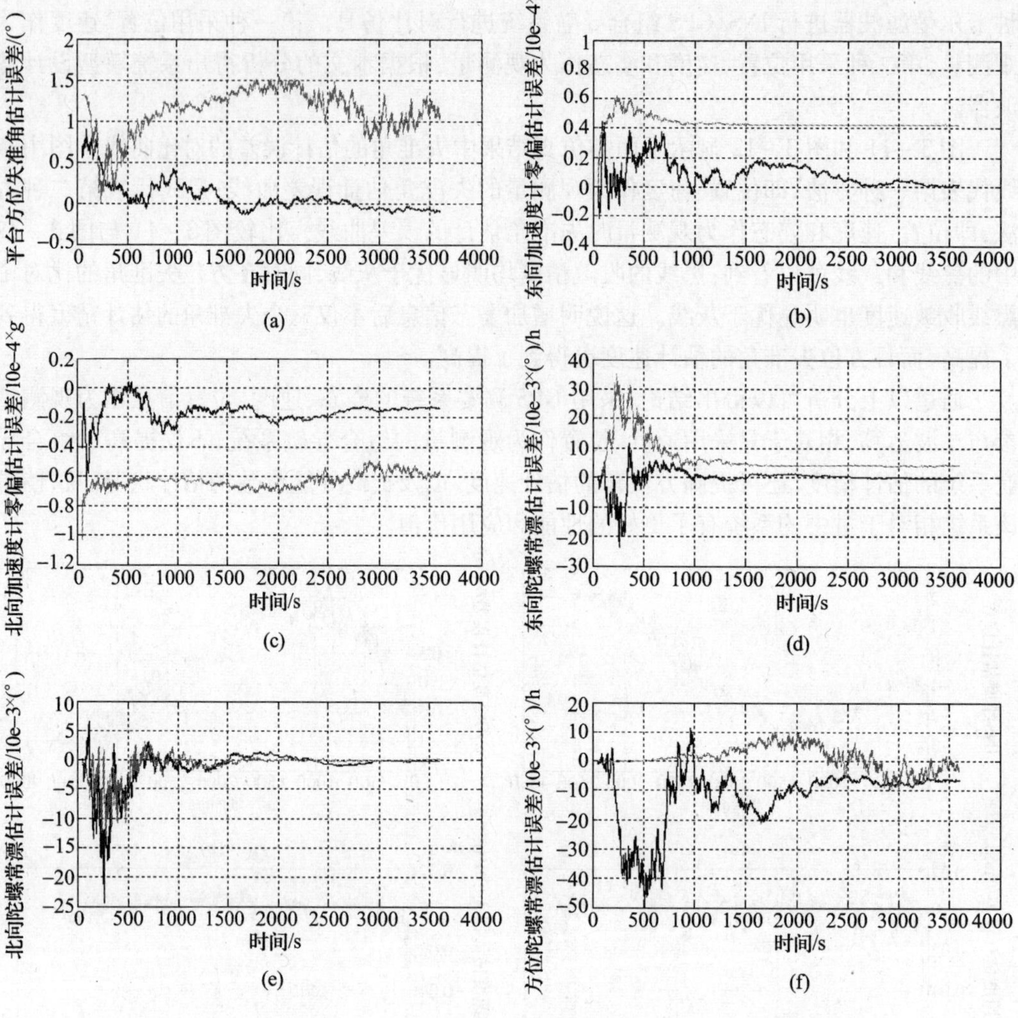

图 3－12　INS/GPS 组合导航系统卡尔曼滤波器估计误差曲线(仅采取位置和速度信息的卡尔曼滤波状态估计误差(灰色)和增加姿态测量信息的卡尔曼滤波状态估计误差(黑色)性能比较)

3.8.2　最优平滑滤波在 INS/GPS 组合导航中的算例

由于最优平滑滤波利用所有观测数据来得到状态的最小方差估计,其对导航系统状态进行估计和检验的精度比卡尔曼滤波算法高,是一种有效的事后分析和处理数据的方法,广泛应用于组合导航状态最优估计、验后数据分析和系统过程控制等领域。例如,人造地球卫星入轨初速度估计可归结为固定点平滑问题,而卫星轨道重构可归结为固定区间平滑问题,另外,也可以利用固定滞后平滑算法来提高通信系统数据接收精度。下面结合具体数据,分别进行 3 种最优平滑算法的仿真计算。

选取 3.8.1 小节中的 INS/GPS 组合导航系统数学模型。设舰船做匀速直航,初始航向、纵摇角、横摇角分别为 $K=30°$,$\psi=1°$,$\theta=1°$,航速为 5kn,惯导系统陀螺常值漂移为

0.001°/h，随机漂移 0.001°/h，加速度计初始零偏为 $1\times10^{-4}g$，随机零偏 $1\times10^{-5}g$，东向、北向、方位失准角取为 20″、20″、40″，滤波周期为 1s。仿真时间为 3600s。组合导航系统数据处理流程如图 3-13 所示。

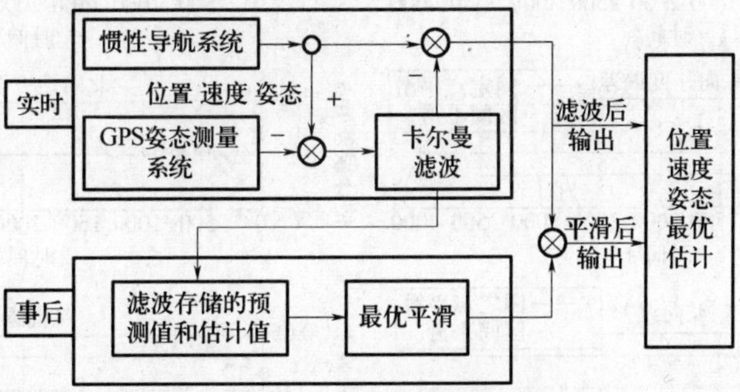

图 3-13 组合导航系统数据处理流程

在此仿真条件下，卡尔曼滤波算法、固定点平滑、固定滞后平滑与区间平滑估计方差的变化曲线如图 3-14 至图 3-16 所示。

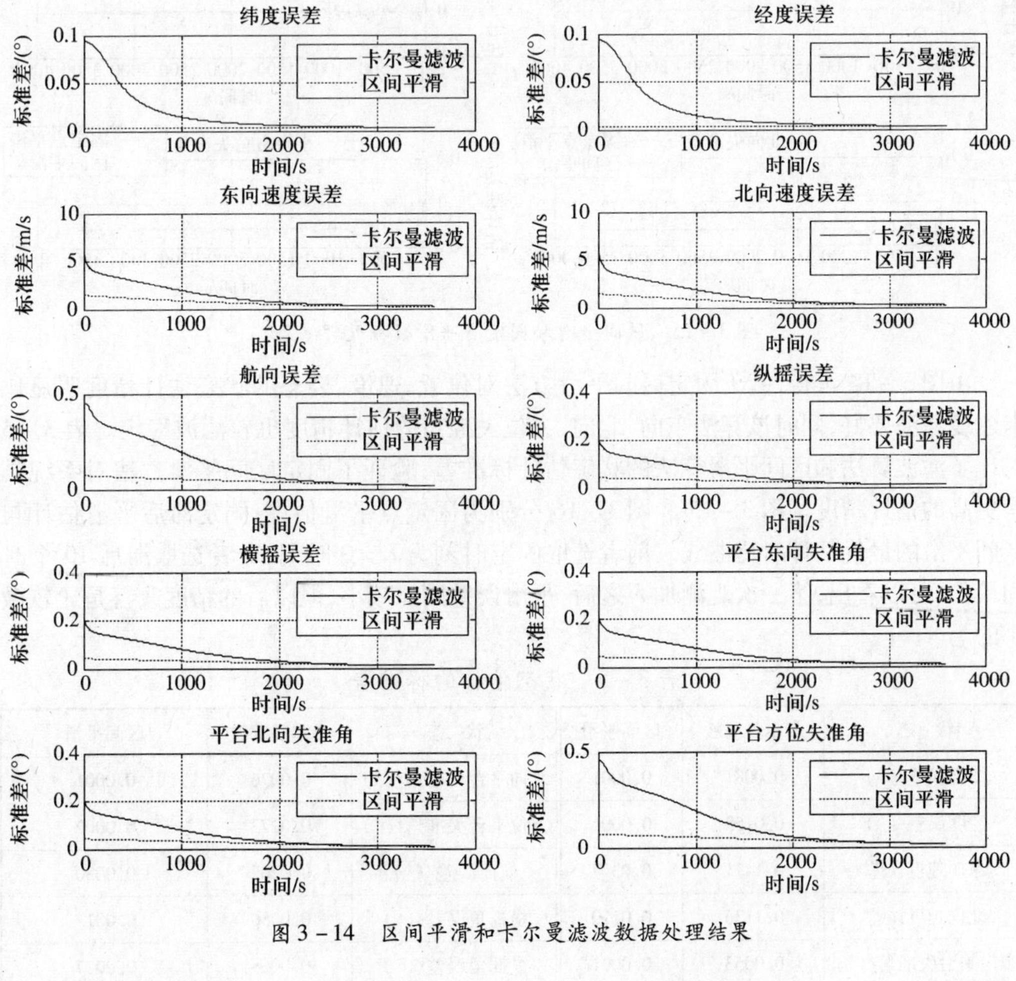

图 3-14 区间平滑和卡尔曼滤波数据处理结果

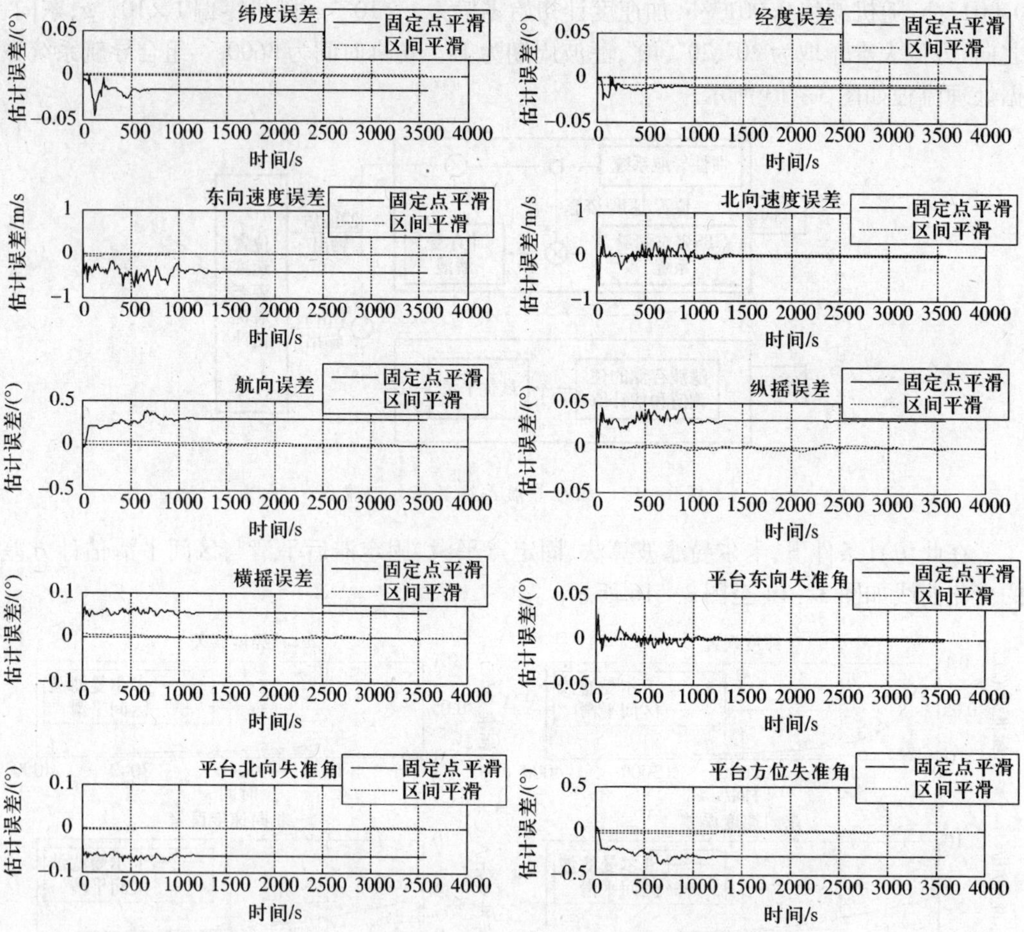

图 3-15　区间平滑和固定点平滑数据处理结果

由图 3-14 可得,基于固定区间平滑方法对位置、速度、姿态的状态估计精度明显比卡尔曼滤波要好,同时该算法东向、北向、方位失准角的估计精度也较滤波稳定。表 3-5 对比了滤波算法和区间平滑算法的状态估计标准差,验证了固定区间平滑方法对系统具有更高的估计精度。图 3-15 和图 3-16 分别为固定点平滑估计、固定滞后平滑估计与区间平滑的最优估计对比曲线。前者选取固定时刻为 $K=0$ 时刻,后者选取滞后 10 个时间单位,可以看出,第一次观测加入之后,平滑误差明显减小,但以后的精度改善是比较微小的。

表 3-5　状态估计的标准差

状　态	卡尔曼滤波	区间平滑	状　态	卡尔曼滤波	区间平滑
纬度误差/(°)	0.0081	0.0001	北向平台失准角/(°)	0.0076	0.0001
经度误差/(°)	0.0153	0.0001	方位平台失准角/(°)	0.0273	0.0002
东向速度误差	0.1471	0.0377	航向误差/(°)	0.0207	0.0030
北向速度误差	0.1136	0.0119	横摇角误差/(°)	0.0056	0.0017
东向平台失准角/(°)	0.0053	0.0001	纵摇角误差/(°)	0.0066	0.0017

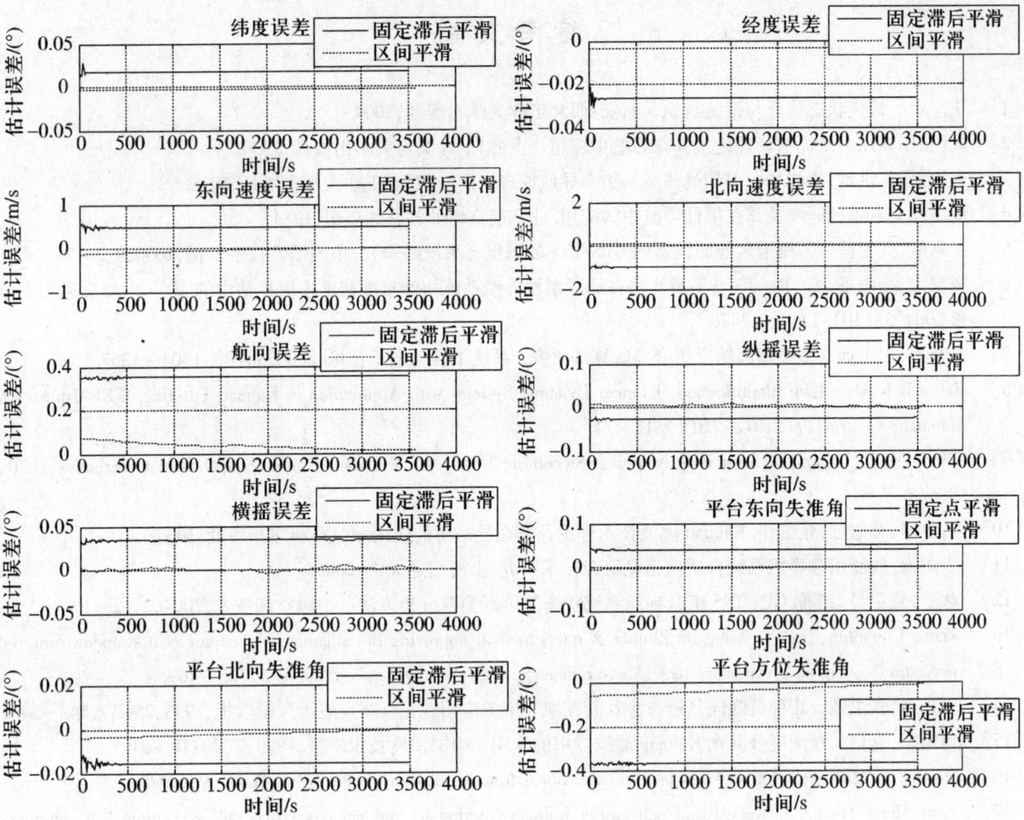

图 3-16　区间平滑和固定滞后平滑数据处理结果

本章小结

本章重点研究了线性离散系统的卡尔曼滤波最优估计方法，内容涵盖基于卡尔曼滤波技术的滤波、平滑、预测等内容。本章一方面从多个角度帮助读者认识并掌握卡尔曼状态最优估计理论的概念、本质和方法，另一方面选取组合导航系统算例具体加以仿真应用。在介绍了卡尔曼滤波的基本概念后，本章在传统同类教材推导卡尔曼滤波递推公式的基础上，又重点增加了卡尔曼滤波递推公式的贝叶斯推导方法，从递推贝叶斯估计的角度来重新认识信息融合中随机系统状态最优估计问题的本质。这不仅有利于我们理解以卡尔曼滤波为代表的线性系统最优估计理论，同时也会对后续其他非线性系统最优估计理论与智能信息融合技术建立更加统一的认识。随后对卡尔曼最优预测和最优平滑的基本方法也给出了简要介绍。3.7 节推导了用于平台式惯性导航系统（GINS）的一种通用卡尔曼滤波模型，以方便相应的理论建模和数学仿真。3.8 节结合 INS/GPS 组合导航系统的应用算例，分别采取卡尔曼状态滤波和多种平滑方法进行了数学仿真，以便读者可以结合实例掌握基本的组合导航卡尔曼滤波方法。本章在本书中的地位十分重要，承上启下，是后续所有章节的基础。

参考文献

[1] 王志贤. 最优状态估计与系统辨识. 西安:西北工业大学出版社,2004.

[2] 陆恺,田蔚风. 最优估计理论及其在导航中应用. 上海:上海交通大学出版社,1990.

[3] 秦永元,张洪钺,汪叔华. 卡尔曼滤波与组合导航原理. 西安:西北工业大学出版社,1998.

[4] 俞济祥. 卡尔曼滤波及其在惯性导航中的应用. 北京航空专业教材编审组,1984.

[5] 王惠南,吴智博. 采用卡尔曼滤波器的GPS/INS姿态组合系统的研究. 中国惯性技术学报,2000,8:2-7.

[6] 杨艳娟,金志华,等. R-T-S平滑算法在捷联惯性异航系统初始对准精度事后评估中的应用. 上海交通大学学报2004,38(10):1744-1747.

[7] 曹梦龙,崔平远. 多模型高精度组合导航算法研究. 系统工程与电子技术,2008,30(7):1304-1307.

[8] Mehra R K. On-Line Identification of Linear Dynamic Systems with Application to Kalman Filtering. IEEE Trans. On Automatic Control,1971,AC-16(1):12-21.

[9] Leondes C T, Peller J B, Stear E B. Nonlinear Smootning Theory. IEEE Trans. System Science and Cybernetics,1970, SSC6(1).

[10] 付梦印,邓志红,张继伟. Kalman滤波技术理论及其在导航中的应用. 北京:科学出版社,2003.

[11] 卞鸿巍. 舰艇组合导航系统自适应信息融合技术研究. 上海交通大学,2005.

[12] 帅平,陈定昌,江涌. GPS/INS组合导航系统状态的可观测度分析方法. 中国空间技术,2004,2,12-19.

[13] Zhang Chuanbin, Tian Weifeng, Jin Zhihua. A novel method improving the aligannment accuracy of a strapdown inertial navigation system on a stationary base, Measurement Science And Technology,2004(2)765-769.

[14] 王丹力,张洪钺. 几种可观性分析方法及其在惯导中的应用. 北京航空航天大学学报,1996,25(3):343-346.

[15] 冯绍军,袁信. 观测度及其在Kalman滤波器中的应用. 中国惯性技术学报,1999,7(2):18-21.

[16] Moore J B. Minimal order obsevers for estimatin linear function of state vector. IEEE Trans. AC,1975.

[17] Song Hong Truong. A Robust and self-tuning Kalman filtering for autonomous spacecraft navigation, UMI number: 3008760,2001.

[18] Morf M. Fast calculation of gain matrices for recursive identification. Int. J. of. control,1978.

[19] 杨艳娟,卞鸿巍,田蔚风,等. 一种新的INS/GPS组合导航技术. 中国惯性技术学报,2004,12(4).

第4章　自适应卡尔曼滤波技术及其应用

常规卡尔曼滤波器对组合导航系统有多种诸如需精确确定外部量测噪声的统计模型等的理想化要求。卡尔曼滤波器增益阵体现滤波器最关键的调整预测能力，但卡尔曼滤波器在计算增益时存在缺陷，计算只根据先验的状态转移矩阵 $\boldsymbol{\Phi}$、量测矩阵 $\boldsymbol{H}$、系统噪声方差阵 $\boldsymbol{R}$ 和观测噪声阵 $\boldsymbol{Q}$，并不依赖于在线实际的观测量。若实际运行中 $\boldsymbol{\Phi}$、$\boldsymbol{H}$、$\boldsymbol{Q}$ 和 $\boldsymbol{R}$ 阵发生变化，不再满足最优估计条件，状态估计相应的将出现较大误差，而根据状态预测协方差阵依旧很小，进一步造成增益阵计算错误，从而丧失了对系统的调节能力，导致系统发散。实际系统存在各种未知干扰，由于常规的卡尔曼滤波器无法对这一变化进行检测和调整，所以将有可能出现严重的估计偏差。所以在实际的组合导航系统中，为了解决提高卡尔曼滤波器的应用性的问题，必须研究实用的自适应滤波算法。

4.1　卡尔曼滤波的发散问题

4.1.1　卡尔曼滤波发散的原因

从理论上讲，随着观测数据的增多，通过卡尔曼滤波可以得到更为精确的状态估计，但实际情况不然，有时由滤波所得的状态估值与实际状态之间的误差远远超出按公式计算的方差所确定的范围(例如三倍均方根误差)。按公式计算的方差可以逐渐趋于零，而实际估计误差可能趋于无穷大。这样就使滤波失去了应有的作用，这种现象称为滤波的发散现象，亦称数据饱和现象。滤波发散的原因主要有以下几种：

(1) 由于对物理系统了解不精确，因此用于推导滤波公式的数学模型与实际物理系统不相吻合；或者尽管对物理模型了解，但由于所取的数学模型过于复杂，在简化数学模型时，例如将非线系统线性化、降低维数等，由于处理不当带来了明显的误差；

(2) 对系统噪声和观测噪声的统计特性缺乏了解，因此噪声模型取得不合适；

(3) 由于计算机的字长有限，每步递推计算总存在着舍入误差，从而使计算得到的估计误差方阵逐步失去正定性，造成计算值与实际值之间差距越来越大等。

4.1.2　卡尔曼滤波的发散现象举例

现举例说明由于数学模型取得不当而造成滤波的发散现象。

用递推法来求一小车位置的最优估计。当小车静止时，其状态方程和观测方程为

$$\boldsymbol{X}_{k+1} = \boldsymbol{X}_k \tag{4.1.1}$$

$$\boldsymbol{Z}_{k+1} = \boldsymbol{X}_{k+1} + \boldsymbol{V}_{k+1} \tag{4.1.2}$$

当小车沿单一方向以匀速运动时，有

$$\boldsymbol{X}_{k+1} = \boldsymbol{X}_k + \Delta s \tag{4.1.3}$$

$$\boldsymbol{Z}_{k+1} = \boldsymbol{X}_{k+1} + \boldsymbol{V}_{k+1} = \boldsymbol{X}_k + \Delta s + \boldsymbol{V}_{k+1} \tag{4.1.4}$$

现在讨论:如果利用小车静止不动时的状态方程式(4.1.1)来估计小车匀速直行时的状态,将造成何种后果?

当小车静止时,有

$$\boldsymbol{\Phi}_{k,k-1} = \boldsymbol{I}, \boldsymbol{Q}_k = \boldsymbol{0}, \boldsymbol{H}_{k+1} = \boldsymbol{I}, \boldsymbol{R}_{k+1} = \boldsymbol{\sigma}^2$$

一步最优预测估计为

$$\hat{\boldsymbol{X}}_{k+1,k} = \hat{\boldsymbol{X}}_{k,k}$$

一步预测估计误差的方差为

$$\boldsymbol{P}_{k+1,k} = \boldsymbol{\Phi}_{k+1,k}\boldsymbol{P}_{k,k}\boldsymbol{\Phi}_{k+1,k}^{\mathrm{T}} + \boldsymbol{Q}_k = \boldsymbol{P}_{k,k}$$

卡尔曼权因子为

$$\boldsymbol{K}_{k+1} = \boldsymbol{P}_{k+1,k}\boldsymbol{H}_{k+1}^{\mathrm{T}}(\boldsymbol{H}_{k+1}\boldsymbol{P}_{k+1,k}\boldsymbol{H}_{k+1}^{\mathrm{T}} + \boldsymbol{R}_{k+1})^{-1} = \boldsymbol{P}_{k,k}(\boldsymbol{P}_{k,k} + \boldsymbol{\sigma}^2)^{-1}$$

最优滤波误差的方差

$$\boldsymbol{P}_{k+1,k+1} = (\boldsymbol{I} - \boldsymbol{K}_{k+1}\boldsymbol{H}_{k+1})\boldsymbol{P}_{k+1,k} = \left(\boldsymbol{I} - \frac{\boldsymbol{P}_{k,k}}{\boldsymbol{P}_{k,k} + \boldsymbol{\sigma}^2}\right)\boldsymbol{P}_{k,k} = \frac{\boldsymbol{\sigma}^2\boldsymbol{P}_{k,k}}{\boldsymbol{P}_{k,k} + \boldsymbol{\sigma}^2}$$

由此得

$$\boldsymbol{P}_{k+1,k+1}^{-1} = \boldsymbol{P}_{k,k}^{-1} + \frac{1}{\boldsymbol{\sigma}^2}$$

当 $k=0, \boldsymbol{P}_{1,1}^{-1} = \boldsymbol{P}_{0,0}^{-1} + \dfrac{1}{\boldsymbol{\sigma}^2}$

当 $k=1, \boldsymbol{P}_{2,2}^{-1} = \boldsymbol{P}_{1,1}^{-1} + \dfrac{1}{\boldsymbol{\sigma}^2} = \boldsymbol{P}_{0,0}^{-1} + \dfrac{2}{\boldsymbol{\sigma}^2}$

当 $k=2, \boldsymbol{P}_{3,3}^{-1} = \boldsymbol{P}_{2,2}^{-1} + \dfrac{1}{\boldsymbol{\sigma}^2} = \boldsymbol{P}_{0,0}^{-1} + \dfrac{3}{\boldsymbol{\sigma}^2}$

……

当 $k=k, \boldsymbol{P}_{k+1,k+1}^{-1} = \boldsymbol{P}_{0,0}^{-1} + \dfrac{k+1}{\boldsymbol{\sigma}^2}$

由此得

$$\boldsymbol{P}_{k+1,k+1} = \frac{\boldsymbol{\sigma}^2\boldsymbol{P}_{0,0}}{\boldsymbol{\sigma}^2 + (k+1)\boldsymbol{P}_{0,0}}$$

卡尔曼权因子

$$\boldsymbol{K}_{k+1} = \boldsymbol{P}_{k+1,k+1}\boldsymbol{H}_{k+1}^{\mathrm{T}}\boldsymbol{R}_{k+1}^{-1} = \frac{\boldsymbol{\sigma}^2\boldsymbol{P}_{0,0}}{\boldsymbol{\sigma}^2 + (k+1)\boldsymbol{P}_{0,0}}\frac{1}{\boldsymbol{\sigma}^2} = \frac{\boldsymbol{P}_{0,0}}{\boldsymbol{\sigma}^2 + (k+1)\boldsymbol{P}_{0,0}}$$

$\boldsymbol{X}_{k+1}$的最优滤波应为

$$\hat{\boldsymbol{X}}_{k+1,k+1} = \hat{\boldsymbol{X}}_{k,k} + K_{k+1}(\boldsymbol{Z}_{k+1} - \boldsymbol{H}_{k+1}\hat{\boldsymbol{X}}_{k+1,k})$$

在本例中,假定小车静止,所以 $\hat{\boldsymbol{X}}_{k+1,k} = \hat{\boldsymbol{X}}_{k,k}$,则

$$\begin{aligned}\hat{\boldsymbol{X}}_{k+1,k+1} &= \hat{\boldsymbol{X}}_{k,k} + K_{k+1}(Z_{k+1} - \hat{\boldsymbol{X}}_{k,k}) \\ &= (\boldsymbol{I} - \boldsymbol{K}_{k+1})\hat{\boldsymbol{X}}_{k,k} + \boldsymbol{K}_{k+1}\boldsymbol{Z}_{k+1} \\ &= \frac{\boldsymbol{\sigma}^2 + k\boldsymbol{P}_{0,0}}{\boldsymbol{\sigma}^2 + (k+1)\boldsymbol{P}_{0,0}}\hat{\boldsymbol{X}}_{k,k} + \frac{\boldsymbol{P}_{0,0}}{\boldsymbol{\sigma}^2 + (k+1)\boldsymbol{P}_{0,0}}\boldsymbol{Z}_{k+1}\end{aligned}$$

由此得

$$\hat{X}_{k,k}=\frac{\sigma^2+(k-1)P_{0,0}}{\sigma^2+kP_{0,0}}\hat{X}_{k-1,k-1}+\frac{P_{0,0}}{\sigma^2+kP_{0,0}}Z_k$$

$$\hat{X}_{k-1,k-1}=\frac{\sigma^2+(k-2)P_{0,0}}{\sigma^2+(k-1)P_{0,0}}\hat{X}_{k-2,k-2}+\frac{P_{0,0}}{\sigma^2+(k-1)P_{0,0}}Z_{k-1}$$

$$\cdots\cdots$$

$$\hat{X}_{1,1}=\frac{\sigma^2}{\sigma^2+P_{0,0}}\hat{X}_{0,0}+\frac{P_{0,0}}{\sigma^2+P_{0,0}}Z_1$$

将 $\hat{X}_{1,1}$ 代入 $\hat{X}_{2,2}$，$\hat{X}_{2,2}$ 代入 $\hat{X}_{3,3}$，…，$\hat{X}_{k,k}$ 代入 $\hat{X}_{k+1,k+1}$，得

$$\hat{X}_{k+1,k+1}=\frac{\sigma^2}{\sigma^2+(k+1)P_{0,0}}\hat{X}_{0,0}+\frac{P_{0,0}}{\sigma^2+(k+1)P_{0,0}}\sum_{i=1}^{k+1}Z_i \tag{4.1.5}$$

现令小车以匀速运动，则观测值应为

$$Z_{k+1}^*=Z_k+\Delta s+V_{k+1}=X_0+(k+1)\Delta s+V_{k+1}$$

则

$$\sum_{i=1}^{k+1}Z_i^*=\sum_{i=1}^{k+1}(X_0+i\Delta s+V_i)$$

以 Z_i^* 代替 Z_i 代入(4.1.5)，得

$$\hat{X}_{k+1,k+1}=\frac{\sigma^2}{\sigma^2+(k+1)P_{0,0}}\hat{X}_{0,0}+\frac{P_{0,0}}{\sigma^2+(k+1)P_{0,0}}\sum_{i=1}^{k+1}(X_0+i\Delta s+V_i)$$

$$=\frac{\sigma^2}{\sigma^2+(k+1)P_{0,0}}\hat{X}_{0,0}+\frac{P_{0,0}}{\sigma^2+(k+1)P_{0,0}}\left[(k+1)X_0+\frac{(k+1)(k+2)}{2}\Delta s+\sum_{i=1}^{k+1}V_i\right] \tag{4.1.6}$$

式(4.1.6)表示用错误的状态方程和用正确的观测过程所求得的小车位置的估计值。假设我们没有掌握初始状态的任何验前统计知识，因此 $P_{0,0}=\infty$，由式(4.1.6)得

$$\hat{X}_{k+1,k+1}=X_0+\frac{k+2}{2}\Delta s+\frac{1}{k+1}\sum_{i=1}^{k+1}V_i$$

于是真正的 X_{k+1} 与滤波值 $\hat{X}_{k+1,k+1}$ 之差为

$$\begin{aligned}\tilde{X}_{k+1,k+1}&=X_{k+1}-\hat{X}_{k+1,k+1}\\&=X_0+(k+1)\Delta s-\left(X_0+\frac{k+2}{2}\Delta s+\frac{1}{k+1}\sum_{i=1}^{k+1}V_i\right)\\&=\frac{k}{2}\Delta s-\frac{1}{k+1}\sum_{i=1}^{k+1}V_i\end{aligned} \tag{4.1.7}$$

由此可见滤波误差 $\tilde{X}_{k+1,k+1}$ 的均值

$$E(\tilde{X}_{k+1,k+1})=\frac{k}{2}\Delta s \tag{4.1.8}$$

将随 k 值的增大而趋于无穷大，而滤波的方差为

$$P_{k+1,k+1}=E\,k+1,k+1^2=\frac{k^2}{4}\Delta s^2+\frac{\sigma^2}{k+1} \tag{4.1.9}$$

$\boldsymbol{P}_{k+1,k+1}$也将随着 k 增大而趋于无穷大,这就出现了发散现象。表面看来这种现象似乎是理所当然的,这是因为完全忽略了系统动力学模型中的常数输入项,但如果没有忽略输入而只是把它取得不精确,同样会导致发散,例如把输入取为β,则状态方程式(4.1.1)将改写为

$$\boldsymbol{X}_{k+1} = \boldsymbol{X}_k + \Delta s' \tag{4.1.10}$$

仿照上面的步骤可以算出滤波误差为

$$\tilde{\boldsymbol{X}}_{k+1,k+1} = \frac{k}{2}(\Delta s - \Delta s') - \frac{1}{k+1}\sum_{i=1}^{k+1}\boldsymbol{V}_i \tag{4.1.11}$$

$$E(\tilde{\boldsymbol{X}}_{k+1,k+1}) = \frac{k}{2}(\Delta s - \Delta s')$$

滤波的均方误差为

$$\boldsymbol{P}_{k+1,k+1} = \frac{k^2}{4}(\Delta s - \Delta s')^2 + \frac{\boldsymbol{\sigma}^2}{k+1} \tag{4.1.12}$$

显然 $k\to\infty$时,有

$$E(\tilde{\boldsymbol{X}}_{k+1,k+1}) \to \infty, \boldsymbol{P}_{k+1,k+1} \to \infty$$

从上例可见,由于增益系数$\boldsymbol{K}(k+1)$随着 k 的增大而迅速减小,于是用来校正前一步滤波的外推值的新的观测数据所乘的加权系数越来越小,即新的观测数据在滤波中所起的校正作用将越来越弱,形成了数据饱和,而模型不精确所起的作用却越来越显著,引起了滤波的发散。

4.2 卡尔曼滤波的发散的抑制

针对造成滤波发散的不同原因,人们提出了多种抑制滤波发散的方法,如有限定下界法滤波、扩充状态法滤波、衰减记忆滤波、限定记忆滤波、平方根滤波、自适应滤波等。这些滤波方法大多是以降低滤波的最优性为代价来抑制发散的,均属于次优滤波算法[1]。

克服发散的一条途径是设法加大新观测数据的作用,减小老观测数据的影响。换句话说,当所选取的数学模型不精确或物理系统本身在运行过程中有所改变时,很容易理解最近的观测比过老的观测更能反映实际情况。当用不准确的模型进行长时间滤波时,过老的观测数据不应再起作用。应采取方法使滤波器随着时间的增长逐渐“忘掉”过老的观测数据,这种滤波方法称为衰减记忆(也叫渐消记忆)滤波[3]。主要采用指数加权方法逐渐消除对老观测的记忆。也可以在求当前时刻 k 的 $\boldsymbol{X}(k)$的估计值时只利用离 k 最近的 N 个观测,如 $\boldsymbol{Z}(k-N+1)$、$Z(k-N+2)$、…、$\boldsymbol{Z}(k)$,而把 $\boldsymbol{Z}(k-N+1)$之前的观测全部废弃不用,这种滤波方法则被称为限定记忆滤波[2]。

本节对衰减记忆滤波和限定记忆滤波进行介绍。

4.2.1 衰减记忆滤波算法

衰减记忆滤波的基本思想就是设法加大新观测数据的作用,而相对地减小过去数据对滤波的影响。采取的主要方法是将原滤波器递推公式中所用的 $\boldsymbol{R}_i$、$\boldsymbol{Q}_i$ 和 $\boldsymbol{P}_{X_0}$ 值变大。

下面介绍两种不同形式的衰减记忆方法。

1. 指数加权衰减记忆滤波

设系统状态方程和观测方程为

$$\boldsymbol{X}_k = \boldsymbol{\Phi}_{k,k-1}\boldsymbol{X}_{k-1} + \boldsymbol{\Gamma}_{k,k-1}\boldsymbol{W}_{k-1} \tag{4.2.1}$$

$$\boldsymbol{Z}_k = \boldsymbol{H}_k\boldsymbol{X}_k + \boldsymbol{V}_k \tag{4.2.2}$$

式中：$\boldsymbol{W}_k$ 和 $\boldsymbol{V}_k$ 都是零均值白噪声序列，方差分别为 $\boldsymbol{Q}_k$ 和 $\boldsymbol{R}_k$；初始状态 $\boldsymbol{X}_0 = E(\boldsymbol{X}_0)$，$\boldsymbol{P}_0 = \mathrm{Var}(\boldsymbol{X}_0)$；$\boldsymbol{W}_k$、$\boldsymbol{V}_k$ 和 $\boldsymbol{X}_0$ 三者互不相关。

由卡尔曼滤波的最优增益矩阵公式，有

$$\boldsymbol{K}_k = \boldsymbol{P}_k\boldsymbol{H}_k^{\mathrm{T}}\boldsymbol{R}_k^{-1} \tag{4.2.3}$$

取时刻 $k = N$，则

$$\boldsymbol{K}_N = \boldsymbol{P}_N\boldsymbol{H}_N^{\mathrm{T}}\boldsymbol{R}_N^{-1} \tag{4.2.4}$$

由式(4.2.3)知，$\boldsymbol{K}_k$ 和 $\boldsymbol{R}_k$ 成反比例关系。为抑制滤波发散，相应地突出 $\boldsymbol{K}_N$，而逐渐地减小时刻 N 以前的 $\boldsymbol{K}_k$ 值。可使离 N 越来越远的 $\boldsymbol{R}_k$ 逐渐变大。当采取指数加权方法时，$\boldsymbol{P}_0,\boldsymbol{R}_1,\cdots,\boldsymbol{R}_{N-1},\boldsymbol{R}_N$ 分别变为 $\boldsymbol{P}_0^*,\boldsymbol{R}_1^*,\cdots,\boldsymbol{R}_{N-1}^*,\boldsymbol{R}_N^*$ 的表达形式，即

$$\boldsymbol{P}_0^* = \mathrm{e}^{\sum_{i=0}^{N-1}C_i}\boldsymbol{P}_0,\boldsymbol{R}_1^* = \mathrm{e}^{\sum_{i=1}^{N-1}C_i}\boldsymbol{R}_1,\cdots,\boldsymbol{R}_{N-1}^* = \mathrm{e}^{C_{N-1}}\boldsymbol{R}_{N-1},\boldsymbol{R}_N^* = \boldsymbol{R}_N \tag{4.2.5}$$

式中：$C_i(i=1,2,\cdots)$是适当选取的正整数。

采用这种指数加权，就是把 N 以前的测量值的作用逐渐衰减。系统噪声也可按同样的方法给予指数加权。

根据卡尔曼滤波公式，可以推导出衰减记忆滤波方程组如下（为了区别，分别以 $\hat{\boldsymbol{X}}_k^*$、$\boldsymbol{K}_k^*$、$\boldsymbol{P}_{k,k-1}^*$、$\boldsymbol{P}_k^*$ 代替原来的 $\hat{\boldsymbol{X}}_k$、$\boldsymbol{K}_k$、$\boldsymbol{P}_{k,k-1}$、$\boldsymbol{P}_k$）

$$\hat{\boldsymbol{X}}_k^* = \boldsymbol{\Phi}_{k,k-1}\hat{\boldsymbol{X}}_{k-1}^* + \boldsymbol{K}_k^*(\boldsymbol{Z}_k - \boldsymbol{H}_k\boldsymbol{\Phi}_{k,k-1}\hat{\boldsymbol{X}}_{k-1}^*) \tag{4.2.6a}$$

$$\boldsymbol{K}_k^* = \boldsymbol{P}_{k,k-1}^*\boldsymbol{H}_k^{\mathrm{T}}(\boldsymbol{H}_k\boldsymbol{P}_{k,k-1}^*\boldsymbol{H}_k^{\mathrm{T}} + \boldsymbol{R}_k)^{-1} = \boldsymbol{P}_k^*\boldsymbol{H}_k^{\mathrm{T}}\boldsymbol{R}_k^{-1} \tag{4.2.6b}$$

$$\boldsymbol{P}_{k,k-1}^* = \boldsymbol{\Phi}_{k,k-1}\boldsymbol{P}_{k-1}^*\boldsymbol{\Phi}_{k,k-1}^{\mathrm{T}}\mathrm{e}^{C_{k-1}} + \boldsymbol{\Gamma}_{k,k-1}\boldsymbol{Q}_{k-1}\boldsymbol{\Gamma}_{k,k-1}^{\mathrm{T}} \tag{4.2.6c}$$

$$\boldsymbol{P}_k^* = (\boldsymbol{I} - \boldsymbol{K}_k^*\boldsymbol{H}_k)\boldsymbol{P}_{k,k-1}^* = ((\boldsymbol{P}_{k,k-1}^*)^{-1} + \boldsymbol{H}_k^{\mathrm{T}}\boldsymbol{R}_k^{-1}\boldsymbol{H}_k)^{-1} \tag{4.2.6d}$$

2. S^a 加权衰减记忆滤波

若把 $\boldsymbol{P}_0$、$\boldsymbol{R}_k$ 和 $\boldsymbol{Q}_{k-1}$ 分别变为下列形式的矩阵

$$\boldsymbol{P}_0^* = \boldsymbol{P}_0S^N,\boldsymbol{R}_k^* = \boldsymbol{R}_kS^{N-k},\boldsymbol{Q}_{k-1}^* = \boldsymbol{Q}_{k-1}S^{N-k+1}$$

则可得到下列滤波方程组

$$\hat{\boldsymbol{X}}_k^* = \boldsymbol{\Phi}_{k,k-1}\hat{\boldsymbol{X}}_{k-1}^* + \boldsymbol{K}_k^*(\boldsymbol{Z}_k - \boldsymbol{H}_k\boldsymbol{\Phi}_{k,k-1}\hat{\boldsymbol{X}}_{k-1}^*) \tag{4.2.7a}$$

$$\boldsymbol{K}_k^* = \boldsymbol{P}_{k,k-1}^*\boldsymbol{H}_k^{\mathrm{T}}(\boldsymbol{H}_k\boldsymbol{P}_{k,k-1}^*\boldsymbol{H}_k^{\mathrm{T}} + \boldsymbol{R}_k)^{-1} = \boldsymbol{P}_k^*\boldsymbol{H}_k^{\mathrm{T}}\boldsymbol{R}_k^{-1} \tag{4.2.7b}$$

$$\boldsymbol{P}_{k,k-1}^* = \boldsymbol{\Phi}_{k,k-1}\boldsymbol{P}_{k-1}^*\boldsymbol{\Phi}_{k,k-1}^{\mathrm{T}}S + \boldsymbol{Q}_{k-1} \tag{4.2.7c}$$

$$\boldsymbol{P}_k^* = (\boldsymbol{I} - \boldsymbol{K}_k^*\boldsymbol{H}_k)\boldsymbol{P}_{k,k-1}^* \tag{4.2.7d}$$

与卡尔曼滤波基本方程相比，在式(4.2.6)中多了一个因子 $\mathrm{e}^{C_{k-1}}$，而在式(4.2.7)中多了一个因子 S。由于 $\mathrm{e}^{C_{k-1}} > 1, S > 1$，所以

$$\boldsymbol{P}_{k,k-1}^* > \boldsymbol{P}_{k,k-1}$$

$$\boldsymbol{K}_k^* > \boldsymbol{K}_k$$

即加强了当前数据 $\boldsymbol{Z}_k$ 在滤波方程中的权。又由于

$$\hat{\boldsymbol{X}}_k^* = (\boldsymbol{I} - \boldsymbol{K}_k^* \boldsymbol{H}_k)\boldsymbol{\Phi}_{k,k-1}\hat{\boldsymbol{X}}_{k-1}^* + \boldsymbol{K}_k^* \boldsymbol{Z}_k = (\boldsymbol{I} - \boldsymbol{K}_k^* \boldsymbol{H}_k)\hat{\boldsymbol{X}}_{k,k-1}^* + \boldsymbol{K}_k^* \boldsymbol{Z}_k$$

相应地又减小了 $\hat{\boldsymbol{X}}_{k,k-1}^*$ 的权值,即降低了旧数据对 $\hat{\boldsymbol{X}}_k^*$ 的影响。

与多种滤波方法相比,衰减记忆滤波技术计算方便、实现简单、形式灵活,是一种十分值得研究的实用卡尔曼滤波技术。衰减记忆滤波尽管形式多样,但其主导思想一致。

两种衰减记忆法中,$e^{C_{k-1}} \geqslant 1$ 且 $S \geqslant 1$,所以衰减记忆滤波的基本思想是设法加大新观测数据的作用,从而相对减少过老的数据对滤波的影响。上述衰减记忆法均通过调整 $\boldsymbol{P}$ 阵、$\boldsymbol{K}$ 阵和 $\boldsymbol{R}$ 阵大小适应不同的偏差情况,用于解决相关的发散原因问题。

4.2.2 限定记忆滤波算法

抑制滤波发散的另一种途径是限定记忆滤波[13]。由 $\hat{\boldsymbol{X}}_k = \hat{E}(\boldsymbol{X}_k | \boldsymbol{Z}_1 \boldsymbol{Z}_2 \cdots \boldsymbol{Z}_k)$ 可知,卡尔曼滤波基本方程对观测数据的记忆是无限增长的,即计算 $\hat{\boldsymbol{X}}_k$ 时要用到已有的全部观测值。采用限定记忆法估计 $\boldsymbol{X}_k$ 时,只用离 k 最近的 N 个观测值 $\boldsymbol{Z}_{k-N+1}, \boldsymbol{Z}_{k-N+2}, \cdots, \boldsymbol{Z}_k$,而完全截断 $k-N+1$ 时刻以前的观测对滤波值的影响。

该方法的效果与衰减记忆滤波方法相当,但其计算式较复杂,此处不详细介绍,只给出限定记忆滤波方程的推导思路。

在使用滤波基本方程求取 $\hat{\boldsymbol{X}}_k$ 时,需要使用前 k 个观测值 $\boldsymbol{Z}_1, \boldsymbol{Z}_2, \cdots, \boldsymbol{Z}_k$。先利用前 $k-1$ 个观测值求取 $\hat{\boldsymbol{X}}_{k,k-1}$,再在 $\hat{\boldsymbol{X}}_{k,k-1}$ 基础上使用 $\boldsymbol{Z}_k$ 获得 $\hat{\boldsymbol{X}}_k$,从而建立起 $\hat{\boldsymbol{X}}_k$ 与 $\hat{\boldsymbol{X}}_{k,k-1}$ 的线性关系。

类似地,对于限定记忆滤波,为求得 $\boldsymbol{X}_k$ 的限定记忆滤波值,对 $\boldsymbol{X}_k$ 及其过去值进行了 k 次测量,测量值为 $\boldsymbol{Z}_1, \boldsymbol{Z}_2, \cdots, \boldsymbol{Z}_d, \cdots, \boldsymbol{Z}_{k-1}, \boldsymbol{Z}_k$,设 $\boldsymbol{Z}_d$ 至 $\boldsymbol{Z}_k$ 共有 $N+1$ 个观测值,记

$$\overline{\boldsymbol{Z}}_{d,k}^{N+1} = \begin{bmatrix} \boldsymbol{Z}_d \\ \boldsymbol{Z}_{d+1} \\ \vdots \\ \boldsymbol{Z}_{k-1} \\ \boldsymbol{Z}_k \end{bmatrix}, \overline{\boldsymbol{Z}}_{d,k-1}^{N+1} = \begin{bmatrix} \boldsymbol{Z}_d \\ \boldsymbol{Z}_{d+1} \\ \vdots \\ \boldsymbol{Z}_{k-1} \end{bmatrix}, \overline{\boldsymbol{Z}}_{d+1,k}^{N+1} = \begin{bmatrix} \boldsymbol{Z}_{d+1} \\ \boldsymbol{Z}_{d+2} \\ \vdots \\ \boldsymbol{Z}_k \end{bmatrix}$$

$$\hat{\boldsymbol{X}}_k^{N+1} = \hat{E}(\boldsymbol{X}_k | \overline{\boldsymbol{Z}}_{d,k}^{N+1})$$

$$\hat{\boldsymbol{X}}_{k,k-1}^{N+1} = \hat{E}(\boldsymbol{X}_k | \overline{\boldsymbol{Z}}_{d,k-1}^{N+1})$$

$$\hat{\boldsymbol{X}}_k^{N+1} = \hat{E}(\boldsymbol{X}_k | \overline{\boldsymbol{Z}}_{d+,k}^{N+1})$$

建立起 $\hat{\boldsymbol{X}}_k^{N+1}$ 与 $\hat{\boldsymbol{X}}_{k,k-1}^N$ 之间的线性关系式和 $\hat{\boldsymbol{X}}_k^{N+1}$ 与 $\hat{\boldsymbol{X}}_k^N$ 之间的线性关系式,再根据这两式确定出 $\hat{\boldsymbol{X}}_{k,k-1}^N$ 与 $\hat{\boldsymbol{X}}_k^N$ 之间的线性关系式,从而获得 $\boldsymbol{X}_k$ 的限定记忆滤波方程。

除衰减记忆滤波和限定记忆滤波外,常用的抑制卡尔曼滤波发散的方法还有限定下

界法、扩充状态法以及自适应滤波法。限定下界法是使增益系数$\overline{\boldsymbol{K}}_k$在过了一定时间以后就不再下降，使它不随$\boldsymbol{K}$的增长而趋于零。可以通过限制滤波误差的方差矩阵和人为增加系统噪声来使滤波增益矩阵不趋于零，从而抑制滤波器的发散现象。如果模型误差是一种未知输入，那么可以把未知输入看作由白噪声激励的一个线性系统的输出，并且将它看作系统的扩充状态向量的一部分，通过适当选取扩充状态的统计特性，可以使滤波不致发散，这便是扩充状态法。自适应滤波就是利用观测数据进行滤波时，不断地对未知或不确切知道的系统模型的参数或噪声的统计特性进行估计并修正，以减小模型误差。

4.2.3　自适应滤波原理

自适应滤波是一种具有抑制滤波器发散作用的滤波方法，它在滤波计算过程中，利用不断观测到的预测修正值，同时可以对未知的或不确切知道的系统模型参数和噪声统计参数进行估计和修正。其主要目的之一是，利用观测数据进行递推滤波的同时不断由滤波本身去判断系统动力学模型是否变化。当判断出有变化时，把这种变化看作随机干扰归到系统噪声中去，并及时对噪声模型进行修正，使之与发生变化的系统噪声相一致。当系统噪声模型$\boldsymbol{Q}(k)$和观测噪声模型$\boldsymbol{R}(k)$不确切知道或不知道时，也可以用自适应滤波方法，在滤波过程中不断对它们进行估计和修正。由于$\boldsymbol{Q}(k)$和$\boldsymbol{R}(k)$对滤波的影响是通过增益矩阵$\boldsymbol{K}$反映出来的，所以也可以不去估计$\boldsymbol{Q}$和$\boldsymbol{R}$而直接对$\boldsymbol{K}$进行估计和修正[15]。

总之，自适应滤波的原理是利用观测数据在递推滤波过程中不断对未知或不确切知道的系统模型参数和噪声统计特性进行估计和修正，以改进滤波器的设计，渐消滤波误差[4]。因此它是克服误差发散的途径之一。自适应滤波的种类很多，如贝叶斯法、极大似然法、相关法与协方差匹配法。其中最基本也是最重要的是相关法，相关法又可分为输出相关法和新息相关法。后续章节将对自适应滤波的相关内容进行介绍。

4.3　卡尔曼滤波器新息序列

4.3.1　卡尔曼滤波器新息的概念

仍从下列离散模型入手即

$$\boldsymbol{X}_k = \boldsymbol{\Phi}_{k,k-1}\boldsymbol{X}_{k-1} + \boldsymbol{\Gamma}_{k,k-1}\boldsymbol{W}_{k-1} \tag{4.3.1}$$

$$\boldsymbol{Z}_k = \boldsymbol{H}_k\boldsymbol{X}_k + \boldsymbol{V}_k \tag{4.3.2}$$

式中：$\boldsymbol{X}_k$为n维状态向量；$\boldsymbol{\Phi}_{k,k-1}$为$n\times n$阶状态转移矩阵；$\boldsymbol{\Gamma}_{k,k-1}$为$n\times p$阶干扰矩阵；$\boldsymbol{W}_{k-1}$为$p$维系统噪声向量；$\boldsymbol{Z}_k$为$m$维观测向量；$\boldsymbol{H}_k$为$m\times n$观测矩阵；$\boldsymbol{V}_k$为$m$维观测噪声向量。假定$\boldsymbol{W}_k$与$\boldsymbol{V}_k$为相互独立且初始条件$x(0)$独立的零均值白噪声序列，分别有协方差阵

$$E(\boldsymbol{W}_k\boldsymbol{W}_k^{\mathrm{T}}) = \boldsymbol{Q}_k\delta_{k,j}$$

$$E(\boldsymbol{V}_k\boldsymbol{V}_k^{\mathrm{T}}) = \boldsymbol{R}_k\delta_{k,j}$$

假定系统为一致完全能观和一致完全能控，根据第3章的讨论，滤波是稳定的，即当

滤波递推充分多步以后，滤波误差协方差阵 $\boldsymbol{P}_{k,k}$ 将趋于常数矩阵 $\boldsymbol{P}^{+}$，增益矩阵 $\boldsymbol{K}_k$ 将趋于常数矩阵 $\boldsymbol{K}$，预测误差协方差阵 $\boldsymbol{P}_{k,k-1}$ 将趋于常数矩阵 $\boldsymbol{P}^{-}$，它们之间的关系为

$$\boldsymbol{P}^{-} = \boldsymbol{\Phi}\boldsymbol{P}^{+}\boldsymbol{\Phi}^{\mathrm{T}} + \boldsymbol{\Gamma}\boldsymbol{Q}\boldsymbol{\Gamma}^{\mathrm{T}}$$

$$\boldsymbol{K} = \boldsymbol{P}^{-}\boldsymbol{H}^{\mathrm{T}}(\boldsymbol{H}\boldsymbol{P}^{-}\boldsymbol{H}^{\mathrm{T}} + \boldsymbol{R})^{-1}$$

$$\boldsymbol{P}^{+} = (\mathrm{I} - \boldsymbol{K}\boldsymbol{H})\boldsymbol{P}^{-}$$

$\boldsymbol{H}_k\hat{\boldsymbol{X}}_{k,k-1}$ 为观测量的预报值，$\boldsymbol{Z}_k$ 为系统的观测量，则有以下关系式

$$\boldsymbol{r}_k = \boldsymbol{Z}_k - \boldsymbol{H}_k\hat{\boldsymbol{X}}_{k,k-1} \tag{4.3.3}$$

式中：$\boldsymbol{r}_k$ 为预报残差，通常称为新息，描述了滤波器的观测量的估计值与实际观测量之间的差值。

4.3.2 新息方式的卡尔曼滤波形式

以新息方式列写常规卡尔曼滤波算法，如式(4.3.4)至式(4.3.10)所示。

状态的一步预测

$$\hat{\boldsymbol{X}}_{k,k-1} = \boldsymbol{\Phi}_{k,k-1}\hat{\boldsymbol{X}}_{k-1} \tag{4.3.4}$$

状态估计

$$\hat{\boldsymbol{X}}_k = \hat{\boldsymbol{X}}_{k,k-1} + \boldsymbol{K}_k\boldsymbol{r}_k \tag{4.3.5}$$

滤波增益矩阵

$$\boldsymbol{K}_k = \boldsymbol{P}_{k,k-1}\boldsymbol{H}_k^{\mathrm{T}}\boldsymbol{C}_{r_k}^{-1} \tag{4.3.6}$$

一步预测误差方差阵

$$\boldsymbol{P}_{k,k-1} = \boldsymbol{\Phi}_{k,k-1}\boldsymbol{P}_{k-1}\boldsymbol{\Phi}_{k,k-1}^{\mathrm{T}} + \boldsymbol{Q}_k \tag{4.3.7}$$

估计误差方差阵

$$\boldsymbol{P}_k = (\boldsymbol{I} - \boldsymbol{K}_k\boldsymbol{H}_k)\boldsymbol{P}_{k,k-1} \tag{4.3.8}$$

滤波器的新息序列 $\boldsymbol{r}_k$ 状态和其新息方差 $\boldsymbol{C}_{r_k}$ 的表达式为

$$\boldsymbol{r}_k = \boldsymbol{Z}_k - \boldsymbol{H}_k\hat{\boldsymbol{X}}_{k,k-1} \tag{4.2.9}$$

$$\boldsymbol{C}_{r_k} = \boldsymbol{H}_k\boldsymbol{P}_{k,k-1}\boldsymbol{H}_k^{\mathrm{T}} + \boldsymbol{R}_k \tag{4.3.10}$$

$\boldsymbol{R}_k$ 表征外部测量信息的精度，$\boldsymbol{P}_{k,k-1}$ 表征 $\hat{\boldsymbol{X}}_{k,k-1}$ 的估计误差精度，由递推公式(4.3.5)可知，$\boldsymbol{K}_k$ 决定了新息利用程度，$\boldsymbol{K}_k$ 增大则新息权重增大，$\hat{\boldsymbol{X}}_{k,k-1}$ 相对权重降低。由递推公式(4.3.6)和(4.3.10)可知，$\boldsymbol{K}_k$ 由 $\boldsymbol{R}_k$、$P_{k,k-1}$ 和 $\boldsymbol{Q}_k$ 决定。由递推公式(4.3.7)，通常在滤波过程初期，滤波器对状态的估计主要依赖于外部的测量值，即 $\boldsymbol{P}_{k,k-1}$ 增大，$\boldsymbol{K}_k$ 增大，新息权重增大；当滤波达到稳态时，状态的估计精度提高，即 $\boldsymbol{P}_{k,k-1}$ 减少，$\boldsymbol{K}_k$ 降低。因此，正常情况下，卡尔曼增益 $\boldsymbol{K}_k$ 可以定量识别信息质量，智能确定对这些信息的利用程度。

4.3.3 滤波器理想稳态时新息序列

记新息向量的连续形式为 $\boldsymbol{r}(t)$，其表达式为 $\boldsymbol{r}(t) = \boldsymbol{z}(t) - \boldsymbol{H}(t)\boldsymbol{x}(t|t)$。

当系统噪声 $\boldsymbol{\omega}(t)$ 和 $\boldsymbol{v}(t)$ 为零均值不相关的白噪声时，$\boldsymbol{g}(t)$ 也为白噪声过程。下面对此进行证明。先看 $\boldsymbol{r}(t)$ 的均值，即

$$E[\boldsymbol{r}(t)] = E[\boldsymbol{H}(t)\boldsymbol{x}(t) + \boldsymbol{v}(t) - \boldsymbol{H}(t)\hat{\boldsymbol{X}}(t \mid t)] = E[\boldsymbol{H}(t)\tilde{\boldsymbol{X}}(t \mid t) + \boldsymbol{v}(t)]$$

最优滤波估计是无偏的，$E[\tilde{\boldsymbol{x}}(t|t)]=0$，$\boldsymbol{v}(t)$为零均值白噪声过程，故 $E[\boldsymbol{r}(t)]=0$。接着，$\boldsymbol{r}(t)$的方差阵

$$E[\boldsymbol{r}(t)\boldsymbol{r}^{\mathrm{T}}(t)] = E[(\boldsymbol{H}(t)\tilde{\boldsymbol{X}}(t \mid t) + \boldsymbol{v}(t))(H(\tau)\tilde{\boldsymbol{X}}(\tau \mid \tau) + v(\tau)]$$

由于$E[\tilde{\boldsymbol{x}}(t|t)v^{\mathrm{T}}(t)]=0(t>\tau)$，$E[\tilde{\boldsymbol{x}}(t|t)\tilde{\boldsymbol{x}}^{\mathrm{T}}(\tau|\tau)]=0$，所以 $E[\boldsymbol{r}(t)\boldsymbol{r}^{\mathrm{T}}(\tau)]=0(t>\tau)$。由此证明了新息 $\boldsymbol{r}(t)$为零均值白噪声过程。

由于新息 $\boldsymbol{r}(t)$为零均值白噪声过程，有协方差阵

$$E[\boldsymbol{r}(k)\boldsymbol{r}^{\mathrm{T}}(k)] = \boldsymbol{H}(k)\boldsymbol{P}(k \mid k-1)\boldsymbol{H}^{\mathrm{T}}(k) + \boldsymbol{R}(k) \tag{4.3.11}$$

当滤波器达到正常工作稳态时，有

$$E[\boldsymbol{r}(k)\boldsymbol{r}^{\mathrm{T}}(k)] = \boldsymbol{HP}^{-}\boldsymbol{H}^{\mathrm{T}} + \boldsymbol{R} \tag{4.3.12}$$

理想状态下新息 $\boldsymbol{r}(k)$应为零均值平稳高斯白噪声序列。

4.3.4　滤波器非理想状态时的新息序列

在很多实际系统中，系统噪声方差阵 $\boldsymbol{Q}$ 和观测噪声方差阵 $\boldsymbol{R}$ 事先是未知的，有时，状态转移矩阵 $\boldsymbol{\Phi}$ 或测量矩阵 $\boldsymbol{H}$ 也不能确切知道。如果根据不确切的模型进行滤波就可能会引起滤波发散。有时即使开始模型选择得比较符合实际，但在运行过程中，模型存在摄动，具体说是 $\boldsymbol{Q}$、$\boldsymbol{R}$ 或 $\boldsymbol{\Phi}$、$\boldsymbol{H}$ 起了变化，一旦滤波器工作失常，新息序列的统计特性将变得复杂。利用这一统计特性，可以对系统噪声或观测噪声的统计特性进行判别和估计。

根据式(4.3.3)新息定义，系统从新息稳定状态向不稳定状态变大时，可以分为误差观测量的反常增大和估计值不准确两种情况。粗略地说，从新息角度解释卡尔曼滤波器常见的发散现象，可以分为两类主要原因：

(1) 如果是由于系统模型、系统噪声不准确或发生变化，引起系统估计状态偏差，则在造成新息增大的同时，由式(4.3.7)可知，$\boldsymbol{P}_{k,k-1}$的计算无法真实反映估计精度变化的情况，相应 $\boldsymbol{K}_k$降低，滤波器因丧失系统调节能力而发散。

(2) 如果是外部量测噪声不准确，引起系统的观测量误差增大，在造成新息增大的同时，由式(4.3.10)可知，$\boldsymbol{R}_k$没有相应调整下降，无法准确表征外部测量的精度，$\boldsymbol{K}_k$因此将带有偏差的新息污染了整个系统。一旦外部测量出现暂时性大幅度误差，由于没有进行有效的故障隔离，系统也将受到影响而发散。

在组合导航系统的实际工程应用中，上述两种情况在实际中均存在。首先难以建立能精确跟踪惯性元件误差变化的系统误差模型和噪声统计模型，其次 GPS 会由于卫星数目、多路径效应信号遮挡等问题，造成信号质量的随机下降。因此，具体问题分析时需要综合考虑多种因素。

4.4　基于新息自适应估计(IAE)的卡尔曼滤波技术

4.4.1　新息调制方差匹配技术

新息调制方差匹配技术也称新息自适应估计(Innovation Adaptive Estimation,

IAE)[5,17]技术。控制发散首先需要判断系统所处的不稳定状况,然后选择不同的发散控制方式,新息可以用来作为判断和调整滤波器增益的依据。卡尔曼滤波器在稳定正常工作时,其95%的新息序列将落在零均值附近 $2\boldsymbol{\sigma}$ 范围内,$\boldsymbol{\sigma}$ 为新息理论方差,见式(4.4.1)。所以可以采用新息序列方差以度量新息的变化,记 $\hat{\boldsymbol{C}}_{r_k}$ 为长度为 N 的滑动采样新息序列方差的估计值,表达式见式(4.4.2)

$$\boldsymbol{\sigma}^2 = \boldsymbol{H}_k \boldsymbol{P}_{k,k-1} \boldsymbol{H}_k^{\mathrm{T}} + \boldsymbol{R}_k \tag{4.4.1}$$

$$\hat{\boldsymbol{C}}_{r_k} = \frac{1}{N}\sum_{j=j_0}^{k} \boldsymbol{r}_j \boldsymbol{r}_j^{\mathrm{T}} \tag{4.4.2}$$

如果新息方差增大且均值变大,则可视为4.3.4小节中情况(1)发生,需要增大 $\boldsymbol{K}_k$,则可以通过调整 $\boldsymbol{Q}_k$,提高 $\boldsymbol{P}_k^-$;也可以通过减小 $\boldsymbol{R}_k$ 来替代解决,其物理意义为相对量测噪声置信度增强,并非实际噪声方差降低。如果新息方差异常增大,则可视为4.3.4小节中情况(2)发生,需要减小 $\boldsymbol{R}_k$,避免污染系统估计,可以通过增大 $\boldsymbol{R}_k$ 解决。方差匹配自适应滤波技术就是通过在线调整 $\boldsymbol{R}_k$ 的噪声统计协方差矩阵的大小以实现对新息序列方差的控制,并因此调整不同的滤波器增益计算,达到控制发散的目的。

4.4.2 新息自适应估计卡尔曼滤波算法

下面推导一种基于新息自适应估计卡尔曼滤波算法,主要解决外部量测噪声强度发生不确定变化的问题。该算法通过对新息方差强度进行极大似然的最优估计,将新息计算引入卡尔曼滤波器的增益计算[11],计算方法简便,易于实现。

对于离散线性系统模型,状态方程和量测方程为

$$\boldsymbol{X}_k = \boldsymbol{\Phi}_{k,k-1} \boldsymbol{X}_{k-1} + \boldsymbol{\Gamma}_{k-1} \boldsymbol{W}_{k-1}$$

$$\boldsymbol{Z}_k = \boldsymbol{H}_k \boldsymbol{X}_k + \boldsymbol{V}_k$$

式中:$\boldsymbol{\Phi}_{k,k-1}$ 为一步转移阵;$\boldsymbol{\Gamma}_{k-1}$ 为系统噪声驱动阵;$\boldsymbol{H}_k$ 为量测阵;$\boldsymbol{V}_k$ 为量测噪声序列;$\boldsymbol{W}_k$ 为系统激励噪声序列,$\boldsymbol{W}_k$ 和 $\boldsymbol{V}_k$ 互不相关并满足,$E[W_k]=0$,$\mathrm{Cov}[W_k W_k]=\boldsymbol{Q}_x\delta_{kj}$,$E[V_k]=0$,$\mathrm{Cov}[V_k,V_j]=\boldsymbol{R}_k\delta_{kj}$。以新息方式重新列写常规卡尔曼滤波算法,如式(4.4.3)至式(4.4.9)所示。

$$\hat{\boldsymbol{X}}_{k+1} = \boldsymbol{\Phi}_{k,k-1} \hat{\boldsymbol{X}}_k \tag{4.4.3}$$

$$\boldsymbol{P}_{k,k-1} = \boldsymbol{\Phi}_{k,k-1} \boldsymbol{P}_{k-1} \boldsymbol{\Phi}_{k,k-1}^{\mathrm{T}} + \boldsymbol{Q}_{k-1} \tag{4.4.4}$$

$$\boldsymbol{K}_k = \boldsymbol{P}_{k,k-1} \boldsymbol{H}_k^{\mathrm{T}} \boldsymbol{C}_{r_k}^{-1} \tag{4.4.5}$$

$$\hat{\boldsymbol{X}}_k = \hat{\boldsymbol{X}}_{k,k-1} + \boldsymbol{K}_k \boldsymbol{r}_k \tag{4.4.6}$$

$$\boldsymbol{P}_k = (\boldsymbol{I} - \boldsymbol{K}_k \boldsymbol{H}_k) \boldsymbol{P}_{k,k-1} \tag{4.4.7}$$

$$\boldsymbol{r}_k = \boldsymbol{Z}_k - \boldsymbol{H}_k \hat{\boldsymbol{X}}_{k,k-1} \tag{4.4.8}$$

$$\boldsymbol{C}_{r_k} = \boldsymbol{H}_k \boldsymbol{P}_{k,k-1} \boldsymbol{H}_k^{\mathrm{T}} + \boldsymbol{R}_k \tag{4.4.9}$$

记 $\hat{\boldsymbol{C}}_{r_k}$ 为 $\boldsymbol{C}_{r_k}$ 在长度为 N 的滑动采样的最优估计值,则有以下表达式

$$\hat{\boldsymbol{C}}_{r_k} = \frac{1}{N}\sum_{j=j_0}^{k} \boldsymbol{r}_j \boldsymbol{r}_j^{\mathrm{T}} \tag{4.4.10}$$

基于零均值白色滤波新息更新序列,滤波的统计新息矩阵的更新方程为

$$\hat{\boldsymbol{R}}_k = \hat{\boldsymbol{C}}_{r_k} - \boldsymbol{H}_k \boldsymbol{P}_{k,k-1} \boldsymbol{H}_k^{\mathrm{T}}$$

$$\hat{\boldsymbol{Q}}_k = \frac{1}{N}\sum_{j=j_0}^{k} \Delta \boldsymbol{x}_j \Delta \boldsymbol{x}_j^{\mathrm{T}} + \boldsymbol{P}_k + \boldsymbol{\Phi}_{k,k-1} \boldsymbol{P}_{k-1} \boldsymbol{\Phi}_{k,k-1}^{\mathrm{T}}$$

式中：$\Delta \boldsymbol{x}_k = \boldsymbol{K}_k \boldsymbol{r}_k$。

将式(4.4.10)代入式(4.4.5)，即得改进的 IAE 自适应卡尔曼滤波增益 $\boldsymbol{K}_k^*$ 的计算公式为

$$\boldsymbol{K}_k^* = \boldsymbol{P}_{k,k-1} \boldsymbol{H}_k^{\mathrm{T}} \left(\frac{1}{N} \sum_{j=j_0}^{k} \boldsymbol{r}_j \boldsymbol{r}_j^{\mathrm{T}} \right) \tag{4.4.11}$$

整个计算流程的框图如图 4－1 所示。

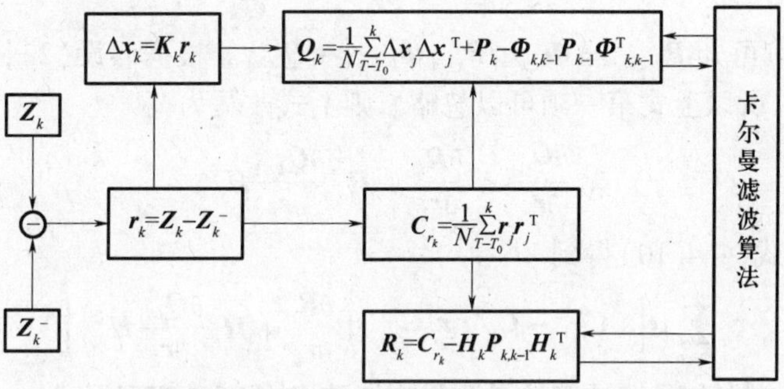

图 4－1　IAE 自适应卡尔曼滤波算法流程框图

下面通过极大似然法数学推导证明。

1. IAE 自适应卡尔曼滤波算法的数学证明

对于自适应卡尔曼滤波，作以下相关假设：

(1) $\boldsymbol{Q}_k$稳定，$\boldsymbol{V}_k$为零均值白噪声，但其方差 $\boldsymbol{R}_k$随时间分段变化；

(2) 各段噪声变化强度未知，之间互不相关；

(3) 在有限记忆长度为 N 的滑动采样区间，新息采样具备遍历性。

(4) 协方差矩阵 $\boldsymbol{C}_r$ 是与 r 相关的参数。

记 $\boldsymbol{r} = [r_{11}, r_{22}, \cdots, r_{nn}]$，根据中心极限定律，采用高斯概率密度函数表示在 $\boldsymbol{r}$ 条件下 $\mathbf{Z}$ 的条件概率密度函数，即

$$\boldsymbol{p}(\mathbf{Z} \mid r)_k = \frac{1}{\sqrt{(2\pi)^m} \mid \boldsymbol{C}_{r_k} \mid} \mathrm{e}^{-\frac{1}{2} r_k^{\mathrm{T}} C_{r_k}^{-1} r_k} \tag{4.4.12}$$

式中：m 为观测量数目；$\boldsymbol{C}_{r_k}$为 k 时刻理想的新息方差。上式取对数，得

$$\ln \boldsymbol{p}(\mathbf{Z} \mid \boldsymbol{r})_k = -\frac{1}{2}[m \times \ln(2\pi) + \ln(\mid \boldsymbol{C}_{r_k} \mid) + \boldsymbol{r}_k^{\mathrm{T}} \boldsymbol{C}_{r_k}^{-1} \boldsymbol{r}_k]$$

若要求上式取最大值，对 k 时刻之前 $k - j_0 + 1$ 组数据进行累加并忽略常数项，则上式需满足

$$\sum_{j=j_0}^{k} \ln \boldsymbol{C}_{r_j} + \sum_{j=j_0}^{k} \boldsymbol{r}_j^{\mathrm{T}} \boldsymbol{C}_{r_j}^{-1} \boldsymbol{r}_j = \min \tag{4.4.13}$$

根据极大似然估计的准则(即满足$\frac{\partial \boldsymbol{p}}{\partial \boldsymbol{p}} = 0$)对式(4.4.13)取 $\boldsymbol{r}$ 的偏导，根据矩阵计算公式

$$\frac{\partial \ln|\boldsymbol{C}_{r_j}|}{\partial \boldsymbol{r}} = \frac{1}{|\boldsymbol{C}_{r_j}|}\frac{\partial|\boldsymbol{C}_{r_j}|}{\partial \boldsymbol{r}} = \mathrm{tr}\left(\boldsymbol{C}_{r_j}^{-1}\frac{\partial \boldsymbol{C}_{r_j}}{\partial \boldsymbol{r}}\right)$$

$$\frac{\partial \ln \boldsymbol{C}_{r_j}^{-1}}{\partial \boldsymbol{r}} = -\boldsymbol{C}_{r_j}^{-1}\frac{\partial \ln \boldsymbol{C}_{r_j}}{\partial \boldsymbol{r}}\boldsymbol{C}_{r_j}^{-1}$$

得到

$$\sum_{j=j_0}^{k}\left|\mathrm{tr}\left(\boldsymbol{C}_{r_j}^{-1}\frac{\partial \boldsymbol{C}_{r_j}}{\partial \boldsymbol{r}}\right) - \boldsymbol{r}_j^{\mathrm{T}}\boldsymbol{C}_{r_j}^{-1}\frac{\partial \boldsymbol{C}_{r_j}}{\partial \boldsymbol{r}}\boldsymbol{C}_{r_j}^{-1}\boldsymbol{r}_j\right| \tag{4.4.14}$$

由式(4.4.9)$\boldsymbol{C}_{r_k}$定义,得到$\boldsymbol{C}_{r_k}$对于$\boldsymbol{r}$的偏导为

$$\frac{\partial \boldsymbol{C}_{r_k}}{\partial \boldsymbol{r}_k} = \boldsymbol{H}_k\frac{\partial \boldsymbol{P}_k^-}{\partial \boldsymbol{r}_k}\boldsymbol{H}_k^{\mathrm{T}} + \frac{\partial \boldsymbol{R}_k}{\partial \boldsymbol{r}_k}$$

由式(4.4.4)可知$\boldsymbol{P}_{k,k-1} = \boldsymbol{\Phi}_{k,k-1}\boldsymbol{P}_{k-1}\boldsymbol{\Phi}_{k,k-1}^{\mathrm{T}} + \boldsymbol{Q}_{k-1}$。根据假设(2),系统噪声稳定并与量测噪声无关,所以上式第一项可以忽略。则上式改写为

$$\frac{\partial \boldsymbol{C}_{r_k}}{\partial \boldsymbol{r}_k} = \frac{\partial \boldsymbol{R}_k}{\partial \boldsymbol{r}_k} + \boldsymbol{H}_k\frac{\partial \boldsymbol{Q}_{k-1}}{\partial \boldsymbol{r}_k}\boldsymbol{H}_k^{\mathrm{T}}$$

将上式代入式(4.4.10)得到

$$\sum_{j=j_0}^{k}\mathrm{tr}\left[(\boldsymbol{C}_{r_j}^{-1} - \boldsymbol{C}_{r_j}^{-1}\boldsymbol{r}_j\boldsymbol{r}_j^{\mathrm{T}}\boldsymbol{C}_{r_j}^{-1})\left(\frac{\partial \boldsymbol{R}_j}{\partial \boldsymbol{r}_k} + \boldsymbol{H}_j\frac{\partial \boldsymbol{Q}_{j-1}}{\partial \boldsymbol{r}_k}\boldsymbol{H}_j^{\mathrm{T}}\right)\right] \tag{4.4.15}$$

2. IAE 自适应卡尔曼滤波算法量测噪声矩阵 $\boldsymbol{R}$ 的新息序列形式

为了求解$\boldsymbol{R}$的表达式,这里假设$\boldsymbol{Q}$是完全已知的,且与$\boldsymbol{r}$是独立。这里我们选取$\boldsymbol{r}_i = \boldsymbol{R}_{ii}$,则式(4.4.15)为

$$\sum_{j=j_0}^{k}\mathrm{tr}\begin{bmatrix}(\boldsymbol{C}_{r_j}^{-1} - \boldsymbol{C}_{r_j}^{-1}\boldsymbol{r}_j\boldsymbol{r}_j^{\mathrm{T}}\boldsymbol{C}_{r_j}^{-1})(\boldsymbol{I}+0) = 0 \\ \text{上式可以变形为} \\ \sum_{j=j_0}^{k}\mathrm{tr}[\boldsymbol{C}_{r_j}^{-1}(\boldsymbol{C}_{r_j}^{-1} - \boldsymbol{r}_j\boldsymbol{r}_j^{\mathrm{T}})\boldsymbol{C}_{r_j}^{-1}]\end{bmatrix} = 0 \tag{4.4.16}$$

根据假设(3)和上式,可以得出如式(4.4.10)新息方差矩阵$\boldsymbol{C}_r$所示。

将式(4.4.10)代入式(4.4.9)中得到

$$\hat{\boldsymbol{R}}_k = \hat{\boldsymbol{C}}_{r_k} - \boldsymbol{H}_k\boldsymbol{P}_{k,k-1}\boldsymbol{H}_k^{\mathrm{T}} \tag{4.4.17}$$

3. IAE 自适应卡尔曼滤波算法量测噪声矩阵 $\boldsymbol{R}$ 的残差序列形式

用残差序列来替代更新序列也可得到一个类似的表达式,即

$$\hat{\boldsymbol{R}}_k = \hat{\boldsymbol{C}}_{r_k} + \boldsymbol{H}_k\boldsymbol{P}_k\boldsymbol{H}_k^{\mathrm{T}} \tag{4.4.18}$$

式中:$\hat{\boldsymbol{C}}_{r_k} = \frac{1}{N}\sum_{j=j_0}^{k}\boldsymbol{r}_j\boldsymbol{r}_j^{\mathrm{T}}$,残差序列$\boldsymbol{r}_k = z_k - z_k^+$,其中$z_k^+$由$z_k^+ = \boldsymbol{H}_k\hat{\boldsymbol{X}}_k$计算得出。

具体证明推导如下:

根据卡尔曼滤波理论,有

$$\boldsymbol{C}_r^{-1}\boldsymbol{r} = \boldsymbol{R}^{-1}\boldsymbol{r} \tag{4.4.19}$$

则式(4.4.13)可以根据式(4.4.17)重写为

$$\sum_{j=j_0}^{k}\mathrm{tr}[\boldsymbol{R}_j^{-1}(\boldsymbol{R}_j\boldsymbol{C}_{r_j}^{-1}\boldsymbol{R}_j - \boldsymbol{r}_j\boldsymbol{r}_j^{\mathrm{T}})\boldsymbol{R}_j^{-1}] = 0$$

又根据卡尔曼滤波理论有

$$P^- H^{\mathrm{T}} C_r^{-1} = P^+ H^{\mathrm{T}} R^{-1} \tag{4.4.20}$$

上式两边均左乘 $\boldsymbol{H}$,并利用式(4.4.10),得

$$(C_r - R) C_r^{-1} = HP^+ H^{\mathrm{T}} R^{-1} \tag{4.4.21}$$

上式两边均右乘 $\boldsymbol{R}$,得

$$RC_r^{-1} R = R - HP^+ H^{\mathrm{T}} \tag{4.4.22}$$

将式(4.4.22)代入式(4.4.19),得

$$\sum_{j=j_0}^{k} \mathrm{tr}[R_j^{-1}(R_j - H_j P_j^+ H_j^{\mathrm{T}} - r_j r_j^{\mathrm{T}}) R_j^{-1}] = 0 \tag{4.4.23}$$

于是

$$\hat{R}_k = \hat{C}_{r_k} + H_k P_k H_k^{\mathrm{T}}$$

4. IAE 自适应卡尔曼滤波算法系统过程噪声 $\boldsymbol{Q}$ 的新息序列形式

假定 $\boldsymbol{R}$ 为完全已知,且与 $\boldsymbol{r}$ 独立,取 $\boldsymbol{r} = [q_{11}, q_{22}, \cdots, q_{ii}]$,$q_{ii}$ 为 $\boldsymbol{Q}$ 主对角线上的噪声方差系数。则式(4.4.15)化简为

$$\sum_{j=j_0}^{k} \mathrm{tr}[H_j^{\mathrm{T}}(C_{r_j}^{-1} - C_{r_j}^{-1} r_j r_j^{\mathrm{T}} C_{r_j}^{-1}) H_j] = 0 \tag{4.4.24}$$

在 k 时刻增益矩阵 $\boldsymbol{K}_k$ 的表达式为

$$K_k = P_{k,k-1} H_k^{\mathrm{T}} C_{r_k}^{-1} \tag{4.4.25}$$

两式均左乘 $\boldsymbol{P}_{k,k-1}^{-1}$,得

$$H_k^{\mathrm{T}} C_{r_k}^{-1} = P_{k,k-1}^{-1} K_k \tag{4.4.26}$$

对上式两边求转置,得

$$C_{r_k}^{-1} H_k = K_k^{\mathrm{T}} P_{k,k-1}^{-1} \tag{4.4.27}$$

将式(4.4.24)展开有

$$\sum_{j=j_0}^{k} \mathrm{tr}(H_j^{\mathrm{T}} C_{r_j}^{-1} H_j - H_j^{\mathrm{T}} C_{r_j}^{-1} r_j r_j^{\mathrm{T}} C_{r_j}^{-1} H_j) = 0 \tag{4.4.28}$$

再将式(4.4.26)、式(4.4.27)代入式(4.4.28)中,得

$$\sum_{j=j_0}^{k} \mathrm{tr}(P_{j,j-1}^{-1} K_j H_j - P_{j,j-1}^{-1} K_j r_j r_j^{\mathrm{T}} K_j^{\mathrm{T}} P_{j,j-1}^{-1}) = 0 \tag{4.4.29}$$

整理,得

$$\sum_{j=j_0}^{k} \mathrm{tr}[P_{j,j-1}^{-1}(K_j H_j P_{j,j-1} - K_j r_j r_j^{\mathrm{T}} K_j^{\mathrm{T}}) P_{j,j-1}^{-1}] = 0 \tag{4.4.30}$$

又根据卡尔曼滤波理论,可知方差协方差矩阵的预测状态 $\boldsymbol{P}^-$ 至少是半正定的,因此上式可以化简为

$$\sum_{j=j_0}^{k} \mathrm{tr}(K_j H_j P_{j,j-1} - K_j r_j r_j^{\mathrm{T}} K_j^{\mathrm{T}}) = 0 \tag{4.4.31}$$

又根据卡尔曼滤波理论,有

$$\Delta x_k = K_k r_k \tag{4.4.32}$$

$$K_k H_k P_{k,k-1} = P_{k,k-1} - P_k \tag{4.4.33}$$

式中：$\Delta \boldsymbol{x}_k$ 为效正状态序列，其计算式为 $\Delta \boldsymbol{x}_k = \hat{\boldsymbol{x}}_k^+ - \hat{\boldsymbol{x}}_k^-$，稳定状态时仅考虑其第一项$\Delta \boldsymbol{x}_k = \boldsymbol{K}_k \boldsymbol{r}_k$。将式(4.4.32)和式(4.4.33)代入式(4.4.31)，得

$$\sum_{j=j_0}^{k} \mathrm{tr}(\boldsymbol{P}_{j,j-1} - \boldsymbol{P}_j - \Delta \boldsymbol{x}_j \Delta \boldsymbol{x}_j^{\mathrm{T}}\} \tag{4.4.34}$$

再将式(4.4.4)代入上式，并将 $\boldsymbol{Q}_k$ 移到等式左侧，整理得

$$\hat{\boldsymbol{Q}}_k = \frac{1}{N} \sum_{j=j_0}^{k} \Delta \boldsymbol{x}_j \Delta \boldsymbol{x}_j^{\mathrm{T}} + \boldsymbol{P}_k - \boldsymbol{\Phi}_{k,k-1} \boldsymbol{P}_{k-1} \boldsymbol{\Phi}_{k,k-1}^{\mathrm{T}} \tag{4.4.35}$$

5. IAE 自适应卡尔曼滤波算法量测噪声矩阵 $\boldsymbol{R}$ 与系统过程噪声 $\boldsymbol{Q}$ 的同时估计

下面讨论同时对 $\boldsymbol{R}$ 和 $\boldsymbol{Q}$ 阵进行调整的情形。不失一般性，假设 $\boldsymbol{r}_i = m\boldsymbol{R}_{ii}, \boldsymbol{r}_i = n\boldsymbol{Q}_{ii}$，$m, n > 0$。此时，方程(4.4.19)变为

$$\sum [(\boldsymbol{C}_{r_j}^{-1} - \boldsymbol{C}_{r_j}^{-1} \boldsymbol{r}_j \boldsymbol{r}_j^{\mathrm{T}} \boldsymbol{C}_{r_j}^{-1})(m\boldsymbol{I} + n\boldsymbol{H}_j \boldsymbol{H}_j^{\mathrm{T}})] = 0$$

将上式变形，可得

$$\sum [\boldsymbol{C}_{r_j}^{-1} (\boldsymbol{C}_{r_j} - \boldsymbol{r}_j \boldsymbol{r}_j^{\mathrm{T}}) \boldsymbol{C}_{r_j} (m\boldsymbol{I} + n\boldsymbol{H}_j \boldsymbol{H}_j^{\mathrm{T}}) \boldsymbol{C}_{r_j}^{-1}] = 0$$

由于 $m\boldsymbol{I} + n\boldsymbol{H}_j \boldsymbol{H}_j^{\mathrm{T}}$ 为二次型与单位矩阵之和，必定是正定矩阵。所以，只有当 $\boldsymbol{C}_{r_j} - \boldsymbol{r}_j \boldsymbol{r}_j^{\mathrm{T}} = 0$，上式才会成立。该条件与单独调整 $\boldsymbol{R}$ 阵时是一样的，所以，调整后 $\boldsymbol{R}$ 阵的估计值表达式与单独表达时一致。同理可知 $\boldsymbol{Q}$ 阵的估计方程也与单独估计时一致。

4.4.3 新息相关法自适应滤波

设随机线性定常系统完全可控和完全可观测，状态方程和观测方程分别为

$$\boldsymbol{X}_k = \boldsymbol{\Phi} \boldsymbol{X}_{k-1} + \boldsymbol{W}_{k-1} \tag{4.4.36a}$$

$$\mathbf{Z}_k = \boldsymbol{H} \boldsymbol{X}_k + \boldsymbol{V}_k \tag{4.4.36b}$$

式中：$\boldsymbol{X}_k$ 是系统的 n 维状态向量，$\boldsymbol{Z}_k$ 是系统的 n 维观测序列，$\boldsymbol{W}_k$ 是 p 维系统过程噪声序列，$\boldsymbol{V}_k$ 是 m 维观测噪声序列；$\boldsymbol{\Phi}$ 是系统的 $n \times n$ 维状态转移矩阵，$\boldsymbol{H}$ 是 $m \times n$ 维观测矩阵，均为已知阵。系统过程噪声 $\boldsymbol{W}_k$ 和观测噪声 $\boldsymbol{V}_k$ 都是零均值白噪声序列，对应的方差阵 $\boldsymbol{Q}$ 和 $\boldsymbol{R}$ 都是未知阵。假设滤波器已达稳态，增益矩阵 $\boldsymbol{K}$ 已趋于稳态值。

输出相关法自适应滤波的基本途径是根据观测数据$\{\boldsymbol{Z}_i\}$估计出输出相关函数序列$\{\boldsymbol{C}_i\}$，再由$\{\boldsymbol{C}_i\}$推算出最佳稳态增益矩阵 $\boldsymbol{K}$，使得增益矩阵 $\boldsymbol{K}$ 不断地与实际观测值$\{\boldsymbol{Z}_i\}$相适应。

1. 观测数据的相关函数 $\boldsymbol{C}_k (k=1,2,\cdots,n)$ 与 $\boldsymbol{\Gamma} \boldsymbol{H}^{\mathrm{T}}$ 阵

由状态方程和观测方程得

$$\boldsymbol{X}_i = \boldsymbol{\Phi} \boldsymbol{X}_{i-1} + \boldsymbol{W}_{i-1} = \boldsymbol{\Phi}^k \boldsymbol{X}_{i-k} + \sum_{l=1}^{k} \boldsymbol{\Phi}^{l-1} \boldsymbol{W}_{i-l} \tag{4.4.37}$$

$$\boldsymbol{Z}_i = \boldsymbol{H} \boldsymbol{X}_i + \boldsymbol{V}_i = \boldsymbol{H} \boldsymbol{\Phi}^k \boldsymbol{X}_{i-k} + \boldsymbol{H} \sum_{l=1}^{k} \boldsymbol{\Phi}^{l-1} \boldsymbol{W}_{i-l} + \boldsymbol{V}_i \tag{4.4.38}$$

显然，$\{\boldsymbol{X}_i\}$是平稳序列，记

$$\boldsymbol{\Gamma} = E(\boldsymbol{X}_i \boldsymbol{X}_i^{\mathrm{T}})$$

由于 $\boldsymbol{\Gamma}$ 与 i 无关，再考虑到$\{\boldsymbol{W}i\}$、$\{\boldsymbol{V}_i\}$、$\boldsymbol{X}_0$ 之间的不相关性，得$\{\boldsymbol{Z}_i\}$的相关函数为

$$C_0 = E(Z_i Z_i^{\mathrm{T}}) = H\Gamma H^{\mathrm{T}} + R \tag{4.4.39}$$

$$C_k = E(Z_i Z_{i-k}^{\mathrm{T}}) = H\Phi^k \Gamma H^{\mathrm{T}},\ k > 0 \tag{4.4.40}$$

以上两式都含有 ΓH^{T}，该矩阵又与增益矩阵 K 有关，所以 ΓH^{T} 是沟通待求增益矩阵 K 与 $\{C_k\}$ 之间关系的桥梁，是输出相关自适应滤波中一个重要矩阵。根据式(4.4.40)可得

$$\begin{bmatrix} C_1 \\ C_2 \\ \vdots \\ C_n \end{bmatrix} = \begin{bmatrix} H\Phi\Gamma H^{\mathrm{T}} \\ H\Phi^2\Gamma H^{\mathrm{T}} \\ \vdots \\ H\Phi^n\Gamma H^{\mathrm{T}} \end{bmatrix} = \begin{bmatrix} H\Phi \\ H\Phi^2 \\ \vdots \\ H\Phi^n \end{bmatrix} \Gamma H^{\mathrm{T}} = A\Gamma H^{\mathrm{T}} \tag{4.4.41}$$

式中：n 是状态的维数；A 为系统的可观测矩阵，即

$$A = \begin{bmatrix} H\Phi \\ H\Phi^2 \\ \vdots \\ H\Phi^n \end{bmatrix} \tag{4.4.42}$$

根据系统完全可观测的假设，可知 $\mathrm{rank}(A) = n$，$A^{\mathrm{T}}A$ 为非奇异矩阵，于是由式(4.4.41)得

$$\Gamma H^{\mathrm{T}} = (A^{\mathrm{T}}A)^{-1}A^{\mathrm{T}} \begin{bmatrix} C_1 \\ C_2 \\ \vdots \\ C_n \end{bmatrix} \tag{4.4.43}$$

2. 由 ΓH^{T} 求取最优稳态增益矩阵 K

由式(3.1.4)可知最优稳态增益矩阵为

$$K = PH^{\mathrm{T}}(HPH^{\mathrm{T}} + R)^{-1} \tag{4.4.44}$$

将上式转化为 ΓH^{T} 的表达式，将 X_k 写成

$$X_k = \hat{X}_{k,k-1} + \tilde{X}_{k,k-1}$$

注意到 $\hat{X}_{k,k-1}$ 与 $\tilde{X}_{k,k-1}$ 正交，于是有

$$\Gamma = E(X_k X_k^{\mathrm{T}}) = E[(\hat{X}_{k,k-1} + \tilde{X}_{k,k-1})(\hat{X}_{k,k-1} + \tilde{X}_{k,k-1})^{\mathrm{T}}] = F + P \tag{4.4.45}$$

式中

$$F = E(\hat{X}_{k,k-1}\hat{X}_{k,k-1}^{\mathrm{T}})$$

因为 $\{X_k\}$ 为平稳序列，所以 F 与 k 无关。将 $P = \Gamma - F$ 代入式(4.4.44)，有

$$K = (\Gamma - F)H^{\mathrm{T}}[H(\Gamma - F)H^{\mathrm{T}} + R]^{-1} = (\Gamma H^{\mathrm{T}} - FH^{\mathrm{T}})(H\Gamma H^{\mathrm{T}} + R - HFH^{\mathrm{T}})^{-1}$$

将式(4.4.39)代入上式，得

$$K = (\Gamma H^{\mathrm{T}} - FH^{\mathrm{T}})(C_0 - HFH^{\mathrm{T}})^{-1} \tag{4.4.46}$$

式中：C_0 与 ΓH^{T} 在根据 $\{Z_i\}$ 估计出 $\{C_i\}$ 之后都是已知阵，剩下的未知阵只有 F。如果注意到 F 是 X_k 的预测值的误差方差阵，则可根据 X_k 的预测递推方程

$$\hat{\boldsymbol{X}}_{k+1,k} = \boldsymbol{\Phi}\hat{\boldsymbol{X}}_k = \boldsymbol{\Phi}[\hat{\boldsymbol{X}}_{k-1,k} + \boldsymbol{K}(\boldsymbol{H}\tilde{\boldsymbol{X}}_{k,k-1} + \boldsymbol{V}_k)]$$

确定出 $\boldsymbol{F}$

$$\begin{aligned}\boldsymbol{F} &= E\{[\hat{\boldsymbol{X}}_{k+1,k}\hat{\boldsymbol{X}}_{k+1,k}^{\mathrm{T}})\\ &= \boldsymbol{\Phi}E\{[\hat{\boldsymbol{X}}_{k+1,k} + \boldsymbol{K}(\tilde{\boldsymbol{H}}\boldsymbol{X}_{k+1,k}^{\mathrm{T}} + \boldsymbol{V}_k)][\hat{\boldsymbol{X}}_{k+1,k} + \boldsymbol{K}(\tilde{\boldsymbol{H}}\boldsymbol{X}_{k+1,k}^{\mathrm{T}} + \boldsymbol{V}_k)]^{\mathrm{T}}\}\boldsymbol{\Phi}^{\mathrm{T}}\\ &= \boldsymbol{\Phi}[\boldsymbol{F} + \boldsymbol{K}(\boldsymbol{H}\boldsymbol{P}\boldsymbol{H}^{\mathrm{T}} + \boldsymbol{R})\boldsymbol{K}^{\mathrm{T}}]\boldsymbol{\Phi}^{\mathrm{T}}\end{aligned}$$

将式(4.4.46)代入上式,又因 $\boldsymbol{\Gamma}$、$\boldsymbol{F}$、$\boldsymbol{C}_0$ 都是对称阵,于是

$$\boldsymbol{F} = \boldsymbol{\Phi}[\boldsymbol{F} + (\boldsymbol{\Gamma}\boldsymbol{H}^{\mathrm{T}} - \boldsymbol{F}\boldsymbol{H}^{\mathrm{T}})(\boldsymbol{C}_0 - \boldsymbol{H}\boldsymbol{F}\boldsymbol{H}^{\mathrm{T}})^{-1}(\boldsymbol{\Gamma}\boldsymbol{H}^{\mathrm{T}} - \boldsymbol{F}\boldsymbol{H}^{\mathrm{T}})^{\mathrm{T}}]\boldsymbol{\Phi}^{\mathrm{T}} \quad (4.4.47)$$

这是一个关于 $\boldsymbol{F}$ 的非线性矩阵方程,当 $\{\boldsymbol{C}_i\}$ 已知时,$\boldsymbol{\Gamma}\boldsymbol{H}^{\mathrm{T}}$ 是已知阵,采用近似解法可得到 $\boldsymbol{F}$ 的近似值。求得 $\boldsymbol{F}$ 后,根据式(4.4.46)即可确定出 $\boldsymbol{K}$。余下的问题是如何根据 $\{\boldsymbol{Z}_i\}$ 估计出 $\{\boldsymbol{C}_i\}$。

3. 由 $\{\boldsymbol{Z}_i\}$ 估计出 $\{\boldsymbol{C}_i\}$

设已获得观测值 $\boldsymbol{Z}_1,\boldsymbol{Z}_2,\cdots,\boldsymbol{Z}_k$,假设平稳序列 $\{\boldsymbol{Z}_i\}$ 具有各态历经性,则 $\{\boldsymbol{Z}_i\}$ 的自相关函数 $\boldsymbol{C}_i$ 的估计 $\boldsymbol{C}_i^k$(下标 i 表示时间间隔,上标 k 表示估计所依据的观测数据的个数)为

$$\begin{aligned}\boldsymbol{C}_i^k &= \frac{1}{k}\sum_{l=i+1}^{k}\boldsymbol{Z}_l\boldsymbol{Z}_{l-i}^{\mathrm{T}} = \frac{1}{k}\boldsymbol{Z}_k\boldsymbol{Z}_{k-i}^{\mathrm{T}} + \frac{1}{k}\sum_{l=i+1}^{k-1}\boldsymbol{Z}_l\boldsymbol{Z}_{l-i}^{\mathrm{T}}\\ &= \frac{1}{k}\boldsymbol{Z}_k\boldsymbol{Z}_{k-i}^{\mathrm{T}} + \left[\frac{1}{k-1} - \frac{1}{k(k-1)}\right]\sum_{l=i+1}^{k-1}\boldsymbol{Z}_l\boldsymbol{Z}_{l-i}^{\mathrm{T}}\\ &= \frac{1}{k-1}\sum_{l=i+1}^{k-1}\boldsymbol{Z}_l\boldsymbol{Z}_{l-i}^{\mathrm{T}} + \frac{1}{k}\left(\boldsymbol{Z}_k\boldsymbol{Z}_{k-i}^{\mathrm{T}} - \frac{1}{k-1}\sum_{l=i+1}^{k-1}\boldsymbol{Z}_l\boldsymbol{Z}_{l-i}^{\mathrm{T}}\right)\\ &= \boldsymbol{C}_i^{k-1} + \frac{1}{k}(\boldsymbol{Z}_k\boldsymbol{Z}_{k-i}^{\mathrm{T}} - \boldsymbol{C}_i^{k-1}) \quad (i = 0,1,2,\cdots,n)\end{aligned} \quad (4.4.48)$$

式(4.4.48)是 $\boldsymbol{C}_i^k$ 的递推公式。若已给定 $\boldsymbol{C}_i^{2i}$ 的值,则由 $\boldsymbol{C}_i^{2i}$ 及 $\boldsymbol{Z}_{2i+1}\boldsymbol{Z}_{i+1}^{\mathrm{T}}$ 可得到 $\boldsymbol{C}_i^{2i+1}$,再由 $\boldsymbol{C}_i^{2i+1}$ 及 $\boldsymbol{Z}_{2i+2}\boldsymbol{Z}_{i+2}^{\mathrm{T}}$ 可得 $\boldsymbol{C}_i^{2i+2}$,最后由 $\boldsymbol{C}_i^{k-1}$ 及 $\boldsymbol{Z}_k\boldsymbol{Z}_{k-i}^{\mathrm{T}}$ 可得 $\boldsymbol{C}_i^k(i=1,2,\cdots,n)$,这样就解决了 $\{\boldsymbol{C}_i\}$ 的估计问题。

4. 输出相关自适应滤波方程

综合式(4.4.45)、式(4.4.46)、式(4.4.47)及式(4.4.48)得到完全可控和完全可观测随机线性离散定常系统(4.4.37)的稳态输出相关自适应滤波方程为

$$\hat{\boldsymbol{X}}_k = \boldsymbol{\Phi}\hat{\boldsymbol{X}}_{k,k-1} + \hat{\boldsymbol{K}}^k[\boldsymbol{Z}_k - \boldsymbol{H}\boldsymbol{\Phi}\hat{\boldsymbol{X}}_{k-1}],\hat{\boldsymbol{X}}_0 = E(\boldsymbol{X}_0) \quad (4.4.49\text{a})$$

$$\hat{\boldsymbol{K}}^k = (\boldsymbol{\Gamma}^k\boldsymbol{H}^{\mathrm{T}} - \hat{\boldsymbol{F}}^k\boldsymbol{H}^{\mathrm{T}})(\hat{\boldsymbol{C}}_0^k - \boldsymbol{H}\hat{\boldsymbol{F}}^k\boldsymbol{H}^{\mathrm{T}})^{-1} \quad (4.4.49\text{b})$$

$$\boldsymbol{A} = \begin{bmatrix}\boldsymbol{H}\boldsymbol{\Phi}\\ \boldsymbol{H}\boldsymbol{\Phi}^2\\ \vdots\\ \boldsymbol{H}\boldsymbol{\Phi}^n\end{bmatrix} \quad (4.4.49\text{c})$$

$$\hat{\boldsymbol{\Gamma}}^k\boldsymbol{H}^{\mathrm{T}} = (\boldsymbol{A}^{\mathrm{T}}\boldsymbol{A})^{-1}\boldsymbol{A}^{\mathrm{T}}\begin{bmatrix}\hat{\boldsymbol{C}}_1^k\\ \hat{\boldsymbol{C}}_2^k\\ \vdots\\ \hat{\boldsymbol{C}}_n^k\end{bmatrix} \quad (4.4.49\text{d})$$

$$\hat{\boldsymbol{F}}^k = \boldsymbol{\Phi}[\hat{\boldsymbol{F}}^k + (\hat{\boldsymbol{\Gamma}}^k - \hat{\boldsymbol{F}}^k)\boldsymbol{H}^{\mathrm{T}}(\hat{\boldsymbol{C}}_0^k - \boldsymbol{H}\hat{\boldsymbol{F}}^k\boldsymbol{H}^{\mathrm{T}})^{-1}\boldsymbol{H}(\hat{\boldsymbol{\Gamma}}^k - \hat{\boldsymbol{F}}^k)^{\mathrm{T}}]\boldsymbol{\Phi}^{\mathrm{T}} \quad (4.4.49\mathrm{e})$$

$$\hat{\boldsymbol{C}}_i^k = \hat{\boldsymbol{C}}_i^{k-1} + \frac{1}{k}(\boldsymbol{Z}_k\boldsymbol{Z}_{k-i}^{\mathrm{T}} - \hat{\boldsymbol{C}}_i^{k-1}) \quad (i = 0,1,2,\cdots,n) \quad (4.4.49\mathrm{f})$$

式中：$\hat{\boldsymbol{K}}^k$、$\hat{\boldsymbol{\Gamma}}^k$、$\hat{\boldsymbol{F}}^k$ 和 $\hat{\boldsymbol{C}}_i^k$ 的上标 k 表示估计所依据的观测数据的个数。

4.5 基于多模型自适应估计(MMAE)卡尔曼滤波技术

多模型自适应估计(Multiple Model Adaptive Eestimation,MMAE),卡尔曼滤波方法最早由 Magill 于 1965 年提出,其核心思想是用一组并行卡尔曼滤波器来替代以往方法的一个卡尔曼滤波器,设计的各卡尔曼滤波器分别采取不同系统噪声和量测噪声统计特性,通过这组卡尔曼滤波器并行共同工作和动态权值调整,实现最终的估计状态融合,以此完成动力学系统在系统噪声和量测噪声统计规律发生未知变化时的状态自适应滤波[6,14]。MMAE 算法拓扑图如图 4－2 所示。

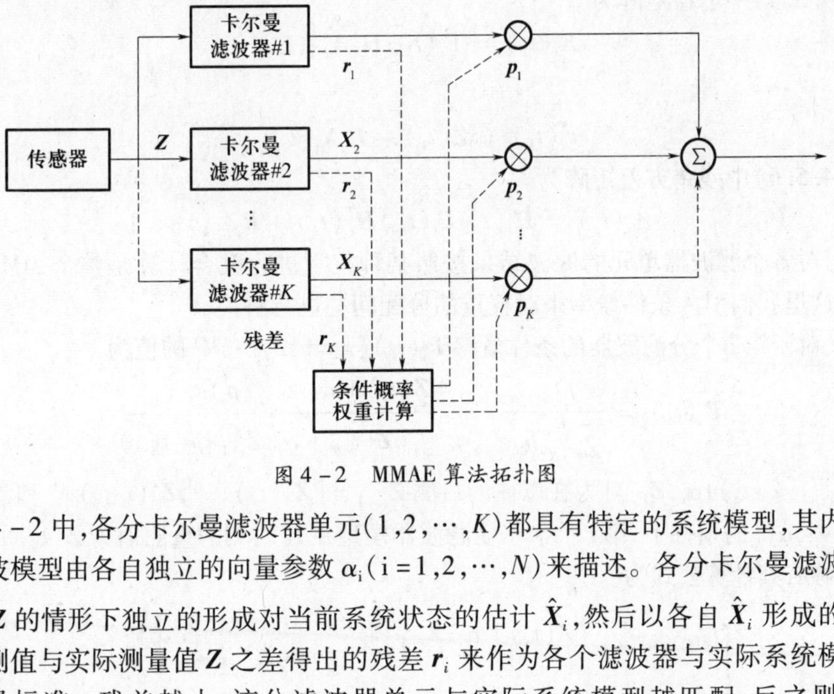

图 4－2　MMAE 算法拓扑图

图 4－2 中,各分卡尔曼滤波器单元(1,2,⋯,K)都具有特定的系统模型,其内在的卡尔曼滤波模型由各自独立的向量参数 $\alpha_{\mathrm{i}}(\mathrm{i}=1,2,\cdots,N)$ 来描述。各分卡尔曼滤波器单元在输入 $\boldsymbol{Z}$ 的情形下独立的形成对当前系统状态的估计 $\hat{\boldsymbol{X}}_i$,然后以各自 $\hat{\boldsymbol{X}}_i$ 形成的量测矢量的预测值与实际测量值 $\boldsymbol{Z}$ 之差得出的残差 $\boldsymbol{r}_i$ 来作为各个滤波器与实际系统模型相似度的衡量标准。残差越小,该分滤波器单元与实际系统模型越匹配,反之则匹配度越差[7]。

由于对 MMAE 算法只是在限定条件下得到了证明,一般性严格的数学证明目前尚未给出。在此只直接给出基于 MMAE 的卡尔曼滤波算法。

一般地,各个分滤波器单元的卡尔曼滤波器模型为

$$\begin{cases}\boldsymbol{X}_i(t_k) = \boldsymbol{\Phi}_i\boldsymbol{X}_i(t_{k-1}) + \boldsymbol{B}_i\boldsymbol{u}(t_{k-1}) + \boldsymbol{\Gamma}_i\boldsymbol{\omega}_i(t_{k-1})\\ \boldsymbol{Z}_i(t_k) = \boldsymbol{H}_i\boldsymbol{X}_i(t_k) + \boldsymbol{v}_i(t_k)\end{cases}$$

式中 $\boldsymbol{X}_i$ 为第 i 个滤波器单元模型状态向量;$\boldsymbol{\Phi}_i$ 为第 i 个滤波器单元模型的状态转移矩阵,$\boldsymbol{B}_i$ 为第 i 个滤波器单元模型控制输入矩阵;$\boldsymbol{u}$ 为系统控制输入矢量;$\boldsymbol{\Gamma}_i$ 为第 i 个滤波

器单元模型噪声输入矩阵；$\boldsymbol{\omega}_i$ 为第 i 个滤波器单元模型离散干扰白噪声输入，其均值为零，自协方差为 $\mathrm{Cov}[W_k, W_j] = \boldsymbol{Q}_k\delta_{kj}$；$\boldsymbol{Z}_i$ 为第 i 个滤波器单元模型的量测向量；$\boldsymbol{H}_i$ 为第 i 个滤波器单元模型输出矩阵；$\boldsymbol{v}_i$ 为第 i 个滤波器单元模型的离散动态白噪声，$\boldsymbol{v}_i$ 与 $\boldsymbol{\omega}_i$ 互不相关，且均值为零，自协方差为 $\mathrm{Cov}[V_k, V_j] = \boldsymbol{R}_k\delta_{kj}$。采用该模型来确定的 MMAE 卡尔曼滤波算法为

$$\hat{\boldsymbol{X}}_i(t_k^-) = \boldsymbol{\Phi}_i\hat{\boldsymbol{X}}_i(t_{k-1}^+) + \boldsymbol{B}_i\boldsymbol{u}(t_{k-1}) \tag{4.5.1}$$

$$\boldsymbol{Z}_i(t_k^-) = \boldsymbol{H}_i\boldsymbol{X}_i(t_k^-) \tag{4.5.2}$$

$$\boldsymbol{P}_i(t_k^-) = \boldsymbol{\Phi}_i\boldsymbol{P}_i(t_{k-1}^+)\boldsymbol{\Phi}_i^{\mathrm{T}} + \boldsymbol{\Gamma}_i\boldsymbol{Q}\boldsymbol{\Gamma}_i^{\mathrm{T}} \tag{4.5.3}$$

$$\hat{\boldsymbol{X}}_i(t_k^+) = \hat{\boldsymbol{X}}_i(t_k^-) + \boldsymbol{K}_i(t_k)\boldsymbol{r}_i(t_k) \tag{4.5.4}$$

$$\boldsymbol{P}_i(t_k^+) = \boldsymbol{P}_i(t_k^-) - \boldsymbol{K}_i(t_k)\boldsymbol{H}_i\boldsymbol{P}_i(t_k^-) \tag{4.5.5}$$

式中：$\hat{\boldsymbol{X}}_i$ 为第 i 个滤波器单元的状态估计矢量；$\boldsymbol{Z}_i(t_k^-)$ 为在 t_k 时刻到来之前，第 i 个滤波器单元对量测向量的预测；t_k^- 为第 k 个量测更新前的时刻；t_{k-1}^+ 为第 $k-1$ 个量测更新后的时刻。

式(4.5.4)中增益矩阵为

$$\boldsymbol{K}_i(t_k) = \boldsymbol{P}_i(t_k^-)\boldsymbol{H}_i^{\mathrm{T}}\boldsymbol{\Lambda}_i^{-1}(t_k) \tag{4.5.6}$$

残差为

$$\boldsymbol{r}_i(t_k) = \boldsymbol{Z}(t_k) - \boldsymbol{H}_i\hat{\boldsymbol{X}}_i(t_k^-) \tag{4.5.7}$$

式(4.5.6)中残差方差矩阵为

$$\boldsymbol{\Lambda}_i(t_k) = \boldsymbol{H}_i(t_k)\boldsymbol{P}_i(t_k^-)\boldsymbol{H}_i^{\mathrm{T}}(t_k) + \boldsymbol{R}_i(t_k) \tag{4.5.8}$$

如何对各个滤波器单元的滤波结果按照某种权重进行融合计算是整个 MMAE 算法的关键，这里我们引入条件概率来对权重的分配问题进行解决。

定义对于第 i 个分滤波器的条件概率 $\boldsymbol{P}_i(t_k)(k=1,2,\cdots,K)$ 的值为

$$\boldsymbol{P}_i(t_k) = \frac{f_{\boldsymbol{Z}(t_k)\mid\alpha,\boldsymbol{Z}(t_{i-1})}[\boldsymbol{Z}(t_k)\mid\alpha_i,\boldsymbol{Z}_{i-1}]\boldsymbol{p}_i(t_{k-1})}{\sum_{j=1}^{K}f_{\boldsymbol{Z}(t_k)\mid\boldsymbol{\alpha},\boldsymbol{Z}(t_{i-1})}[\boldsymbol{Z}(t_k)\mid\alpha_j,\boldsymbol{Z}_{i-1}]p_j(t_{k-1})} \tag{4.5.9}$$

$f_{\boldsymbol{Z}(t_k)\mid\boldsymbol{\alpha},\boldsymbol{Z}(t_{k-1})}[\boldsymbol{Z}(t_k)\mid\alpha_i,\boldsymbol{Z}_{k-1}]$ 为在以往的量测 $\boldsymbol{Z}_{k-1} = [\boldsymbol{Z}^{\mathrm{T}}(t_1),\cdots,\boldsymbol{Z}^{\mathrm{T}}(t_{k-1})]^{\mathrm{T}}$ 和参数向量 $\alpha\in\{\alpha_1,\cdots,\alpha_K\}$ 的条件下，第 i 个卡尔曼滤波器模型在 t_k 时刻的量测值为 $\boldsymbol{Z}(t_k)$ 的条件概率密度函数，其计算公式为

$$\begin{cases} f_{\boldsymbol{Z}(t_k)\mid\boldsymbol{\alpha},\boldsymbol{Z}(t_{k-1})}(\boldsymbol{Z}(t_k)\mid\alpha_i,\boldsymbol{Z}_{k-1}] = \dfrac{1}{(2\pi)^{\frac{m}{2}}\,|\boldsymbol{\Lambda}|^{\frac{1}{2}}}\exp\{\cdot\} \\ \{\cdot\} = \left\{-\dfrac{1}{2}\boldsymbol{r}_k^{\mathrm{T}}(t_i)\boldsymbol{\Lambda}_k^{-1}(t_i)\boldsymbol{r}_k(t_i)\right\} \end{cases} \tag{4.5.10}$$

式中：m 为量测向量的维数。若第 i 个滤波器单元的残差的均值为零，相应滤波计算的残差方差矩阵为 $\boldsymbol{\Lambda}_i(t_k)$，则$\{\cdot\}$近似的等于 $-\dfrac{m}{2}$。如果残差的值比假定的参数要大很多，则$\{\cdot\}$为一较大的负数，$\boldsymbol{P}_i$ 会成指数下降。从条件概率的一般性定义知，各 $\boldsymbol{P}_i$ 的总和总是为 1 的。但是当某一时刻某一滤波单元的状态估计为零时，在该时刻后的所有的 $\boldsymbol{P}_i$ 都会为零，那么算法就失效了。要给 $\boldsymbol{P}_i$ 设定一个门限来保证其不为零，这样就可以避免因为 $\boldsymbol{P}_i$ 锁死于零而导致算法失效的情况出现。

这对每个滤波器单元的状态估计值 $\hat{\boldsymbol{X}}_i$，都有一个相应的权重值 $\boldsymbol{P}_i$，在进行加权融合后便得到实际系统的混合状态估计 $\hat{\boldsymbol{X}}_{\mathrm{MMAE}}$，即

$$\hat{\boldsymbol{X}}_{\mathrm{MMAE}} = \sum \boldsymbol{P}_i(t_k)\hat{\boldsymbol{X}}_i(t_k) \tag{4.5.11}$$

4.6　强跟踪自适应卡尔曼滤波器

20 世纪 90 年代，国内研究人员提出了强跟踪滤波器理论。这一理论解决了由于模型不确定性的影响造成滤波器状态估计值偏离系统状态的现象，有效地克服了卡尔曼滤波器缺陷。强跟踪滤波器优于卡尔曼滤波器的原因是它不仅保证估计误差协方差为最小，而且通过调整增益 K，使不同时刻的残差序列处处保持相互正交，当由于模型不确定性的影响，造成滤波器的状态估计值偏离系统的状态时，必然会在输出残差序列的均值与幅值上表现出来，强跟踪滤波器就是通过正交性来迫使输出残差始终具有类似高斯白噪声的性质，因此具有较强的对模型不确定性的鲁棒性；在对实际系统状态进行估计的过程中，由于传感器误差或故障的原因，可能使系统状态和输出产生突变或缓变，对应时刻的量测值野值的概率较大，而强跟踪滤波器将使其对状态的估计也随之产生较大的偏差，因此能检测出这种状态突变或缓变。强跟踪滤波器实际上是一种非线性带有渐消因子的扩展卡尔曼滤波器，它可以用于一大类非线性系统的状态估计和状态与参数的联合估计，是容错控制中对模型参数或状态进行实时估计的方法[8,9,10]。非线性状态估计问题将在第 5 章详细介绍，这里只列写自适应强跟踪卡尔曼滤波器的表达式。

考虑如下形式的一类离散时间非线性系统

$$\boldsymbol{x}(k+1) = \boldsymbol{f}_d(k,\boldsymbol{u}(k),\boldsymbol{x}(k)) + \boldsymbol{\Gamma}(k)\boldsymbol{v}(k) \tag{4.6.1a}$$

$$\boldsymbol{y}(k+1) = \boldsymbol{h}_d(k+1,\boldsymbol{x}(k+1)) + \boldsymbol{e}(k+1) \tag{4.6.1b}$$

式中：状态向量 $\boldsymbol{x} \in R^n$；输入向量 $\boldsymbol{u} \in R^P$；输出向量 $\boldsymbol{y} \in R^m$，非线性函数 $f_d: R^P \times R^n \to R^n$ 和 $h_d: R^n \to R^m$ 具有关于状态 x 的连续偏导数；过程噪声 $\boldsymbol{v}(k) \in R^q$ 是零均值、方差为 $Q(k)$ 的高斯白噪声；量测噪声 $\boldsymbol{e}(k) \in R^m$ 是零均值、方差为 $\boldsymbol{R}(k)$ 的高斯白噪声；$\Gamma(k)$ 是已知的适当维数的矩阵；$\boldsymbol{v}(k)$ 和 $\boldsymbol{e}(k)$ 是统计独立的。

首先定义强跟踪的概念。假设一个滤波器与通常的滤波器相比，具有以下优良的特性：

(1) 较强的关于模型不确定性的鲁棒性；

(2) 较强的关于突变状态的跟踪能力，甚至在系统达平稳状态时，仍保持对缓变状态或突变状态的跟踪能力；

(3) 适中的计算复杂性。

那么，这种滤波器称为强跟踪滤波器（*Strong Tracking Filter – STF*）。

强跟踪滤波器的一般结构为

$$\boldsymbol{\gamma}(k+1) = \boldsymbol{y}(k+1) - h_d[k+1,\hat{\boldsymbol{x}}(k+1 \mid k)] \tag{4.6.2}$$

$$\hat{\boldsymbol{x}}(k+1 \mid k+1) = \hat{\boldsymbol{x}}(k+1 \mid k) + \boldsymbol{K}(k+1)\boldsymbol{\gamma}(k+1) \tag{4.6.3}$$

强跟踪滤波器在线确定时变增益阵 $\boldsymbol{K}(k+1)$，不仅使估计误差的协方差阵为最小，

而且它使不同时刻的残差序列处处保持相互正交,即

$$E[\boldsymbol{x}(k+1)-\hat{\boldsymbol{x}}(k+1 \mid k+1)][\boldsymbol{x}(k+1)-\hat{\boldsymbol{x}}(k+1 \mid k+1)]^{\mathrm{T}}=\min \tag{4.6.4}$$

$$E[\boldsymbol{\gamma}(k+1+j)\boldsymbol{\gamma}^{\mathrm{T}}(k+1)]=0(k=0,1,2\cdots,j=1,2,\cdots) \tag{4.6.5}$$

求得满足式(4.6.4)和式(4.6.5)的可调增益阵 $\boldsymbol{K}(k+1)$,就得到了强跟踪滤波算法。带次优渐消因子的强跟踪滤波器,采用时变的渐消因子对过去的数据渐消,通过实时调整状态预报误差的方差阵以及相应的增益阵,来减弱老数据对当前滤波值的影响。带有多重次优渐消因子的一步算法为

$$\begin{aligned}\boldsymbol{P}(k+1 \mid k)=&\boldsymbol{\Lambda}(k+1)\boldsymbol{F}[k,\boldsymbol{u}(k),\hat{\boldsymbol{x}}(k \mid k)]\\&\boldsymbol{P}(k \mid k)\boldsymbol{F}^{\mathrm{T}}(k,\boldsymbol{u}(k),\hat{\boldsymbol{x}}(k \mid k))+\boldsymbol{\Gamma}(k)\boldsymbol{Q}(k)\boldsymbol{\Gamma}^{\mathrm{T}}(k)\end{aligned} \tag{4.6.6}$$

$$\boldsymbol{\Lambda}(k+1)=\operatorname{diag}\{\lambda_1(k+1),\lambda_2(k+1),\cdots,\lambda_n(k+1)\} \tag{4.6.7}$$

$$\lambda i=\begin{cases}\alpha_i\eta(k+1)(\alpha_i\eta(k+1)>1)\\1(\alpha_i\eta(k+1)\leqslant 1)\end{cases} \tag{4.6.8}$$

$$\eta(k+1)=\frac{\operatorname{tr}[\boldsymbol{N}(k+1)]}{\sum_{i=1}^{n}\alpha_i\boldsymbol{M}_{ii}(k+1)} \tag{4.6.9}$$

$$\begin{aligned}\boldsymbol{M}(k+1)=&F[k,u(k),\hat{\boldsymbol{x}}(k \mid k)]\boldsymbol{P}(k \mid k)\boldsymbol{F}^{\mathrm{T}}[k,\boldsymbol{u}(k),\hat{\boldsymbol{x}}(k \mid k)]\\&\boldsymbol{H}^{\mathrm{T}}[k+1,\boldsymbol{x}(k+1 \mid k)]\boldsymbol{H}[k+1,\boldsymbol{x}(k+1 \mid k)]=\boldsymbol{M}_{ij}\end{aligned} \tag{4.6.10}$$

$$\begin{aligned}\boldsymbol{N}(k+1)=&\boldsymbol{V}_0(k+1)-\beta\boldsymbol{R}(k+1)-\boldsymbol{H}[k+1,\boldsymbol{x}(k+1 \mid k)]\\&\boldsymbol{\Gamma}(k)\boldsymbol{Q}(k)\boldsymbol{\Gamma}^{\mathrm{T}}(k)\boldsymbol{H}[k+1,\boldsymbol{x}(k+1 \mid k)]\end{aligned} \tag{4.6.11}$$

$$\boldsymbol{V}_0(k+1)=\begin{cases}\boldsymbol{\gamma}(1)\boldsymbol{\gamma}^{\mathrm{T}}(1) & (k=0)\\\dfrac{[\rho\boldsymbol{V}_0(k)+\boldsymbol{\gamma}(k+1)\boldsymbol{\gamma}^{\mathrm{T}}(k+1)]}{1+\rho} & (k\geqslant 1)\end{cases} \tag{4.6.12}$$

式中:$\beta\geqslant 1$ 是一个需给定的弱化因子,ρ 是遗忘因子;$\alpha_i\geqslant 1(i=1,2\cdots,n)$ 均为预先选定的系数。增益阵和状态估计误差协方差阵为

$$\begin{aligned}\boldsymbol{K}(k+1)=&\boldsymbol{P}(k+1 \mid k)\boldsymbol{H}^{\mathrm{T}}[k+1,\hat{\boldsymbol{x}}(k+1 \mid k)]\\&\{P(k+1 \mid k)\boldsymbol{H}[k+1,\hat{\boldsymbol{x}}(k+1 \mid k)]\boldsymbol{H}^{\mathrm{T}}(k+1,\hat{\boldsymbol{x}}(k+1 \mid k)]+\boldsymbol{R}(k)\}^{-1}\end{aligned} \tag{4.6.13}$$

$$\boldsymbol{P}(k+1 \mid k+1)=\{\boldsymbol{I}-\boldsymbol{K}(k+1)\boldsymbol{H}[k+1,\boldsymbol{x}(k+1 \mid k)]\}\boldsymbol{P}(k+1 \mid k) \tag{4.6.14}$$

上述各式中

$$\boldsymbol{F}[k,\boldsymbol{u}(k),\hat{\boldsymbol{x}}(k \mid k)]=\left.\frac{\partial\boldsymbol{f}_d[k,\boldsymbol{u}(k),\boldsymbol{x}(k)]}{\partial x}\right|x=\hat{\boldsymbol{x}}(k \mid k) \tag{4.6.15}$$

$$H[k+1,\hat{\boldsymbol{x}}(k+1 \mid k)(k+1 \mid k)]=\left.\frac{\partial\boldsymbol{h}_d[k,\boldsymbol{u}(k),\boldsymbol{x}(k)]}{\partial x}\right|x=\hat{\boldsymbol{x}}(k+1 \mid k) \tag{4.6.16}$$

此次优算法非常适合于在线计算。当由先验知识得知状态 $\boldsymbol{X}(k+1)$ 某分量易于突变时,可相应地增大渐消因子 $\boldsymbol{\lambda}_i(k+1)$ 的比例系数 α_i,当无任何系统的先验知识时,可取

$\alpha_i = 1$。β 可根据滤波效果进行选取。

4.7　GPS/INS 组合导航系统自适应滤波

3.8 节中采用传统卡尔曼滤波器(CKF)建立了一种 INS/GPS 组合导航系统。标准卡尔曼滤波器(SKF)需精确了解外部量测噪声的统计规律,但在实际中,由于可见卫星数目、多路径效应和仪器内部的量测噪声等多种因素的影响,GPS 的量测噪声会发生变化,SKF 由于无法对上述的变化进行检测和调整,将出现严重的估计偏差。在此采取 4.4 节中介绍的在线新息自适应调整卡尔曼增益阵的方法。可以通过实际新息的测量计算直接实现修正卡尔曼滤波器增益,提高了在 GPS 测量发生较大变化时卡尔曼滤波器的精度和鲁棒性[17]。

所建立的 INS/GPS 组合导航系统模型可参考 3.8 节,滤波递推过程的推导可参见 4.4节。

4.7.1　IAE 自适应卡尔曼滤波数字验证

INS/GPS 组合导航的仿真和试验表明,相对于常规卡尔曼滤波器,所提出的方法可以较好解决 GPS 量测噪声的不稳定变化造成的组合系统卡尔曼滤波器性能下降问题,提高系统精度和抗干扰能力。

仿真过程如下:首先根据船用 GINS 建立系统误差模型[16],得到 INS 的误差仿真数据;建立采取 GPS 外信息补偿的 INS 误差的卡尔曼滤波器。根据实际试验数据方差变化强度,构造量测噪声发生较大变动的 GPS 误差测量数据;依据 GPS 测量数据和惯导误差数据,分别采取 IAE 自适应卡尔曼滤波器(IAE-AKF)和常规卡尔曼滤波器(CKF)对系统进行仿真分析,验证方法的精度和鲁棒性,仿真条件如下。舰船航向 $\psi = 45°$,$\theta = 1°$,$\gamma = 1°$,$V_e = V_n = 5\text{m/s}$,$\varphi = 30°$。INS 参数如下:$\phi_e = \phi_n = 2'$,$\phi_u = 5'$,$\nabla_e = \nabla_n = 1 \times 10^{-5} g$,$\delta_{\varphi 0} = \delta_{\lambda 0} = 0.05''$,$\delta_{V_e} = \delta_{V_n} = 0.1\text{m/s}$,$\varepsilon_e = \varepsilon_n = \varepsilon_u = 1 \times 10^{-3}°/\text{h}$。INS 噪声方差($\boldsymbol{Q}_{\text{INS}}$)为:$\delta^2_{\nabla_e} = \delta^2_{\nabla_n} = (1 \times 10^{-5} g)^2$,$\delta^2 \varepsilon_e \delta^2 \varepsilon_n \delta^2 \varepsilon_u = (5 \times 10^{-4}°/\text{h})^2$。GPS 量测噪声方差($\boldsymbol{R}_{\text{GPS}}$)为 $\delta^2_\alpha (3')^2$,$\delta^2_\chi (30'')^2$,$\delta^2_{\varphi_G} \delta^2_{\lambda_G} = (0.01'')^2$,$\delta^2_{V_e} \delta^2_{V_n} = (0.2\text{m/s})^2$。

为观测系统对外部 GPS 量测抗干扰的效果,仿真时间为 3600s,采样时间 1s。GPS 观测噪声在仿真过程先后选择三种不同强度的量测噪声,依次取 $1\boldsymbol{R}_{\text{GPS}}$、$9\boldsymbol{R}_{\text{GPS}}$、$4\boldsymbol{R}_{\text{GPS}}$ 3 种,即 GPS 正常工作 20min 后,误差变为原来的 3 倍,经历 20min 后变回原来的 2 倍。这一设定在某种程度上是对原有系统状态的一种恶化情况处理,需要指出的是,可以对上述误差设定采取其他的数值,以此测试算法的效果。常规卡尔曼滤波器始终采取预先设定的系统噪声,计算 INS 的各项误差;改进的自适应卡尔曼滤器则在常规卡尔曼滤波器的基础上,工作 100s 之后,切换到新息自适应控制阶段;采取有限记忆的滑动新息方差(数据窗口大小 $N = 20$),进行改进卡尔曼增益 $\boldsymbol{K}$ 的计算。采取蒙特卡罗仿真方法,进行 20 次仿真统计,仿真曲线如图 4-3 所示。图中灰线为常规 KF 滤波器 INS 误差估计效果,黑线为改进的 KF 滤波器 INS 误差估计效果。图 4-3 依次为 INS 纬度误差、经度误差、东向速度误差、北向速度误差、平台方位失准角、东向失准角估计误差、INS 平台北向失准角、东向/北向加速度计、东向/北向/方位陀螺常漂估计误差。

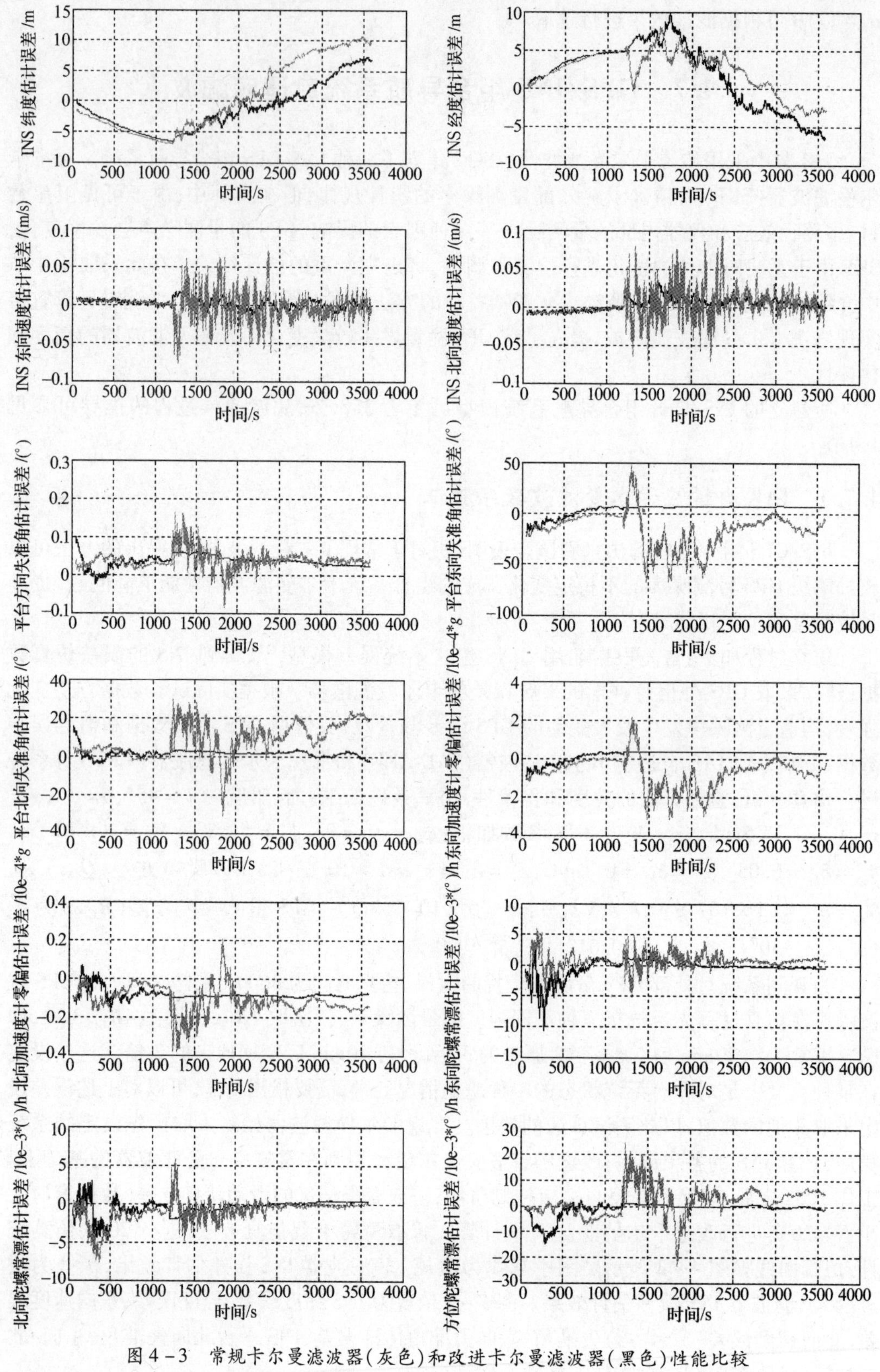

图 4-3　常规卡尔曼滤波器(灰色)和改进卡尔曼滤波器(黑色)性能比较

常规的卡尔曼滤波器在 GPS 量测噪声发生变化时，由于量测噪声阵 $\boldsymbol{R}$ 没有得到相应更新，所以滤波器的估计能力受到较大影响，滤波器输出的位置误差、速度误差、平台失准角以及元件误差等各参数均出现较大波动偏差；当量测噪声变化减弱时，常规卡尔曼滤波器的估计效果有适当恢复，但仍有较大波动。同样条件下，IAE 自适应卡尔曼滤波器由于可以通过实时估计新息方差逼近外部实际噪声，故受外部噪声影响很小，滤波器体现出较高的精度和抗干扰性。当外部量测噪声变大时，通过对新息计算，滤波器实际上自适应调整放大了滤波器 $\boldsymbol{R}$ 值，使增益 $\boldsymbol{K}$ 自动取小，以减弱量测噪声对滤波值的影响。

4.7.2　静态试验验证

采用静态试验验证上述自适应算法。静态试验在船厂船坞中进行，采取光学仪器测量船只的真实姿态和位置，对 INS 和 GPS 的安装误差进行补偿后，采用计算机记录 INS 和 GPS 系统输出的时间、位置、速度和姿态信息，同时记录 GPS 系统的各工作状态。图4－4和图4－5分别是显示记录的主要静态测量数据。同步测量精度小于 1ms。图4－4是一组采集的 INS 和 GPS 试验数据。如图4－4所示，INS 纬度误差随时间发散，遵循舒勒周期；与 INS 不同，GPS 位置数据长时间稳定，精度为 10.94m(1σ)；同时 GPS 的航向和纵摇精度分别为 0.028°(1σ) 和 0.052°(1σ)。卫星数目的变化、卫星信号质量和多路径效应的变化将造成 GPS 测量误差的变化。图4－5为变化的 PDOP 值，当 PDOP 值大于3(如 800s～1100s)，GPS 信号质量将变差。如图4－5(f)为 GPS 变化的基线长度，由于基线长度的测量精度与 GPS 姿态测量精度密切相关，当基线输出不稳定时(如 800s～2500s)，GPS 的姿态信息将出现明显的误差。表4－1给出了试验中不同阶段 GPS 航向误差变化的统计噪声。

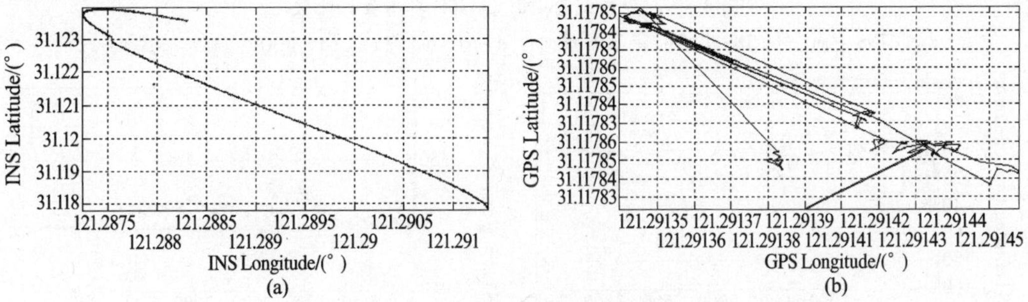

图4－4　INS 和 GPS 位置误差统计

(a) INS 位置误差；(b) GPS 位置误差。

表4－2列出了显示 CKF 采取两种不同的方法来分析验证估计的性能。如图4－6所示，CKF 对外部的误差变化十分敏感，当外部噪声出现不稳定的变化时(如图中 1000s 时刻)，CKF 的性能下降得很快，并变得很不稳定。特别是 800s～2400s 时，INS 的航向和纵摇估计误差出现了较大的误差，分别为 1.2°和 0.4°。考虑到 INS 自身具备的精度，CKF 实际上已经失去了估计的作用。同样条件下，IAE-AKF 体现了较为稳定的估计精度。由图中的实曲线，可以看到 IAE-AKF 的误差变化平缓，没有较大的波动。滤波器在 GPS 出现测量噪声变化时，体现出较好的稳定性，对 INS 误差进行了有效的估计。分析其他各组静态试验，可以获得类似的分析结果。

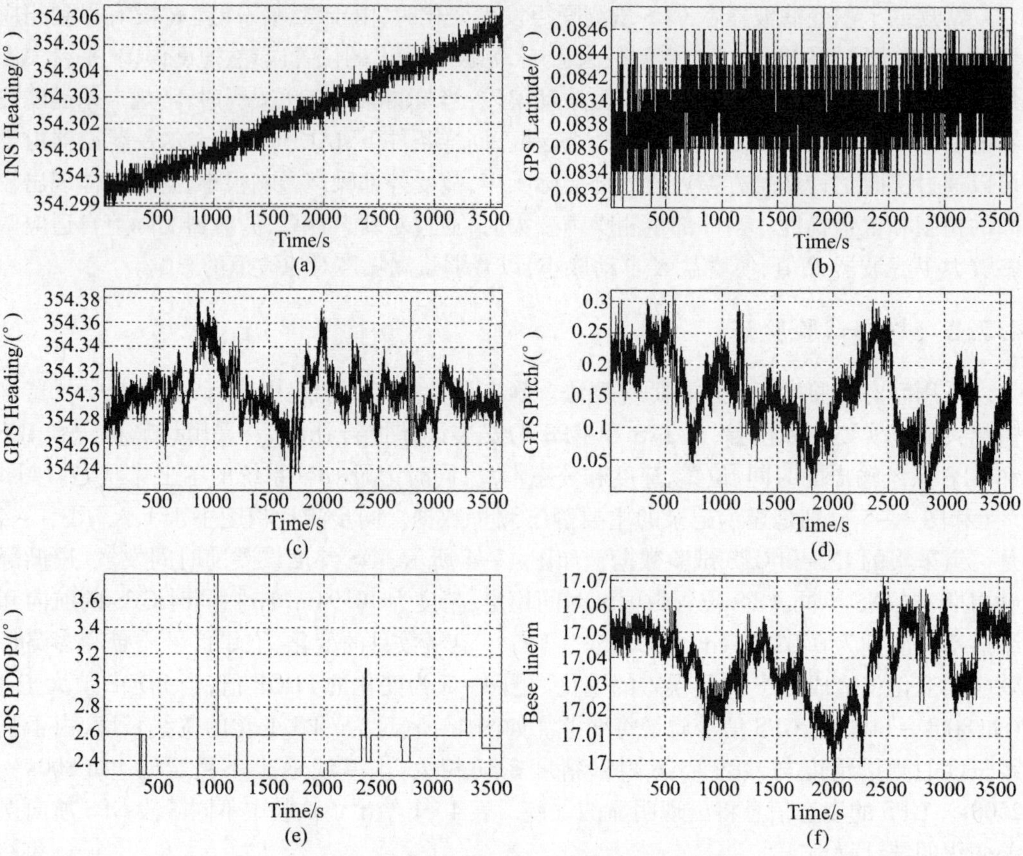

图 4-5　静态试验 INS 和 GPS 姿态数据比较

(a) INS 航向；(b) INS 纵摇；(c) GPS 航向；(d) GPS 纵摇；(e) GPS PDOP；(f) GPS 基线。

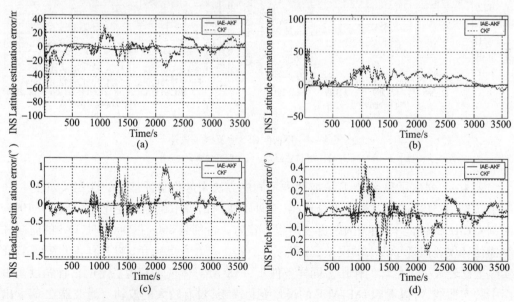

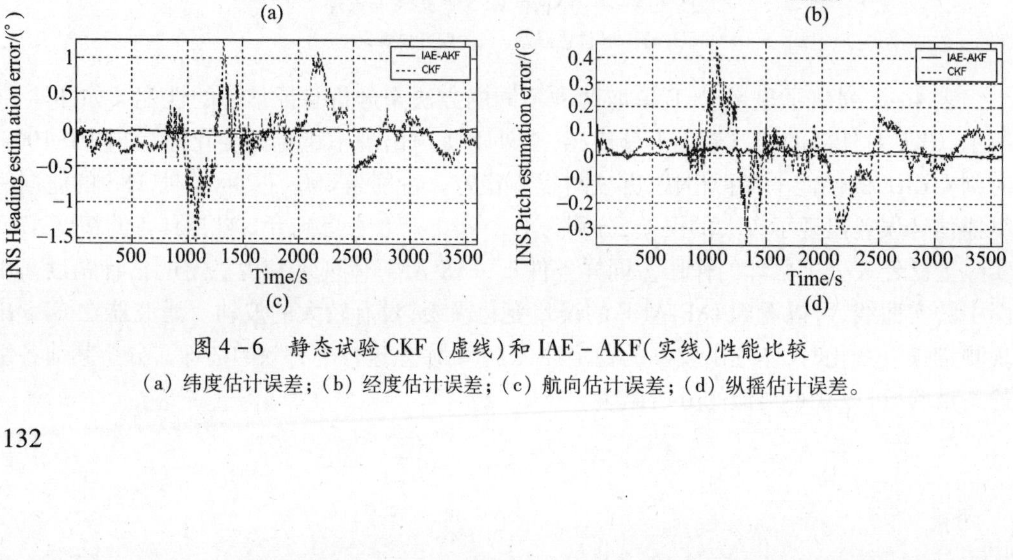

图 4-6　静态试验 CKF（虚线）和 IAE-AKF（实线）性能比较

(a) 纬度估计误差；(b) 经度估计误差；(c) 航向估计误差；(d) 纵摇估计误差。

表4-1　试验中GPS航向噪声统计

时间变化范围	0s~800s	800s~1600s	1600s~2400s	2400s~3600s
航向角误差/(°)	0.0146	0.0314	0.0342	0.0155
基准线误差/m	0.0065	0.0096	0.0118	0.0098

表4-2　IAE-AKF与CKF的INS统计误差比较

算　法	滤波器对INS误差的估计精度(STD)			
	纬度/m	经度/m	航向角/(°)	纵摇角/(°)
IAE-AKF	3.05	2.88	0.015	0.011
CKF	36.77	34.36	0.24	0.15

本章小结

从本章起,如何有效解决卡尔曼滤波器的发散问题将成为我们讨论组合导航状态估计问题的焦点。本章通过一个实际的例子,系统地分析和说明了卡尔曼滤波器发散的原因。本章的核心内容是从多个方面介绍目前抑制发散的主要卡尔曼滤波技术。首先介绍的是常用的衰减记忆滤波算法和限定记忆滤波算法。之后深入分析了卡尔曼滤波器的新息序列特征,给出采取新息方式列写的卡尔曼滤波递推公式;并在此基础上,从新息方差估计滤波和多模型估计自适应滤波两类热点方法介绍了目前自适应卡尔曼滤波技术,其中新息方差估计滤波的介绍篇幅和内容较多。4.6节对目前国内比较关注的强跟踪自适应卡尔曼滤波算法也进行了必要的介绍。采取的算例同样基于第3章的INS/GPS组合导航系统,分别采取数学仿真和实际的静态试验验证了所采取的自适应卡尔曼滤波算法。上述内容可以帮助读者针对实际组合导航系统,掌握建立实用的自适应卡尔曼滤波算法的基本方法。

参考文献

[1]　胡国荣,等. 改进的高动态GPS定位自适应Kalman滤波方法. 测绘学报,1999.

[2]　Hide C, Moore T, Smith M. Adaptive Kalman Filtering Algorithms for Adaptive Deceonvolution of Seismic Data. IEEEETrans. Geoscience and remote sensing,1983.

[3]　Guanrong Chen. Interval Kalman Filtering. IEEE Transaction on Aerospace and Electronic Systems, col33 NO. 1, January 1997.

[4]　张常云. 自适应滤波方法研究. 航空学报,1998,19(7):96-99.

[5]　房建成. GPS动态定位的强跟踪Kalman滤波研究. 东南大学学报,1997,(5).

[6]　Wang Bin, Wang Jian, Wu Jianping, etal. Study on Adaptive GPS/INS Integration System. 2003 IEEE Proceedings onIntelligent Transportation Systems, Volume 2:1016-1021.

[7]　Magill D T. Optimal Adaptive Estimation of Sampled Stochastic Process. IEEE Trans. Automatic Control, AC-10(4): 434-449,1965.

[8]　徐安,寇英信,王琳,等. 强跟踪自适应滤波器实现机动目标的精确跟踪. 电光控制,2008,15(10).

[9]　段战胜,韩崇昭. 一种强跟踪自适应状态估计器及其仿真研究. 系统仿真学报,2004,16(5).

[10]　周东华,王庆林. 有色噪声干扰的非线性系统强跟踪滤波. 北京理工大学学报,1997,17(3).

[11] 卞鸿巍,金志华,王俊璞,等.组合导航系统新息自适应 Kalman 滤波算法.上海交通大学学报,2006,40(6).

[12] Bian Hong Wei, Jin Zhihua, Tian Weifeng. Study on GPS attitude determination system aided INS using adaptive Kalman filter. Measurement Science and Technology, 2005, 16:1 - 8.

[13] 付梦印,邓志红,张继伟.Kalman 滤波技术理论及其在导航中的应用.北京:科学出版社,2003.

[14] Loebis D, Sutton R, Chudley J, et al. Adaptive tuning of a Kalman filtering via fuzzy logic for an intelligent AUV navigation system. Control Engineering Practice, 2004, 12(12):1531 - 1539.

[15] 王志贤.最优状态估计与系统辨识.西安:西北工业大学出版社,2004.

[16] 杨艳娟,卞鸿巍,田蔚风,等.一种新的 INS/GPS 组合导航技术.中国惯性技术学报,2004,12(4).

[17] 卞鸿巍,杨艳娟,金志华.基于 GPS 姿态测量系统的综合导航系统研究.弹箭与制导学报,2003,23(3):23 - 26.

第5章　非线性系统状态估计及其应用

前面的章节对线性系统状态估计的基本方法进行阐述与分析。本章将重点介绍非线性系统状态估计方法及实现原理。

理论证明，当随机系统符合“线性”、“状态和噪声符合高斯分布”两个前提条件时，卡尔曼滤波是最优估计（递推线性最小方差估计），是解决滤波问题的最佳选择[1]。但是，在实际问题中，非线性到处存在。严格地说，线性只是理想化的结果，一切的实际系统都存在一定非线性。此外，在许多实际问题中，状态和噪声符合高斯分布这一条件也常常无法得到满足[2]。因此，本章针对“非线性高斯”和“非线性非高斯”两类问题，介绍了扩展卡尔曼滤波（Extended Kalman Filter，EKF）、无迹卡尔曼滤波（Unscented Kalman Filter，UKF）和粒子滤波[4]（Particle Filter，PF）的基本原理和实现方法。

5.1　非线性系统基本概念

对于线性和非线性的概念我们并不陌生，从函数角度考虑，我们一般有这样的直观认识：如图5－1所示为线性函数，如图5－2所示为非线性函数。

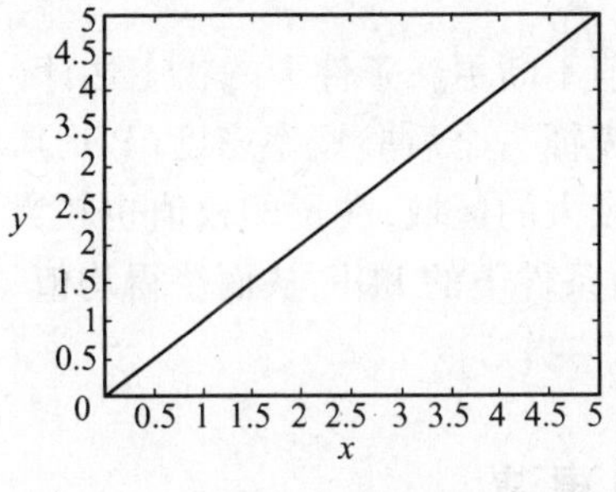

图5－1　线性函数

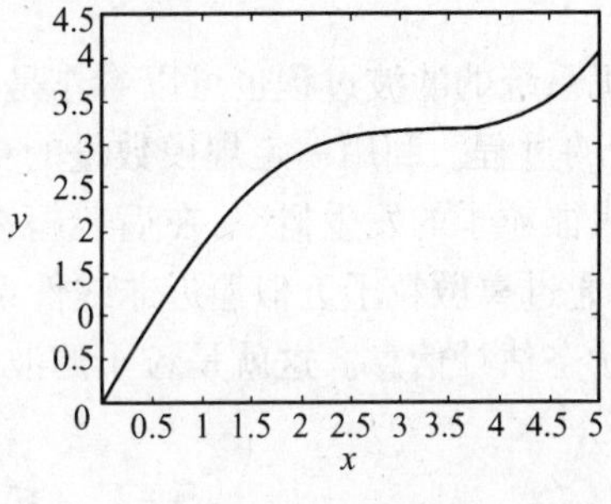

图5－2　非线性函数

从系统的角度考虑，对于任意系统，设输入激励为 x，系统响应为 $y=f(x)$，如图5－3所示。

图5－3　系统简单模型

当系统满足以“齐次性”和“可加性”关系时，则该系统为线性系统：

（1）齐次性。设任意常数 k，有 $xy=f(kx)$。

（2）可加性。两个响应输出之和等于两个输入之和，即：若 $y_1=f(x_1)$，$y_2=f(x_2)$，则 $y_1+y_2=f(x_1+x_2)$。

当系统不满足以上关系时，系统称为非线性系统。

例如,在线性条件下,适合于卡尔曼滤波的某一组状态方程和量测方程采用如下形式:

$$x_k = 25x_{k-1} + w_{k-1}$$

$$y_k = 10x_k + v_k$$

式中:x_k 是 k 时刻的状态,w_{k-1} 是 $k-1$ 时刻的系统噪声;y_k 是 k 时刻的观测量;v_k 是 k 时刻的量测噪声。

只要系统的状态方程或量测方程中任意一个是非线性的,线性卡尔曼滤波就不再适用,如:

$$x_k = 25x_{k-1}^{\ 2} + w_{k-1}$$

$$y_k = 10x_k + v_k$$

即使系统初始状态和噪声均为高斯分布,由于系统的非线性,系统的状态和输出也不再满足高斯分布,原卡尔曼线性递推方程不再有效,因此该系统需要采用非线性的滤波方法。

近年来,人们十分重视非线性滤波理论的研究。概括起来,主要有非线性卡尔曼滤波、粒子滤波和基于智能算法(神经网络、遗传算法、小波理论等)的非线性滤波等。

传统卡尔曼滤波针对线性问题具有很好的滤波估计效果。在实际应用当中,非线性系统可以通过一定的技术方法转换(线性化、UT 变换等),从而可以继续使用传统的卡尔曼滤波,由此产生了线性化卡尔曼滤波、扩展卡尔曼滤波、无迹卡尔曼滤波等非线性滤波新技术。

随机系统的滤波过程也可以看作是一个在测量值不断更新条件下的状态估计(贝叶斯估计)的过程。利用一定规模数量的粒子(x_i,w_i)表征一个后验概率密度(PDF),粒子的权值表征粒子的发生概率,在后验概率密度 PDF 较大的区域,粒子的权值也较大。因此,可以通过离散粒子近似逼近非线性系统在测量值条件下的 PDF,从而获得均值、方差等所需状态估计信息。这就是粒子滤波的基本原理。

5.2 扩展卡尔曼滤波

非线性系统卡尔曼滤波的基本思想是"非线性系统线性化"。我们知道,泰勒(Taylor)级数展开是一种常见的线性化方法,在理论和工程实际中应用十分广泛。围绕某些局部点展开为一阶泰勒级数形式,即可实现非线性系统的局部线性化。根据这些局部点的不同,非线性系统的卡尔曼滤波可分为围绕标称状态线性化的卡尔曼滤波和围绕最优状态估计线性化的卡尔曼滤波两种。下面在 5.2.1 节和 5.2.2 节中分别予以阐述。

5.2.1 围绕标称状态线性化的卡尔曼滤波方程

1. 离散型线性化卡尔曼滤波方程

任意可导非线性函数 $f(x)$ 在点 x_0 处的泰勒展开式为

$$f(x) = f(x_0) + f'(x_0)(x - x_0) + f''(x_0)/2!(x - x_0)^2 + \cdots + f(n)/n!(x_0)^n + \cdots$$

舍去2阶以上高次微分，即$f(x) - f(x_0) \approx f'(x_0)(x - x_0)$，显然在局部点$x_0$处实现了线性化近似。当然，该线性化的必要前提是$x - x_0$应足够小。

这样做的直观几何意义就是在某局部点x_0小邻域内，以该点的切线近似代替通过该点的曲线方程，从而实现局部线性化，如图5-4所示。

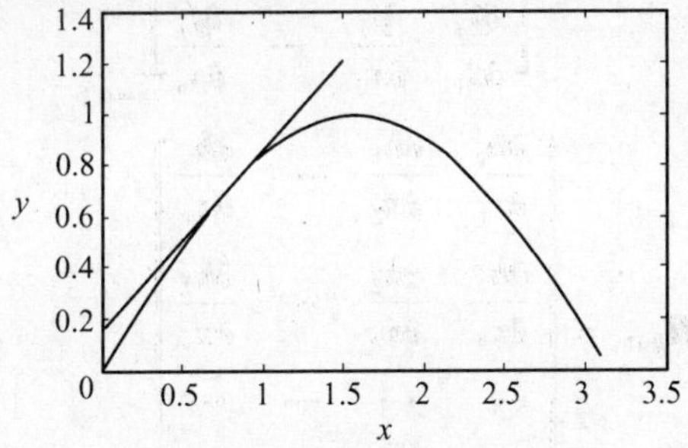

图5-4 在切点附近的线性化

离散条件下系统状态方程和量测方程的非线性模型为

$$\boldsymbol{x}_{k+1} = f(\boldsymbol{x}_k) + \boldsymbol{w}_k \tag{5.2.1}$$

$$\boldsymbol{z}_{k+1} = h(\boldsymbol{x}_{k+1}) + \boldsymbol{v}_{k+1} \tag{5.2.2}$$

方程(5.2.1)和方程(5.2.2)的解$\boldsymbol{x}_k$、$\boldsymbol{z}_k$称为真实解或“真状态”。

当系统噪声$\boldsymbol{w}_k$、量测噪声$\boldsymbol{v}_k$为零时，方程(5.2.1)和方程(5.2.2)表示为

$$\boldsymbol{x}_{k+1} = f(\boldsymbol{x}_k) \tag{5.2.3}$$

$$\boldsymbol{z}_{k+1} = h(\boldsymbol{x}_{k+1}) \tag{5.2.4}$$

方程(5.2.3)和方程(5.2.4)的解$\boldsymbol{x}_{k+1}^*$、$\boldsymbol{z}_{k+1}^*$称为理论解或“标称状态”。

设“真状态”与“标称状态”之差为

$$\begin{cases} \Delta\boldsymbol{x}_{k+1} = \boldsymbol{x}_{k+1} - \boldsymbol{x}_{k+1}^* \\ \Delta\boldsymbol{z}_{k+1} = \boldsymbol{z}_{k+1} - \boldsymbol{z}_{k+1}^* \end{cases} \tag{5.2.5}$$

当“真状态”与“标称状态”之差足够小时，便可以将系统方程和量测方程围绕“标称状态”展开为一阶泰勒级数，式(5.2.1)变为

$$\boldsymbol{x}_{k+1} - \boldsymbol{x}_{k+1}^* = \left.\frac{\partial f(\boldsymbol{x}_k)}{\partial \boldsymbol{x}_k}\right|_{\boldsymbol{x}_k^*} \cdot (\boldsymbol{x}_k - \boldsymbol{x}^*) + \boldsymbol{w}_k \tag{5.2.6}$$

$$\boldsymbol{z}_{k+1} - \boldsymbol{z}_{k+1}^* = \left.\frac{\partial h(\boldsymbol{x}_{k+1})}{\partial \boldsymbol{x}_{k+1}}\right|_{\boldsymbol{x}_{k+1}^*} \cdot (\boldsymbol{x}_{k+1} - \boldsymbol{x}_{k+1}^*) + \boldsymbol{v}_{k+1} \tag{5.2.7}$$

令$\boldsymbol{F}_{k+1,k} = \left.\frac{\partial f(\boldsymbol{x}_k)}{\partial \boldsymbol{x}_k}\right|_{\boldsymbol{x}_k^*}$，$\boldsymbol{H}_{k+1} = \left.\frac{\partial h(\boldsymbol{x}_{k+1})}{\partial \boldsymbol{x}_{k+1}}\right|_{\boldsymbol{x}_{k+1}^*}$，系统噪声协方差为$\boldsymbol{Q}_{k+1}$，量测噪声协方差为$\boldsymbol{R}_{k+1}$。

当系统状态向量为n维变量，量测向量$\boldsymbol{z}_{k+1}$为m维变量时，雅可比矩阵$\boldsymbol{F}_{k+1}$、$\boldsymbol{H}_{k+1}$的一般表达式为

$$
\boldsymbol{F}_{k+1,k}=\begin{bmatrix}\dfrac{\partial f_1}{\partial x_1} & \dfrac{\partial f_1}{\partial x_2} & \cdots & \dfrac{\partial f_1}{\partial x_n}\\ \dfrac{\partial f_2}{\partial x_1} & \dfrac{\partial f_2}{\partial x_2} & \cdots & \dfrac{\partial f_2}{\partial x_n}\\ \cdots & \cdots & \cdots & \cdots\\ \dfrac{\partial f_n}{\partial x_1} & \dfrac{\partial f_n}{\partial x_2} & \cdots & \dfrac{\partial f_n}{\partial x_n}\end{bmatrix}_{x=\boldsymbol{x}_k^*} \tag{5.2.8}
$$

$$
\boldsymbol{H}_{k+1}=\begin{bmatrix}\dfrac{\partial h_1}{\partial x_1} & \dfrac{\partial h_1}{\partial x_2} & \cdots & \dfrac{\partial h_1}{\partial x_n}\\ \dfrac{\partial h_2}{\partial x_1} & \dfrac{\partial h_2}{\partial x_2} & \cdots & \dfrac{\partial h_2}{\partial x_n}\\ \cdots & \cdots & \cdots & \cdots\\ \dfrac{\partial h_m}{\partial x_1} & \dfrac{\partial h_m}{\partial x_2} & \cdots & \dfrac{\partial h_m}{\partial x_n}\end{bmatrix}_{x=\boldsymbol{x}_{k+1}^*} \tag{5.2.9}
$$

经线性化求取雅可比矩阵后,离散型线性化卡尔曼滤波基本方程的 7 个滤波方程如下:

(1) 状态差一步预测为

$$\Delta\hat{\boldsymbol{x}}_{k+1,k}=\boldsymbol{F}_{k+1,k}\Delta\hat{\boldsymbol{x}}_k \tag{5.2.10a}$$

(2) 均方误差一步预测为

$$\boldsymbol{P}_{k+1,k}=\boldsymbol{F}_{k+1,k}\boldsymbol{P}_k\boldsymbol{F}_{k+1,k}^{\mathrm{T}}+\boldsymbol{Q}_k \tag{5.2.10b}$$

(3) 滤波增益为

$$\boldsymbol{K}_{k+1}=\boldsymbol{P}_{k+1,k}\boldsymbol{H}_{k+1}^{\mathrm{T}}(\boldsymbol{H}_{k+1}\boldsymbol{P}_{k+1,k}\boldsymbol{H}_{k+1}^{\mathrm{T}}+\boldsymbol{R}_{k+1})^{-1} \tag{5.2.10c}$$

(4) 状态差估计为

$$\Delta\hat{\boldsymbol{x}}_{k+1}=\Delta\hat{\boldsymbol{x}}_{k+1,k}+\boldsymbol{K}_{k+1}(\Delta\boldsymbol{Z}_{k+1}-\boldsymbol{H}_{k+1}\Delta\hat{\boldsymbol{x}}_{k+1,k}) \tag{5.2.10d}$$

(5) 均方误差估计为

$$\boldsymbol{P}_{k+1}=(\boldsymbol{I}-\boldsymbol{K}_{k+1}\boldsymbol{H}_{k+1})\boldsymbol{P}_{k+1,k}(\boldsymbol{I}-\boldsymbol{K}_{k+1}\boldsymbol{H}_{k+1})^{\mathrm{T}}+\boldsymbol{K}_{k+1}\boldsymbol{R}_{k+1}\boldsymbol{K}_{k+1}^{\mathrm{T}} \tag{5.2.10e}$$

(6)“标称状态”更新为

$$\boldsymbol{x}_{k+1}^*=f(\boldsymbol{x}_k^*) \tag{5.2.10f}$$

(7)“真状态”估计:

$$\hat{\boldsymbol{x}}_{k+1}=\boldsymbol{x}_{k+1}^*+\Delta\hat{\boldsymbol{x}}_{k+1} \tag{5.2.10g}$$

2. 连续型线性化卡尔曼滤波方程

连续条件系统状态方程和量测方程的非线性模型为

$$\dot{\boldsymbol{x}}(t)=f[\boldsymbol{x}(t)]+\boldsymbol{w}(t) \tag{5.2.11}$$

$$\boldsymbol{z}(t)=h[\boldsymbol{x}(t)]+\boldsymbol{v}(t) \tag{5.2.12}$$

与离散型情况类似,方程(5.2.11)和方程(5.2.12)的解称为真实解或“真状态”,当系统噪声 $\boldsymbol{w}(t)$ 和量测噪声 $\boldsymbol{v}(t)$ 均为 **0** 时,方程(5.2.11)和方程(5.2.12)的解称为理论解或“标称状态”。

设“真状态”与“标称状态”之差为

$$\Delta \boldsymbol{x}(t) = \boldsymbol{x}(t) - \boldsymbol{x}^*(t)$$

$$\Delta \boldsymbol{z}(t) = \boldsymbol{z}(t) - \boldsymbol{z}^*(t)$$

当“真状态”与“标称状态”之差足够小时，便可以将系统方程和量测方程围绕“标称状态”展开为一阶泰勒级数，方程(5.2.11)和方程(5.2.12)变为

$$\dot{\boldsymbol{x}}(t) - \dot{\boldsymbol{x}}^*(t) = \left.\frac{\partial f}{\partial x}\right|_{\boldsymbol{x}(t)=\boldsymbol{x}^*(t)} [\boldsymbol{x}(t) - \boldsymbol{x}^*(t)] + \boldsymbol{w}(t)$$

$$\boldsymbol{z}(t) - \boldsymbol{z}^*(t) = \left.\frac{\partial h}{\partial x}\right|_{\boldsymbol{x}(t)=\boldsymbol{x}^*(t)} [\boldsymbol{x}(t) - \boldsymbol{x}^*(t)] + \boldsymbol{v}(t)$$

令$\boldsymbol{F}(t) = \left.\dfrac{\partial h[\boldsymbol{x}(t)]}{\partial \boldsymbol{x}(t)}\right|_{\boldsymbol{x}^*(t)}$，$\boldsymbol{H}(t) = \left.\dfrac{\partial h[\boldsymbol{x}(t)]}{\partial \boldsymbol{x}(t)}\right|_{\boldsymbol{x}^*(t)}$，系统噪声协方差为$\boldsymbol{Q}_t$，量测噪声协方差为$\boldsymbol{R}_t$。当系统状态向量$\boldsymbol{x}_{(t)}$为$n$维变量、量测向量$\boldsymbol{z}_{(t)}$为$m$维变量时，雅可比矩阵$\boldsymbol{F}(t)$、$\boldsymbol{H}(t)$的一般表达式为

$$\boldsymbol{F}(t) = \begin{bmatrix} \dfrac{\partial f_1}{\partial x_1} & \dfrac{\partial f_1}{\partial x_2} & \cdots & \dfrac{\partial f_1}{\partial x_n} \\ \dfrac{\partial f_2}{\partial x_1} & \dfrac{\partial f_2}{\partial x_2} & \cdots & \dfrac{\partial f_2}{\partial x_n} \\ \vdots & \vdots & \vdots & \vdots \\ \dfrac{\partial f_n}{\partial x_1} & \dfrac{\partial f_n}{\partial x_2} & \cdots & \dfrac{\partial f_n}{\partial x_n} \end{bmatrix}_{x=\boldsymbol{x}^*(t)}$$

$$\boldsymbol{H}(t) = \begin{bmatrix} \dfrac{\partial h_1}{\partial z_1} & \dfrac{\partial h_1}{\partial z_2} & \cdots & \dfrac{\partial h_1}{\partial z_n} \\ \dfrac{\partial h_2}{\partial z_1} & \dfrac{\partial h_2}{\partial z_2} & \cdots & \dfrac{\partial h_2}{\partial z_n} \\ \vdots & \vdots & \vdots & \vdots \\ \dfrac{\partial h_m}{\partial z_1} & \dfrac{\partial h_m}{\partial z_2} & \cdots & \dfrac{\partial h_m}{\partial z_n} \end{bmatrix}_{z=\boldsymbol{z}^*(t)}$$

经线性化求取雅可比矩阵后，连续型线性化卡尔曼滤波基本方程的5个滤波方程如下：

(1) 滤波增益为

$$\boldsymbol{K}(t) = \boldsymbol{P}(t)\boldsymbol{H}^{\mathrm{T}}(t)\boldsymbol{R}^{-1}(t) \tag{5.2.13a}$$

(2) 状态差估计为

$$\Delta \dot{\hat{\boldsymbol{x}}}(t) = \boldsymbol{F}(t)\Delta \hat{\boldsymbol{x}}(t) + \boldsymbol{K}(t)(\Delta \boldsymbol{Z}(t) - \boldsymbol{H}(t)\Delta \hat{\boldsymbol{x}}(t)) \tag{5.2.13b}$$

(3) 均方误差估计为

$$\dot{\boldsymbol{P}}(t) = \boldsymbol{P}(t)\boldsymbol{F}^{\mathrm{T}}(t) + \boldsymbol{F}(t)\boldsymbol{P}(t) - \boldsymbol{P}(t)\boldsymbol{H}^{\mathrm{T}}(t)\boldsymbol{R}^{-1}(t)\boldsymbol{H}(t)\boldsymbol{P}(t) + \boldsymbol{Q}(t) \tag{5.2.13c}$$

(4) “标称状态”更新为

$$\dot{\boldsymbol{x}}^*(t) = f[\boldsymbol{x}^*(t)] \tag{5.2.13d}$$

(5)“真状态”估计为

$$\hat{\boldsymbol{x}}(t) = \boldsymbol{x}^*(t) + \Delta\hat{\boldsymbol{x}}(t) \tag{5.2.13e}$$

3. 离散型、连续型围绕“标称状态”线性化卡尔曼滤波的对比分析及评价

由上述章节的内容可以比较清晰地看出,无论对于离散型还是连续性,其线性化的基本思路是一致的,即将系统状态方程和观测方程围绕标称状态进行一阶泰勒展开。不同的是,前者采用的是离散型卡尔曼滤波方程,后者采用的是连续型卡尔曼滤波方程。由于在线性化卡尔曼滤波方程中估计的是“真状态”与“标称状态”之差,因此在卡尔曼基本滤波方程(离散型有5个,连续型有3个)的基础上再增加一个“标称状态”更新和一个“真状态”估计方程。

在围绕“标称状态”一阶泰勒展开的线性化卡尔曼滤波中,由于实际系统会受到各种随机干扰因素的影响,随着滤波时间的增长,“真状态”与“标称状态”之差也不断增加,从而使泰勒级数高次项将不能被忽略,从而失去了泰勒一阶展开的前提条件。因此在实际应用中,更为普遍的是采用围绕最优估计状态的扩展卡尔曼滤波。

5.2.2 围绕估计状态的线性化

线性化卡尔曼滤波是否有效的关键是看非线性系统的线性化模型的精度是否准确,也就是说泰勒级数展开的二次以及以上项能否忽略。由5.2.1小节可知,由于“真状态”与“标称状态”之差不能始终保持一个小量,采用围绕标称状态的泰勒展开线性化效果不理想。如果采用围绕最优估计状态(滤波值)进行线性化,情况将有所不同。由于采用“真状态”与“最优估计状态”(滤波值)之差一般比较小,且不存在随时间积累的误差,所以这种线性化方法更符合泰勒级数一阶展开的要求。这种卡尔曼滤波也称为扩展卡尔曼滤波。

1. 离散型扩展卡尔曼滤波

离散型系统方程和量测方程如式(5.2.1)和式(5.2.2)所示。设$\boldsymbol{x}_{k+1}$、$\boldsymbol{z}_{k+1}$是方程(5.2.3)和方程(5.2.4)的“真状态”,$\boldsymbol{x}_{k+1}^*$,$\boldsymbol{z}_{k+1}^*$是方程(5.2.1)和方程(5.2.2)的“最优估计状态”。

令$\hat{\boldsymbol{x}}_k$是系统的前一时刻最优状态估计,$\boldsymbol{x}_{k+1}^* = f(\hat{\boldsymbol{x}}_k)$,$\boldsymbol{z}_{k+1}^* = h(\boldsymbol{x}_{k+1}^*)$,其中$\boldsymbol{x}_{k+1}^*$是系统状态的一步预测,即$\boldsymbol{x}_{k+1}^* = \hat{\boldsymbol{x}}_{k+1,k}$。

注意,本节中的“最优估计状态”和5.2.1小节中的“标称状态”含义完全不一样,“标称状态”需要解方程得出,最优状态估计是通过卡尔曼滤波估计得出的。

因此,“真状态”与“最优估计状态”之差为

$$\begin{cases} \Delta\boldsymbol{x}_{k+1} = \boldsymbol{x}_{k+1} - \boldsymbol{x}_{k+1}^* \\ \Delta\boldsymbol{z}_{k+1} = \boldsymbol{z}_{k+1} - \boldsymbol{z}_{k+1}^* \end{cases} \tag{5.2.14}$$

将方程(5.2.1)和方程(5.2.2)围绕“最优估计状态”一阶泰勒展开可得

$$\boldsymbol{x}_{k+1} - \boldsymbol{x}_{k+1}^* = \left.\frac{\partial f(\boldsymbol{x}_k)}{\partial \boldsymbol{x}_k}\right|_{\boldsymbol{x}_k^*} \cdot (\boldsymbol{x}_k - \boldsymbol{x}_k^*) + \boldsymbol{w}_k$$

$$\boldsymbol{z}_{k+1} - \boldsymbol{z}_{k+1}^* = \left.\frac{\partial h(\boldsymbol{x}_{k+1})}{\partial \boldsymbol{x}_{k+1}}\right|_{\boldsymbol{x}_{k+1}^*} \cdot (\boldsymbol{x}_{k+1} - \boldsymbol{x}_{k+1}^*) + \boldsymbol{v}_{k+1}$$

$F(k+1,k)=\left.\dfrac{\partial f(\boldsymbol{x}_k)}{\partial \boldsymbol{x}_k}\right|_{\boldsymbol{x}_k^*}$、$H(k+1)=\left.\dfrac{\partial h(\boldsymbol{x}_{k+1})}{\partial \boldsymbol{x}_{k+1}}\right|_{\boldsymbol{x}_{k+1}^*}$ 的形式与5.2.1小节完全一致。

在线性化求得雅可比矩阵之后,系统的5个状态差估计方程分别如下:

(1) 状态差一步预测为

$$\Delta\hat{\boldsymbol{x}}_{k+1,k}=\boldsymbol{F}(k+1,k)\Delta\hat{\boldsymbol{x}}_k \tag{5.2.15a}$$

(2) 均方误差一步预测为

$$\boldsymbol{P}_{k+1,k}=\boldsymbol{F}_{k+1,k}P_{\boldsymbol{k}}\boldsymbol{F}_{k+1,k}^{\mathrm{T}}+\boldsymbol{Q}_k \tag{5.2.15b}$$

(3) 滤波增益为

$$\boldsymbol{K}_{k+1}=\boldsymbol{P}_{k+1,k}\boldsymbol{H}_{k+1}^{\mathrm{T}}(\boldsymbol{H}_{k+1}\boldsymbol{P}_{k+1,k}\boldsymbol{H}_{k+1}^{\mathrm{T}}+\boldsymbol{R}_{k+1})^{-1} \tag{5.2.15c}$$

(4) 状态差估计为

$$\Delta\hat{\boldsymbol{x}}_{k+1}=\Delta\hat{\boldsymbol{x}}_{k+1,k}+\boldsymbol{K}_{k+1}(\Delta\boldsymbol{Z}_{k+1}-\boldsymbol{H}_{k+1}\Delta\hat{\boldsymbol{x}}_{k+1,k}) \tag{5.2.15d}$$

(5) 均方误差估计为

$$\boldsymbol{P}_{k+1}=(\boldsymbol{I}-\boldsymbol{K}_{k+1}\boldsymbol{H}_{k+1})\boldsymbol{P}_{k+1,k}(\boldsymbol{I}-\boldsymbol{K}_{k+1}\boldsymbol{H}_{k+1})^{\mathrm{T}}+\boldsymbol{K}_{k+1}\boldsymbol{R}_{k+1}\boldsymbol{K}_{k+1}^{\mathrm{T}} \tag{5.2.15e}$$

因为k时刻状态差的估计$\Delta\hat{\boldsymbol{x}}_k$等于$k$时刻的最优估计与$k$时刻的一步预测之差,即$\Delta\hat{\boldsymbol{x}}_k=\hat{\boldsymbol{x}}_k-\boldsymbol{x}_k^*=\Delta\hat{\boldsymbol{x}}_k-\hat{\boldsymbol{x}}_{k,k-1}$一般很小。在滤波器收敛的情况下,$\Delta\hat{\boldsymbol{x}}_k$、$\Delta\hat{\boldsymbol{x}}_{k+1,k}$均趋向于零。因此,扩展卡尔曼滤波比较符合泰勒一阶展开条件,其线性误差比围绕"标称状态"展开小。将$\Delta\hat{\boldsymbol{x}}_{(k+1,k)}\approx 0$代入式(5.2.14),可得离散型扩展卡尔曼滤波5个状态估计基本方程如下:

(1) 状态一步预测为

$$\hat{\boldsymbol{x}}_{k+1,k}=\boldsymbol{F}(k+1,k)\hat{\boldsymbol{x}}_k \tag{5.2.16a}$$

(2) 均方误差一步预测为

$$\boldsymbol{P}_{k+1,k}=\boldsymbol{F}_{k+1,k}\boldsymbol{P}_k\boldsymbol{F}_{k+1,k}^{\mathrm{T}}+\boldsymbol{Q}_k \tag{5.2.16b}$$

(3) 滤波增益为

$$\boldsymbol{K}_{k+1}=\boldsymbol{P}_{k+1,k}\boldsymbol{H}_{k+1}^{\mathrm{T}}(\boldsymbol{H}_{k+1}\boldsymbol{P}_{k+1}\boldsymbol{H}_{k+1}^{\mathrm{T}}+\boldsymbol{R}_{k+1})^{-1} \tag{5.2.16c}$$

(4) 状态估计为

$$\hat{\boldsymbol{x}}_{k+1}=\hat{\boldsymbol{x}}_{k+1,k}+\boldsymbol{K}_{k+1}(\boldsymbol{Z}_{k+1}-\boldsymbol{H}_{k+1}\hat{\boldsymbol{x}}_{k+1,k}) \tag{5.2.16d}$$

(5) 均方误差估计为

$$\boldsymbol{P}_{k+1}=(\boldsymbol{I}-\boldsymbol{K}_{k+1}\boldsymbol{H}_{k+1})\boldsymbol{P}_{k+1,k}(\boldsymbol{I}-\boldsymbol{K}_{k+1}\boldsymbol{H}_{k+1})^{\mathrm{T}}+\boldsymbol{K}_{k+1}\boldsymbol{R}_{k+1}\boldsymbol{K}_{k+1}^{\mathrm{T}} \tag{5.2.16e}$$

2. 连续型扩展卡尔曼滤波

在连续性扩展卡尔曼滤波中,系统和量测方程如式(5.2.11)和式(5.2.12)所示。设$\boldsymbol{x}(t)$、$\boldsymbol{z}(t)$是式(5.2.11)和式(5.2.12)的"真状态",$\boldsymbol{x}^*(t)$是系统的最优状态估计,满足$\dot{\boldsymbol{x}}^*(t)=f[\boldsymbol{x}^*(t)]$,$\boldsymbol{z}^*(t)=h[\boldsymbol{x}^*(t)]$。

系统方程和量测方程围绕"估计状$\dot{\boldsymbol{x}}(t)$展开为一阶泰勒级数,式(5.2.11)和式(5.2.12)变为

$$\dot{\boldsymbol{x}}(t)-\dot{\boldsymbol{x}}^*(t)=\left.\frac{\partial f}{\partial x}\right|_{\boldsymbol{x}(t)=\boldsymbol{x}^*(t)}[\boldsymbol{x}(t)-\boldsymbol{x}^*(t)]+\boldsymbol{w}(t)$$

$$z(t)-z^{*}(t)=\frac{\partial h}{\partial x}_{x(t)=x^{*}(t)}[\boldsymbol{x}(t)-\boldsymbol{x}^{*}(t)]+\boldsymbol{v}(t)$$

令 $\boldsymbol{F}(t)=\left.\frac{\partial f[\boldsymbol{x}(t)]}{\partial \boldsymbol{x}(t)}\right|_{\boldsymbol{x}^{*}(t)}$,其形式完全与5.2.1小节一致。可将式(5.2.11)和式(5.2.12)变形为

$$\dot{\boldsymbol{x}}(t)=\boldsymbol{F}(t)\boldsymbol{x}(t)+\dot{\boldsymbol{x}}^{*}(t)-\boldsymbol{F}(t)\boldsymbol{x}^{*}(t)+\boldsymbol{w}(t)$$
$$z(t)=\boldsymbol{H}(x)\boldsymbol{x}(t)+z^{*}(t)-\boldsymbol{H}(x)\boldsymbol{x}^{*}(t)+\boldsymbol{v}(t)$$

在线性化求取雅可比矩阵之后,系统的3个滤波方程分别如下:

(1) 滤波增益为

$$\boldsymbol{K}(t)=\boldsymbol{P}(t)\boldsymbol{H}^{\mathrm{T}}(t)\boldsymbol{R}^{-1}(t) \tag{5.2.17a}$$

(2) 状态估计为

$$\dot{\boldsymbol{x}}^{*}(t)=f[\boldsymbol{x}^{*}(t)]+\boldsymbol{K}(t)\{\boldsymbol{Z}(t)-h[\boldsymbol{x}^{*}(t)]\} \tag{5.2.17b}$$

(3) 均方误差估计为

$$\dot{\boldsymbol{P}}(t)=\boldsymbol{P}(t)\boldsymbol{F}^{\mathrm{T}}(t)+\boldsymbol{F}(t)\boldsymbol{P}(t)-\boldsymbol{P}(t)\boldsymbol{H}^{\mathrm{T}}(t)\boldsymbol{R}^{-1}(t)\boldsymbol{H}(t)\boldsymbol{P}(t)+\boldsymbol{Q}(t) \tag{5.2.17c}$$

3. 连续型、离散型扩展卡尔曼滤波的对比分析及评价

在扩展卡尔曼滤波中,由于是围绕“状态估计”进行泰勒线性化,其主要优势有:

(1) 线性误差比围绕“标称状态”泰勒一阶展开小;

(2) 与围绕“标称状态”线性化相比,围绕“状态估计”的线性化不需要求解微分方程和存储“标称状态”变量。

在离散型扩展卡尔曼滤波中,选择的是一步预测状态估计作为一阶泰勒级数展开点;而在连续型扩展卡尔曼滤波中,选择的是最优状态估计作为一阶泰勒级数展开点。需要注意两者的区别。当然,所谓的最优状态估计,在非线性的条件下实际上一种近似最优,即“次优卡尔曼滤波器”。

5.2.3 实例分析

例5.1 围绕“标称状态”和围绕“估计状态”线性化卡尔曼滤波应用示例。

设有非线性系统数学模型为

$$\boldsymbol{x}_{k+1}=-\boldsymbol{x}_{k}+\boldsymbol{w}_{k}$$
$$z_{k+1}=\sin(\boldsymbol{x}_{k+1})+\boldsymbol{v}_{k+1}$$

$\boldsymbol{w}_k$、$\boldsymbol{v}_{k+1}$是两个互不相关的零均值高斯白噪声,其方差分别为 $Q=2, R=1$。应用线性化卡尔曼滤波方法求系统的状态估计。

1. 采用围绕“标称状态”线性化的卡尔曼滤波方法

由题,$F(k+1,k)=\left.\frac{\partial f}{\partial x}\right|_{x_k=x_k^*}=-1$,$H(k+1)=\left.\frac{\partial h}{\partial x}\right|_{x_{k+1}=x_{k+1}^*}=\cos(\boldsymbol{x}_{k+1}^{*})$。根据线性化卡尔曼滤波7个基本方程(见式(5.2.10)),可得计算机仿真程序伪代码如下:

程序开始:Start Program

初始条件设置:初始均值 $x_0=5$,初始状态差 $\Delta x_0=2$,初始状态方差 $P_0=1$,系统噪声方差 $Q=2$,量测方差 $R=1$,迭代次数 $T=300$

递推迭代过程：

For i = 1 to T

(1) 状态差一步预测为

$$\overline{\Delta \boldsymbol{x}}_{k+1,k} = -\overline{\Delta \boldsymbol{x}}_k$$

(2) 均方误差一步预测为

$$\boldsymbol{P}_{k+1,k} = (-)\boldsymbol{P}_k(-1) + \boldsymbol{Q}_k$$

(3) 滤波增益为

$$\boldsymbol{K}_{k+1} = \boldsymbol{P}_{k+1,k}\cos(\boldsymbol{x}_{k+1}^*)[\cos(\boldsymbol{x}_{k+1}^*)\boldsymbol{P}_{k+1,k}\cos(\boldsymbol{x}_{k+1}^*) + \boldsymbol{R}_{k+1}]^{-1}$$

(4) 状态差估计为

$$\overline{\Delta \boldsymbol{x}}_{k+1} = \overline{\Delta \boldsymbol{x}}_{k+1,k} + \boldsymbol{K}_{k+1}[\boldsymbol{Z}_{k+1} - \boldsymbol{Z}_{k+1}^* - \cos(x_{k+1}^*)\overline{\Delta \boldsymbol{x}}_{k+1,k}]$$

(5) 均方误差估计为

$$\boldsymbol{P}_{k+1} = [\boldsymbol{I} - \boldsymbol{K}_{k+1}\cos(\boldsymbol{x}_{k+1}^*)]\boldsymbol{P}_{k+1,k}[\boldsymbol{I} - \boldsymbol{K}_{k+1}\cos(\boldsymbol{x}_{k+1}^*)]^{\mathrm{T}} + \boldsymbol{K}_{k+1}\boldsymbol{R}_{k+1}\boldsymbol{K}_{k+1}^{\mathrm{T}}$$

(6) “标称状态”更新为

$$\boldsymbol{x}_{k+1}^* = 1/\boldsymbol{x}_k^* + 10$$

(7) “真状态”估计为

$$\bar{\boldsymbol{x}}_{k+1} = x_{k+1}^* + \overline{\Delta \boldsymbol{x}}_{k+1}$$

End　for

程序结束：End Program

2. 采用围绕“最优估计状态”线性化的扩展卡尔曼滤波方法

由题，$F(k+1,k) = \left.\dfrac{\partial f}{\partial x}\right|_{x_k=\bar{x}_k} = -1, H(k+1) = \left.\dfrac{\partial h}{\partial x}\right|_{x_{k+1}=\bar{x}_{k+1,k}} = \cos(\bar{\boldsymbol{x}}_{k+1,k})$。根据扩展卡尔曼滤波 5 个基本方程(见式(5.2.16))，算法流程如下：

程序开始：Start Program

初始条件设置：初始均值 $x_0 = 5$，初始状态方差 $P_0 = 1$，系统噪声方差 $Q = 2$，量测方差 $R = 1$，迭代次数 $T = 300$

递推迭代过程：

For i = 1 to T

(1) 状态一步预测为

$$\bar{x}_{k+1,k} = (-1)\bar{x}_k$$

(2) 均方误差一步预测为

$$P_{k+1,k} = (-1)P_k(-1) + Q_k$$

(3) 滤波增益为

$$K_{k+1} = P_{k+1,k}[\cos(\bar{x}_{k+1,k})]\{[\cos(\bar{x}_{k+1,k})]P_{k+1,k}[\cos(\bar{x}_{k+1,k})] + R_{k+1}\}^{-1}$$

(4) 状态估计为

$$\bar{x}_{k+1} = \bar{x}_{k+1,k} + K_{k+1}\{Z_{k+1} - [\cos(\bar{x}_{k+1,k})]\bar{x}_{k+1,k}\}$$

(5) 均方误差估计为

$$P_{k+1} = \{I - K_{k+1}[\cos(\bar{x}_{k+1,k})]\}P_{k+1,k}\{I - K_{k+1}[\cos(\bar{x}_{k+1,k})]\}^{\mathrm{T}} + K_{k+1}R_{k+1}K_{k+1}^{\mathrm{T}}$$

End for

程序结束：End Program

系统状态、围绕“标称状态”的线性化卡尔曼滤波、围绕“最优估计状态”的扩展卡尔曼滤波输出以及两种方法的估计误差分别如图5-5至图5-7所示。

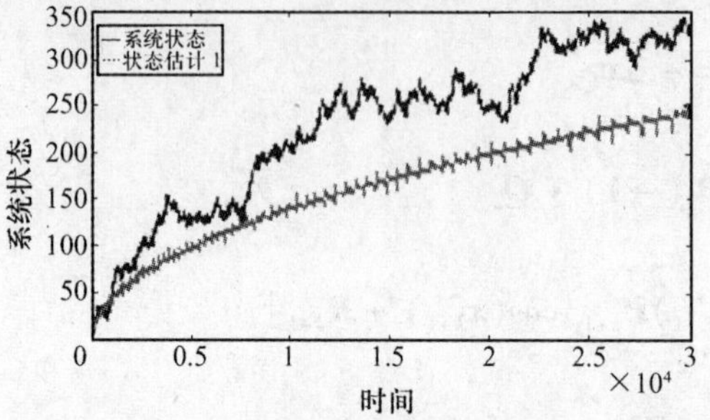

图5-5 围绕标称状态的线性化卡尔曼滤波的状态估计

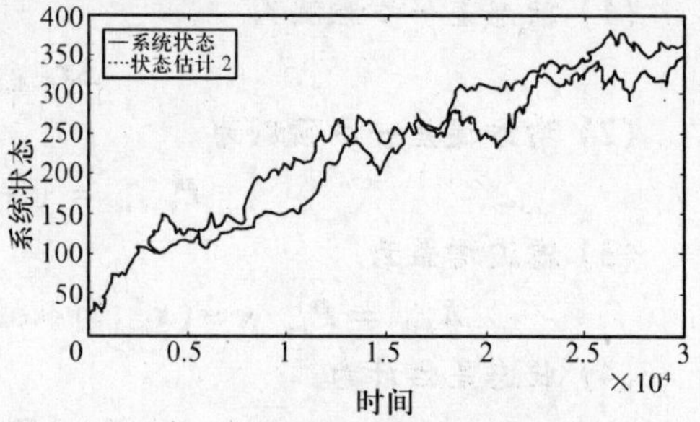

图5-6 围绕最优估计状态的扩展卡尔曼滤波的状态估计

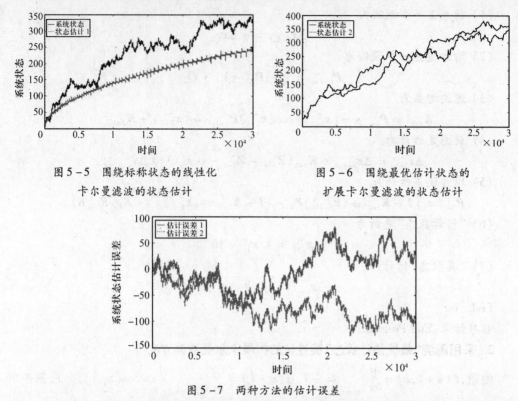

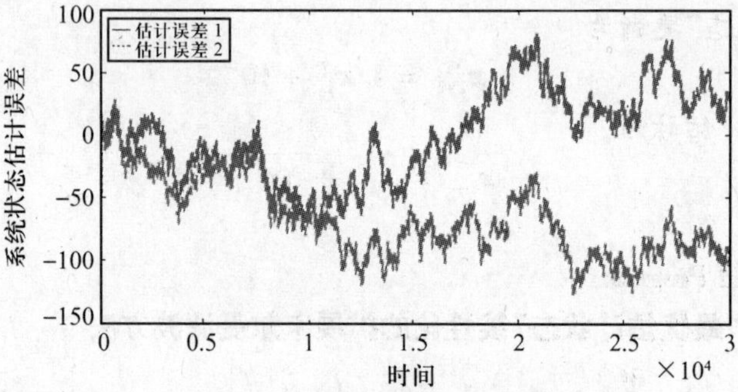

图5-7 两种方法的估计误差

其中，状态估计1采用围绕标称状态的线性化卡尔曼滤波的状态估计，对应估计误差1；状态估计2采用围绕最优状态估计的扩展卡尔曼滤波的状态估计，对应估计误差2。经计算，第一种方法估计均方根误差为73.2095，第二种方法估计均方根误差为35.2705。后者估计精度优于前者。

5.3 无迹卡尔曼滤波(UKF)

扩展卡尔曼滤波采用泰勒级数展开的方式进行非线性系统的线性化，克服了标准卡尔曼滤波不能应用于非线性系统的问题。同时，扩展卡尔曼滤波也存在一定的问题，比如，有的非线性系统不方便或不能够进行雅可比矩阵的求解，泰勒级数线性化只具有一阶的精度，要求噪声服从高斯分布等。近年来，在非线性滤波理论上，人们提出了无迹卡尔曼滤波、粒子滤波等新的滤波算法。

1995年S. J. Julier与J. K. Uhlma提出了一种新的非线性滤波理论——Unscented卡尔曼滤波(Unscented Kalman Filter)，也叫无迹卡尔曼滤波(也有国内文献称之为无偏卡尔曼滤波或无色卡尔曼滤波)。据Julier本人证实，“Unscented”只是一个名称，并无特别含义，文中将UKF中文名统一为无迹卡尔曼滤波。UKF不是采用逼近状态函数，而是采用一种UT(Unscented Transformation变换)技术，即采用确定的样本点(称为Sigma点)来完成状态变量统计特性沿时间的传播[9]。

与普通卡尔曼滤波一样,UKF 也是一种递归式贝叶斯估计方法。但是 UKF 不需要进行非线性模型的求解(即不需要求解雅可比矩阵),其基本思想是利用 UT 变换,用一组确定的样本点近似求解测量条件下系统状态的后验概率 $P(x_k|z_k)$ 的均值和方差,实现系统状态递推均值和方差(一、二阶矩)的估计[3]。

5.3.1 Unscented 变换

为了理解 UKF 的基本原理,需要理解 UT 变换,即理解如何在已知自变量均值和方差的前提条件下估计非线性函数的均值和方差。

1. UT 方法基本步骤

设 $y=f(x)$ 是非线性函数,x 是 n 维随机状态向量,已知其均值是 $\hat{x}$,方差是 P_x,利用 UT 方法求解 y 的一、二阶矩的基本步骤如下。

(1) 计算 $2n+1$ 个样本点 S_i 以及相应的权值 w_i。

$$\begin{cases} s_0 = \hat{\boldsymbol{x}}, w_0 = \lambda/(n+\lambda) \quad (i=0) \\ s_i = \hat{\boldsymbol{x}} + (\sqrt{(n+\lambda)P_x})_i, w_i = 1/[2(n+\lambda)] \quad (i=1,2,\cdots,n) \\ s_i = \hat{\boldsymbol{x}} - (\sqrt{(n+\lambda)P_x})_{i-n}, w_i = 1/[2(n+\lambda)] \quad (i=n+1,n+2,\cdots,2n) \end{cases} \tag{5.3.1}$$

式中:λ 是微调参数,能控制样本点到均值的距离,并调节高阶样本矩大小,从而使样本更加接近于真实点的状态分布;$(\sqrt{(n+\lambda)P_x})_i$ 表示方根矩阵的第 i 列。权值符合归一化要求,$\sum_{i=0}^{2n} w_i = 1$。

显然,样本点集合 $\{s_0,s_1,\cdots,s_{2n}\}$ 与随机变量 x 具有相同均值 $\bar{x}$ 和方差 P_x,该样本点集合也称为 Sigma 集合。UT 变换过程如图 5-8 所示。

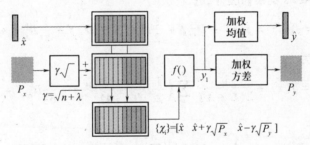

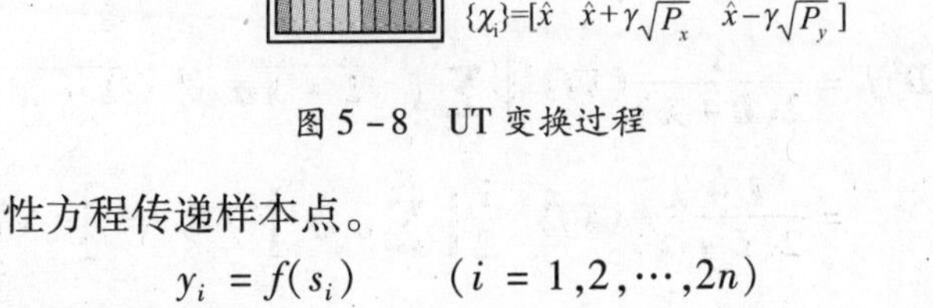

图 5-8 UT 变换过程

(2) 通过非线性方程传递样本点。

$$y_i = f(s_i) \qquad (i=1,2,\cdots,2n) \tag{5.3.2}$$

(3) 估算 y 的均值和方差。

$$\hat{y} = \sum_{i=0}^{2n} w_i y_i \tag{5.3.3}$$

$$P_y = \sum_{i=0}^{2n} w_i (y_i - \bar{y})(y_i - \bar{y}) \tag{5.3.4}$$

由此可见,经过 UT 变换,可以实现非线性函数的均值与方差的估计。因此,采用 UT

变换之后，可以实现非线性系统的均值和方差的估计，从而实现非线性系统状态估计[6]。

2. UT 变换的逼近精度

采用泰勒级数展开进行线性化的方法，只能获得一阶的精度。国外学者已证明，采用 UT 变换的方法，可以获得非线性函数的二阶或二阶以上的精度。

设 $f(x)$ 为非线性函数，$\hat{x}$ 为随机变量 x 的均值，δ_x 为零均值方差为 P_x 的扰动。将 $f(x)$ 围绕 $\hat{x}$ 以泰勒级数展开，有

$$f(x) = f(\bar{x} + \delta x) = \sum_{n=0}^{\infty}\left[\frac{(\delta_x \cdot \nabla_x)^n f(x)}{n!}\right]_{x=\hat{x}} \tag{5.3.5}$$

定义 $D_{\delta_x}^n f$ 为

$$D_{\delta_x}^n f \overset{\Delta}{=} [\delta_x \cdot \nabla_x]^n f(x)]_{x=\bar{x}} \tag{5.3.6}$$

则非线性变换 $y=f(x)$ 可改写为

$$y = f(x) = f(\hat{x}) + D_{\delta_x} f + \frac{1}{2}D_{\delta_x}^2 f + \frac{1}{3!}D_{\delta_x}^3 f + \frac{1}{4!}D_{\delta_x}^4 f + \cdots \tag{5.3.7}$$

由上式可知，y 的真实均值为

$$\begin{aligned} y &= E(y) = E[f(x)] \\ &= E\left[f(\bar{x}) + D_{\delta_x} f + \frac{1}{2}D_{\delta_x}^2 f + \frac{1}{3!}D_{\delta_x}^3 f + \frac{1}{4!}D_{\delta_x}^4 f + \cdots\right] \end{aligned} \tag{5.3.8}$$

当随机变量 x 满足对称分布时，上式中奇数项为零，即

$$y = f(\hat{x}) + \frac{1}{2}[(\nabla^{\mathrm{T}} P_s \nabla) f(x)]_{x=\bar{x}} + E\left[\frac{1}{4!}D_{\delta x}^4 f + \frac{1}{6!}D_{\delta x}^6 f + \cdots\right. \tag{5.3.9}$$

在 UT 变换中，Sigma 集可由下式确定

$$X_i = \hat{x} \pm \sqrt{L+\lambda}\,\boldsymbol{\sigma}_i = \hat{x} \pm \bar{\boldsymbol{\sigma}}_i \tag{5.3.10}$$

将非线性函数绕 Sigma 集泰勒展开，有

$$y_i = f(x_i) = f(\hat{x}) + D_{\bar{\sigma}i} f + \frac{1}{2}D_{\bar{\sigma}i}^2 f + \frac{1}{3!}D_{\bar{\sigma}i}^3 f + \frac{1}{4!}D_{\bar{\sigma}i}^4 f + \cdots \tag{5.3.11}$$

UT 变换后的均值为

$$\bar{y}_{\mathrm{UT}} = f(\bar{x}) + \frac{1}{2(L+\lambda)}\sum_{i=1}^{2L}\left(\frac{1}{2}D_{\bar{\sigma}i}^2 f + \frac{1}{4!}D_{\bar{\sigma}i}^4 f + \frac{1}{6!}D_{\bar{\sigma}i}^6 f + \cdots\right) \tag{5.3.12}$$

因为

$$\begin{aligned} \frac{1}{2(L+\lambda)}\sum_{i=1}^{2L}\frac{1}{2}D_{\bar{\sigma}_i}^2 f &= \frac{1}{2(L+\lambda)}(\nabla f)^{\mathrm{T}}\left[\sum_{i=1}^{2L}(\sqrt{L+\lambda}\,\boldsymbol{\sigma}_i\boldsymbol{\sigma}_i^{\mathrm{T}}\sqrt{L+\lambda})\right](\nabla f) \\ &= \frac{L+\lambda}{2(L+\lambda)}(\nabla f)^{\mathrm{T}}\frac{1}{2}\left[\sum_{i=1}^{2L}\sigma_i\sigma_i^T\right](\nabla f) = \frac{1}{2}[\nabla^{\mathrm{T}} P_x \nabla f(x)]_{x=\hat{x}} \end{aligned} \tag{5.3.13}$$

所以式(5.3.12)可化简为

$$\bar{y}_{\mathrm{UT}} = f(\bar{x}) + \frac{1}{2}[(\nabla^{\mathrm{T}} P_x \nabla) f(x)]_{x=\bar{x}} + \frac{1}{2(L+\lambda)}\sum_{i=1}^{2L}\left(\frac{1}{4!}D_{\bar{\sigma}_i}^4 f + \frac{1}{6!}D_{\bar{\sigma}_i}^6 f + \cdots\right) \tag{5.3.14}$$

近似舍去式(5.3.14)右边第 3 项，UT 变换的均值可进一步表示为

$$\hat{y}_{\mathrm{UT}} = f(\hat{x}) + \frac{1}{2}\left[(\nabla^{\mathrm{T}} p_x \nabla) f(x)\right]_{x=\hat{x}} \tag{5.3.15}$$

即采用 UT 变换方法求取的均值可以精确到 3 阶量。

由定义可知，y 的方差为

$$\boldsymbol{P}_y = E\left[(y-\hat{y}_{\mathrm{T}})(y-\hat{y}_{\mathrm{T}})^{\mathrm{T}}\right] = E(yy^{\mathrm{T}}) - \hat{y}_{\mathrm{T}}\hat{y}_{\mathrm{T}}^{\mathrm{T}} \tag{5.3.16}$$

将式(5.3.9)和式(5.3.15)代入得

$$\boldsymbol{P}_y = \boldsymbol{A}_x P_x \boldsymbol{A}_x^{\mathrm{T}} - \frac{1}{4}\left\{\left[(\nabla^{\mathrm{T}} P_x \nabla) f(x)\right]\left[(\nabla^{\mathrm{T}} P_x \nabla) f(x)\right]^{\mathrm{T}}\right\}_{x=\bar{x}} + \underbrace{E\left[\sum_{i=1}^{\infty}\sum_{i=1}^{\infty}\frac{1}{i!j!}D_{\delta_x}^{i} f(D_{\delta_x}^{j} f)^{\mathrm{T}}\right]}_{i\neq j=1} - \underbrace{\left[\sum_{i=1}^{\infty}\sum_{i=1}^{\infty}\frac{1}{(2i)!(2j)!}E(D_{\delta_x}^{2i} f)E(D_{\delta_x}^{2j} f)^{\mathrm{T}}\right]^{\mathrm{T}}}_{i\neq j=1} \tag{5.3.17}$$

式中：$\boldsymbol{A}_x$ 是 $f(x)$ 在 $\hat{x}$ 处的雅可比矩阵，$\boldsymbol{A}_x = \left.\frac{\partial f}{\partial x}\right|_{\bar{x}}$。

采用 UT 变换后 y 的方差可以表示为

$$(\boldsymbol{P}_y)_{\mathrm{UT}} = \boldsymbol{A}_x \boldsymbol{P}_x \boldsymbol{A}_x^{\mathrm{T}} - \frac{1}{4}\left\{\left[(\nabla^{\mathrm{T}} \boldsymbol{P}_x \nabla) f(x)\right]\left[\nabla^{\mathrm{T}} \boldsymbol{P}_x \nabla f(x)\right]^{\mathrm{T}}\right\}_{x=\bar{x}} + \frac{1}{2(L+\lambda)}\sum_{k=1}^{2L}\underbrace{\left[\sum_{i=1}^{\infty}\sum_{i=1}^{\infty}\frac{1}{i!j!}D_{\bar{\sigma}k}^{i} f(D_{\bar{\sigma}k}^{j} f)^{\mathrm{T}}\right]}_{i\neq j=1} - \underbrace{\left[\sum_{i=1}^{\infty}\sum_{i=1}^{\infty}\frac{1}{(2i)!(2j)!4(L+\lambda)^2}\sum_{k=1}^{2L}\sum_{m=1}^{2L}D_{\bar{\sigma}_k}^{2i} f(D_{\bar{\sigma}_m}^{2j} f)^{\mathrm{T}}\right.}_{i\neq j=1} \tag{5.3.18}$$

采用 UT 变换方法后，方差的估计可精确到 3 阶量。因此相对于采用线性近似方法对均值和方差的估计，UT 变换方法对均值和方差的估计精度更高。显然，样本点集合 $\{s_0, s_1, \cdots, s_{2n}\}$ 与随机变量 x 具有相同均值 $\bar{x}$ 和方差 $\boldsymbol{P}_x$，因此该样本点集合也称为 Sigma 集合。直观的比较和理解如图 5－9 所示。

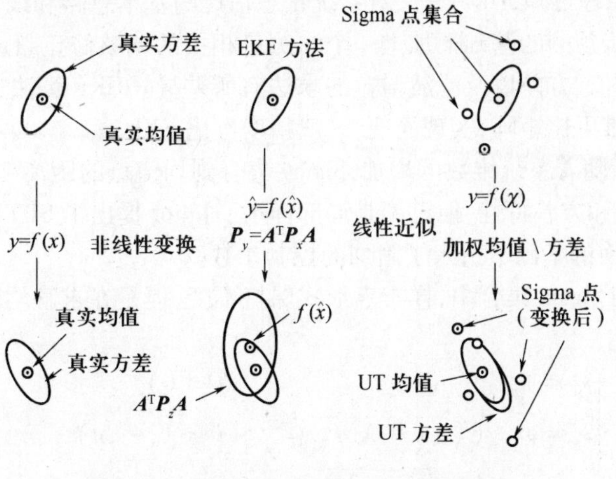

图 5－9　UT 变换方法对均值和方差的估计

5.3.2 Unscented卡尔曼滤波基本方程

设系统的状态方程为$\boldsymbol{x}_{k+1}=f(\boldsymbol{x}_k)+\boldsymbol{w}_k$，量测方程为$\boldsymbol{z}_{k+1}=h(\boldsymbol{x}_{k+1})+\boldsymbol{v}_{k+1}$，其中$\boldsymbol{w}_k$、$\boldsymbol{v}_{k+1}$分别是系统噪声和量测噪声，其协方差分别是$\boldsymbol{Q}_k$、$\boldsymbol{R}_{k+1}$。基于UT变换的UKF算法的基本过程如下：

(1) 按照式(5.3.18)求取k时刻样本点$\boldsymbol{s}_{i(k)}$以及相应的权值$\boldsymbol{w}_{i(k)}$，$i=0,1,2,\cdots,2n$；

(2) 根据系统状态方程求取样本点传递值

$$\boldsymbol{x}_{s_{i(k+1,k)}} = f(\boldsymbol{s}_{i(k)})$$

(3) 系统状态均值和方差的一步预测，即

$$\hat{\boldsymbol{x}}_{k+1,k} = \sum_{i=0}^{2n} \boldsymbol{w}_i \boldsymbol{x} s_{i(k+1,k)} \tag{5.3.19}$$

$$\boldsymbol{P}_{xx(k+1,k)} = \boldsymbol{Q}_{k+1} + \sum_{i=0}^{2n} \boldsymbol{w}_i (\boldsymbol{x} s_{i(k+1,k)} - \hat{\boldsymbol{x}}_{k+1,k})(\boldsymbol{x} s_{i(k+1,k)} - \hat{\boldsymbol{x}}_{k+1,k})^{\mathrm{T}} \tag{5.3.20}$$

(4) 根据系统量测方程求取状态一步预测的传递值

$$\boldsymbol{z}_{si(k+1,k)} = h(\boldsymbol{x}_{si(k+1,k)})$$

(5) 预测量均值和协方差

$$\hat{\boldsymbol{z}}_{k+1,k} = \sum_{i=0}^{2n} \boldsymbol{w}_i \boldsymbol{z}(s_{i(k+1,k)}) \tag{5.3.21}$$

$$\boldsymbol{P}_{zz} = \boldsymbol{R}_{k+1} + \sum_{i=0}^{2n} \boldsymbol{w}_i [\boldsymbol{z}(s_{i(k+1,k)}) - \hat{\boldsymbol{z}}_{k+1,k}][\boldsymbol{z}(s_{i(k+1,k)}) - \hat{\boldsymbol{z}}_{k+1,k}]^{\mathrm{T}} \tag{5.3.22}$$

$$\boldsymbol{P}_{xz} = \sum_{i=0}^{2n} \boldsymbol{w}_i [\boldsymbol{x}(s_{i(k+1,k)}) - \hat{\boldsymbol{x}}_{k+1,k}][\boldsymbol{z}(s_{i(k+1,k)}) - \hat{\boldsymbol{z}}_{k+1,k}]^{\mathrm{T}} \tag{5.3.23}$$

式中：$\boldsymbol{P}_{zz}$是量测方差矩阵；$\boldsymbol{P}_{xz}$是状态向量与量测向量的协方差矩阵。

(6) 计算UKF增益，更新状态向量和方差，即

$$\boldsymbol{K}_{k+1} = \boldsymbol{P}_{xz} \boldsymbol{P}_{zz}^{-1} \tag{5.3.24}$$

$$\hat{\boldsymbol{x}}_{k+1,k+1} = \hat{\boldsymbol{x}}_{k+1,k} + \boldsymbol{K}_{k+1}(\boldsymbol{z}_{k+1} - \hat{\boldsymbol{z}}_{k+1,k}) \tag{5.3.25}$$

$$\boldsymbol{P}_{xx(k+1,k+1)} = \boldsymbol{P}_{xx(k+1,k)} - \boldsymbol{K}_{k+1} \boldsymbol{P}_{zz} \boldsymbol{K}_{k+1}^{\mathrm{T}} \tag{5.3.26}$$

由UKF算法原理可知，UKF算法对系统状态估计的基本思路和线性卡尔曼滤波是一致的，是在状态一步预测的基础上加上一个与测量相关的调整修正量；不同的是，在UKF中对状态的预测均值、方差以及滤波增益的求法有所差异。UKF算法适用于任意非线性模型，不需要求解雅可比矩阵，实现简便，一般精度也比EKF高。

在UT变换中，随着系统维数的增加，Sigma集合到均值点的距离变大，尽管仍可以保持随机变量的均值和方差特性，但已不是局部样本。Julier提出了SUT(Scaled UT)变换。SUT变换在UT变换的基础上引入了附加的控制参数。

在SUT变换的Sigma集合中，样本点形式保持不变，但是在求解均值和方差时采用不同的权值。

$$\begin{cases} s_0 = \bar{x} & (i=0) \\ s_i = \bar{x} + \left(\sqrt{(n+\lambda)P_x}\right)_i & (i=1,\cdots,n) \\ s_i = \bar{x} - \left(\sqrt{(n+\lambda)P_x}\right)_{i-n} & (i=n+1,\cdots,2n) \\ w_i = 1/[2(n+\lambda)] \end{cases} \tag{5.3.27}$$

设求解均值时所需的权值为 w_i^m，求解方差时所需的权值为 $w_i^c(i=0,1,\cdots,2n)$，则

$$w_0^m = \lambda/(n+\lambda), w_0^c = \lambda/(n+\lambda) + (1-\alpha^2+\beta)$$

$$w_0^m = w_i^c = 1/[2(n+\lambda)] \quad (i = 1,2,\cdots,2n) \tag{5.3.28}$$

式中：$\lambda=\alpha^2(n+k)-n$ 是一个标量。α 用于设置样本点至均值点的距离，通常设置为一个很小的整数；k 通常设置为 0；β 用于表征随机变量 x 的前验信息，对于高斯分布，最好选择 $\beta=2$。

设随机变量 x 的样本点分别为 $s_i(i=0,1,\cdots,2n)$，则非线性函数 $y=f(x)$ 为

$$\boldsymbol{y}_i = f(\boldsymbol{s}_i)(i = 0,1,\cdots,2n)$$

其均值为

$$\hat{\boldsymbol{y}} = \sum_{i=0}^{2n} \boldsymbol{w}_i^m \boldsymbol{y}_i$$

其方差为

$$\boldsymbol{P}_y = \sum_{0}^{2n} \boldsymbol{w}_i^c(\boldsymbol{y}_i - \bar{\boldsymbol{y}})(\boldsymbol{y}_i - \bar{\boldsymbol{y}})^{\mathrm{T}}$$

5.3.3　实例分析

例 5.2　Unscented 卡尔曼滤波应用示例

设有非线性系统数学模型如下：

系统方程为

$$\boldsymbol{x}_k = 1/3\boldsymbol{x}_{k-1} + 20\boldsymbol{x}_{k-1}/(1+\boldsymbol{x}_{k-1})^2 + \boldsymbol{w}_{k-1}$$

量测方程为

$$\boldsymbol{z}_k = \boldsymbol{x}_k + \boldsymbol{x}_k^2/15 + \boldsymbol{v}_k$$

$\boldsymbol{w}_k$、$\boldsymbol{v}_{k+1}$ 是两个互不相关的零均值高斯白噪声，其方差分别为 $Q=8, R=1$。应用 Unscented 卡尔曼滤波方法求系统的状态估计。

由题，因为系统状态 x 是一维向量，式(5.3.27)中 $n=1$，故样本点数量是 $2\times1+1=3$。取状态初始均值和方差分别为 $\bar{x}_{(0)}=5$，$P_{xx(0)}=1$，控制调整参数 $\lambda=2$，根据式(5.3.27)，则 k 时刻系统 Sigma 集是 $\{s_{0(k)}=\bar{x}_{(k)}, s_{1(k)}=\bar{x}_{(k)}+\sqrt{3P_{xx(k)}}, s_{2(k)}=\bar{x}_{(k)}-\sqrt{3P_{xx(k)}}\}$，其对应的权值为 $w_0=2/3, w_1=1/6, w_2=1/6$。迭代次数为 $T=300$。算法流程如下：

程序开始：Start Program

Unscented 卡尔曼滤波伪码

初始条件：初始均值 $\bar{x}_{(0)}=5$，初始方差 $P_{xx(0)}=1$，初始状态方差 $P_0=1$，系统噪声方差 $Q=8$，迭代次数 $T=300$

递推迭代过程：

For $k=1$ to T

(1) 确定样本点 Sigma 集合及相应权值为

$$\boldsymbol{s}_{0(k)} = \bar{\boldsymbol{x}}_k, \boldsymbol{s}_{1(k)} = \bar{\boldsymbol{x}}_k + \sqrt{3\boldsymbol{P}_{xx(k)}}, \boldsymbol{s}_{2(k)} = \bar{\boldsymbol{x}}_k - \sqrt{3\boldsymbol{P}_{xx(k)}}$$

$$w_0 = 2/3, w_1 = 1/6, w_2 = 1/6$$

(2) 根据系统状态方程求取样本点传递值

$$x_{s_{i(k+1,k)}} = f(s_i(k)) = 1/3s_{i(k)} + 20s_{i(k)}/(1+s_{i(k)}^2)$$

(3) 系统状态均值和方差的一步预测

$$\bar{\boldsymbol{x}}_{k+1,k} = \sum_{i=0}^{2} \boldsymbol{w}_i \boldsymbol{x} s_{i(k+1,k)}$$

$$\boldsymbol{P}_{xx(k+1,k)} = 8 + \sum_{i=0}^{2} \boldsymbol{w}_i (\boldsymbol{x}_{s_{i(k+1,k)}} - \bar{\boldsymbol{x}}_{k+1,k})(\boldsymbol{x}_{s_{i(k+1,k)}} - \bar{\boldsymbol{x}}_{k+1,k})^{\mathrm{T}}$$

(4) 根据系统量测方程求取状态一步预测的传递值

$$\boldsymbol{z}_{s_{i(k+1,k)}} = 1/15(\boldsymbol{x}_{s_{i(k+1,k)}})\hat{\ }2 + \boldsymbol{x}_{s_{i(k+1,k)}}$$

(5) 预测量测值和协方差

$$\bar{\boldsymbol{z}}_{k+1,k} = \sum_{i=0}^{2} \boldsymbol{w}_i \boldsymbol{z} s_{i(k+1,k)}$$

$$\boldsymbol{P}_{zz} = 1 + \sum_{i=0}^{2} \boldsymbol{w}_i (\boldsymbol{z}_{s_{i(k+1,k)}} - \bar{\boldsymbol{z}}_{k+1,k})(\boldsymbol{z}_{s_{i(k+1,k)}} - \bar{\boldsymbol{z}}_{k+1,k})^{\mathrm{T}}$$

$$\boldsymbol{P}_{xz} = 1 + \sum_{i=0}^{2} \boldsymbol{w}_i (\boldsymbol{x}_{s_{i(k+1,k)}} - \bar{\boldsymbol{x}}_{k+1,k})(\boldsymbol{z}_{s_{i(k+1,k)}} - \bar{\boldsymbol{z}}_{k+1,k})$$

(6) 计算 UKF 增益,更新状态向量和方差,有

$$\boldsymbol{K}_{k+1} = \boldsymbol{P}_{xz}\boldsymbol{P}_{zz}^{-1}$$

$$\bar{\boldsymbol{x}}_{k+1,k+1} = \bar{\boldsymbol{x}}_{k+1,k} + \boldsymbol{K}_{k+1}(\boldsymbol{z}_{k+1} - \bar{\boldsymbol{z}}_{k+1,k})$$

$$\boldsymbol{P}_{xx(k+1,k+1)} = \boldsymbol{P}_{xx(k+1,k)} - \boldsymbol{K}_{k+1}\boldsymbol{P}_{zz}\boldsymbol{K}_{k+1}^{\mathrm{T}}$$

End for

程序结束:End Program

计算机仿真的滤波前后系统状态如图 5-10 和图 5-11 所示。

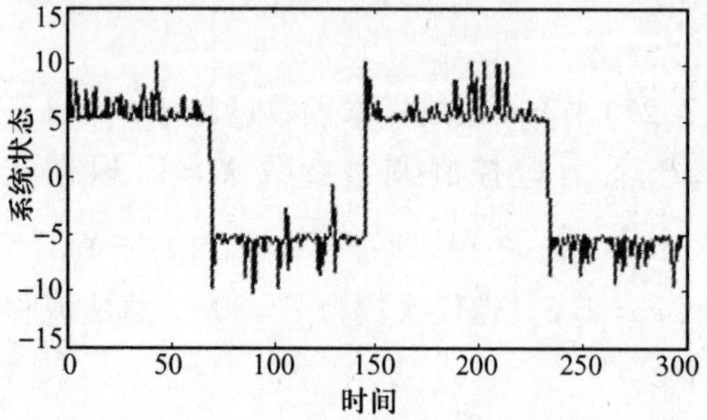

图 5-10　非线性系统的状态

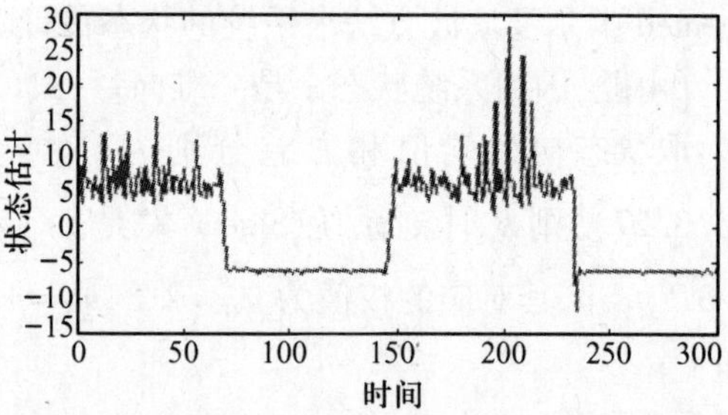

图 5-11　基于 UKF 的非线性系统状态估计

5.4 粒子滤波

当系统满足线性、高斯分布的前提条件时,卡尔曼滤波是一种最优的选择。在实际工作中,这些条件一般比较难满足。为了解决非线性问题,前文先后介绍了线性化卡尔曼滤滤波、Unscented 卡尔曼滤波等方法。但是这些方法仍然要求系统状态、噪声满足高斯分布。对于非高斯系统将如何处理呢? 本节将介绍一种新的滤波方法——粒子滤波(Particle Filter)。

粒子滤波的基本思想是:从某合适的后验概率密度函数中采样一定数目的样本(粒子),以样本点概率密度(或概率)为相应的权值,以这些样本可以近似估算出所求的后验概率密度,从而实现状态估计。概率密度越大,粒子数目或权值也越大。当样本数量足够大时,这种估计方法将以足够高的精度逼近后验概率密度。图 5-12 所示为样本点数目为 50 时,离散样本点对正态分布概率密度的近似模拟;图 5-13 所示为当样本点数目为 200 时,离散样本点对正态分布概率密度的近似模拟。

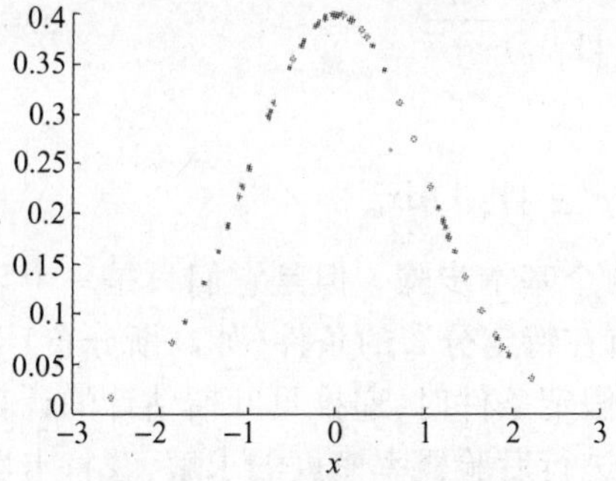

图 5-12　50 个粒子对正态分布概率密度的近似模拟

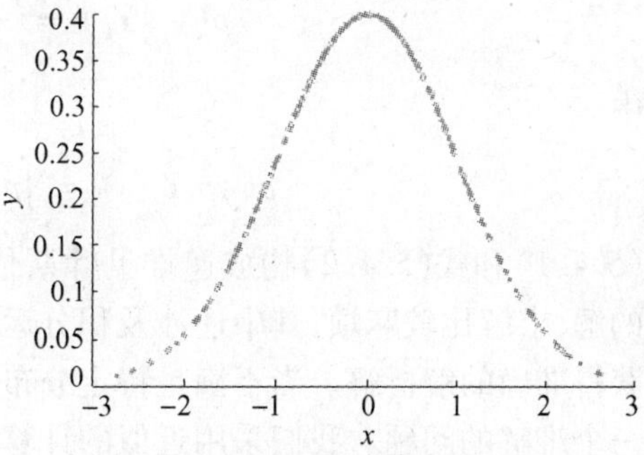

图 5-13　100 个粒子对正态分布概率密度的近似模拟

此外,采用离散采样的方法产生的粒子可以方便地在非线性变换(映射)间进行传递(如图 5-14 所示),因此,粒子滤波方法完全适应于非高斯、非线性的情况,应用范围十分广泛。

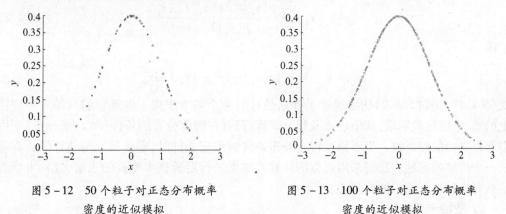

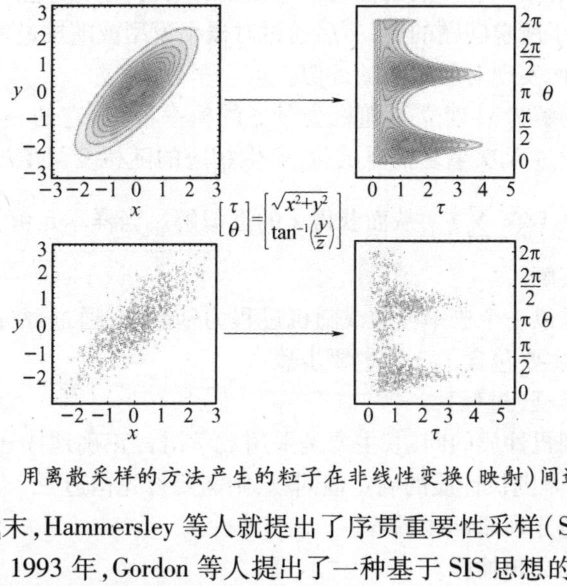

图 5-14　用离散采样的方法产生的粒子在非线性变换(映射)间进行传递

20 世纪 50 年代末,Hammersley 等人就提出了序贯重要性采样(Sequential Importance Sampling,SIS)方法。1993 年,Gordon 等人提出了一种基于 SIS 思想的 Bootstrap 非线性滤波方法,从而奠定了粒子滤波算法的基础[4]。

5.4.1　粒子滤波的理论基础

1. 递推贝叶斯估计方法

定义状态量 $\boldsymbol{X}_k=[x_0,x_1,\cdots,x_k]$,测量量 $\boldsymbol{Y}_k=[y_0,y_1,\cdots,y_k]$。为了实现对 k 时刻状

态量 x_k 的估计,需要求取在测量 $\boldsymbol{Y}_k$ 条件下 x_k 的后验概率密度函数 $p(x_k|\boldsymbol{Y}_k)$。假定 $k-1$ 时刻后验概率密度 $p(x_{k-1}|Y_{k-1})$ 已知,通过时间更新可求得 k 时刻的先验概率密度函数为

$$p(x_k|\boldsymbol{Y}_{k-1}) = \int p(x_k|x_{k-1})p(x_{k-1}|\boldsymbol{Y}_{k-1})\mathrm{d}x_{k-1} \tag{5.4.1}$$

在获得 k 时刻测量信息 y_k 后,即可进行量测更新,求取后验概率密度函数,即

$$p(x_k|\boldsymbol{Y}_k) = \frac{p(y_k|x_k)p(x_k|\boldsymbol{Y}_{k-1})}{p(y_k|\boldsymbol{Y}_{k-1})} \tag{5.4.2}$$

式中

$$p(y_k|\boldsymbol{Y}_{k-1}) = \int p(y_k|x_k)p(x_k|Y_{k-1})\mathrm{d}x_k$$

式(5.4.1)和式(5.4.2)构成递推贝叶斯估计的两个基本步骤。但是它们只是一个理论上的解,求解比较麻烦,其中还涉及积分运算,只有在特定分布的条件(如高斯分布)下可以获得准确的解析解。当不满足特定分布条件的假定条件时,递推贝叶斯估计的计算将是一个难解的问题。我们采用近似的计算方法来进行后验概率密度的求解,蒙特卡罗方法就是一种近似模拟的典型方法[5,6,7]。

2. 蒙特卡罗方法

蒙特卡罗(Monte Carlo)是一个位于地中海沿岸的城镇,以其赌场而闻名于世。蒙特卡罗方法最初是指为了验证概率理论在博弈中的应用而进行的随机试验。后来将随机模拟(Random Simulation)方法、随机抽样(Random Sampling)等叫做蒙特卡罗方法[9,10]。其基本思想是:为了求解数学、物理、工程技术等领域的问题,首先建立一个概率模型或随机过程,使它的参数等于所求问题的解;然后通过对概率模型或随机过程的抽样试验来确定参数的统计特征,从而实现对所求解的近似。

比如所求问题的解为 x,建立了随机变量 ξ 的概率模型,它的一个参数(数学期望)$E(\xi)$ 等于 x,那么,通过 N 次重复抽样试验,产生相应的随机变量值的序列 $\xi_1,\xi_2,\cdots,\xi_N$,计算该序列的平均值 $1/N\sum_{i=1}^{N}\xi_i$,从而获得 x 的近似解。当样本足够大时,近似解将已足够高的精度逼近真实解。

蒙特卡罗方法是以一个概率模型或随机过程为基础的,通过部分模拟试验求解问题的近似解,求解过程主要包含了 3 个主要步骤:

(1) 构造概率模型(过程)。

对于本身具有随机性质的问题,主要是采用数学语言正确地描述和模拟该概率模型(过程);对于本身不是随机性质的确定性问题,则需要首先构造一个人为的概率模型(过程),使其某些参数等于所求问题的解。

(2) 实现从已知分布抽样。

进行随机试验,获得随机变量的抽样样本值。这些抽样样本是估算所需随机模型(过程)特定参数的根本依据。

(3) 建立各种所需的估计量。

一般地,构造概率模型(过程)并获得抽样样本之后,必须对模拟试验的结果进行考查和登记,建立各种所需的估计量,如均值、方差等,从中得到问题的解。

现在以求解圆周率 π 为例,说明蒙特卡罗方法的基本过程。

圆周率 π 本身是一个确定性问题,为了求解圆周率 π,建立如下随机概率模型:在如图 5-15 所示的平面上随机投掷小石子,小石子的 x、y 轴坐标服从独立的[0,1]均匀分布,那么落入 1/4 圆内与落入正方形内的小石子数之比约等于其面积之比,即 $\frac{\pi}{4}=\frac{\text{落入 1/4 圆石子数}}{\text{落入正方形石子数}}$。因此,通过随机投掷试验可以求得圆周率 π 的数值。共投掷 500 次时求得圆周率 $\pi=3.064$,如图 5-16 所示;共投掷 10000 次时求得圆周率 $\pi=3.1408$,如图 5-17 所示。

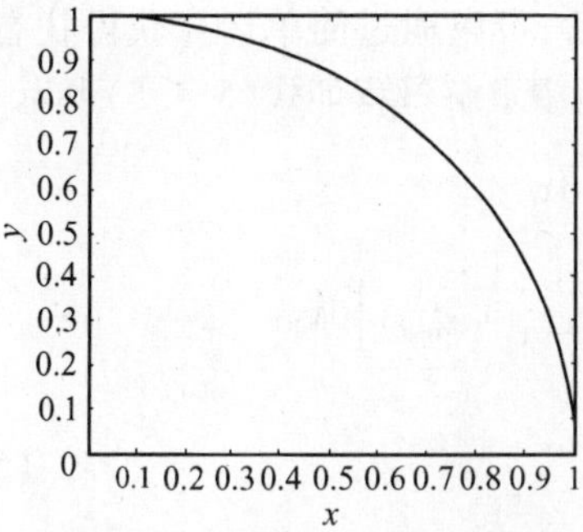

图 5-15　投掷石子的平面区域

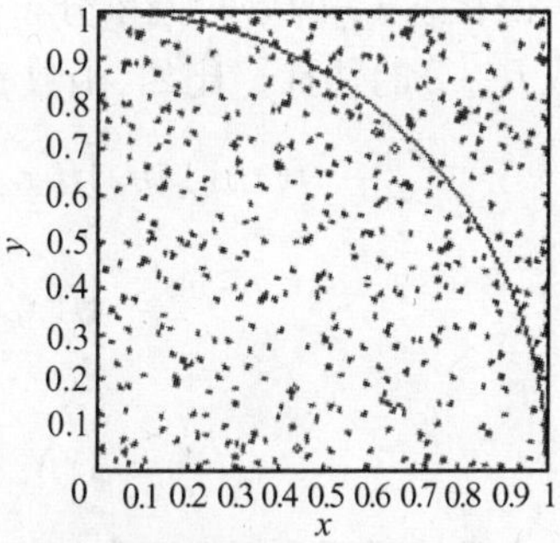

图 5-16　投掷 500 次时的情形

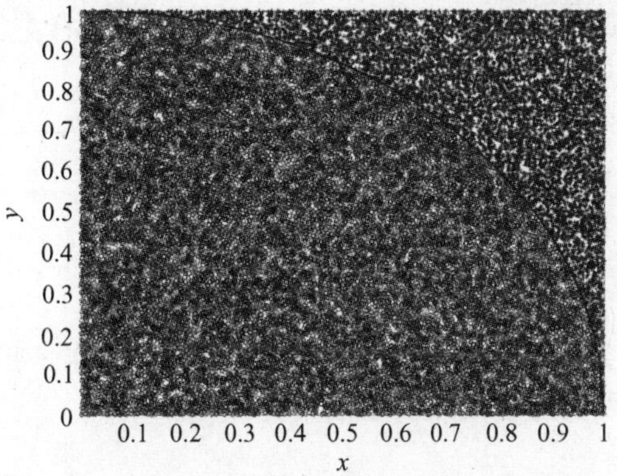

图 5-17　投掷 1000 次时的情形

3. 贝叶斯重要性采样(BIS)

为了简化计算,提高计算的高效性,在采样过程中我们往往更趋向于在某些"重要性"区域中进行采样,这就是重要性采样(Importance Sampling)的目的。重要性采样是蒙特卡罗方法中一种常见的采样方法。在采样过程中,如果不能直接从目标概率分布(后验概率密度函数)中采样,则可从一个同目标概率分布相近且易于采样的概率分布中采样。比如,估计函数期望 $E[f(x_t)]$ 无法从 $p(x_t|Y_t)$ 采样,即可选择从一个与 $p(x_t|Y_t)$ 近似的概率分布 $\pi(x_t|Y_t)$ 中进行取样。这就是重要性采样的基本思想。所谓贝叶斯重要性采样(Bayesian Importance Sampling,BIS)就是直接利用蒙特卡罗方法获取后验概率分布的一种方法。我们用 $\{x_{0:k}^i,w_k^i\}_{i=1}^{N_s}$ 表示状态 $x_{0:k}$ 后验概率的一个随机测度(Random Measure),也称为粒子(Particles)。其中:$\{x_{0:k}^i:i=1,2,\cdots,N_s\}$ 是随机采样的样本;$\{w_k^i:i=$

$1,2,\cdots,N_s\}$ 是其对应的权重,已作归一化处理,$\sum_{i=1}^{N_s} w_i = 1$;N_s 是样本的数量。那么 k 时刻后验概率分布可以用粒子近似表示为

$$p(x_{0:k}|z_{1:k}) \approx \sum_{i=1}^{N_s} w_k^i \delta(x_{0:k} - x_{0:k}^i) \tag{5.4.3}$$

如果直接根据状态 $x_{0:k}$ 后验概率分布 $p(x_{0:k}z_{1:k})$ 获取状态的样本 $\{x_{0:k}^i : i=1,2,\cdots,N_s\}$,则此时所有样本的权重是一样的,即为 $1/N_s$,因此式(5.4.3)可改写为

$$p(x_{0:k}|z_{1:k}) \approx 1/N_s \sum_{i=1}^{N_s} \delta(x_{0:k} - x_{0:k}^i) \tag{5.4.4}$$

在获得状态 $x_{0:k}$ 的后验概率分布 $p(x_{0:k}|z_{1:k})$ 之后,可以通过简单运算获得状态 $x_{0:k}$ 上任意函数 $f(\cdot)$ 的估计。比如,函数 $f(x_{0:k})$ 的数学期望求解过程如式(5.4.5)所示。

$$\begin{aligned} f(\hat{x}_{0:k}) &= \int f(x_{0:k}) p(x_{0:k} \mid z_{1:k}) \mathrm{d}x_{0:k} \\ &= \int f(x_{0:k}) \left[1/N_s \sum_{i=1}^{N_s} \delta(x_{0:k} - x_{0:k}^i) \right] \mathrm{d}x_{0:k} \\ &= 1/N_s \sum_{i=1}^{N_s} f(x_{0:k}^i) \end{aligned} \tag{5.4.5}$$

但是通常情况下我们无法直接根据后验概率分布 $p(x_{0:k}|z_{1:k})$ 获取样本,而是采取基于重要性采样准则的间接获取方式。设 $\pi(x) \propto p(x)$ 是一个相对容易获取的一个分布,$q(x)$ 是一个重要性密度(Importance Density),从 $q(x)$ 中较容易采样样本,如图 5-18 所示。

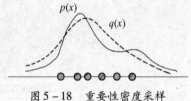

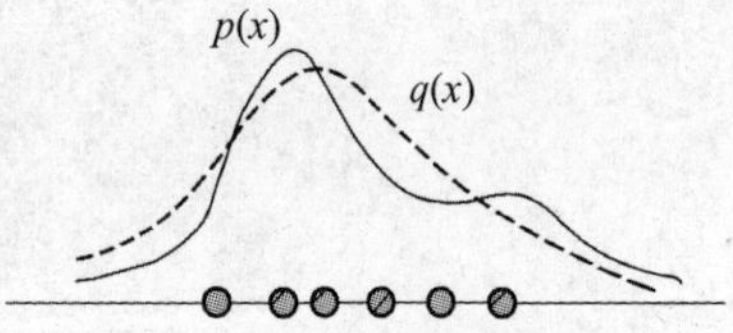

图 5-18 重要性密度采样

取 $x^i \sim q(x)(i=1,2,\cdots,N_s)$,即 x^i 是从 $q(x)$ 分布中采样一些样本,那么基于重要性采样准则,$p(x)$ 的分布可以由下面加权近似代替:

$$p(x) = \sum_{i=1}^{N_s} w^i \delta(x - x^i) \tag{5.4.6}$$

式中:$w^i \propto \dfrac{\pi(x^i)}{q(x^i)} \propto \dfrac{p(x^i)}{q(x^i)}$;$\delta(\cdot)$ 是狄拉克函数。

在获得状态 $x_{0:k}$ 的后验概率分布 $p(x_{0:k}|z_{1:k})$ 之后,可以通过简单运算获得状态 $x_{0:k}$ 上任意函数 $f(\cdot)$ 的估计。

$$f(\hat{x}_{0:k}) = \int f(x_{0:k}) p(x_{0:k}|z_{1:k}) \mathrm{d}x_{0:k} = \sum_{i=1}^{N_s} f(x_{0:k}^i) w_k^i \tag{5.4.7}$$

比较式(5.4.5)和式(5.4.7)可知,重要性采样是为解决粒子直接从后验概率分布 $p(x_{0:k}|z_{1:k})$ 采样困难的问题而提出的一种近似方法,其形式就是改变了粒子的相应权值 w^i。不采用重要性采样准则而直接从后验概率分布 $p(x_{0:k}|z_{1:k})$ 采样粒子时,粒子权重是 $1/N_s$;采用重要性采样准则后,粒子权重为 $w^i = \dfrac{p(x^i)}{q(x^i)}$。

与 UKF 相比可知,在 UKF 中关键部分 UT 变换,通过 UT 变换实现非线性估计;而在 PF 中,关键是求取粒子的权值,获取权值后可直接通过线性组合求取粒子上非线性函数的估计。

但是贝叶斯重要性采样需要用到所有历史时刻的状态量和观测量,在实际运算中需要保存较多的运算变量,计算存储负担较重,因此受到较大的限制。采用递推形式的序列重要性采样方法较好地克服了这一缺点。

4. 序列重要性采样(SIS)

序列重要性采样(Sequential Importance Sampling,SIS)是对所有粒子进行相应的递归计算的一种方法。在 k 次递归开始时,假定已经估计出用粒子 $\{x_{0:k-1}^i, w_{k-1}^i\}_{i=1}^{N_s}$ 表示的系统 $k-1$ 时刻的后验概率 $p(x_{0:k-1}|z_{1:k-1})$,那么在 k 时刻的观测值 z_k 到来后需要用新的粒子 $\{x_{0:k}^i, w_k^i\}_{i=1}^{N_s}$ 近似表示 k 时刻的后验概率分布 $p(x_{0:k}|z_{1:k})$ 估计。针对新的粒子信息,需要更新粒子的样本和权值两部分。

针对粒子样本的更新,如果选择重要性密度 $q(x)$ 为可分解因式,即

$$q(x_{0:k}|z_{1:k}) = q(x_k|x_{0:k-1}, z_{1:k})q(x_{0:k-1}|z_{1:k-1}) \tag{5.4.8}$$

则只需采用新的状态(新粒子)$x_k^i \sim q(x_k|x_{0:k-1}, z_{1:k})$ 扩充现有的采样样本 $x_{k-1}^i \sim q(x_{0:k-1}|z_{1:k-1})$ 就可以获得所需要的新采样样本 $x_{0:k}^i \sim q(x_{0:k}|x_{0:k}, z_{1:k})$。于是

$$\begin{aligned} p(x_{0:k}|z_{1:k}) &= \frac{p(z_k|x_{0:k}, z_{1:k-1})p(x_{0:k}|z_{1:k-1})}{p(z_k|z_{1:k-1})} \\ &= \frac{p(z_k|x_k)p(x_k|x_{k-1})}{p(z_k|z_{0:k-1})}p(x_{0:k-1}|z_{1:k-1}) \\ &\propto p(z_k|x_k)p(x_k|x_{k-1})p(x_{0:k-1}|z_{1:k-1}) \end{aligned} \tag{5.4.9}$$

所以

$$w_k^i \propto \frac{p(z_k|x_k^i)p(x_k^i|x_{k-1}^i)p(x_{0:k-1}^i|z_{1:k-1})}{q(x_k^i|x_{0:k-1}^i, z_{1:k})q(x_{0:k-1}^i|z_{1:k-1})} = w_{k-1}^i \frac{p(z_k|x_k^i)p(x_k^i|x_{k-1}^i)}{q(x_k^i|x_{0:k-1}^i, z_{1:k})} \tag{5.4.10}$$

这就是权值更新的递推形式。选取 $q(x_k|x_{0:k-1}, z_{1:k}) = q(x_k|x_{k-1}, z_k)$,即重要性密度 $q(\cdot)$ 只与前一时刻状态 x_{k-1} 和本时刻测量 z_k 有关,从而避免了保存大量的历史数据。

权值的更新公式(5.4.10)改写为

$$w_k^i \propto w_{k-1}^i \frac{p(z_k|x_k^i)p(x_k^i|x_{k-1}^i)}{q(x_k^i|x_{k-1}^i, z_k)} \tag{5.4.11}$$

权值更新后,后验概率密度的近似估计表示为

$$p(x_k|z_{1:k}) \approx \sum_{i=1}^{N_s} w_k^i \delta(x_k - x_k^i) \tag{5.4.12}$$

5. 重采样

基于序列重要性采样(SIS)思想,以粒子和相应权值近似估计后验概率密度的方法在实际应用中存在退化现象,即经过一定次数的递推迭代,大多数粒子的权值趋近于 0,权重只是集中在少数粒子上面。也就是说,大量计算工作被浪费了。我们当然希望所有粒子能对滤波产生作用,因此粒子权重分布越均匀(方差越小)越好。粒子发生退化现象时,可用 $N_{eff} = 1\Big/\sum_{i=1}^{N_s}(w^i)^2$ 表征。N_{eff}越小表明退化现象越严重。

重采样(Resampling)是一种抑制粒子退化的有效方法。所谓重采样,是指发现明显的退化现象(如N_{eff}小于某个设定的门限值N_T)时,将现有的样本集合重新采样N_s次,将那些权值很小的粒子删除,一次也不被采样,而那些权值较大的粒子将被多次采样。在这个过程中,原来粒子权值越大,被再次采样的次数就越多。在新的样本集合中所有样本的权值都变成一样($1/N_s$)。就具体实现而言,重采样有简单随机采样(Simple Random Resampling)、残差采样(Residual Resampling)、系统采样(Systematic Resampling)等多种算法。现以其系统采样(亦称最小方差)为例说明实现流程。

重采样算法流程如下:

$$[\{x_k^j, w_k^j\}_{j=1}^{N_s}] = RESAMPLE[\{x_k^i, w_k^i\}_{i=1}^{N_s}]$$

初始化 CDF: $c_1 = w_k^1$

For i = 2 to N_s

创建 CDF: $c_i = c_{i-1} + w_k^i$

End For

从 CDF 的底部开始: $i = 1$

选择一个起点: $u_1 \sim U[0, N_s^{-1}]$

For $j = 1 : N_s$

在 CDF 中移动: $u_j = u_1 + N_s^{-1}(j-1)$

While $u_j > c_i$

$i = i + 1$

End While

样本更新: $x_k^j = x_k^i$

权值更新: $w_k^j = N_s^{-1}$

End For

6. 滤波基本算法

粒子滤波是一种随机抽样方法,它使用粒子以及权重近似离散逼近某一需要求解的概率分布。在 SIS 框架下,采用不断更新的粒子以及相应权值的组合表示后验概率密度。其基本滤波过程伪码如下:

$$[\{x_k^i, w_k^i\}_{i=1}^{N_s}] = SIS\_PF[\{x_{k-1}^i, w_{k-1}^i\}_{i=1}^{N_s}, z_k]$$

For $i = 1$ to N_s

粒子采样获取: $x_k^i \sim q(x_k | x_{k-1}^i, z_k)$

权值确定: $$w_k^i \propto w_{k-1}^i \frac{p(z_k | x_k^i) p(x_k^i | x_{k-1}^i)}{q(x_k^i | x_{k-1}^i, z_k)}$$

采用重采样算法,更新粒子 x_k^i 以及 w_k^i

End For

5.4.2 重要性密度的选择

1. 先验分布

粒子滤波在执行过程中通常选择先验概率分布作为重要性密度函数,即

$$q(x_k^i|x_{k-1}^i,z_k) = p(x_k^i|x_{k-1}^i)$$

由式(5.4.11)可知

$$w_k^i \propto w_{k-1}^i p(z_k|x_k^i) \tag{5.4.13}$$

由于权值需要归一化处理,式(5.4.13)亦可写成等式形式,即

$$w_k^i = w_{k-1}^i p(z_k|x_k^i) \tag{5.4.14}$$

选择先验概率分布作为重要性函数的优点是易于执行,在观测精度不高的场合,该方法可取得较好的效果。但是由于没有使用最新的观测值,滤波精度受到了一定的影响。

2. 最优分布

1999年Doucet证明在给定x_{k-1}、y_t的情况下,能最小化重要性权值方差的最优重要性密度函数为

$$q(x_k^i|x_{k-1}^i,z_k) = p(x_k^i|x_{k-1}^i,z_k) = \frac{p(z_k|x_k^i,x_{k-1}^i)p(x_k^i|x_{k-1}^i)}{p(z_k|x_{k-1}^k)} \tag{5.4.15}$$

代入式(5.4.10)可得

$$w_k^i = w_{k-1}^i p(z_k|x_{k-1}^i) = w_{k-1}^i \int p(z_k|x_k^i)p(x_k^i|x_{k-1}^i)\mathrm{d}x_k^i \tag{5.4.16}$$

在最优分布中利用了最新的测量值,并能使重要性权值方差最小化,但是积分运算通常情况下不便实现。

5.4.3 SIR滤波器

在序列重要性采样SIS的框架下,根据重要性密度或者重采样的不同,存在不同的滤波器,如Sampling Importance Resampling(SIR)、Auxiliary Sampling Importance Resampling(ASIR)、Regularized Particle Filter(RPF)等。下面主要介绍一类常见滤波器——SIR滤波器。

系统方程$x_{k+1}=f_k(x_k,w_k)$,量测方程$z_{k+1}=h_{k+1}(x_{k+1},v_{k+1})$已知,其中$w_k$、$v_{k+1}$分别为过程噪声和量测噪声。

选择$p(x_k^i|x_{k-1}^i)$作为重要性密度函数,即$q(x_k^i|x_{k-1}^i,z_k)=p(x_k^i|x_{k-1}^i)$。由于$x_k^i\sim q(x_k^i|x_{k-1}^i,z_k)=p(x_k^i|x_{k-1}^i)$,则可以通过$x_k^i=f_{k-1}(x_{k-1}^i,w_{k-1})$得到$x_k^i$。重要性权值由$w_k^i\propto w_{k-1}^i p(z_k|x_k^i)$得到(亦可取$w_k^i\propto p(z_k|x_k^i)$,因为经重采样和归一化处理,$w_{k-1}^i$的影响可以消除)。

SIR Particle Filter解算过程如下:

$$[\{x_k^i,w_k^i\}] = SIR[\{x_{k-1}^i,w_{k-1}^i\},z_k]$$

For $i=1$ to N_s

采样:$x_k^i\sim p(x_k|x_{k-1}^i)$

计算重要性权重:$w_k^i=p(z_k|x_k^i)$

归一化重要性权重:w_k^i

利用$[\{x_k^j,w_k^j\}_{j=1}^{N_s}]=RESAMPLE[\{x_k^i,w_k^i\}_{i=1}^{N_s}]$进行重采样

End For

5.4.4 粒子滤波应用实例

例子5.3 对于非线性非高斯系统,系统方程为

$$x_k = 1/3x_{k-1} + 20x_{k-1}/(1 + x_{k-1})\hat{}2 + 10\sin(1.5k) + w_{k-1}$$

量测方程为

$$z_k = x_k + x_k^2/15 + v_k$$

式中:系统噪声 w_{k-1}、量测噪声 v_k 的方差分别为 $Q=10, R=1$。求基于粒子滤波的系统状态的估计。

由题可知,对于非线性非高斯的系统,传统卡尔曼滤波、EKF、UKF 均不符合滤波前提条件,可采用粒子滤波方法实现系统状态的次优估计。基本粒子滤波算法解算过程如下:

程序开始:Start Program

参数初始化:粒子数量 N_s、递推迭代次数 T、系统噪声方差 Q、量测噪声方差 R

初始化样本:根据先验条件抽取随机初始样本 $x_0^1, x_0^2, \cdots, x_0^{N_s}$ 和初始权值 $w_0^i = 1/N_s (i=1,2,\cdots,N_s)$

For $k=1$ to T

由粒子样本 $x_{k-1}^1, x_{k-1}^2, \cdots, x_{k-1}^{N_s}$ 代入系统方程求取随机样本的一次预测样本 $x_{k,k-1}^1$, $x_{k,k-1}^2 \cdots x_{k,k-1}^{N_s}$

将一次预测样本代入量测方程,求得测量的一次预测 $z_{k,k-1}^1, z_{k,k-1}^2, \cdots, z_{k,k-1}^{N_s}$,再结合实际测量 z_k 和重要性密度,求得样本的权值 $w_{k,k-1}^1, w_{k,k-1}^2, \cdots, w_{k,k-1}^{N_s}$(已归一化处理)

利用重采样方法对一次预测样本以及权值进行更新,求得更新的粒子样本 $x_k^1, x_k^2, \cdots, x_k^{N_s}$ 以及权值 $w_k^1, w_k^2, \cdots, w_k^{N_s} = 1/N_s$

End For

利用 $\overline{x_T} = \sum_{i=1}^{N_s} w_T^i x_T^i$

实现状态估计。

程序结束:End Program

粒子数 $N_s=50$,粒子滤波估计均方根误差(Root Mean Squared Error, RMSE)$RMSE_{50} = 3.1437$,计算机仿真运行结果分别如图 5-19 和图 5-20 所示。

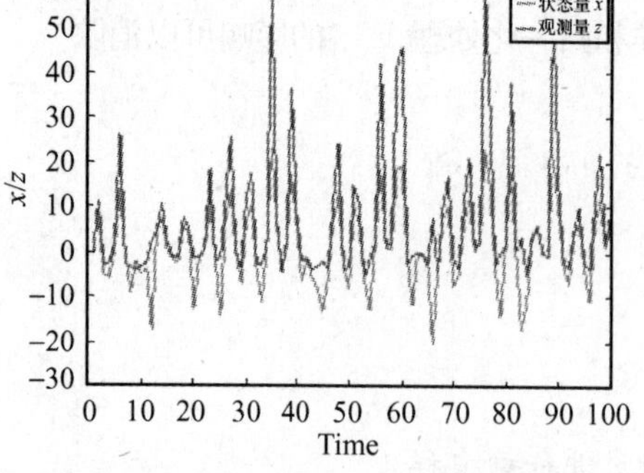

图 5-19 系统仿真的状态量和观测量

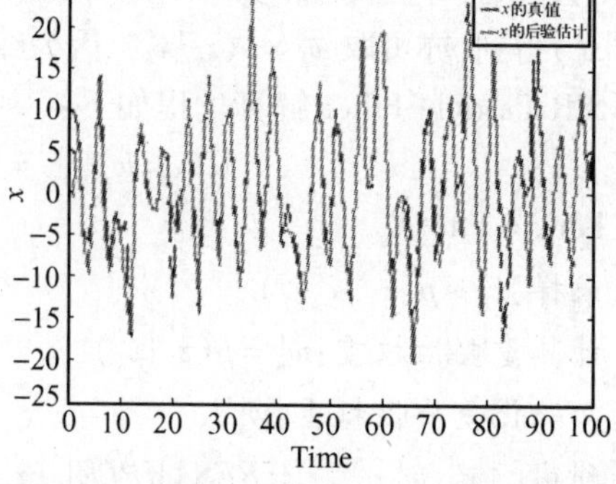

图 5-20 粒子数为 50 时,系统状态的估计(滤波)

粒子数 $N_s=100$,粒子滤波估计均方根误差 $RMSE_{100} = 2.0948$,计算机仿真运行结果分别如图 5-21 和图 5-22 所示。

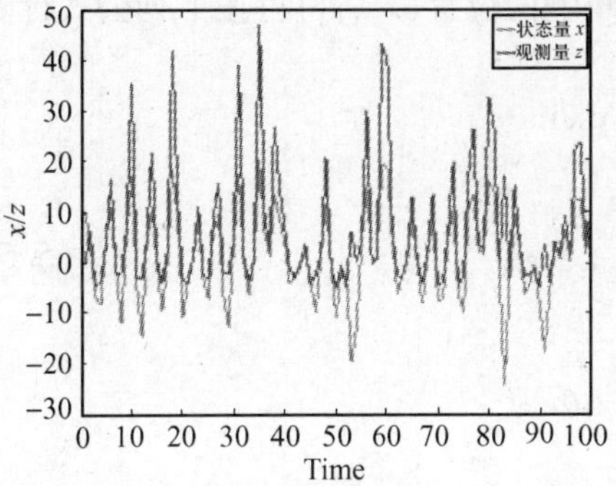

图 5-21　系统仿真的状态量和观测量

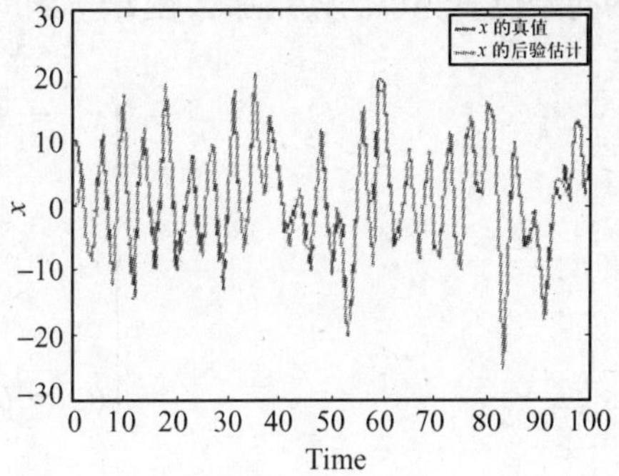

图 5-22　粒子数为 100 时，系统状态的估计(滤波)

粒子数 $N_s=200$，粒子滤波估计均方根误差 $RMSE_{200}=2.0142$，计算机仿真运行结果分别如图 5-23 和图 5-24 所示。

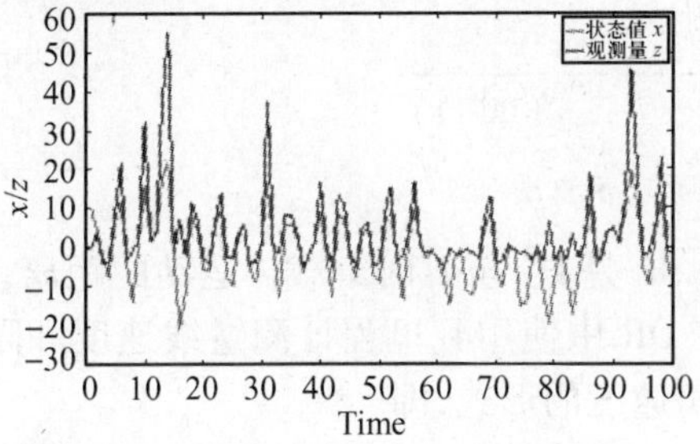

图 5-23　系统仿真的状态量和观测量

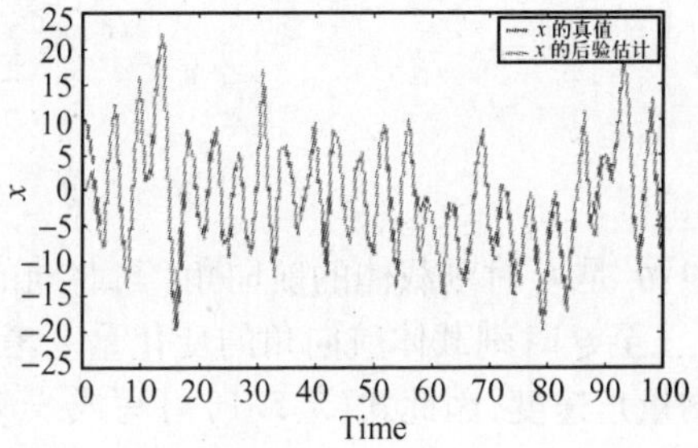

图 5-24　粒子数为 200 时，系统状态的估计(滤波)

5.5　非线性滤波技术在 GPS/DR 组合定位系统中的应用

GPS 和 DR 是两种常见的导航定位方式。GPS 定位精度高，不随时间发散，但是容易受到外界干扰，属于一种非自主式导航定位方式；DR 定位精度有限，并且误差随时间增长而发散，其优点是不接受外界信息，不易被干扰，属于一种自主式的导航定位方式。根据两者的特点，采用信息融合技术实现 GPS/DR 组合系统，能发挥各自的优点，且组合后系统精度优于各自系统的精度。

本节将针对系统的非线性组合模型，分别应用 EKF、UKF 和 PF 等非线性滤波技术，并进行相关的计算机仿真。

5.5.1　DR 系统定位原理

为了简单起见，这里主要考虑载体(车辆、船舶等)在平面内的二维运动。如果车辆的起始位置和所有时刻的位移(包括距离和方向)已知，则通过在初始位置上累加位移向量的方法可以推算出载体的新的位置。如图 5-25 所示，系统采用东北坐标系，x 轴指向正东向，y 轴指向正北向，载体在坐标系中的位置可以用 (x,y) 来描述。已知在 t_0 时刻载体的初始位置为(x_0,y_0),那么在$t_n(n\geqslant 1)$时刻,车辆的位置(x_n,y_n)可按下列公式计算:

$$\begin{cases} x_n = x_0 + \sum_{i=0}^{n-1} d_i\sin\theta_i \\ y_n = y_0 + \sum_{i=0}^{n-1} d_i\cos\theta_i \\ \theta_n = \theta_0 + \sum_{i=0}^{n-1} \Delta\theta_i \end{cases} \tag{5.5.1}$$

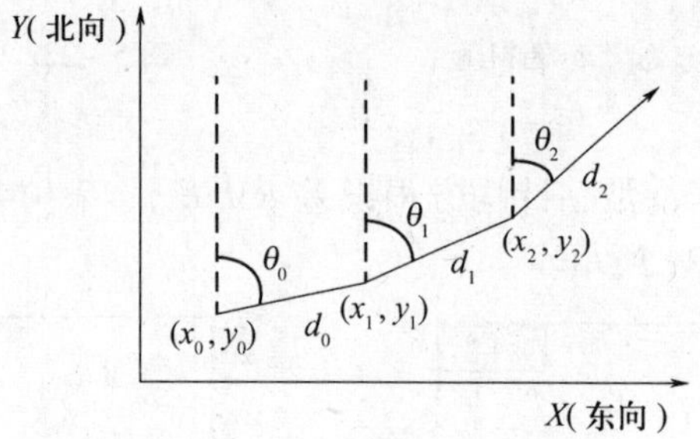

图5-25 船位推算原理示意图

式中:θ_i是t_i时刻载体的航向角(与北向的夹角);d_i是t_{i-1}至t_i时刻载体运动的距离;$\Delta\theta_i$是t_{i-1}至t_i时刻载体航向角的变化量。考虑到在DR中使用到里程计测量线速度和陀螺仪测量角速度,因此式(5.5.1)可写成线速度和角速度的形式,即

$$\begin{cases} x_n = x_0 + \sum_{i=0}^{n-1} v_iT\sin\theta_i \\ y_n = y_0 + \sum_{i=0}^{n-1} v_iT\cos\theta_i \\ \theta_n = \theta_0 + \sum_{i=0}^{n-1} \omega_iT \end{cases} \tag{5.5.2}$$

式中:v_i、ω_i、T分别表示载体的线速度、角速度和采样周期。

5.5.2 GPS/DR组合系统的状态方程

状态方程的建立首先应该考虑系统状态的选择。在本组合系统中分别取载体的东向、北向的位移、速度和加速度为系统状态,$\boldsymbol{X}=[x_e \quad v_e \quad a_e \quad x_n \quad v_n \quad a_n]^T$,则系统的状态方程可表示为

$$\boldsymbol{X}_{(k)} = \begin{bmatrix} x_{e(k+1)} \\ v_{e(k+1)} \\ a_{e(k+1)} \\ x_{n(k+1)} \\ v_{n(k+1)} \\ a_{n(k+1)} \end{bmatrix} = \begin{bmatrix} 1 & T & \frac{T^2}{2} & 0 & 0 & 0 \\ 0 & 1 & T & 0 & 0 & 0 \\ 0 & 0 & 1 & 0 & 0 & 0 \\ 0 & 0 & 0 & 1 & T & \frac{T^2}{2} \\ 0 & 0 & 0 & 0 & 1 & T \\ 0 & 0 & 0 & 0 & 0 & 1 \end{bmatrix} \begin{bmatrix} x_{e(k)} \\ v_{e(k)} \\ a_{e(k)} \\ x_{n(k)} \\ v_{n(k)} \\ a_{n(k)} \end{bmatrix} + \begin{bmatrix} 0 \\ 0 \\ w_{ae} \\ 0 \\ 0 \\ w_{an} \end{bmatrix} \tag{5.5.3}$$

式中：$x_{e(k)}$、$v_{e(k)}$、$a_{e(k)}$分别为 k 时刻载体东向位移、速度和加速度；$x_{e(k)}$、$v_{e(k)}$、$a_{e(k)}$分别为 k 时刻载体北向位移、速度和加速度；T 为采样周期；ω_{ae}、ω_{an}分别为东向、北向载体加速度的零均值高斯噪声，其方差分别为 σ_{ae}^2、σ_{an}^2。

5.5.3　GPS/DR 组合系统的量测方程

分别以 GPS 的东向位置信息 x_{GPSe}、北向位置信息 x_{GPSn}、DR 系统角速率陀螺仪角速率输出 ω_{DR}以及里程计在一个采样周期内的距离 d_{DR}为观测量，观测量和状态量的关系见式(5.5.5)。

$$\begin{cases} x_{GPSe} = x_e + w_{xe} \\ x_{GPSn} = x_n + w_{xn} \\ \omega_{DR} = \dfrac{\partial \tan^{-1}(v_e/v_n)}{\partial t} + w_\omega = \dfrac{v_n a_e - v_e a_n}{v_e^2 - v_n^2} + w_\omega \\ d_{DR} = T\sqrt{v_e^2 + v_n^2} + w_d \end{cases} \tag{5.5.4}$$

所以组合系统的观测方程为

$$\begin{bmatrix} x_{GPSe(k+1)} \\ x_{GPSn(k+1)} \\ \omega_{DR(k+1)} \\ \omega_{DR(k+1)} \end{bmatrix} = h(\boldsymbol{X}_{k+1}) + \begin{bmatrix} w_{xe} \\ w_{xn} \\ w_\omega \\ w_d \end{bmatrix} = \begin{bmatrix} x_{e(k+1)} \\ x_{n(k+1)} \\ \dfrac{v_{n(k+1)} a_{e(k+1)} - v_{e(k+1)} a_{n(k+1)}}{v_{e(k+1)}^2 - v_{n(k+1)}^2} \\ T\sqrt{v_{e(k+1)}^2 + v_{n(k+1)}^2} \end{bmatrix} + \begin{bmatrix} w_{xe} \\ w_{xn} \\ w_\omega \\ w_d \end{bmatrix} \tag{5.5.5}$$

式中：w_{xe}、w_{xn}、w_ω、w_d 分别为 GPS 东向速度、北向速度观测噪声、DR 系统陀螺仪和里程计观测噪声。为了问题简化，将这些噪声近似为零均值高斯白噪声，其方差分别是 σ_{xe}^2、σ_{xn}^2、σ_ω^2、σ_d^2。

由系统量测方程可知，该系统是非线性的。下面分别以扩展卡尔曼滤波(EKF)、无迹卡尔曼滤波(UKF)和粒子滤波(PF)来估计组合系统的状态。

5.5.4　三种非线性滤波方法比较

1. 基于 EKF 的 GPS/DR 组合系统状态估计

将量测方程中 $h(\boldsymbol{X}_{k+1})$采用泰勒级数在状态一步预测 $\boldsymbol{X}_{k+1,k}$处展开，并忽略二次以上高次项，可得

$$\boldsymbol{Z}_{k+1} = h(\boldsymbol{X}_{k+1,k}) + \boldsymbol{H}_k(\boldsymbol{X}_{k+1} - \boldsymbol{X}_{k+1,k}) + \boldsymbol{W}_{k+1} \tag{5.5.6}$$

式(5.5.6)中

$$\boldsymbol{H}_{k+1} = \left.\frac{\partial h(\boldsymbol{X}_{k+1})}{\partial \boldsymbol{X}_{k+1}}\right|_{\boldsymbol{X}_{k+1} = \boldsymbol{X}_{k+1,k}} = \begin{bmatrix} 1 & 0 & 0 & 0 & 0 & 0 \\ 0 & 0 & 0 & 1 & 0 & 0 \\ 0 & h_1 & h_2 & 0 & h_3 & h_4 \\ 0 & h_5 & 0 & 0 & h_6 & 0 \end{bmatrix} \tag{5.5.7}$$

式(5.5.7)中

$$\begin{cases} h_1 = \dfrac{a_n v_e - 2v_e v_n a_e - a_n v_n^2}{(v_n^2 + v_e^2)^2} \\ h_2 = \dfrac{v_n}{v_n^2 + v_e^2} \\ h_3 = \dfrac{a_e v_e + 2v_e v_n a_n - a_e v_n^2}{(v_n^2 + v_e^2)^2} \\ h_4 = \dfrac{-v_e}{v_n^2 + v_e^2} \\ h_5 = \dfrac{Tv_e}{\sqrt{v_e^2 + v_n^2}} \\ h_6 = \dfrac{Tv_n}{\sqrt{v_e^2 + v_n^2}} \end{cases}$$

设定载体以 $15\sqrt{2}$ m/s 的速度，以 45°航向角进行匀速直线运动，仿真时间为 350s，采样周期 $T = 0.1$s；初始状态 $\boldsymbol{X}_{(0)} = [0 \quad 15 \quad 0 \quad 0 \quad 15 \quad 0]^{\mathrm{T}}$，初始状态方差 $\boldsymbol{P}_{(0)} = \mathrm{diag}\{[1 \quad 1 \quad 1 \quad 1 \quad 1 \quad 1]^{\mathrm{T}}\}$；系统噪声、量测噪声方差分别为 $\sigma_{ae}^2 = 0.000005$、$\sigma_{an}^2 = 0.000005$、$\sigma_{xe}^2 = 0.009$、$\sigma_{xn}^2 = 0.007$、$\sigma_{\omega}^2 = 0.00002$、$\sigma_d^2 = 0.5$，各噪声互不相关。

图 5－26 至图 5－29 分别给出了单独 GPS、DR 定位误差曲线。图 5－30 和图 5－31 是用 EKF 滤波算法对 GPS/DR 组合系统状态估计进行仿真，其定位误差曲线结果分别如图 5－32 和图 5－33 所示。

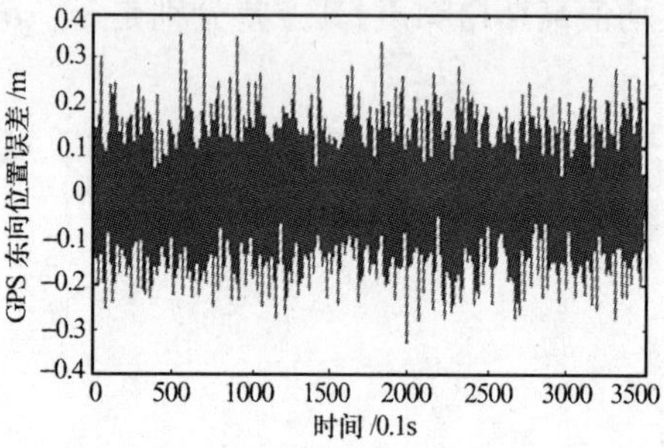

图 5－26　GPS 东向位置定位误差

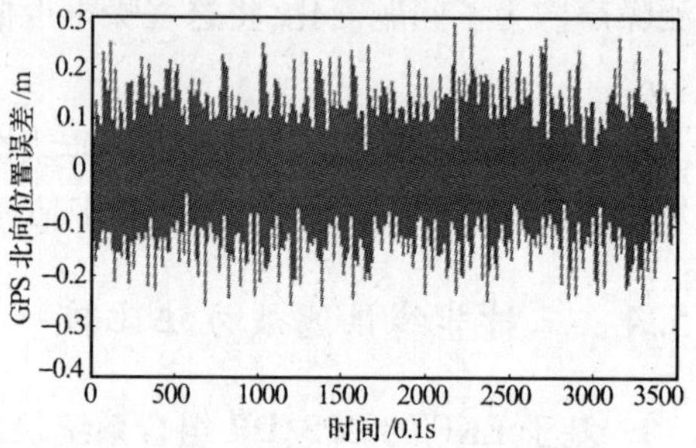

图 5－27　GPS 北向位置定位误差

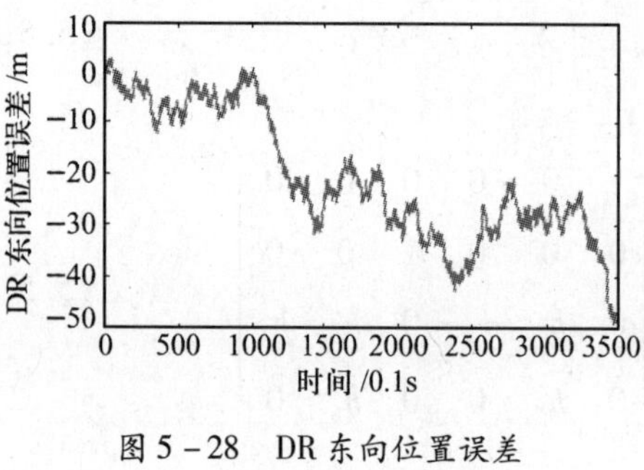

图 5－28　DR 东向位置误差

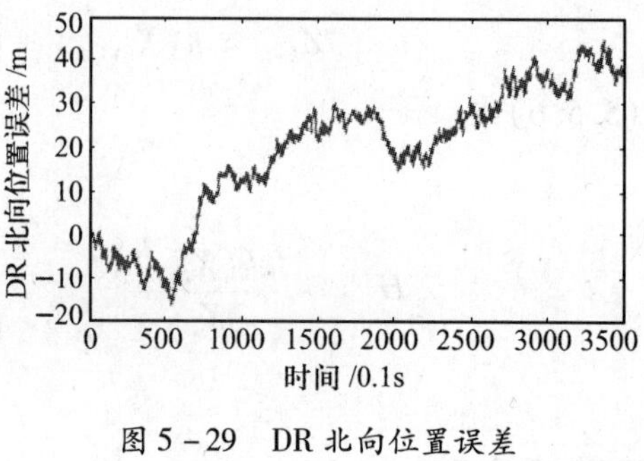

图 5－29　DR 北向位置误差

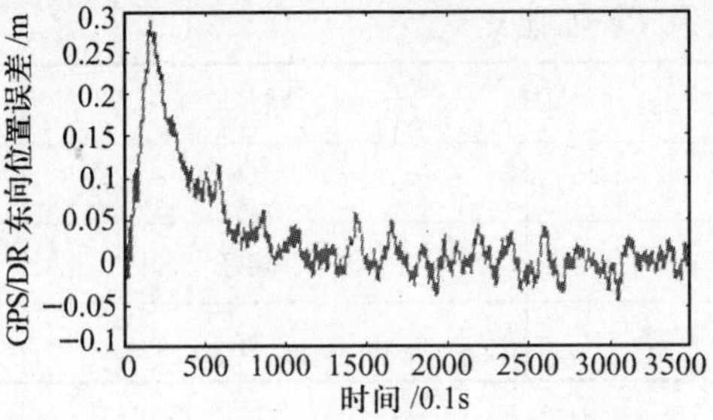

图 5－30　GPS/DR 组合东向位置误差(EKF)

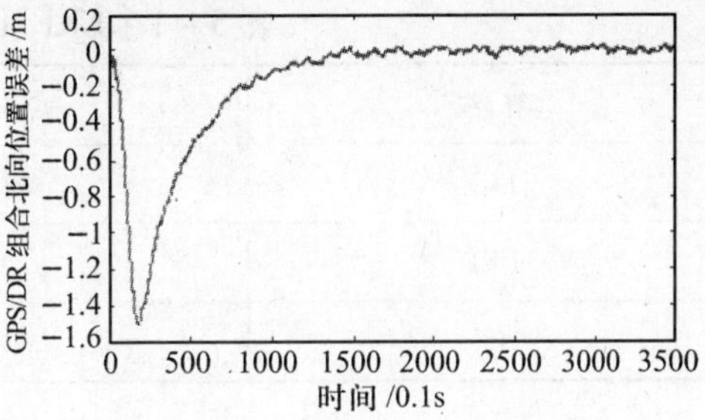

图 5－31　GPS/DR 组合北向位置误差(EKF)

2. 基于 UKF 的 GPS/DR 组合系统状态估计

系统状态维数 $n=6$，Sigma 集合个数为 $2n+1=13$。取 $\lambda=2$，其他条件与 EKF 相同，用 UKF 滤波算法对 GPS/DR 组合系统状态估计进行仿真，结果分别如图 5－32 和图 5－33 所示。

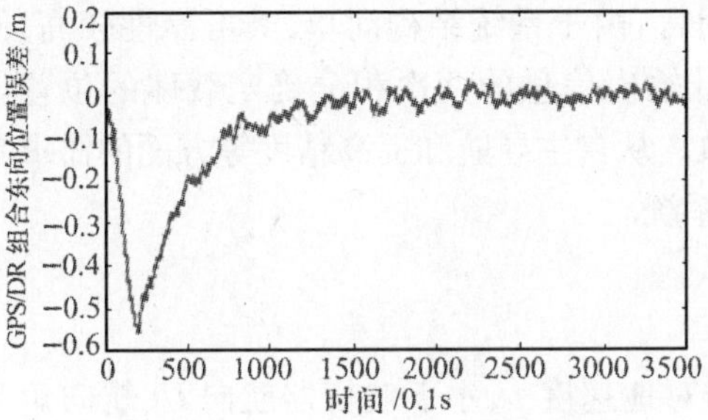

图 5－32　GPS/DR 组合东向位置误差(UKF)

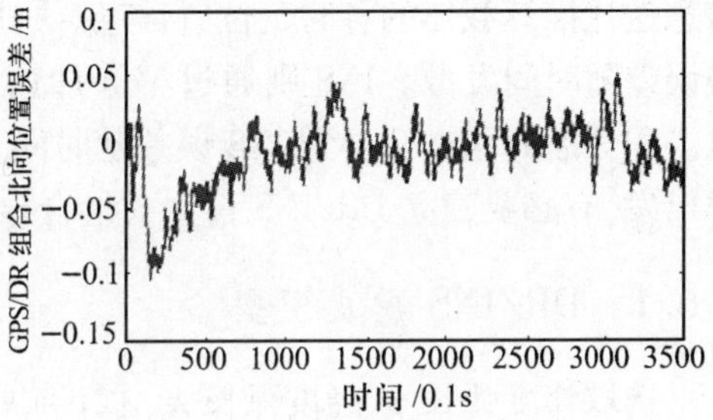

图 5－33　GPS/DR 组合北向位置误差(UKF)

3. 基于 PF 的 GPS/DR 组合系统状态估计

粒子数为 300，其他仿真条件与 EKF 一致，粒子滤波算法仿真结果如图 5－34 和图 5－35 所示。

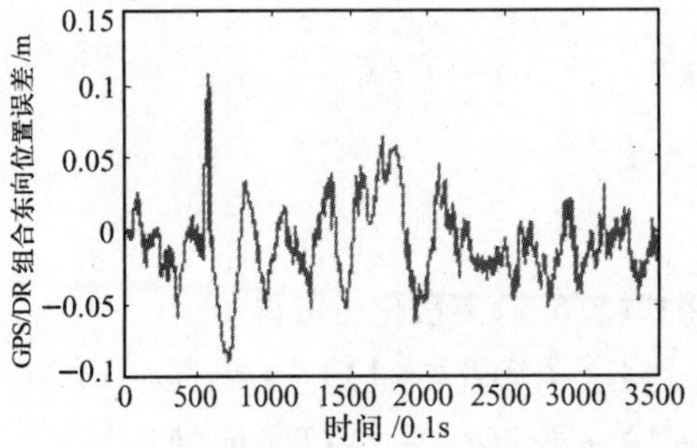

图 5－34　GPS/DR 组合东向位置误差(PF)

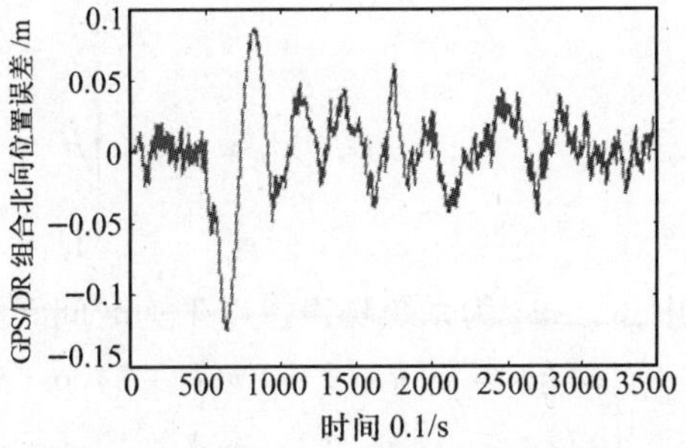

图 5－35　GPS/DR 组合北向位置误差(PF)

从数字仿真实验发现，就算法实时性而言，由于 UKF 不需要计算雅可比矩阵，其实时性最好；PF 在运算时运用了大量随机粒子，其实时性最差。就算法精度而言，只要保证一定规模的粒子，就可以以较高的精度逼近非线性系统，因此 PF 可以取得较高的精度；EKF 只能采用一阶近似逼近非线性系统，滤波精度最差。三种滤波方法的特点归纳见表 5.1。

表 5-1 EKF、UKF 及 PF 性能比较

算法	实时性	精度
EKF	较好	一般
UKF	好	较好
PF	一般	好

5.6 基于 UKF/PF 的水下导航组合滤波器设计

导航信息是水下航行器安全航行的必备信息。由于在水下无法接收 GPS、北斗、罗兰 C 等外部导航信息,水下航行器处于潜航状态时主要依靠自主式导航系统[12]。舰位推算(DR)和惯性导航系统(INS)是最常见的两种自主式导航方式。DR 利用航向信息和速度信息迭代推算载体的各时刻位置信息。一般而言,由于系统结构简单,其可靠性较高,但是误差随时间发散。INS 则通过解算加速度计输出信息的两次积分确定载体的位置信息。积分运算同样会导致 INS 误差随时间发散。从自主导航和提高精度等方面的需求考虑出发,有必要建立 DR/INS 自主式组合导航系统。

5.6.1 DR/INS 滤波模型

选取纬度弧长 φ、经度弧长 λ、水下航行器对地速度 v、水下航行器航向 H、航向角变化率 Ω 作为组合滤波器的状态量。假设水下航行器在某区域潜航,地球纬度弧长 φ、经度弧长 λ 近似为北向和东向位移,则系统状态方程可列写为

$$\begin{cases}\dot{\varphi} = v\cos H + w_1 \\ \dot{\lambda} = v\sin H + w_2 \\ \dot{v} = w_3 \\ \dot{H} = \Omega + w_4 \\ \dot{\Omega} = w_5\end{cases} \tag{5.6.1}$$

式中:$w_1 \sim w_5$ 为系统噪声。以 T 为时间间隔,将式(5.6.1)离散化后可得

$$\begin{cases}\varphi(k) = \varphi(k-1) - v(k-1)\cos(H(k-1) + T/2\Omega(k-1))T + w_1(k-1) \\ \lambda(k) = \lambda(k-1) - v(k-1)\sin(H(k-1) + T/2\Omega(k-1))T + w_2(k-1) \\ v(k) = v(k-1) + w_3(k-1) \\ H(k) = H(k-1) + \Omega(k-1)T + w_4(k-1) \\ \Omega(k) = \Omega(k-1) + w_5(k-1)\end{cases} \tag{5.6.2}$$

以 INS 的纬度 φ_m、经度 λ_m、航向 H_m 以及多普勒计程仪对地速度 v_m 为观测量,则系统的观测方程可列写为

$$\begin{cases}\varphi_m(k) = \varphi(k)/R_m + v_1(k) \\ \lambda_m(k) = \lambda(k)/R_n\cos(\varphi(k)/R_m) + v_2(k) \\ v_m(k) = v(k) + v_3(k) \\ H_m(k) = H(k) + v_4(k)\end{cases} \tag{5.6.3}$$

式中：$v_1 \sim v_4$ 为观测噪声。

联合式(5.6.2)和式(5.6.3)即构成了 DR/INS 组合滤波模型。系统的状态方程和观测方程均为非线性，采用 UKF/PF 算法进行组合滤波。

5.6.2 UKF/PF 混合滤波算法

在实际应用的许多情况下，噪声并不满足高斯分布，系统也是非线性的。因此，作为非高斯非线性的滤波方法，粒子滤波(PF)具有广泛的适用性。

1. UKF/PF 混合滤波算法

为了克服 PF 可能存在的粒子退化问题，我们在 UKF 的基础上，提出了一种 UKF 和 PF 的混合滤波方法(UKF/PF)。采用 UKF 状态估计为 PF 确定一种重要性函数，并将 PF 的所有粒子分为随机性粒子和确定性两部分，与传统 PF 滤波方法一样，随机粒子都从重要性函数中抽取，而确定性粒子则由 UKF 的 Sigma 点构成。利用标准粒子滤波的退化程度指标 N_{eff}($1 \leqslant N_{\text{eff}} \leqslant N$，$N$ 为 PF 随机粒子数)构造权函数，有

$$w(N_{\text{eff}}) = \frac{N_{\text{eff}}}{N-1} - \frac{1}{N-1} \tag{5.6.4}$$

利用权函数进行加权优化。权函数能根据 PF 退化程度自适应调整权值大小，PF 退化程度越严重，其所占权重越小：在 PF 未发生退化时，$N_{\text{eff}} = N$，$w(N_{\text{eff}}) = 1$，UKF-PF 混合滤波算法进化为 PF 滤波算法；当 PF 完全退化时 $N_{\text{eff}} = 1$，$w(N_{\text{eff}}) = 0$，UKF-PF 混合滤波算法退化为 UKF 滤波算法。

解算主要流程如下：

(1) 确定 UKF 样本点 Sigma 集合及相应权值；

(2) 根据系统状态方程求取 UKF 样本点传递值；

(3) UKF 系统状态均值和方差的一步预测；

(4) 根据系统量测方程求取 UKF 状态一步预测的传递值；

(5) 计算 UKF 量测值和协方差的一步预测；

(6) 计算 UKF 增益，更新状态向量均值和方差；

(7) 根据先验条件抽取 PF 随机样本；

(8) 由粒子样本代入系统方程求取随机样本的一次预测样本；

(9) 将 PF 一次预测样本代入量测方程，求得测量的一次预测，再结合实际测量和重要性密度，求得样本的权值，并将权值归一化处理；

(10) 将步骤(6)得到的系统状态估计记为 $\hat{x}_{\text{UKF}}$，将步骤(9)得到的系统状态估计记为 $\hat{x}_{\text{PF}}$，UKF/PF 混合滤波估计按下式确定：

$$\hat{x} = w(N_{\text{eff}})\hat{x}_{\text{PF}} + [1 - w(N_{\text{eff}})]\hat{x}_{\text{UKF}} \tag{5.6.5}$$

(11) 反复执行步骤(1)～(10)直至时间迭代结束。

UKF/PF 混合滤波方法的特点是不需要 PF 中重采样的过程,避免了粒子耗尽问题和单一化问题。但是算法将 UKF 和 PF 进行结合,加大了解算的计算量,实时性受到了影响。

2. UPF 滤波算法

国内外研究表明,如何选取合理粒子滤波重要性函数是其关键问题之一。一般地,可以选择先验密度 $p(x_k|x_{k-1})$ 为 PF 的重要性函数。该方法直观且易于实现,但是没有利用最新的观测信息进行粒子采样,滤波精度因此受到限制。研究者综合考虑先验密度和观测信息(似然密度)的作用,研究了一种 UKF 与 PF 相结合的 UPF(Unscented Particle Filter)滤波方法,利用 UKF 实时地进行状态的均值 $\hat{x}_{UKF}$ 和方差 $\hat{P}_{PF}$ 估计,以正态分布 $N(\hat{x}_{UKF},\hat{P}_{PF})$ 作为 PF 粒子采样的重要性函数,从而可以将采样粒子从高先验密度区向高似然密度区移动。

解算主要流程如下:

(1) 确定 UKF 样本点 Sigma 集合及相应权值;

(2) 根据系统状态方程求取 UKF 样本点传递值;

(3) UKF 系统状态均值和方差的一步预测;

(4) 根据系统量测方程求取 UKF 状态一步预测的传递值;

(5) 计算 UKF 量测值和协方差的一步预测;

(6) 计算 UKF 增益,更新状态向量均值 $\hat{x}_{UKF}$ 和方差 $\hat{P}_{PF}$;

(7) 根据步骤(6)的一、二阶估计量,以正态分布 $N(\hat{x}_{UKF},\hat{P}_{PF})$ 作为 PF 粒子采样的重要性函数,确定 PF 随机样本;

(8) 由粒子样本代入系统方程求取随机样本的一次预测样本;

(9) 将 PF 一次预测样本代入量测方程,求得测量的一次预测,再结合实际测量和重要性密度,求得样本的权值,并将权值归一化处理;

(10) PF 粒子重采样,确定新的粒子权值;

(11) 利用 $\hat{x}_T = \dfrac{1}{N}\sum_{i=1}^{N_s} x_T^i$ 实现状态估计,其中 N 为 PF 粒子数,x_T^i 是粒子样本值;

(12) 反复执行步骤(1)~(11)直至时间迭代结束。

UPF 滤波利用 UKF 估计的状态均值与方差构成正态分布的重要性函数进行 PF 随机粒子的采样,改进了一般 PF 滤波方法中重要性函数的选择方法,有利于将采样粒子从高先验密度区向高似然密度区移动,可以提高滤波精度。相对于一般 PF 滤波而言,UPF 解算的计算量有所增加,且同样需要重采样过程。

5.6.3 基于 UKF/PF 的组合滤波器仿真试验

设水下航行器在某局部海域作如图 5-36 所示的运动,仿真时间为 3 小时,航向角 $H=45°$,对地速度 $v=4$kn(约 2.0578m/s),初始纬度为 20°,初始经度为 120°,随机粒子数为 150。纬度弧长、经度弧长、速度、航向角、航向角速率对应加性系统噪声 $w_1\sim w_5$ 为零均值高斯噪声,方差分别为 1×10^{-4}、1×10^{-4}、4×10^{-4}、4×10^{-4}、4×10^{-4}。INS 的纬度 φ_m、经度 λ_m、INS 的航向 H_m 和多普勒对地速度 v_m 对应的观测噪声 $v_1\sim v_4$ 为零均值高斯噪声，方差分别为 1×10^{-4}、1×10^{-4}、4×10^{-4}、4×10^{-4}。

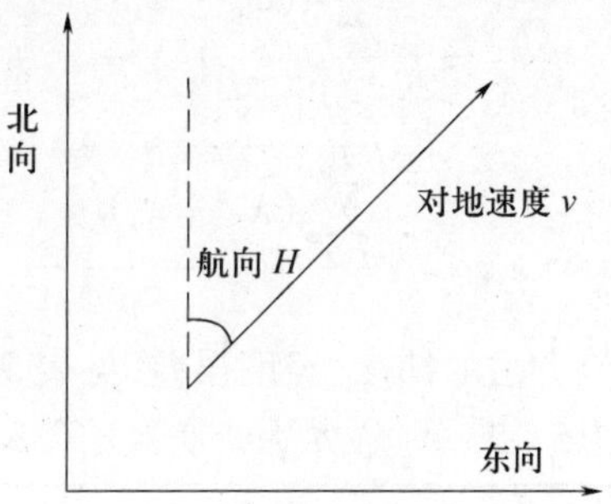

图 5-36　载体运动示意图

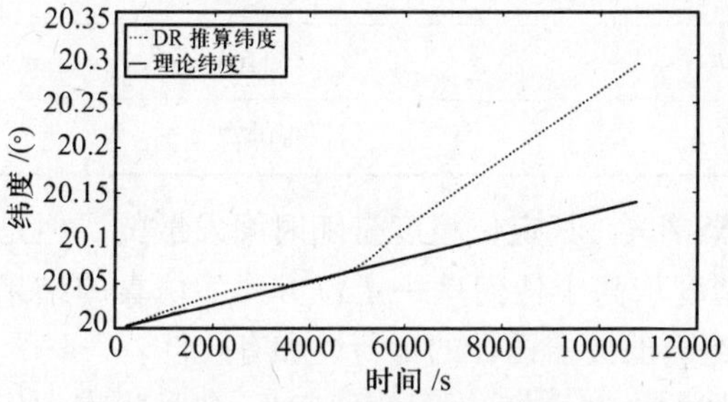

图 5-37　DR 推算的纬度

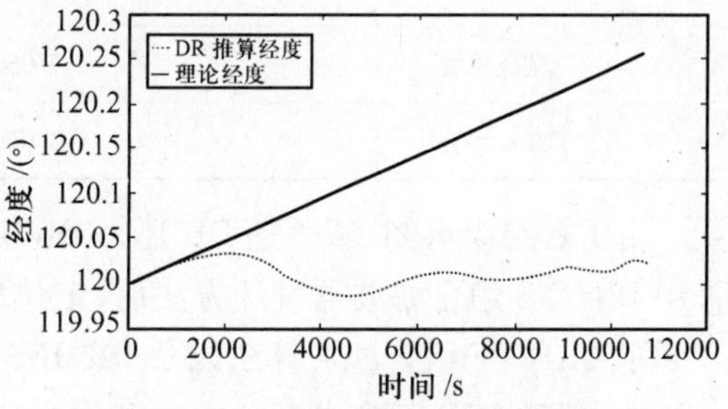

图 5-38　DR 推算的经度

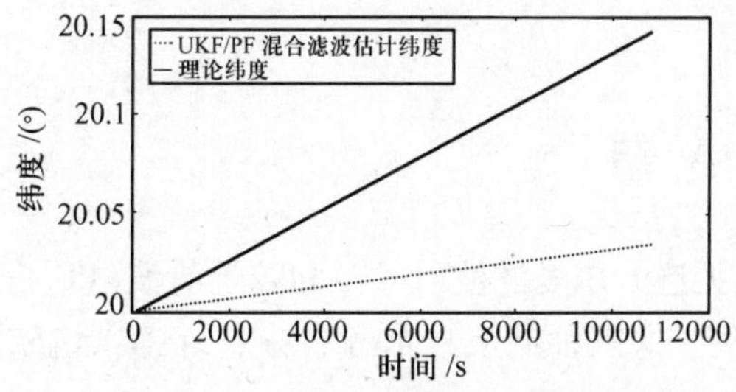

图 5-39　DR/INS 组合解算的纬度（UKF/PF 混合滤波）

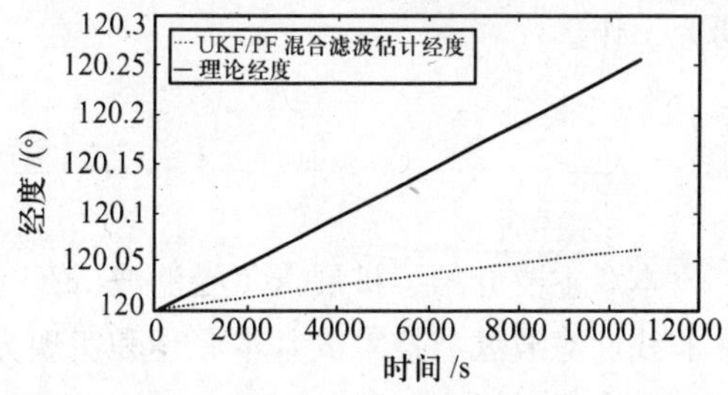

图 5-40　DR/INS 组合解算的经度（UKF/PF 混合滤波）

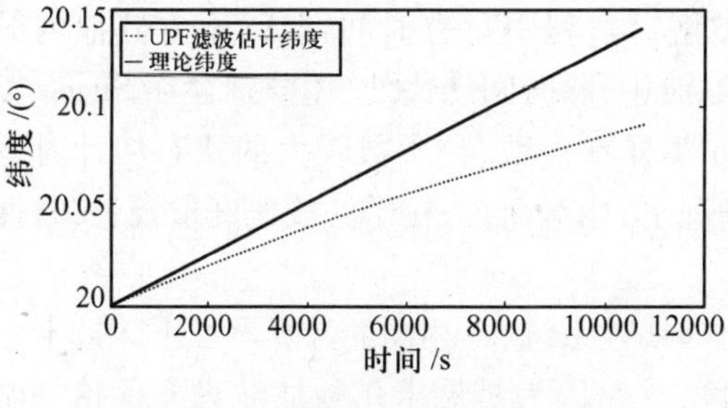

图 5-41　DR/INS 组合解算的纬度（UPF 滤波）

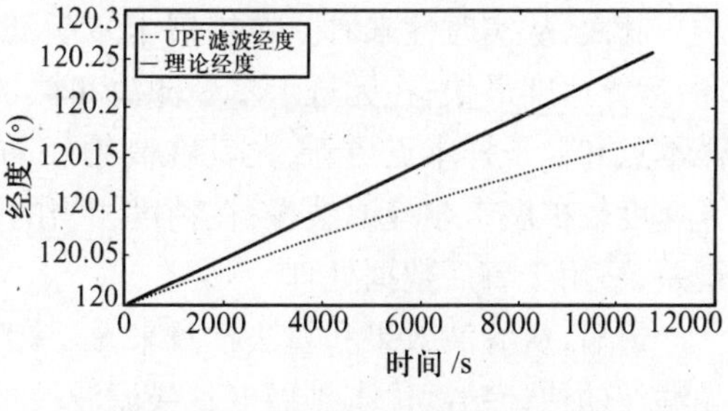

图 5-42　DR/INS 组合解算的经度（UPF 滤波）

设 L 为数据长度，φ_i、λ_i 分别为理论纬度、理论经度，φ_{ri}、λ_{ri} 分别为实际解算纬度、实际解算经度（$i=1,2,\cdots,L$），定义纬度误差、经度误差分别为

$$e_{\varphi} = \sqrt{\frac{\sum_{i=1}^{L} (\varphi_{ri} - \varphi_i)^2}{L}} \tag{5.6.6}$$

$$e_{\lambda} = \sqrt{\frac{\sum_{i=1}^{L} (\lambda_{ri} - \lambda_i)^2}{L}} \tag{5.6.7}$$

由仿真试验可得不同定位方法的纬度、经度误差，见表5-2。

表5-2　定位方法精度对比(3h)

定位方法	纬度误差	经度误差
DR	0.0613	0.1404
混合滤波	0.0607	0.1106
UPF 滤波	0.0261	0.0477

由仿真结果可知，不管是DR还是DR/INS组合，其定位精度是随时间发散的。但是采用DR/INS组合滤波器设计方法后，定位精度均高于任何单一定位方式。仿真的结果表明了UKF/PF组合滤波算法以及DR/INS组合滤波器设计的可行性和有效性。

在本节的DR/INS水下自主式组合滤波器仿真试验中，为了简便起见，各种噪声均作为零均值高斯平稳信息。对于各种噪声的建模，使之更贴近于实际情况，还需要进一步的研究工作。

本章小结

本章主要介绍了扩展卡尔曼滤波(EKF)、无迹卡尔曼滤波(UKF)和粒子滤波(PF)三种非线性滤波滤波技术的基本原理和实现方法。这三种滤波技术各有特点，在实际应用时应综合考虑，注意区分。

首先，从适用对象来看。目前，扩展卡尔曼滤波和无迹卡尔曼滤波只能适应高斯非线性系统；粒子滤波能适用于包括非高斯非线性系统在内的所有系统，其适用性最好。

其次，从实时性来看。在扩展卡尔曼滤波解算过程中只有时间迭代，不含其他内循环，运算速度最快；在无迹卡尔曼滤波和粒子滤波中，除时间迭代外，还分别存在Sigma集样本点和粒子样本点更新，尤其在高维、Sigma集样本点数、粒子数较大的状态估计时运算速度较扩展卡尔曼滤波慢；在精度相当的情况下，相对而言，粒子滤波速度最慢，实时性最差，适用于事后数据处理。

最后，从滤波效果和算法本身来看。针对非线性系统，在相同的计算参数下无迹卡尔曼滤波的估计精度优于扩展卡尔曼滤波的精度，这是因为扩展卡尔曼滤波只能保持一阶线性化精度，而无迹卡尔曼滤波能保持二阶精度；且相对扩展卡尔曼滤波而言，无迹卡尔曼滤波中，不需要求导计算雅可比矩阵。相对粒子滤波而言，无迹卡尔曼滤波采用确定性采样策略避免了粒子滤波的随机采样粒子衰退问题。但是，当粒子滤波的粒子数取足够大时(以牺牲实时性为代价)，粒子滤波效果是最好的。

参考文献

[1] Sorenson H W. Kalman Filtering: Theory and Application, IEEE Press, 1985.

[2] Song T L, Speyer J L. The Modified an Extended Kalman Filter and Parameter Identification in Linear System. Automatica, 1986, 22(1): 59 - 75.

[3] Julier S A, Uhlmann J. Unscented Filtering and Nonlinear Estimation. Proceedings of the IEEE, 2004, 92(3): 401 - 422.

[4] Fox D. KLD-Sampling: Adaptive Particle Filters. in Adv. Neural Inform. Process., Cambridge, MA: MIT Press, 2002.

[5] Van Der Merwe R, Wan E. The Square-root Unscented Kalman Filter for State and Parameter Estimation. in Proc. ICASSP'01, vol. 6: 3461 - 3464.

[6] 李涛. 非线性滤波方法在导航系统中的应用研究. 长沙:国防科学技术大学, 2003: 7 - 10.

[7] 姚剑敏. 粒子滤波跟踪方法研究. 北京:中国科学院, 2004: 12 - 50.

[8] 李静. 粒子滤波器关键技术及其应用的研究. 南京:南京大学, 2004: 1 - 10.

[9] Berzuini C, Best N G, Gilks W, et al. Dynamic Conditional Independent Models and Markov Chain Monte Carlo Methods. J. Amer. Statist. Assoc., vol. 92: 1403 - 1412, 1997.

[10] Berzuini C, Gilks W. RESAMPLE-MOVE Filtering with Cross-model Jumps. in Sequential Monte Carlo Methods in Practice, A. Doucet, J. F. G. de Freitas, N. J. Gordon, Eds. Berlin: Springer Verlag, 2001.

[11] 付梦印, 邓志红, 张继伟. Kalman 滤波理论及其在导航系统中的应用. 北京:科学出版社, 2003.

[12] 田坦. 水下定位与导航技术. 北京:国防工业出版社, 2007.

第6章 模糊自适应状态估计及其应用

组合导航系统信息融合问题始终存在着理想精确数学模型和复杂的现实世界之间的矛盾:如非线性时变的系统和降维近似的数学模型的差异,复杂变化的实际噪声和简化的噪声数学模型,以及理想的线性系统卡尔曼最优估计和难以满足其应用条件的实际系统。

近几年来,在信息处理领域中模糊推理(Fuzzy Reasoning,FR)、人工智能(Artificial Intelligence,AI)、神经网络(Neural Network,NN)三大技术的融合研究深受重视。三大技术融合可以构造出智能信息融合理论的基本框架,有国外学者把它简称为FAN,它们都是以计算机为主要平台的实用性很强的信息处理系统。图6-1所示为信息融合系统三元关系。

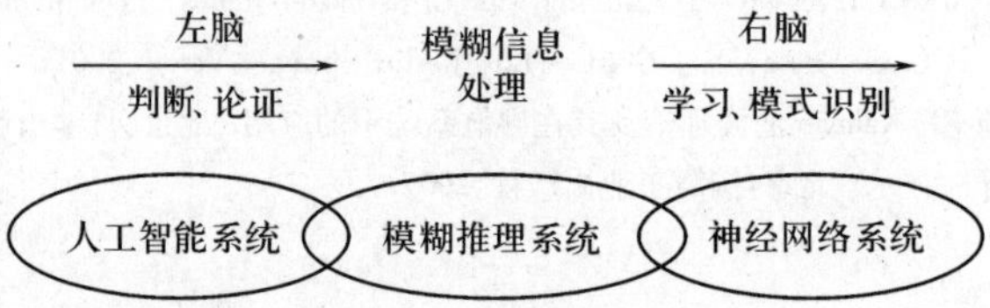

图6-1 信息融合系统三元关系[1,2]

如果把研究人员的研究风格分为侧重于观测数据的观测主义、侧重于数学模型的模型主义及强调结果的效果主义三大派,那么模糊推理属于效果主义,神经网络属于观测主义和效果主义,人工智能则属于模型主义和效果主义。进入20世纪90年代,基于智能信息融合技术的组合导航信息融合算法逐渐成为人们研究的重点。其中基于模糊推理,神经网络技术的自适应卡尔曼滤波算法的研究最具代表性。它针对常规卡尔曼滤波器误差产生的不同原因,采取模糊推理、神经网络等融合技术改善滤波器的设计,通过智能技术调控相应的计算环节,在不损失原有滤波器估计精度的基础上,提高系统对各种干扰的适应性。在国外一些组合导航系统的应用开发中,智能信息融合技术较好解决了滤波器发散、精度差、降维等问题。智能信息融合自适应卡尔曼滤波技术也因此成为目前组合导航算法一个新的理论研究方向。

基于智能信息融合技术的卡尔曼滤波算法的本质是利用神经网络和模糊推理等方法直接对系统模型、噪声模型以及增益阵进行调控,抑制造成滤波发散的因素,在不损失原有估计精度的基础上,增加了系统的鲁棒性。所以也可以这样认为,基于智能信息融合技术的卡尔曼滤波自适应算法的核心仍旧是各种的传统卡尔曼滤波器针对不同的误差原因进行修正调节实现的。从调节的卡尔曼滤波器状态来分,智能信息融合的卡尔曼滤波自适应算法有卡尔曼滤波增益调节、传感器权值调节、模型噪声调节等不同方法。从采取补偿技术的角度来分,目前有模糊控制自适应算法(FIR-AKF)、神经网络自适应算法(NN-AKF)和神经网络模糊推理自适应算法(ANFIS-AKF)3种技术。在随后的两章中,我们将对上述3种技术的组合导航应用问题进行介绍,本章重点介绍模糊控制技术在组合导航系统中的应用问题。

6.1　模糊理论概述

6.1.1　模糊现象存在的普遍性

人类很早就认识到模糊现象是普遍存在的。我国古代伟大的哲学家和思想家老子曰:“精确兮,模糊所伏,模糊兮,精确所依。”20世纪初,人们已经发现传统的二值逻辑具有局限性,并不能真正反映现实世界。著名哲学家和数学家罗素(B. Ruseell)在1923年就写出了有关“含糊性(Vagueness)”的论文,指出“传统逻辑都习惯于假定使用的是精确符号,所以它并不适合于现实生活,而只适合于想象中的理想情况”并明确指出“认为模糊知识必定是靠不住的,这种看法是大错特错的。”

在经典二值逻辑中,假定所有的分类都是有明确边界的,任一被讨论的对象要么属于这一类,要么不属于这一类,非真即伪,不黑则白。这里列举一个古希腊著名的“秃头悖论”来说明二值逻辑的局限:

命题A:“一根头发都没有的人肯定是秃头”。

命题B:“比秃头多一根头发的人还是秃头”。

倘若以命题A、B为前提,反复运用精确推理规则进行推理,就会得到:

命题C:“满头黑发也是秃头”。

植根于这种二值逻辑基础上的人类的知识能够正确地分析和描述人类所面对的世界和各种现实问题吗?类似的悖论不胜枚举,产生这一悖论的原因就是:“秃”和“不秃”确实是现实生活中两个能够区别的概念,但是却难以给二者下精确的定义,因为这是两个具有模糊性的概念,两者的区别是渐变的,而不是突变的,并不存在明确的界限。用精确的二值逻辑刻画这类概念以及用这类概念构成的判断和推理,必然导致悖论。

模糊性植根于客观事物差异的中介过渡性,是客观事物固有的特性之一。如自然界中的雾影云烟、黎明黄昏、季节交替等,所有转变过程在微观上都是一个渐进的连续过程。再比如人类认知主客观世界的过程,由于客观事物普遍联系、互相作用、不断发展,使得人在主观上认识客观事物的性质和类属等问题上也必然带有模糊性。比如人们常说:“这个问题基本解决清楚了。”“基本”就包含着不精确的含糊信息。实际上作为人类思维载体的语言,含糊和精确都是人类语言和思维的属性。

6.1.2　模糊理论的基本概念

模糊理论主要包括模糊集合理论、模糊推理和模糊控制等方面的内容。模糊理论是在美国加州大学查德(L. A. Zadeh)教授于1965年创立的模糊集合理论的基础上发展起来的,之后得到迅速发展和广泛应用,成为智能控制领域中的一个重要分支。20世纪70年代中期,以玛达尼(Mamdani)为代表的一批学者提出了模糊控制的概念,标志着模糊控制的正式诞生。

1. 模糊集合(Fuzzy Set)

模糊集合与经典集合是不同的。经典集合是具有精确边界的集合。经典集合对集合中的对象关系进行严格划分，一个对象要么完全属于这个集合，要么就完全不属于这个集合，不存在介于两者之间的情况。例如"包含大于5的实数"的经典集合 A 可以表示为

$$A = \{x \mid x > 5\}$$

它拥有一个清晰明确的边界5。如果 x 大于这个数就属于集合 A，否则 x 就不属于集合 A。模糊集合是没有精确边界的集合。这意味着，从"属于一个集合"到"不属于一个集合"之间的转变是逐渐的，这个平滑的转变是由隶属函数来表征的。例如，X 是论域，且其元素用 x 来定义，X 中的一个模糊集合 A 被定义为

$$A = \{x, \mu_A(x) \mid x \in X\}$$

其中，$\mu_A(x)$ 称为 A 中 x 的隶属函数（Membership Function，MF），X 的每个元素的隶属函数对应的隶属值在0~1之间。

模糊集合具有灵活的隶属关系，它允许在一个集合中部分隶属。对象在模糊集合中的隶属度可以是0~1之间的任何值，而不像在经典集合中必须是严格的0或1。这样模糊集合就可以从"不隶属"到"隶属"逐渐地过渡。这样像"快"、"慢"、"热"、"冷"这些本来在经典集合中无法解决的含糊概念就可在模糊集合中得到表达，也就为计算机处理这类带有含糊性的信息提供了一种方法。

2. 模糊推理（Fuzzy Infer）

模糊推理是建立在模糊逻辑基础上的一种近似推理，可以在所获得的模糊信息的前提下进行有效的判断和决策。而基于二值逻辑的理解力推理和归纳推理此时却无能为力，因为它要求前提和结论都是精确的，不能有半点含糊。实际上，越来越多的事实说明在处理许多现实世界的问题方面，模糊逻辑比二值逻辑更为有效。人们在日常生活中经常会用到模糊逻辑的描述方法，因此模糊逻辑是通过模仿人的思维方式来表示和分析不确定、不精确信息的方法和工具[17]。

这种推理方法就被称为模糊假言推理或似然推理，是不确定性推理方法的一种，尽管"模糊"这个词在这里容易使人产生误解，但实际上在模糊逻辑控制中的每一个特定的输入都对应着一个实际的输出，并且这个输出值是完全可以预测的。所以模糊逻辑本身并不模糊，它是一种精确解决不精确、不完全信息的方法，其最大特点就是可以比较自然地处理人的概念，是一种更人性化的方法。

1975年查德利用模糊变换关系提出了模糊逻辑推理的合成规则，建立了统一的数学模型，用于对各种模糊推理作统一处理。模糊假言推理是作为这一合成规则的特殊情况来处理的，成为一种在模糊逻辑的基础上推出一个新的近似的模糊判断结论的方法。当用来分析和解决现实世界的问题，其结果往往更符合人的要求。

3. 模糊控制（Fuzzy Control）

模糊控制中所使用的控制规则是人们的大量实际工作经验。这些经验一般是用人们的语言来归纳、描述的。也就是说，模糊控制规则是用模糊语言表示的[11]。通常的模糊控制规则用下面3种条件语言的形式来表示，例如：

（1）如果水温偏高，那么就加一些冷水；

（2）如果衣服很脏，那么洗涤时间应很长，否则洗涤时间不必太长；

（3）如果温度偏高并且不断上升，那么应加大压缩机的制冷量。

为了形式化和数学处理上的方便,上述条件语句也可分别表示为:

(1) 如果 x 是 A,那么 y 是 B;

(2) 如果 x 是 A,那么 y 是 B,否则 y 是 C;

(3) 如果 x 是 A 并且 y 是 B,那么 z 是 C。

模糊控制的基本原理是:基于专家的经验和知识总结出若干条模糊规则,构成描述具有不确定复杂对象的模糊关系,通过被控系统输出的误差变化率和模糊关系的推理合成获得控制量,从而对系统进行控制。模糊控制不需要被控对象的精确数学模型,算法简单,便于实时控制。

模糊推理系统是建立在模糊集合、模糊规则和模糊推理等概念基础上的计算系统。它在诸如系统建模、自动控制、数据分类、决策分析、专家系统、时间序列预测、机器人控制和模式识别等众多领域中得到了成功的应用。由于具备多学科的自然属性,模糊推理系统被赋予许多不同的名字,如基于模糊规则系统、模糊专家系统、模糊模型、模糊联想记忆、模糊逻辑控制器,或简称为模糊系统[14]。

6.2　模糊理论基础知识

6.2.1　模糊集合

1. 模糊集合的定义

设 U 为一个离散集合或连续集合,U 称为论域(Universe of Discourse),用$\{u\}$表示论域 U 的元素。模糊集合是用隶属函数(Membership Function)来表示的。下面是对模糊集合的一般定义。

定义 6.1　论域 U 中的模糊子集 A 是以隶属函数 μ_A 为表征的集合,即由映射

$$\mu_A:U \to [0,1]$$

确定论域 U 的一个模糊子集 A。μ_A 称为模糊子集的隶属函数,$\mu_A(u)$ 称为 u 对 A 的隶属度,它表示论域 U 中的元素 u 属于其模糊子集 A 的程度。它在$[0,1]$闭区间内可连续取值,隶属度也可简记为 $A(u)$。

关于模糊子集 A 和隶属函数 μ_A,作如下几点说明:

(1) 论域 U 中的元素是分明的,即 U 本身是普通集合,只是 U 的子集是模糊集合,故称 A 为 U 的模糊子集,简称模糊集。

(2) $\mu_A(u)$是用来说明 u 隶属于 A 的程度的。$\mu_A(u)$的值越接近 1,表示 u 从属于 A 的程度越大;反之,$\mu_A(u)$的值越接近于 0,则表示 u 从属于 A 的程度越小。显然,当$\mu_A(u)$的值域为$\{0,1\}$时,隶属函数 μ_A 已蜕变为经典集合的特征函数,模糊集合 A 也就蜕变成为一个经典集合。因此,可以这样来概括经典集合和模糊集合间的互变关系,即模糊集合是经典集合在概念上的拓广,或者说经典集合是模糊集合的一种特殊形式;而隶属函数则是特征函数的扩展,或者说,特征函数只是隶属函数的一个特例。

(3) 模糊集合完全由它的隶属函数来刻画。隶属函数是模糊数学的最基本概念,借助于它才能对模糊集合进行量化。正确地建立隶属函数,是使模糊集合能够恰当地表达模糊集合的关键,是利用精确的数学方法分析处理模糊信息的基础。

2. 模糊集合的表示方法

一般可以用Zadeh记法、序偶集合记法、模糊向量法来表示一个模糊集。这里介绍Zadeh记法。就论域的类型而言,Zadeh记法下的模糊集合有下列两种表示方法:

(1) 设论域U是离散集合,即$U=\{u_1,u_2,\cdots,u_n\}$,U上的任意一个模糊集合A,其隶属函数为$\mu_A(u_i)(i=1,2,\cdots,n)$,则此时$A$可表示成

$$\sum_{i=1}^{n}\mu_A(u_i)/u_i$$

这里的Σ并不表示"求和",$\mu_A(u_i)/u_i$也不是分数,只是借用来表示集合的一种方法,它们只有符号意义,表示A对模糊集合的隶属程度是$\mu_A(u_i)$。

例6.1 设室温的论域$U=\{0℃,10℃,20℃,30℃,40℃\}$,模糊集合A表示"舒适的温度",则可以定义

$$A = \text{“舒适的温度”} = \sum_{i=1}^{5}\mu_A(u_i)/u_i$$
$$= 0.25/0 + 0.5/10 + 1.0/20 + 0.5/30 + 0.25/40$$

其中,分式的含义是隶属度/温度值。

(2) 设论域U是不是离散集合,此时U上的一个模糊集合A可表示成

$$A = \int_U \mu_A(u)/u$$

注意,同样地,这里的$\int$不再表示"积分",只代表一种记号;$\mu_A(u)/u$的意义则和有限情况是一致的。

3. 模糊集合的运算

模糊集合的运算种类很多,但最常用为模糊集合的并集、交集和补集运算。模糊集合的运算也可以由隶属函数来定义。设A、B为U中两个模糊集合,隶属函数分别为μ_A和μ_B,则模糊集合理论中的并、交、补等运算可通过它们的隶属函数来定义。$\vee$、$\wedge$符号称为查德算子,是模糊逻辑中的运算符号,在无限集合中分别表示sup和inf,在有限集合中则表示max和min(即取最大值和最小值)。

1) 模糊并

定义6.2 模糊集合A与B的并集记作$A\cup B$,其隶属函数$\mu_{A\cup B}$对所有$u\in U$被逐点定义为取大运算,即

$$\mu_{A\cup B}(u) = \max\{\mu_A(u),\mu_B(u)\} = \mu_A(u)\vee\mu_B(u)$$

2) 模糊交

定义6.3 模糊集合A与B的交集记作$A\cap B$,其隶属函数$\mu_{A\cap B}$对所有$u\in U$被逐点定义为取小运算,即

$$\mu_{A\cap B}(u) = \min\{\mu_A(u),\mu_B(u)\} = \mu_A(u)\wedge\mu_B(u)$$

3) 模糊补

定义6.4 模糊集合A的补集记作$\bar{A}$,其隶属函数$\mu_{\bar{A}}$对所有$u\in U$被逐点定义为

$$\mu_{\bar{A}}(u) = 1 - \mu_A(u)$$

图6-2给出了模糊集合A和B、$A\cup B$、$A\cap B$和$\bar{B}$的图形。

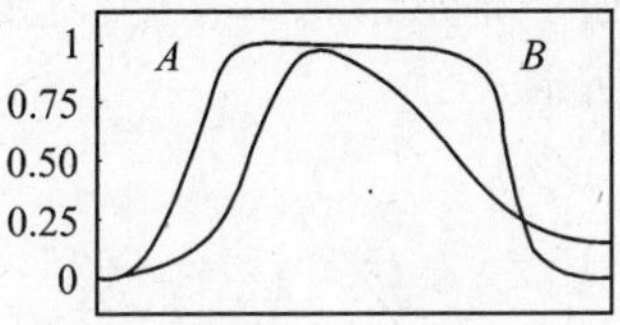

图 6-2-1　A 与 B

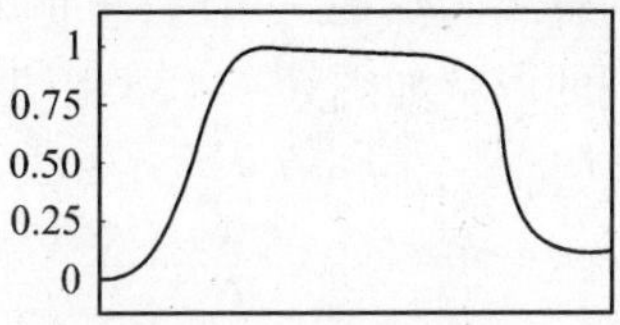

图 6-2-2　两个模糊集合 $A \cup B$

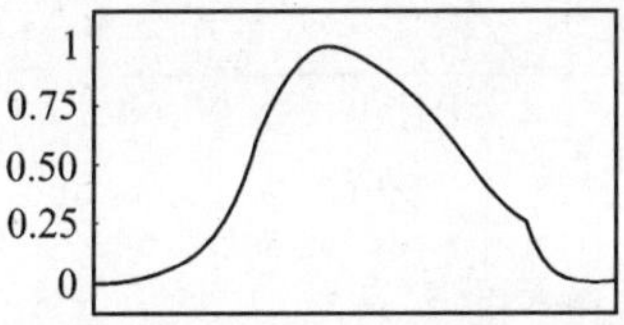

图 6-2-3　两个模糊集合 $A \cap B$

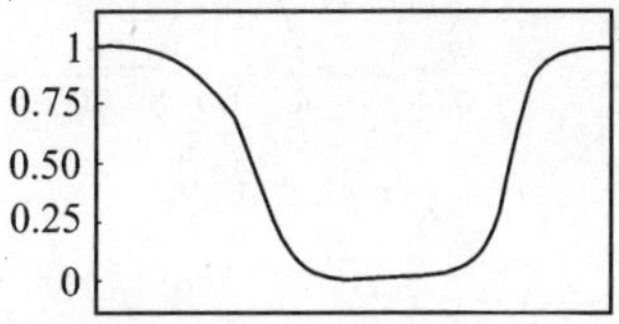

图 6-2-4　模糊集合 $\overline{B}$

图 6－2　模糊集合图示举例

6.2.2　隶属函数

模糊集合的隶属函数是经典集合特征函数的扩展和一般化。准确地确定隶属函数是运用模糊集合理论解决实际问题的基础。隶属函数的确定实质上是人们对客观事物中介过渡的定性描述,含有一定的主观因素。对于同一个模糊概念,不同的人会建立不完全相同的隶属函数。所以从理论上说,即使根据专家的经验确定的隶属函数,也不能保证其正确性,因为任何人的经验和知识都是有局限性的。

在如何准确确定隶属函数的问题上,国内外学者进行了大量的研究并提出了各种各样的确定方法,诸如模糊统计法、函数分段法、二元对比排序法、对比平均法、滤波函数法、示范法和专家经验法等。不过,在实际应用中,虽然采取了不同方法确定了不同的模糊集合隶属函数,模糊逻辑控制却大都能够实现控制并达到预期目标。换句话说,隶属函数的确定并不是唯一的,允许有不同的组合。人们为了简化计算,很多模糊逻辑控制的隶属函数曲线都是取三角形。实际上,根据模糊统计方法得到的隶属函数通常都是钟形的,所以三角形隶属函数只是一种近似,并非最佳函数。试验发现,隶属函数的形状会影响整个计算机模糊控制系统的控制过程,例如在单片机系统中会影响实现模糊运算的时间或对查询表存储空间的要求。

基本的隶属函数图形可分成 3 类:左大右小的偏小型下降函数(通常称作 Z 函数)、对称型凸函数(通常称作 Π 函数)和右大左小的偏大型上升函数(通常称作 S 函数)。

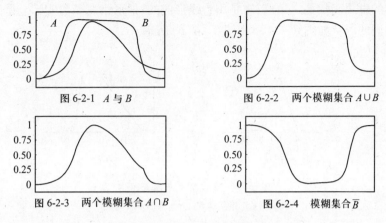

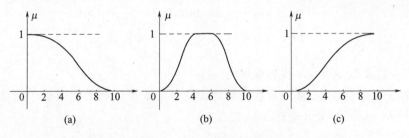

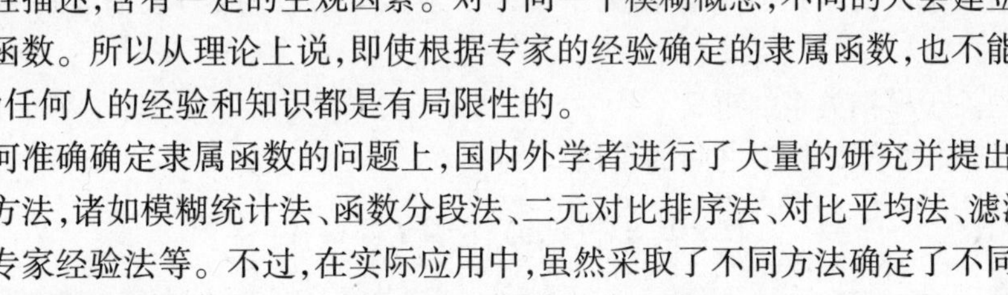

图 6－3　基本隶属函数图形

(a) Z 函数; (b) Π 函数; (c) S 函数。

最简单的隶属函数是三角形,它是用直线形成的;梯形隶属函数实际上是由三角形截顶所得。它们的形状如图6-4(a)和图6-4(b)所示。

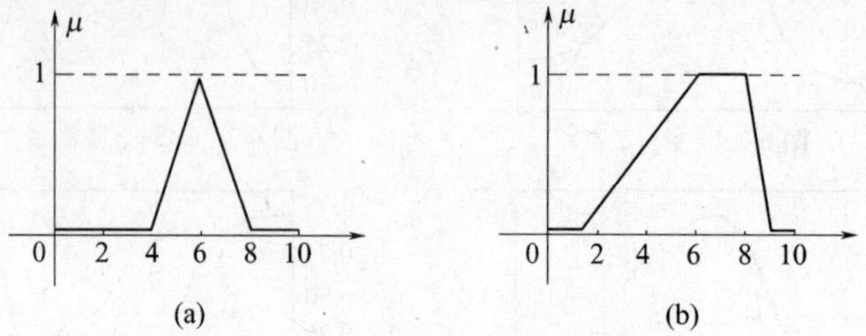

图6-4　直线型隶属函数图形
(a) 三角形隶属函数;(b) 梯形隶属函数。

现在普遍采用三角形、梯形和单值线形状(又称棒形),实践证明上述函数形式即能满足一般控制要求,又可简化计算,故被广泛采用。

6.2.3　模糊关系和模糊矩阵

描述模糊元素之间相关程度的数学模型称为模糊关系。当论域有限时,可用模糊矩阵表示模糊关系。模糊矩阵为模糊关系带来了极大的方便,成为模糊关系的主要运算工具。

下面是关于模糊关系的定义。

定义6.5　集合 U 与 V 之间的直积

$$U \times V = \{(u,v) \mid u \in U, v \in V\} \tag{6.2.1}$$

中的一个模糊子集 R 被称为 U 到 V 的模糊关系,又称为二元模糊关系,其特性可用下面的隶属函数来描述:

$$\mu_R: U \times V \to [0,1] \tag{6.2.2}$$

不同乘积空间上的模糊关系可以通过复合运算结合在一起。模糊关系复合运算已经提出了若干种,最典型的是由查德所提出的最大—最小复合运算,其定义如下:

定义6.6　设 R 和 S 分别为 $U \times V$ 上的模糊关系。所谓 R 和 S 的合成,是指下列定义在 $U \times W$ 上的模糊关系,计作 $R^\circ S$,即

$$R^\circ S \longleftrightarrow \mu_{R^\circ S}(u,w) = \max\min[\mu_R(u,v), \mu_S(v,w)]$$

$$= \bigvee_v \{\mu_R(u,v) \wedge \mu_S(v,w)\} \tag{6.2.3}$$

式中:$\wedge$ 代表取最小(min);$\vee$ 代表取最大(max)。

在模糊关系的合成中,常用乘法代替最大—最小复合运算中的取最小运算,获得最大—乘积(max-product)复合运算,即

$$R^\circ S \longleftrightarrow \mu_{R^\circ S}(u,w) = \bigvee_v \{\mu_R(u,v) \cdot \mu_S(v,w)\} \tag{6.2.4}$$

模糊关系通常可以用模糊矩阵、模糊图和模糊集合表示法等形式来表示。通常用模糊矩阵来表示二元模糊关系。模糊矩阵的定义如下:

$$\boldsymbol{R}=\begin{bmatrix} r_{11} & r_{12} & \cdots & r_{1n} \\ r_{21} & r_{22} & \cdots & r_{2n} \\ \vdots & \vdots & \vdots & \vdots \\ r_{m1} & r_{m2} & \cdots & r_{mn} \end{bmatrix} \tag{6.2.5}$$

式中:元素 $r_{ij}=\mu_R(u_i,v_j)$。由此表示模糊关系的矩阵被称为模糊矩阵。由于μ_R 的取值范围为[0,1],因此模糊矩阵元素 r_{ij}的值也在[0,1]区间。显然,模糊矩阵是普通矩阵的特例。当 $m=n$ 时称 $\boldsymbol{R}$ 为 n 阶模糊矩阵;当 r_{ij}全为 0 时,称 $\boldsymbol{R}$ 为零矩阵,记为 0;当 r_{ij}全为 1 时,称 $\boldsymbol{R}$ 为全矩阵,记为 $\boldsymbol{E}$;当 r_{ij} 在{0,1}中取值时,称 $\boldsymbol{R}$ 为布尔矩阵,它对应一个普通关系。

由于模糊矩阵本身是表示一个模糊关系子集,因此根据模糊集的交、并、补运算定义,模糊矩阵也可以称作相应的运算。

例 6.2　最大—最小和最大—乘积的复合运算。

设 R = "u 与 v 相关"、S = "v 与 w 相关"分别是定义在 $U\times V$ 和 $V\times W$ 上的两个模糊关系,其中 $U=\{1,2,3\}$,$V=\{\alpha,\beta,\gamma,\delta\}$,$W=\{a,b\}$,假设 R、S 以如下的关系矩阵来表示:

$$\boldsymbol{R}=\begin{matrix} \alpha & \beta & \gamma & \delta & \\ \end{matrix}\begin{bmatrix} 0.9 & 0.4 & 0.5 & 0.4 \\ 0.2 & 0.8 & 0.1 & 0.6 \\ 0.6 & 0.7 & 0.3 & 0.7 \end{bmatrix}\begin{matrix} 1 \\ 2 \\ 3 \end{matrix},\quad \boldsymbol{S}=\overset{\quad a \qquad b}{\begin{bmatrix} 0.8 & 0.7 \\ 0.3 & 0.1 \\ 0.2 & 0.4 \\ 0.5 & 0.6 \end{bmatrix}}\begin{matrix} \alpha \\ \beta \\ \gamma \\ \delta \end{matrix} \tag{6.2.6}$$

现在计算 $R^\circ S$,它的含义是基于 R 和 S 导出的模糊关系"u 与 v 相关"。

如果采用最大—最小复合运算的合成方法,可得

$$\begin{aligned} \boldsymbol{\mu}_{R^\circ S} &= \begin{bmatrix} 0.9 & 0.4 & 0.5 & 0.4 \\ 0.2 & 0.8 & 0.1 & 0.6 \\ 0.6 & 0.7 & 0.3 & 0.7 \end{bmatrix}\circ\begin{bmatrix} 0.8 & 0.7 \\ 0.3 & 0.1 \\ 0.2 & 0.4 \\ 0.5 & 0.6 \end{bmatrix} \\ &= \begin{bmatrix} (0.9\wedge0.8)\vee(0.4\wedge0.3)\vee(0.5\wedge0.2)\vee(0.4\wedge0.5) & (0.9\wedge0.7)\vee(0.4\wedge0.1)\vee(0.5\wedge0.4)\vee(0.4\wedge0.6) \\ (0.2\wedge0.8)\vee(0.8\wedge0.3)\vee(0.1\wedge0.2)\vee(0.6\wedge0.5) & (0.2\wedge0.7)\vee(0.8\wedge0.1)\vee(0.1\wedge0.4)\vee(0.6\wedge0.6) \\ (0.6\wedge0.8)\vee(0.7\wedge0.3)\vee(0.3\wedge0.2)\vee(0.7\wedge0.5) & (0.6\wedge0.7)\vee(0.7\wedge0.1)\vee(0.3\wedge0.4)\vee(0.7\wedge0.6) \end{bmatrix} \\ &= \overset{\quad a \qquad b}{\begin{bmatrix} 0.8 & 0.7 \\ 0.5 & 0.6 \\ 0.6 & 0.6 \end{bmatrix}}\begin{matrix} 1 \\ 2 \\ 3 \end{matrix} \end{aligned} \tag{6.2.7}$$

另外,如果采用最大—乘积的合成法,则有

$$\begin{aligned} \boldsymbol{\mu}_{R^\circ S} &= \begin{bmatrix} 0.9 & 0.4 & 0.5 & 0.4 \\ 0.2 & 0.8 & 0.1 & 0.6 \\ 0.6 & 0.7 & 0.3 & 0.7 \end{bmatrix}\circ\begin{bmatrix} 0.8 & 0.7 \\ 0.3 & 0.1 \\ 0.2 & 0.4 \\ 0.5 & 0.6 \end{bmatrix} \\ &= \begin{bmatrix} (0.9\times0.8)\vee(0.4\times0.3)\vee(0.5\times0.2)\vee(0.4\times0.5) & (0.9\times0.7)\vee(0.4\times0.1)\vee(0.5\times0.4)\vee(0.4\times0.6) \\ (0.2\times0.8)\vee(0.8\times0.3)\vee(0.1\times0.2)\vee(0.6\times0.5) & (0.2\times0.7)\vee(0.8\times0.1)\vee(0.1\times0.4)\vee(0.6\times0.6) \\ (0.6\times0.8)\vee(0.7\times0.3)\vee(0.3\times0.2)\vee(0.7\times0.5) & (0.6\times0.7)\vee(0.7\times0.1)\vee(0.3\times0.4)\vee(0.7\times0.6) \end{bmatrix} \end{aligned}$$

$$
= \begin{bmatrix} 0.72 \vee 0.12 \vee 0.10 \vee 0.20 & 0.63 \vee 0.04 \vee 0.20 \vee 0.24 \\ 0.16 \vee 0.24 \vee 0.02 \vee 0.30 & 0.14 \vee 0.08 \vee 0.04 \vee 0.36 \\ 0.48 \vee 0.21 \vee 0.06 \vee 0.35 & 0.42 \vee 0.07 \vee 0.12 \vee 0.42 \end{bmatrix}
$$

$$
\begin{matrix} a & b & \\ \end{matrix}
$$

$$
= \begin{bmatrix} 0.49 & 0.30 \\ 0.63 & 0.48 \\ 0.54 & 0.24 \end{bmatrix} \begin{matrix} 1 \\ 2 \\ 3 \end{matrix} \tag{6.2.8}
$$

图 6－5 所示为两个模糊关系的合成，其中 U 中元素 2 和 W 中元素 a 之间的关系，由连接这两个元素的 4 条可能路径（实线）表示。2 和 a 之间的相关度为这 4 条路径强度的最大值，而每条路径的强度等于各元素连接强度的极小值（或乘积）。

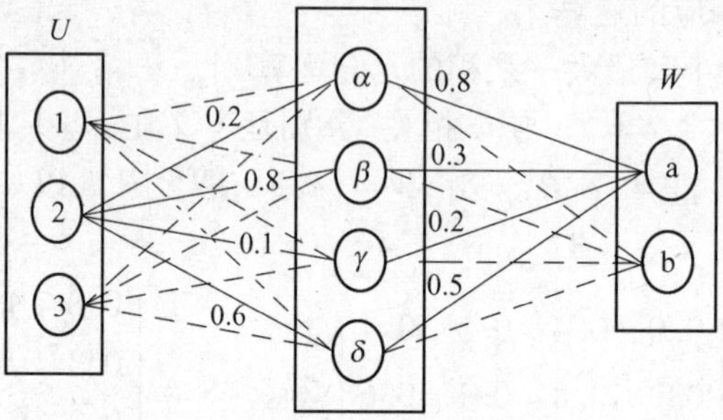

图 6－5　模糊关系的图形表示

6.2.4　模糊规则与模糊推理

1. 模糊规则（Fuzzy Rule）

模糊规则是对自然或人工语言中的单词和句子定量建模的有效工具。通过将模糊规则理解为恰当的模糊关系，我们可以研究不同的模糊推理方案，用基于符合推理规则的推理过程，从一组模糊规则和已知事实中推得结论。模糊规则和模糊推理是模糊推理系统的基础，是模糊集合论最重要的建模工具。

模糊规则也称为模糊"如果—那么"规则（模糊蕴含和模糊条件句），其形式为

$$
\text{如果 } x \text{ 是 } A\text{，那么 } y \text{ 是 } B \tag{6.2.9}
$$

其中，A 和 B 分别是 X 和 Y 上的模糊集合定义的语言值。一个模糊系统是一个"如果—那么"规则的集合，这些规则将输入影射到输出。

在使用模糊"如果—那么"规则对系统进行推理和分析前，必须将表达式"如果 x 是 A，那么 y 是 B（或缩写为 $A \to B$）"的意义形式化。式（6.2.9）所描述的是两个变量 x、y 之间的关系，这意味着模糊"如果—那么"规则可以定义为乘积空间 $X \times Y$ 上的二元模糊关系 R。

2. 模糊逻辑推理（Fuzzy Logic Infer）

从已知条件求其结果的思维过程就是推理。用传统的二值逻辑进行假言推理和归纳推理时，只要大前提或者推理规则是正确的，小前提是肯定的，就一定会得到肯定的结论。然而在现实生活中，我们获得的信息往往是不精确、不完全的，或者事实本身就是模糊而不完全确定的，但又必须利用且只能利用这些信息进行判断和决策，此时，人们的推理是

以近似的方式利用假言推理。模糊逻辑推理(也称广义假言推理)是一种近似推理,它是从一组模糊“如果—那么”规则和已知事实中得出结论的推理过程。

定义 6.7　近似推理(模糊推理)

设 A、A'和 B 分别是 X、X 和 Y 的模糊集合,模糊蕴含 $A \to B$ 表示为 $X \times Y$ 上的模糊关系 R,则由“x 是 A'”和模糊规则“如果 x 是 A,那么 y 是 B”导出的模糊集合 B'定义为

$$\mu_{B'}(y) = \max_x \min[\mu_{A'}(x), \mu_R(x,y)] = \vee_x [\mu_{A'}(x) \wedge \mu_R(x,y)] \quad (6.2.10)$$

或等价的

$$B' = A' \circ R = A' \circ (A \to B) \quad (6.2.11)$$

对于模糊蕴含关系的运算方法,常用的有以下两种:

(1) 模糊蕴含最小运算(Mamdani),即

$$R = A \to B = A \times B = \int_{X \times Y} \mu_A(x) \wedge \mu_B(y)/(x,y) \quad (6.2.12)$$

(2) 模糊蕴含积运算(Larsen),即

$$R = A \to B = A \times B = \int_{X \times Y} \mu_A(x)\mu_B(y)/(x,y) \quad (6.2.13)$$

模糊推理的结论是通过将事实与规则进行合成运算后得到。实际应用中广泛使用的合成运算方法也有以下两种:

(1) 最大—最小合成法,即

$$\mu_{B'}(y) = \bigvee_{x \in X} \{\mu_{A'}(x) \wedge \mu_R(x,y)\} \quad (6.2.14)$$

(2) 最大—代数积合成法,即

$$\mu_{B'}(y) = \bigvee_{x \in X} \{\mu_{A'}(x)\mu_R(x,y)\} \quad (6.2.15)$$

其中,最大—代数积合成法常用在由模糊神经网络构造的模糊系统中。在模糊逻辑推理系统中,最常用的模糊推理方法是由英国伦敦大学的玛达尼教授首先提出并使用的最大—最小合成法。这种处理方法的最大优点是控制规则中的前提和后件部分都与定性的语言描述对应,而且如上所示,可以把其推理过程用图形方式直观地表示出来,易于理解。但是,这种方法往往所用的规则数目很多。一般而言,如果规则的条件部分的变量有 n 个,$(X_1X_2\cdots X_n)$,模糊标记取 7 个,可组合的规则数理论上为 7^n 个。其规则数是以幂次增加的。当然,在实际控制系统中,并不是所有的规则数都会出现,有不少组合态是不会出现的,因此实际所需要的规则数只是这些组合数的一部分,甚至是一小部分。

两输入的情况很容易就推广到多输入的情况。对于具有多个前提的多条规则,通常处理为相应于每条模糊规则的模糊关系的并集。因此,其广义假言推理问题可以写为:

前提 1　(规则):如果 x 是 A_1 and y 是 B_1,那么 z 是 C_1

前提 2　(规则):如果 x 是 A_2 and y 是 B_2,那么 z 是 C_2

前提 3　(事实):如果 x 是 A' and y 是 B'

后件(结论):z 是 C'

可以按照图 6-6 所示的推理过程来求得模糊集合 C'。只要先分别求出各个输入对推理前提中相应条件的隶属度,再取其中最小的一个作为总的模糊推理前提的隶属度,去切割推理结论的隶属函数,便可得到推理的结论。

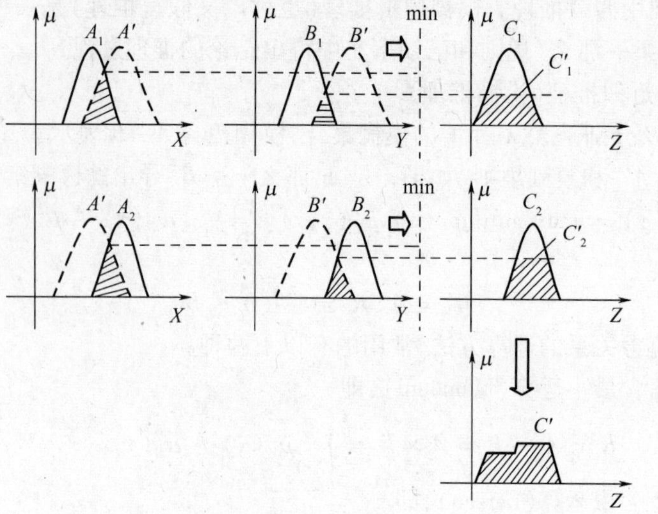

图6-6 两个前提中多条规则推理过程的图形解释

为了验证这一推理过程,令 $R_1 = A_1 \times B_1 \to C_1$, $R_2 = A_2 \times B_2 \to C_2$,由于最大—最小算子"∘"是对"∪"进行分配,则有

$$C' = (A' \times B')\circ(R_1 \cup R_2) = [(A' \times B'\circ R_1)] \cup [(A' \times B'\circ R_2)] = C'_1 \cup C'_2$$

以两个输入多规则情况为例,若有 n 条规则,其一般形式为:

前提1 (规则):如果 x 是 A_1 and y 是 B_1,那么 z 是 C_1

前提2 (规则):如果 x 是 A_2 and y 是 B_2,那么 z 是 C_2

⋮

前提 n (规则):如果 x 是 A_n and y 是 B_n,那么 z 是 C_n

前提 $n+1$ (事实):如果 x 是 A' and y 是 B'

后件(结论):z 是 C'

这里,A_i 和 A'、B_i 和 B'、C_i 和 C' 分别是不同论域 X、Y、Z 上的模糊集合。

"A_i 且 B_i"的意义是

$$\mu_{A_i \text{ and } B_i}(x,y) = \mu_{A_i}(x) \wedge \mu_{B_i}(y)$$

"如果 A_i 且 B_i,那么 C_i"的数学表达式是

$$\mu_{A_i}(x) \wedge \mu_{B_i}(y) \to \mu_{C_i}(z)$$

若用玛达尼推理方法,用其蕴含定义 $A \to B = A \wedge B$ 作代换,就变成

$$[\mu_{A_i}(x) \wedge \mu_{B_i}(y)] \wedge \mu_{C_i}(z)$$

由此得推理结果为

$$\begin{aligned} C &= (A \text{ and } B)\circ\{[(A_1 \text{ and } B_1) \to C_1] \cup \cdots \cup [(A_n \text{ and } B_n) \to C_n] \\ &= \{(A \text{ and } B)\circ[(A_1 \text{ and } B_1) \to C_1]\} \cup \cdots \cup \{(A \text{ and } B)\circ[(A_n \text{ and } B_n) \to C_n]\} \\ &= C_1 \cup C_2 \cup \cdots \cup C_n \end{aligned}$$

式中

$$\begin{aligned} C_i &= (A \text{ and } B)\circ\{[(A_i \text{ and } B_i) \to C_i] \cup \\ &= [A\circ(A_i \to C_i)] \cap [B\circ(B_i \to C_i)] \qquad (i = 1,2,\cdots,n) \end{aligned}$$

其隶属函数为

$$\begin{aligned}\mu_{C_i}(z) &= \bigvee_x \{\mu_A(x) \wedge [\mu_{A_i}(x) \wedge \mu_{C_i}(z)]\} \cap \bigvee_x \{\mu_B(y) \wedge [\mu_{B_i}(y) \wedge \mu_{C_i}(z)]\} \\ &= \bigvee_x \{\mu_A(x) \wedge \mu_{A_i}(x)\} \wedge \mu_{C_i}(z) \cap \bigvee_x \{\mu_B(y) \wedge [\mu_{B_i}(y)\} \wedge \mu_{C_i}(z) \\ &= (\omega_{A_i} \wedge \mu_{C_i}(z)) \cap (\omega_{B_i} \wedge \mu_{C_i}(z)) = (\omega_{A_i} \wedge \omega_{B_i}) \wedge \mu_{C_i}(z)\end{aligned}$$

如果有两条输入规则,那么得到两个结论,即

$$\mu_{C_1}(z) = \omega_{A_1} \wedge \omega_{B_1} \wedge \omega_{C_1}$$

$$\mu_{C_2}(z) = \omega_{A_2} \wedge \omega_{B_2} \wedge \omega_{C_2}$$

其意义为分别从不同的规则得到不同的结论,几何意义是分别在不同的规则中用各自推理前提的总隶属度去切割本推理规则中结论的隶属函数,以得到输出结果。再对这所有的结论求模糊逻辑和,即进行“并”运算,便得到总的推理结论

$$C = C_1 \cup C_2 \cup \cdots \cup C_n$$

这种推理方法是先在推理前提中选取各个条件中隶属度最小值(即“最不适配”的隶属度)作为这条规则的适配程度,以得到这条规则的结论,这称为取小(min)操作;再对各规则结论进行综合,选取其中适配度最大的部分,即取大(max)操作。整个并集的面积部分就是总的推理结论。这种推理方法简单,得到广泛应用。但它也有一个缺点,那就是其推理结果经常不够平滑。由此,有人主张把从推理前提到结论削顶法的“与”运算改成“乘积”运算,这就不是用推理前提的隶属度为基准去切割推理结论的隶属度函数,而是用该隶属度去乘结论的隶属函数,这样得到的结论就是呈平台梯形,是原隶属函数的等底缩小。这种处理结果经过对各个规则“并”运算后,总推理结果的平滑性得到改善。

6.2.5 Mamdani 型推理与 Sugeno 型推理

Sugeno 型模糊推理与 Mamdani 型模糊推理[13,16]之间的主要不同是,对 Sugeno 型模糊推理,输出隶属函数只能是线性的或者是常量。如前所述,Mamdani 型模糊推理要求输出的隶属函数为一个模糊集。在完成聚类过程之后,对每个需要反模糊化的输出变量存在一个模糊集合。而在许多情况下,使用一个模糊单点而不是一个分布模糊集作为输出隶属函数更为有效。

模糊单点数学表示如下:

$$\mu_A(\xi) = \begin{cases}1 & (\xi = \xi') \\ 0 & (\text{其他})\end{cases} \tag{6.2.16}$$

Sugeno 型系统所得到的输出曲面与 Mamdani 型系统的结果几乎完全一样。但由于系统更为紧凑,并具有更高的计算效率,所以它在建立模糊模型中可以使用自适应技术。这些自适应技术能用于自定义隶属函数,因此模糊系统能对数据完成最优建模。

Mamdani 方法的主要优点是直观,具有广泛的接受性,尤其适用于人工输入;而 Sugeno 方法的主要优点在于计算效率高,使用线性化技术工作时性能良好(如 PID 控制),使用最优化和自适应工作时性能出色,能保证输出曲面的连续性,尤其适于数学分析等。

6.3 模糊控制器的设计方法

6.3.1 模糊逻辑控制过程

一般而言,模糊控制是建立在人的经验和常识的基础上,这就是说,操作人员对被控系统的了解不是通过精确的数学表达式,而是通过操作人员丰富的实践经验和常识。由于人的决策过程本质上就具有模糊性,因此,控制动作并非稳定一致,且有一定的主观性。但是,有经验的模糊控制设计工程师可以通过对操作人员控制动作的观察和与操作人员的交谈讨论,用语言把操作人员的控制策略描述出来,以构成一组用语言表达的定性的决策规则。如果把那些熟练技术工人或者技术人员的实践经验进行总结和形式化描述,用语言表达成一组定性的条件语句和精确的决策规则,然后利用模糊集合作为工具使其定量化,设计一个控制器,用形式化的人的经验法则模仿人的控制策略,再驱动设备对复杂的过程进行控制,就形成了模糊控制器。

由一种模糊规则构成的模糊系统可代表一个输入、输出的映射关系。从理论上说,模糊系统可以逼近任意的连续函数。要表示从输入到输出的函数关系,模糊系统除了模糊规则外,还必须有模糊逻辑推理和解模糊的部分,如图 6-7 所示。模糊逻辑推理就是根据模糊关系合成的方法,从数条同时起作用的模糊规则中,按并行处理方式产生对应输入量的输出模糊子集;解模糊过程则是将输出模糊子集转化为非模糊的数字量。

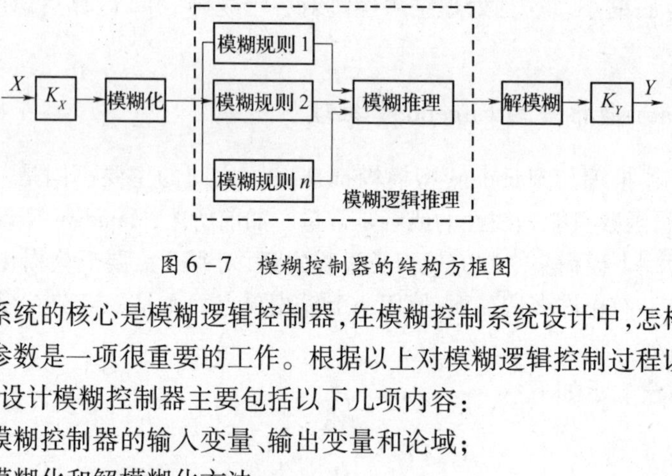

图 6-7 模糊控制器的结构方框图

模糊控制系统的核心是模糊逻辑控制器,在模糊控制系统设计中,怎样设计和调整模糊控制器及其参数是一项很重要的工作。根据以上对模糊逻辑控制过程以及模糊控制系统的描述可知,设计模糊控制器主要包括以下几项内容:

(1) 确定模糊控制器的输入变量、输出变量和论域;

(2) 确定模糊化和解模糊化方法;

(3) 确定模糊控制器的控制规则及其模糊推理方法;

(4) 量化因子及比例因子的选择;

(5) 编制模糊算法的应用程序;

(6) 系统的仿真实验及参数的确定。

6.3.2 输入变量和输出变量的确定

模糊控制器的结构设计首先必须确定模糊控制器的输入变量和输出变量。究竟选择何种信息作为模糊控制系统变量,必须深入研究手动控制过程中有经验的操作人员主要根据哪些信息控制被控对象向预期目标逼近。

人在进行手动控制过程中,操作者期望实现控制目标,一旦偏离目标,出现了偏差,操作者便根据偏差大小进行调整。人的大脑中误差的"大"和"小",这些概念是模糊的,在整个手动控制过程中,人所能获得的信息一般可以概括为 3 个:误差、误差的变化和误差变化的速率。在手动控制过程中,人对误差、误差的变化以及误差变化的速率这 3 种信息的敏感程度是完全不同的。由于模糊控制器的控制规则往往是根据手动控制的大量实践经验总结出来的,因此,模糊控制器的输入变量自然也可以有 3 个:误差、误差的变化和误差变化的速率;而输出变量一般选择为控制量或控制量的变化,即增量。

通常将模糊控制器输入变量个数称为模糊控制的维数,常见的模糊控制器有 3 种形式,如图 6－8 所示。从理论上讲,模糊控制器的维数越高,控制效果也越好,但是维数高的模糊控制器实现起来相对于维数低的要复杂和困难得多。人们经常使用的是二维模糊控制器。在本书不加说明的控制器设计中,都是以误差和误差的变化作为控制器输入变量的。

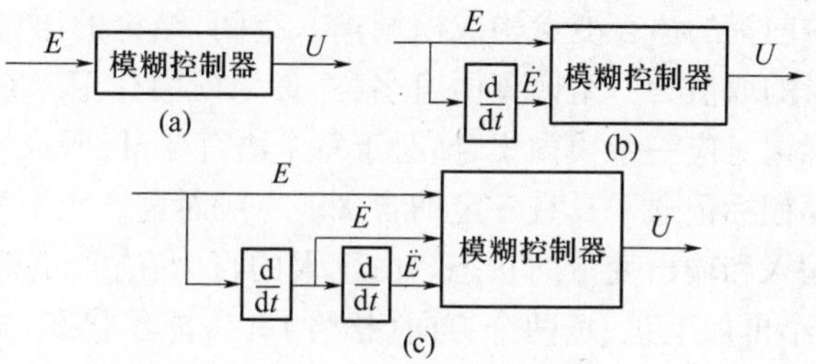

图 6－8　常见的模糊控制器

6.3.3　论域的确定

模糊控制器的输入信号(误差、误差变化率)的实际范围称为这些变量的论域,为了确定论域,首先应该确定整个设计系统相联系的变量所应用的范围。这个选择范围应该是经过细心推敲过的。例如如果指定的范围太小,正常的数据就可能出现在所定义的论域之外,由此所得系统的性能就可能受到影响。反之,如果定义的基本论域太大,就会对某些数值响应迟钝。这对某些具有饱和现象的系统没有问题,但是在其他系统中就会出现问题。同样,每个输出变量的论域范围也应该仔细推敲过。一般而言,如果论域被定义得太大也会出现问题,在这种情况下,控制器工作过程中的不被使用区域就比较大。这个问题在解模糊时就会更加明显,因为极不均匀、面积很大的隶属函数会使它在质心法中产生较大的偏移,使其他与其交叉的隶属函数的影响不适当地减小。

论域离散化经常被称为量化。实际上,量化是将一个论域离散成确定数目的几小段(量化集),第一段用某一个特定术语作为模糊标记,这样就形成一个离散比例。然后通过对这新的离散域中每个特定术语赋予隶属度来定义模糊集。为减少控制器运行时间,可用离线处理方式先完成建立在离散化上的控制查询表,用该定义对所有可能的输入信号进行合并的控制器输出。在模糊逻辑控制是连续的情况下,量化等级的数目应该足够大,以便有充分的近似度;但另一方面,又要尽量减少该等级数以减少复杂性和存储量。量化等级的选择对控制效果具有关键性的作用。为实现离散化,就需要做标记映射,把测量变量转换成离散论域中的量值,这种映射可用区间均匀(线性)关系,也可用非均匀(非线性)关系,或者两者兼而有之。量化等级的选择与某些先验知识有关。例如用粗糙的解决方法其误差就大,而用清晰的解决方法其误差就小。一般而言,离散化将影响模糊控制器的性能,并对过程状态变量值的小偏差将更不灵敏。

6.3.4 模糊化方法

在模糊逻辑语言变量的基本概念中,其变量的值是一个“词”而非“数”。实际上,模糊逻辑的大部分内容都可以作为一种“词”而非“数”来进行计算。

将精确量(实际上是数字量)转化为模糊量的过程称为模糊化或模糊量化。模糊化与自然语言的含糊和不精确相联系,这是一种主观评价,它把测量值转换为主观量值的评价。由此,可将其定义为在确定的论域中将观察到的输入空间转换为模糊集的映射。在处理本质上无论是主观还是客观的不确定信息中,模糊化都扮演着重要角色。

模糊控制规则中前提的语言变量构成模糊输入空间,结论的语言变量构成模糊输出空间。每个语言变量的取值为一组模糊语言名称,称为模糊标记。它们构成了语言名称的集合。每个模糊标记对应一个模糊集合,对于每个语言变量,所取值的模糊集合都具有相同的论域。这些模糊标记通常具有一定的含义。一般而言,“大”、“中”、“小”3 个词汇常被人们用来描述输入和输出变量的状态。由于人的行为在正、负两个方向的判断基本是对称的,将大、中、小再加上正、负两个方向(极性)并考虑零状态,这样一共就有 7 个词汇,可组成 7 个模糊标记,即

{负大,负中,负小,零,正小,正中,正大}

或用英文字头书写的形式表示为

{NB,NM,NS,Z,PS,PM,PB}

对误差的变化这个输入变量,在选择描述其状态的词汇时,常常将“零”分为“正零”和“负零”,以表示误差的变化在当前是“增加”趋势还是“减少”趋势。于是词集又增加了“正零”(PZ)和“负零(NZ)。

一般采用 7 至 11 个模糊标记把连续变量分成有限的若干档,每一档表示该变量的一种模糊状态。有时也可设有 5 个模糊状态,甚至采用 3 个模糊状态。所用模糊状态越少,模糊控制规则的条件组合数目就越少,从总体上说,控制算法就越简单而粗略。反之,设定的模糊状态数越多,其规则数就越多,规则制定就更细致,在模糊规则设计合适的情况下,控制就可更平滑;但同时规则变得更复杂,并且运算量加大,由此在处理器的运算速度不足够快的情况下,就有可能影响控制的实时性。所以在确定模糊标记时,要根据目标兼顾考虑或通过计算机模拟仿真来确定。

描述输入和输出变量的词汇都具有模糊特性,可用模糊集合来表示。因此,模糊集合的确定问题就转化为求取模糊集合隶属函数的问题了。

由于模糊变量没有明确的外延,如何用具体数据来刻画一个模糊变量的性质,这就是模糊子集的确定问题。对模糊子集的理想要求是它必须客观地反映实际情况。

定义一个模糊子集,实际上就是确定模糊子集隶属函数曲线的形状。将确定的隶属函数曲线离散化,得到有限个点上的隶属度,便构成了一个相应的模糊变量的子集。统计

结果表明,用正态型模糊变量来描述人进行控制活动的模糊概念是比较适宜的。并且,隶属函数曲线形状较尖的隶属模糊子集,其分辨率较高,控制灵敏度也高;相反,隶属函数曲线形状较平缓,控制特性也就比较平缓,稳定性能也较好。因此,在选择模糊变量的隶属函数时,在误差较大的区域采用低分辨率的模糊集,在误差较小的区选用较高分辨率的模糊集,在误差接近于零时选用高分辨率的模糊集,这样才能达到控制精度高而稳定性好的控制效果。

从自动控制的角度来看,希望一个控制系统在要求的范围内都能够很好实现控制。模糊控制系统设计时也要重视这个问题。因此,在选择描述某一模糊变量的各个模糊子集时,要使它们在整个论域上的分布合理,即应较好地覆盖整个论域。隶属函数的分布原则应当是:

(1) 论域中的每个点应该属于至少一个隶属函数的区域,同时它一般应该属于不多于两个隶属函数的区域;

(2) 对同一个输入没有两个隶属函数同时具有最大隶属度;

(3) 当两个隶属函数重叠时,重叠部分的任何点的隶属函数之和应该不大于1。

在模糊控制应用中,被观察量通常是确定的量。在模糊逻辑控制中的操作是基于模糊集合理论,因此首先必须进行模糊化。模糊逻辑控制的设计经验提供了以下两种主要的模糊化的方法。

1. 精确量离散化

精确量的离散化是通过模糊集合的隶属度函数将精确值模糊化的。对于论域为离散且元素个数为有限时,模糊集合的隶属度函数可以用向量或者表格的形式来表示。如把在[-4, +4]之间变化的连续量分为7个标记,每一个标记对应一个模糊集,这样处理使模糊化过程比较简单。否则,将每一精确量对应一个模糊子集,有无穷多个模糊子集,使模糊化过程复杂化。必须强调的是,实际上的输入变量(如误差和误差的变化等)都是连续变化的量,通过模糊化处理,把连续量离散为[-4, +4]之间有限个整数值的做法是为了使模糊推理合成方便。

对于论域为连续的情况,隶属度常常采用函数的形式来描述,最常见的为三角形函数和指数形函数。如指数形函数的解析式为

$$\mu_A(x) = e^{\frac{(x-x_0)^2}{2\sigma^2}} \tag{6.3.1}$$

式中:x_0是隶属度函数的中心值;σ^2是方差。

2. 单值模糊化方法

单值模糊化方法是将在某区间的一个精确量转换成确定论域的模糊单值,使其仅在该点处的隶属度为1,而其他各点隶属函数均为0。单值模糊化通常又称为取“棒形”或“I形”隶属函数。本质上,模糊单值仍是一个确定值,因此,在这种模糊化过程中并没有引入模糊性,然后在模糊控制应用中,这种方法由于使人感到自然和易于实现而得到了广泛应用。

6.3.5 解模糊判决方法

如前所述,经过模糊推理得到的控制输出是一个模糊隶属函数或者模糊子集,它反映

了控制语言的模糊性质,这是一种不同取值的组合。然后在实际应用中要控制一个物理对象,只能在某一个时刻有一个确定的控制量,必须要从模糊输出隶属函数中找出一个最能代表这个模糊集合及模糊控制作用可能性分布的精确量,这就是解模糊(Defuzzification)。从数学上讲,这是一个从输出论域所定义的模糊控制作用空间到精确控制作用空间的映射。解模糊可以采用不同的方法,用不同的方法所得到的结果也是不同的。理论上用质心法比较合理,但是计算比较复杂,故在实时性要求高的系统中有时不采用这种方法。最简单的方法是最大隶属度方法,这种方法是取所有模糊集合或者隶属函数中隶属度最大的那个值作为输出,但是未顾及其他隶属度较小的那些值的影响,代表性不好,所以它经常用于简单的系统。介于这两者之间的还有各种平均法:如加权平均法、隶属度限幅($\alpha-\mathrm{cut}$)元素平均法等。下面以“水温适中”为例,说明不同方法的计算过程。

1. 质心法

所谓质心法,就是取模糊隶属度函数曲线与横坐标轴围成面积的质量中心作为代表点。理论上说,应该计算输出范围内一系列连续点的重点,即

$$u=\frac{\int_x \mu_N(x)\,\mathrm{d}x}{\mu_N(x)\,\mathrm{d}x} \tag{6.3.2}$$

但实际上是通过计算输出范围内整个采样点(即若干离散值)的质心,在不花太多时间的情况下,用足够小的取样间隔来提供所需要的精度,这是一种最好的折衷方案。

2. 最大隶属度法

这种方法最简单,只要在推理结论的模糊集合中取隶属度最大的那个元素作为输出量即可。不过要求这种情况下其隶属度函数曲线一定是正规凸模糊集合(即其曲线只能是单峰曲线)。如果该曲线是梯形平顶的,那么具有最大隶属度的元素就可能不止一个,这时就要对所有取最大隶属度的元素求平均值。

该方法简便易行,实时性也好,但概括信息量少,因为它完全不考虑其余一切从属程度较小点的情况。

3. 系数加权平均法

这种方法就是依照普通加权平均公式,按下式来计算控制量:

$$u=\frac{\sum k_i x_i}{\sum k_i} \tag{6.3.3}$$

式中:系数 k_i 的选择要根据实际情况而定,不同的系数就决定系统不同的响应特性。当选择 $k_i=\mu_N(x_i)$ 时,即取其隶属函数时,这就是质心法。在模糊逻辑控制中,可以通过选择和调整该系数来改善系统的响应特性,这种方法具有灵活性。

4. 隶属度限幅元素平均法

用所确定的隶属度值 α 对隶属函数曲线进行切割,再对切割后等于该隶属度的所有元素进行平均,用这个平均值作为输出执行量,这种方法就称为隶属度限幅($\alpha-\mathrm{cut}$)元素平均法。

6.4　组合导航系统模糊规则设计方法

6.4.1　模糊控制规则一般设计方法

模糊控制算法的一般过程是:将精确的输入值变为模糊变量;根据得到的模糊变量及模糊控制规则,按模糊推理合成计算模糊的控制量;将该控制量进行清晰化处理,得到精确的输出控制量。模糊控制规则[18]是模糊控制器设计的核心,如何建立模糊控制规则是模糊控制器设计的关键问题,往往需要人们经过长期实践、不断修正方可获取行之有效的模糊控制策略。通常通过以下几个主要方法获得。

1. 基于专家经验和控制工程知识

模糊控制规则具有模糊条件句的形式,它建立了前件中的状态变量与后件中的控制变量之间的联系。通过总结专家经验,并用适当的语言来加以描述,可表示成最终的模糊控制语言形式;也可以通过研究特定应用的模糊控制规则原理,在经过一定的试凑和调整后,获得具有良好性能的模糊控制规则。

2. 基于控制人员的实际操作过程

许多人工控制的系统很难建立控制对象模型,因此很难用常规方法对其设计和仿真。而操作人员能够成功控制这些系统,事实上他们无意中使用了一系列 if - then 语句规则进行控制。因此,可以通过记录操作人员实际控制过程中的输入/输出数据,从中总结模糊控制规则。

3. 解析控制规则公式

经验规则不全面或根本没有经验规则时,可采用以下解析控制规则公式。

1) 简单解析控制规则

可将误差 e、误差变化率 $\dot{e}$ 和控制量 u 之间的控制规则表示为

$$u = -\mathrm{int}\left[\frac{e+\dot{e}}{2}\right] \tag{6.4.1}$$

式中:int 表示取整。采用简单解析式描述规则简单方便,使输入、输出的关系可以直接计算,便于计算机实时控制。

2) 带有一个可调因子的控制规则

简单解析规则中对误差 e 及其变化率 $\dot{e}$ 采取同样的重视程度。为了适应不同被控对象的控制性能要求,在式(6.4.1)中引入可调因子就得到了带有一个可调因子的控制规则,即

$$u = -\mathrm{int}[\alpha \cdot e + (1-\alpha)\dot{e}] \tag{6.4.2}$$

3) 带有多个可调因子的控制规则

如果对不同误差等级引入不同的调整因子,就构成带有多个可调因子的控制规则,这有利于满足控制系统在不同被控状态下对调整因子的不同要求。

4) 基于学习

模糊自组织控制和神经模糊系统的出现,使得模糊控制器具有自身学习能力,并具备

通过学习产生合适的控制规则的能力。

4. 组合导航系统模糊规则的一般设计方法

确定输入量、输出量和模糊规则是建立基于模糊控制自适应卡尔曼滤波器(FIR－AKF)的核心。根据模糊推理系统输入状态的不同,组合导航的 FIR－AKF 技术可以分为两类:一种是基于系统的工作状态;另一种是基于卡尔曼滤波器新息状态。两类算法的滤波器增益阵计算均不依靠 4 个先验矩阵值,而是通过建立采用模糊控制规则来进行调整。

6.4.2 基于系统工作状态的组合导航系统模糊规则设计方法

所谓系统工作状态主要包括两种:一是能够反映导航系统精度变化的导航参数以外的设备其他状态信息,这些信息在以往的组合算法中被忽略,没有引入系统性能的判断;二是分析载体不同的运动状态,并结合不同导航输出参数误差规律的差异加以模糊判断。因此,基于系统工作状态的组合导航系统漠糊规则设计方法需要结合不同组合系统,分析不同信息的特点,建立相应的专家知识,应用上十分灵活[12]。有效的模糊控制器设计不仅可以提高系统的精度和稳定性,还可以进一步用来判断和隔离系统故障,增强系统的自诊断和切换容错功能。

1. 基于 GPS 工作状态的模糊规则分析

图 6－9 为一组测姿型 GPS 实际的试验数据。从中可以看到卫星数目(SVs)、位置精度几何因子(PDOP)与航向输出之间的内在联系。

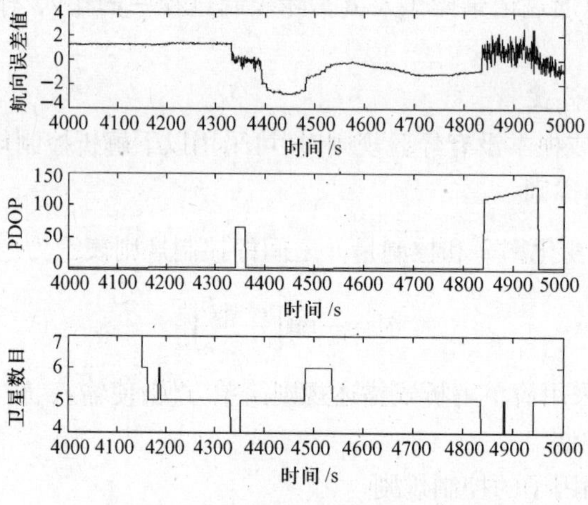

图 6－9 GPS 系统实测试验数据

在实际系统中,卫星数目(SVs)、工作模式(Mode)、位置精度几何因子(PDOP)等系统工作状态参数通常十分容易获取,可以根据上述参数判断 GPS 系统基本的工作状态。如建立以下的模糊推理规则:

if PDOP≤4 and Mode＝3 and SVs≥7 then GPS 工作状态很好

if PDOP≤4 and Mode＝3 and SVs＝6 then GPS 工作状态好

if 4＜PDOP＜5and Mode＝3 and(SVs≥7 or SVs＝6)then GPS 工作状态一般

if (4＜PDOP＜5 or PDOP≤4)and Mode＝2 and(SVs＝6 or SVs≥7)then GPS 工作状态较差

if PDOP≥5 or Mode<2 or SVs≤5 then GPS 工作状态很差(不可用)

此外,可以通过对导航系统内在工作原理的分析,找出可供判断的其他信息状态依据。如测姿型 GPS 系统主要基于载波相位测量原理,有别于普通定位型 GPS 系统。测姿型 GPS 系统具有天线阵列之间的基线测量能力。由于载体姿态计算通过基线测量实现,基线精度关系到测姿精度。图 6-10 是包含较大误差的航向和纵摇数据与同步基线测量数据的对比,可以看出由于 GPS 基线在静动态测量过程中均固定不变,当基线测量出现较大偏差时,系统姿态角将出现较大偏差。

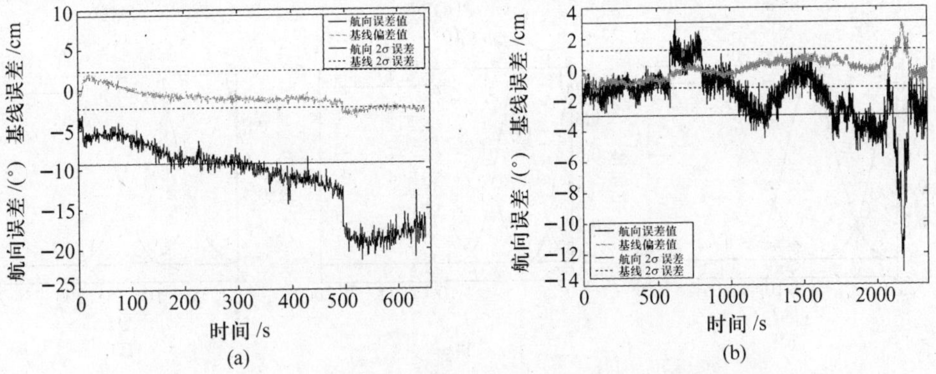

图 6-10　GPS 航向和纵摇数据与同步基线测量数据对比

(a) 航向与同步基线测量数据对比;(b) 纵摇数据与同步基线测量数据对比。

为此,可以增加基线(Baseline)测量精度来判断当前 GPS 姿态测量的精度,如建立的判断姿态精度的状态的规则如下:

if 基线测量精度高,then 姿态测量精度很高

if 基线测量精度较高,then 姿态测量精度一般

if 基线测量精度差,then 姿态测量精度差

if 基线测量精度很差,then 姿态测量精度极差(不可用)

2. 基于载体状态的模糊规则分析

不同导航系统由于测量原理的不同,在载体不同的运动状态下的误差状态是不同的。以 GPS 速度信息为例进行说明。GPS 速度测量基于航迹速度测量原理,依赖于位置测量精度,所以当载体处于高速机动、低速、转向和静止等状态时 GPS 的速度精度差别很大。可以根据 INS 等其他导航信息确定载体位移 Δd、测得的航向变化 ΔH 和载体速度 V 等,如可以得到模糊推理规则以下:

if<{Δd 大 or V_{INS}大} and ΔH 小>,then V_{GPS}量测噪声小,精度高

if<{Δd 大 or V_{INS}大} and ΔH 中>,then V_{GPS}量测噪声中,精度一般

if<{Δd 中 or V_{INS}中} and ΔH 小>,then V_{GPS}量测噪声中,精度一般

if<{Δd 中 or V_{INS}中} and ΔH 中>,then V_{GPS}量测噪声中,精度一般

if<{Δd 中 or V_{INS}中} and ΔH 大>,then V_{GPS}量测噪声中,精度低

if<{Δd 小 or V_{INS}小}>,then V_{GPS}测量噪声大,精度低(不可用)

图 6-11 给出了一组隶属度函数,分别描述以上分析的卫星数目(SVs)、位置精度几何因子(PDOP)、基线(Baseline)、载体位移 Δd、INS 测量速度 V 和测得的航向变化 ΔH 在

模糊控制器设计中所选用的隶属函数。

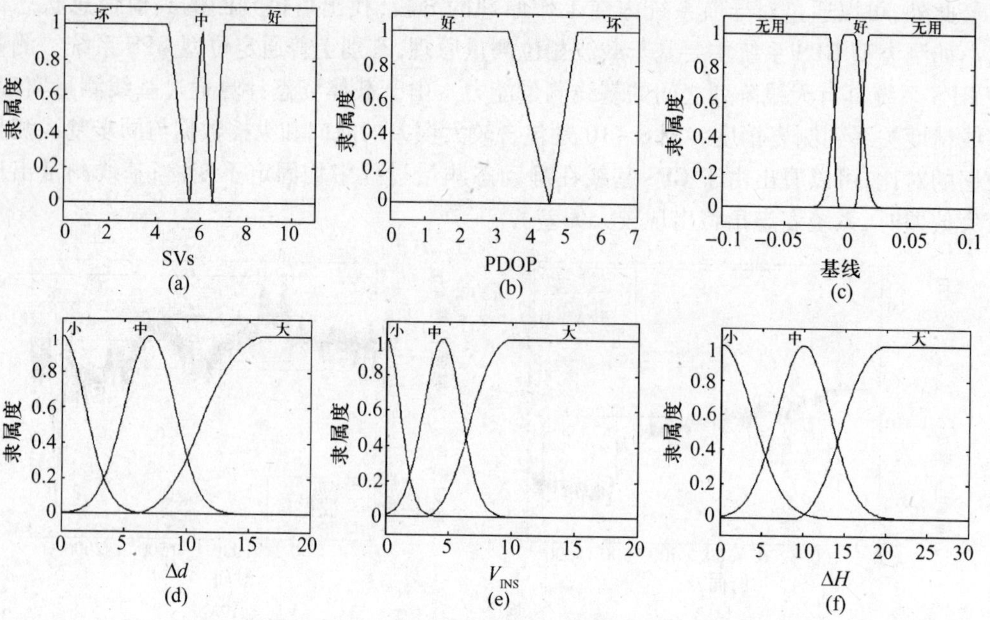

图6-11 各系统工作状态参量的隶属函数

表6-1是根据相关资料总结的部分常用的基于系统状态控制的专家模糊规则。其中,SV为可见的卫星数目,$\boldsymbol{K}$为卡尔曼滤波器增益阵,Δd为两次载体定位的距离变化,ΔH为载体测得的航向变化;V为载体测得的速度,PDOP为GPS卫星几何精度因子(PDOP值),$\boldsymbol{R}$为GPS量测噪声阵,W_{GPS}为GPS权重。表中,(1)~(3)3条规则对GPS系统的运行状态进行评估;(4)~(6)3条规则对GPS的定位信息的观测噪声进行估计;(7)~(11)5条规则对于采用贝叶斯估计实现组合的系统中的GPS信息权重进行调整。上述规则多用于GPS/罗经/里程计或GPS/IMU车载组合导航系统[3,4]。

表6-1 常用的基于系统状态控制的专家模糊规则

序号	规则
(1)	if < SV少 >, then $\boldsymbol{K}_k$为零
(2)	if < Δd大, ΔH小, SV多 >, then $\boldsymbol{K}_k$小
(3)	if < Δd适当, ΔH中等, SV多 >, then $\boldsymbol{K}_k$大
(4)	if < V高, SV少, PDOP大 >, then $\boldsymbol{R}$大
(5)	if < V高, SV多, PDOP小 >, then $\boldsymbol{R}$小
(6)	if < V高, SV多, PDOP大 >, then $\boldsymbol{R}$中等
(7)	if < Δd小, V高 >, then W_{GPS}大
(8)	if < Δd小, V中等 >, then W_{GPS}中等
(9)	if < Δd中等, V低 >, then W_{GPS}小
(10)	if < Δd大, SV少 >, then W_{GPS}很小
(11)	if < Δd大, SV多 >, then W_{GPS}很大

6.4.3　基于滤波器新息状态的组导系统模糊规则设计方法

以 GPS 为例,GPS 信息在工作过程中受到多种影响,观测噪声强度阵 R 值将发生变化;同时系统噪声往往无法先验得到,而系统数学模型本身多采用近似模型,所忽略的误差也会影响卡尔曼滤波器的正常发挥。第 4 章中介绍了新息调制法,即当卡尔曼滤波器在稳定正常工作时,其 95% 的新息序列将落在零均值附近 2σ 范围内;当卡尔曼滤波器各模型不准确时,滤波器得到的新息序列随之增大,不再是白噪声序列,故新息序列可以用来作为判断卡尔曼滤波器工作失常以致系统发散的依据。因此,期望能够根据基于新息序列来进行滤波器的控制调节,设计相应的模糊控制器。即通过模糊控制器来改善滤波状况,解决滤波器无法获取准确的系统模型和噪声统计模型问题。

1. 观测噪声方差的模糊调整设计

将常规卡尔曼滤波器增益计算公式改写为

$$\boldsymbol{K}_k = \boldsymbol{P}_k^- \boldsymbol{H}_k^{\mathrm{T}} (\boldsymbol{H}_k \boldsymbol{P}_k^- \boldsymbol{H}_k^{\mathrm{T}} + \boldsymbol{R'}_k)^{-1} \tag{6.4.3}$$

式中:$\boldsymbol{R'}_k = \alpha \cdot \boldsymbol{R}_k$,$\alpha$ 为量测噪声调整因子。当 $\alpha = 1$ 时,即为普通的卡尔曼滤波器。

定义 dm 为匹配因子(Degree of Matching),计算公式为

$$dm = \frac{\sqrt{\hat{C}_{r_k}}}{\sigma} \tag{6.4.4}$$

式中:σ 为新息理论标准方差值,计算公式为

$$\sigma^2 = \boldsymbol{S}_k = \boldsymbol{H}_k \boldsymbol{P}_k^- \boldsymbol{H}_k^{\mathrm{T}} + \boldsymbol{R}_k \tag{6.4.5}$$

$\hat{\boldsymbol{C}}_{r_k}$ 为新息序列的计算方差值,计算公式为

$$\hat{\boldsymbol{C}}_{r_k} = \frac{1}{N} \sum_{j=j_0}^{k} \boldsymbol{r}_j \boldsymbol{r}_j^{\mathrm{T}} \tag{6.4.6}$$

根据分析可知,当外部量测噪声下降时:

if < $dm = 1$ >, then 系统工作正常 $\boldsymbol{R'}_k$ 不变

if < $dm > 1$ >, then $\boldsymbol{R'}_k$ 增加

if < $dm < 1$ >, then $\boldsymbol{R'}_k$ 减少

模糊控制器的输入为 dm,输出为 α。dm 有 3 个模糊集:Z = 正常;B = 大;S = 小。α 有 3 个模糊集:D = 减少;M = 不变;I = 增加。dm 与 α 的隶属度函数如图 6-12 所示。$\boldsymbol{R}_k$ 和 dm 维数相同,根据 $dm(i,i)$ 相应调整 $\boldsymbol{R}_k(i,i)$ 的值,其中 $i = 1,2,3,\cdots,n$;n 为 $\boldsymbol{Z}_k$ 的维数。

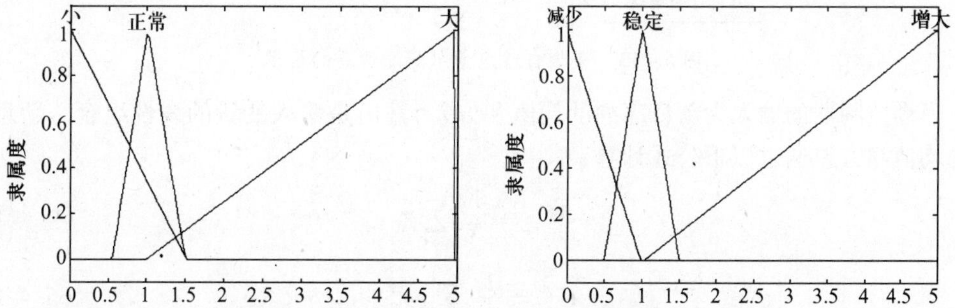

图 6-12　dm 和 α 隶属度函数

这一设计方法比较简单,在解决 AUV 组合导航系统[5,6]和机器人组合定位系统等中均有应用[7,8]。

2. 加权扩展卡尔曼滤波的加权指数因子调制算法

基于加权扩展卡尔曼滤波的加权指数因子调制算法是实际应用中的常用方法[9]。加权扩展卡尔曼滤波的系统模型与非线性动态系统模型基本一致。其算法是4.2节介绍的衰减记忆卡尔曼滤波器和5.2节介绍的扩展卡尔曼滤波器的结合,公式见式(6.4.7)至式(6.4.13)。从中可以看到,其模型噪声的协方差矩阵被改写为式(6.4.7)至式(6.4.8),相应的递推算法中被改写的部分见式(6.4.9)至式(6.4.12),新息序列理论方差值的计算公式见式(6.4.13)。

$$\boldsymbol{R}_k = \boldsymbol{R}\alpha^{-2(k+1)} \tag{6.4.7}$$

$$\boldsymbol{Q}_k = \boldsymbol{Q}\alpha^{-2(k+1)} \tag{6.4.8}$$

$$\boldsymbol{K}_k = \boldsymbol{P}_k^{\alpha-}\boldsymbol{H}_k^{\mathrm{T}}(\boldsymbol{H}_k\boldsymbol{P}_k^{-}\boldsymbol{H}_k^{\mathrm{T}} + \boldsymbol{R}\alpha^{-2(k+1)})^{-1} \tag{6.4.9}$$

$$\boldsymbol{P}_{k+1}^{\alpha-} = \alpha^2\boldsymbol{\Phi}_k\boldsymbol{P}_k^{\alpha}\boldsymbol{\Phi}_k^{\mathrm{T}} + \boldsymbol{Q} \tag{6.4.10}$$

$$\boldsymbol{P}_k^{\alpha} = (\boldsymbol{I} - \boldsymbol{K}_k\boldsymbol{H}_k)\boldsymbol{P}_k^{\alpha-} \tag{6.4.11}$$

$$\boldsymbol{P}_k^{\alpha-} = \boldsymbol{P}_k^{-}\boldsymbol{\alpha}^{-2k} \tag{6.4.12}$$

$$\boldsymbol{P}_z = \boldsymbol{H}_k\boldsymbol{P}_k^{-}\boldsymbol{H}_k^{\mathrm{T}} + \boldsymbol{R} \tag{6.4.13}$$

当系统噪声增大时,即新息方差增大、新息均值偏离零均值时,卡尔曼滤波器将变得不稳定,此时需要将加权因子 α 调整增大,加大新息对滤波器的影响;若系统噪声过大,则认为该系统出现故障,此时需要将加权因子 α 调整减小,相应降低该系统的作用。通过调整加权因子 α,可以控制卡尔曼滤波器工作在最优状态,并保证新息始终为零均值白噪声。当该因子 α 等于1时,算法还原为普通的 EKF 算法。为此设计一个多输入单输出的 Sugeno 型模糊控制系统来实现对卡尔曼滤波器发散的检测和对加权因子 α 的调整。系统结构如图6-13所示。

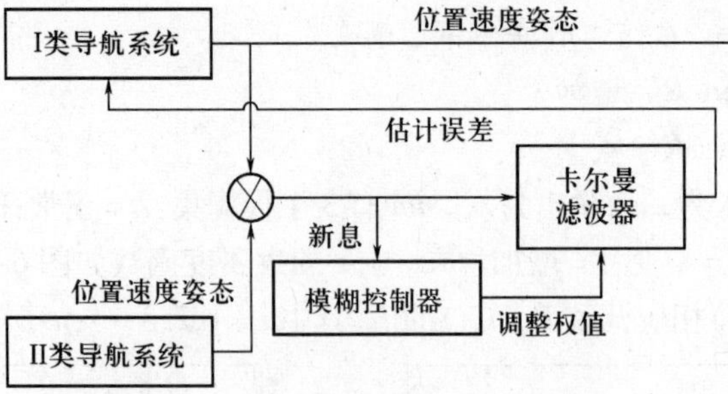

图6-13　模糊自适应卡尔曼滤波器的框图

模糊控制器的输入为新息序列的均值和方差,输出是输入变量的线性组合。新息序列的均值和方差通过以下公式计算:

$$\hat{\boldsymbol{M}}_{r_k} = \frac{1}{N}\sum_{i=1}^{k}\boldsymbol{v}_j \tag{6.4.14}$$

$$\hat{\boldsymbol{C}}_{r_k} = \frac{1}{N}\sum_{j=j_0}^{k}\boldsymbol{r}_j\boldsymbol{r}_j^{\mathrm{T}} \tag{6.4.15}$$

加权因子 α 计算公式如下:

$$\alpha = \frac{\sum_{i=1}^{R} b_i\mu_i}{\sum_{i=1}^{R} \mu_i} \tag{6.4.16}$$

权值 μ_i 通过下式获得：

$$\mu_i = \prod_{i=1}^{n} \mu_{A_i^l}(u_i) \tag{6.4.17}$$

模糊控制器的输出除控制上述加权因子 α 外，也可以直接计算卡尔曼滤波器增益阵。在目标跟踪系统中，通过模糊控制器直接计算系统运动目标参数 λ，相应解算 $\alpha-\beta$ 滤波器中的 α、β 值；也可以直接调整系统各参数的增益[9]，如控制滤波器的速度增益和位置增益等。模糊控制器的输出的确定主要与所采用的状态估计信息融合方法有关，而模糊控制器的输入则多选用新息序列均值（或有限时段新息的滑动平均）和新息方差或两者的变化率。基于滤波器新息状态的模糊控制器输入/输出量种类简单归纳见表 6-2。这类方法常被用来解决水下机器人的自适应导航问题以及测速计/声纳系统的组合导航问题[3,10]。

表 6-2　部分基于滤波器新息状态的 FIR 输入输出量

模糊控制器输入量	模糊控制器输出量	模糊控制器输入量	模糊控制器输出量
新息均值 $\bar{r}$ 新息方差 δ_r 新息均值变化率 $\dot{\bar{r}}$	加权因子 α 增益阵 $\boldsymbol{K}_k$ 速度增益	新息方差变化率 $\dot{\delta}_r$ 等	位置增益 运动目标参数 λ 等

由于这类模糊规则设计方法基于卡尔曼滤波器新息检验，不受系统种类限制，所以方法自身的适用度较高。但这种新息检验方法存在潜在问题，尤其是对于软故障的检测。由于软故障是一个渐进过程，当故障很小时，不仅不能被检验出来，还将污染 $\hat{\boldsymbol{x}}_{k/k-1}$，使得 $\hat{\boldsymbol{x}}_{k/k-1}$ 跟踪故障，使新息减小，检测效果变差。这种情况下，可以结合基于系统状态的模糊控制自适应卡尔曼技术综合处理加以解决。

6.5　模糊控制在车载 GPS/DR 组合导航系统中的应用

为便于理解，在此选取一种简单的组合导航系统来说明如何采取模糊控制的思想实现不同导航系统间的灵活组合。这个组合导航系统包括 GPS 接收机以及由里程计和陀螺组成的简易惯性导航系统，这种组合在城市交通的车载导航系统中十分常见。大家知道，尽管 GPS 有着较高的定位精度，但却容易受到多路径效应、电磁干扰和信号遮挡等多种因素干扰，造成信号的质量下降，甚至无法提供正确定位。一个解决 GPS 失效问题的有效办法就是在汽车上加装一个用于指示汽车转向的陀螺，同时利用汽车上现有的里程计上测得的汽车速度组成一个简单的惯性导航系统，更准确地说，是一个位置推算系统，如图 6-14 所示。在 GPS 失效时，完全依赖 DR 系统进行定位解算；在 GPS 信号很好时，完全依赖 GPS 定位。当 GPS 信号质量受到干扰、精度有所下降时，同时利用 DR 系统和 GPS 系统输出的信息进行组合，以获得更高精度的定位信息[15]。

图6-14　车载DR系统配置方案

下面就这一车载组合导航系统进行简单的分析。

6.5.1　基于卡尔曼滤波器的车载DR系统

1. DR系统动力学方程

在上述系统配置方案中,这种简易的惯性导航系统首先是根据里程计测量得到车辆速度,根据陀螺测量得到车辆转向角速度,进一步换算得到车辆航向,在此基础上,得到车辆在二维平面移动的位移。由于应用对象简单,所以得出的载体 x 向与 y 向的位移的计算公式没有经纬度补偿,只是东西径距离。如将车辆视为一点,其动力学方程可以简单列写如下:

$$\begin{cases} \dot{x} = v\cos\theta \\ \dot{y} = v\sin\theta \\ \dot{\theta} = U_1 \\ v = \dot{\alpha} \times K_M \end{cases} \tag{6.5.1}$$

式中:θ 是航向;v 是载体速度;U_1 是陀螺测量得到的角度变化量(单位:°/s);α 是里程仪的测量值(脉冲数);K_M 是刻度因子,它将里程仪输出的脉冲数换算成距离(单位:m)。将上述方程离散化,得

$$\begin{cases} x_k = x_{k-1} + Tv_{k-1}\cos\theta_k \\ y_k = y_{k-1} + Tv_{k-1}\sin\theta_k \\ \theta_k = \theta_{k-1} + TU_{1k-1} \\ v_k = \dfrac{1}{T}(\alpha_k - \alpha_{k-1}) \times K_M \end{cases} \tag{6.5.2}$$

式中:T 为DR系统的采样间隔时间(本系统为0.01s)。由于 k 时刻的 θ 依赖于当前的测量值和 $k-1$ 时刻的 θ 值,所以 θ 值需要在此之前进行初始化。

2. DR系统卡尔曼滤波器

本系统中使用卡尔曼滤波器实现DR。DR系统的离散化状态方程和量测方程为

$$\begin{cases} \boldsymbol{X}_k = \boldsymbol{\Phi}_{k,k-1}\boldsymbol{X}_{k-1} + \boldsymbol{W}_{k-1} \\ \boldsymbol{Z}_k = \boldsymbol{H}_k\boldsymbol{X}_k + \boldsymbol{V}_k \end{cases} \tag{6.5.3}$$

式中:$\boldsymbol{X}_k$ 和 $\boldsymbol{Z}_k$ 分别为 k 时刻状态向量和量测向量;$\boldsymbol{\Phi}_{k,k-1}$ 为状态转移矩阵;$\boldsymbol{H}_k$ 为量测矩阵;$\boldsymbol{W}_k$、$\boldsymbol{V}_k$ 为零均值高斯白噪声。各矩阵表示如下:

$$\boldsymbol{X}_k = [x \quad y \quad \theta \quad \dot{\theta} \quad \ddot{\theta} \quad v \quad \dot{v} \quad \ddot{v}]^{\mathrm{T}}$$

$$\boldsymbol{Z}_k = [\dot{\theta} \quad v]^{\mathrm{T}}$$

$$\boldsymbol{\Phi}_{k,k-1} = \begin{bmatrix} 1 & 0 & 0 & 0 & 0 & \cos[\theta(k)] \times T \times \frac{1}{C_1} & 0 & 0 \\ 0 & 1 & 0 & 0 & 0 & \sin[\theta(k)] \times T \times \frac{1}{C_2} & 0 & 0 \\ 0 & 0 & 1 & T & \frac{T^2}{2} & 0 & 0 & 0 \\ 0 & 0 & 0 & 1 & T & 0 & 0 & 0 \\ 0 & 0 & 0 & 0 & 1 & 0 & 0 & 0 \\ 0 & 0 & 0 & 0 & 0 & 1 & T & \frac{T^2}{2} \\ 0 & 0 & 0 & 0 & 0 & 0 & 1 & T \\ 0 & 0 & 0 & 0 & 0 & 0 & 0 & 1 \end{bmatrix}$$

$$\boldsymbol{H}_k = \begin{bmatrix} 0 & 0 & 0 & 1 & 0 & 0 & 0 & 0 \\ 0 & 0 & 0 & 0 & 0 & 1 & 0 & 0 \end{bmatrix}$$

本系统使用 8 维的系统状态变量，其中 x、y 为估计的纬度和经度；θ 为估计航向角，$\dot{\theta}$ 为角速度，$\ddot{\theta}$为角加速度；v 为估计航速，$\dot{v}$ 为载体加速度，$\ddot{v}$为加速度变化率。二维量测量包括速度 v 和 $\dot{\theta}$ 陀螺输出角速度变化量。C_1 和 C_2 分别是将东、北方向的位移量转换成经纬度的换算参数（参见 6.5.2 小节）。

在本系统中，系统噪声方差阵 $\boldsymbol{Q}$ 和量测噪声方差阵 $\boldsymbol{R}$ 可以通过试验数据得到，并可认为系统噪声与量测噪声不相关，则 $\boldsymbol{Q}$ 和 $\boldsymbol{R}$ 可表示成对角阵的形式，即

$$\boldsymbol{R} = \begin{bmatrix} 2.618 & 0 \\ 0 & 0.00251 \end{bmatrix}$$

$$\boldsymbol{Q} = \begin{bmatrix} 7000 & 0 & 0 & 0 & 0 & 0 & 0 & 0 \\ 0 & 7000 & 0 & 0 & 0 & 0 & 0 & 0 \\ 0 & 0 & 30 & 0 & 0 & 0 & 0 & 0 \\ 0 & 0 & 0 & 2 & 0 & 0 & 0 & 0 \\ 0 & 0 & 0 & 0 & 0.856 & 0 & 0 & 0 \\ 0 & 0 & 0 & 0 & 0 & 0.0463 & 0 & 0 \\ 0 & 0 & 0 & 0 & 0 & 0 & 0.0533 & 0 \\ 0 & 0 & 0 & 0 & 0 & 0 & 0 & 0.0304 \end{bmatrix}$$

本系统采用卡尔曼滤波器估计 DR 输出的相对位置，卡尔曼滤波算法如下：

一步预测误差方差阵为

$$\boldsymbol{P}_{k,k-1} = \boldsymbol{\Phi}_{k,k-1}\boldsymbol{P}_{k-1}\boldsymbol{\Phi}_{k,k-1}^{\mathrm{T}} + \boldsymbol{Q}_{k-1} \tag{6.5.4}$$

滤波增益计算为

$$\boldsymbol{K}_k = \boldsymbol{P}_{k,k-1}\boldsymbol{H}_k^{\mathrm{T}}(\boldsymbol{H}_k\boldsymbol{P}_{k,k-1}\boldsymbol{H}_k^{\mathrm{T}} + \boldsymbol{R}_k)^{-1} \tag{6.5.5}$$

状态估计为

$$\hat{\boldsymbol{X}}_k = \boldsymbol{\Phi}_{k,k-1}\hat{\boldsymbol{x}}_{k-1} + \boldsymbol{K}_k(\boldsymbol{Z}_k - \boldsymbol{\Phi}_{k,k-1}\hat{\boldsymbol{X}}_{k-1}) \tag{6.5.6}$$

估计误差方差阵为

$$\boldsymbol{P}_k = (\boldsymbol{I} - \boldsymbol{K}_k\boldsymbol{H}_k)\boldsymbol{P}_{k,k-1} \tag{6.5.7}$$

在卡尔曼滤波之前必须对系统进行初始化。将误差方差阵的初值初始化为 $\boldsymbol{P}(0)=\boldsymbol{Q}$；初始航向和初始位置可以根据 GPS 工作稳定后得到的数据而得到。

6.5.2 车载 GPS/DR 组合导航系统方案

1. 组合导航系统

在本系统中采用 GPS/DR 松散组合方式，其系统框图如图 6－15 所示。

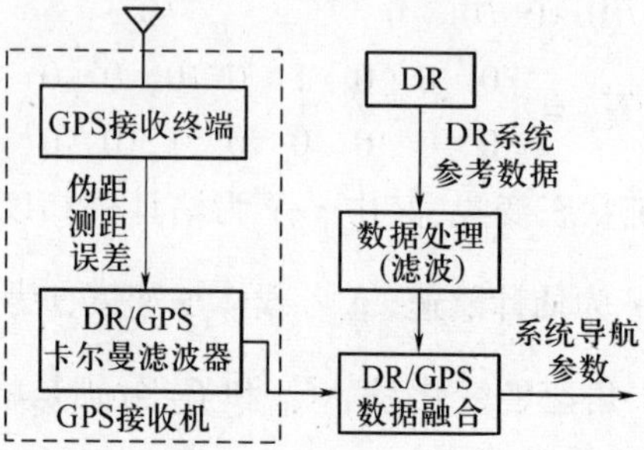

图 6－15　GPS/DR 松散组合导航系统框图

简化的算法框图如图 6－16 所示。

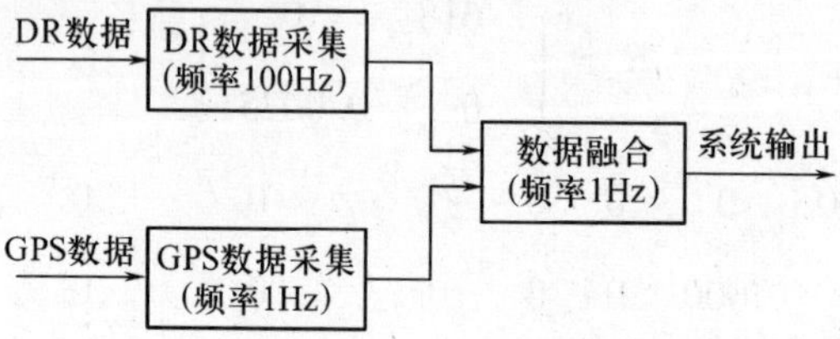

图 6－16　基本信息融合流程

系统中 DR 系统的滤波器输出频率为 100Hz，GPS 输出频率为 1Hz。卡尔曼滤波器的状态估计并不仅仅依赖 GPS 输出，相反，采取某种融合算法实现对 GPS 和 DR 的数据融合，通过动态确定 GPS 和 DR 位置参数的权值，如 K_{p}、K_{H} 分别表示 GPS 位置和航向的权值，K_{DP}、K_{DH} 分别表示 DR 位置和航向的权值，有 $K_{\mathrm{DP}}=1-K_{\mathrm{GP}}$，$K_{\mathrm{DH}}=1-K_{\mathrm{GH}}$。在这一系统中，速度信息完全依赖于 DR 提供，所以不参与组合计算。

确定上述权值之后，实际 GPS 的数据更新率为 1Hz，远远低于 DR 系统的数据更新率。而 DR 系统的数据更新率为 100Hz，确定 GPS 和 DR 系统信息进行信息融合的时刻为两系统信息正常时刻，因此在 GPS 数据更新时进行系统信息融合，信息融合的周期相应也为 1Hz。

信息融合的方式为

$$\hat{\varphi} = K_{GP}\varphi_{GPS} + K_{DP}\varphi_{DR} \tag{6.5.8}$$

$$\hat{\lambda} = K_{DP}\lambda_{GPS} + K_{DP}\lambda_{DR} \tag{6.5.9}$$

$$\hat{H} = K_{GH}H_{GPS} + K_{DH}H_{DR} \tag{6.5.10}$$

式中：$\hat{\varphi}$、$\hat{\lambda}$、$\hat{H}$为估计值。需要说明的是，初始化系统时，GPS 权值为 1；而当 GPS 信号差时，权值为 0；其他时刻，权值在[0,1]之间。

2. 坐标变换

为了能够融合处理 GPS 输出的经/纬度位置信息以及 DR 系统输出的当地水平的东/西/南/北距离信息，必须建立两种信息的转换关系式。可以假定地球是一个理想的椭球体，它的赤道半径为常值 a_e，偏心率为 e，则经/纬度的单位变化量所对应的距离变化量只与载体所处的纬度有关。纬度上变化 1°对应的距离变化量 C_1 和经度上变化 1°对应的距离变化量 C_2（单位：m）分别为

$$C_1 = \frac{2\pi \times a_e \times (1 - e^2)}{360 \times 3600 \times (1 - e^2 \sin^2\phi)^{3/2}} \tag{6.5.11}$$

$$C_2 = \frac{2\pi \times a_e \times \cos\varphi}{360 \times 3600 \times (1 - e^2 \sin^2\phi)^{1/2}} \tag{6.5.12}$$

式中：$a_e \approx 6378150\text{m}$；$e \approx 0.08181333$；$\phi$ 为载体所在的纬度。

由以上两式可计算出经/纬度每变化 1ms（millisecond）对应的距离变化量，分别有

$$1\text{ms 纬度} = \frac{1}{32.55720\,(1 - 0.0066934\sin^2\phi)^{3/2}}\text{m}$$

$$1\text{ms 经度} = \frac{1}{33.3392843\,(1 - 0.0066934\sin^2\phi)^{1/2}}\text{m} \tag{6.5.13}$$

6.5.3　基于模糊规则的 GPS/DR 融合算法

1. GPS/DR 融合的基本规则

GPS 和 DR 的信息融合是基于一组规则、阈值和权值进行的。这些规则用来补偿各种导航系统的误差。比如：

if 小车静止（GPS 或 DR 速度），then GPS 航向权值 K_H 为 0

if GPS 误差大（GPS 位置与估计值差大），then GPS 位置权值 K_P 和航向权值 K_H 为 0

if GPS 长时间正常锁定工作，但是却误认为 GPS 差，then GPS 权值 K_P 和 K_H 为 1

"长时间"这个前提的语言值是依赖于对系统进行大量试验而得到的。因此，上面这条规则的前提的参数将随着不同的 GPS 接收机而改变。

判断"GPS 好"或"GPS 坏"由卫星数、信号质量等 GPS 接收机的工作状态信息决定。

（1）如果 GPS 好，系统没有初始化，则采用 GPS 初始化位置、航向。

值得注意的是依靠 GPS 初始化的位置、航向并不是十分准确，这就要求滤波算法能很快校正这些误差。

（2）如果 GPS 好，且输出位置接近估计值，GPS 速度大于阈值，则进行加权融合。

当载体静止时,GPS 输出的位置信息可能会滞后,因此本规则中设置了速度的最小阈值。

(3) 如果 GPS 长时间正常锁定工作,但估计值与 GPS 位置相差太大以致无法进行数据融合,则将其适当增大。

一种不愿意看到的情况是,有可能 GPS 长时间内工作正常,但估计位置与 GPS 值相差大,这时就认为估计值错误,因此用 GPS 的位置更新估计位置。

2. GPS/DR 融合的模糊规则算法

以上规则都是基于诸如"长时间"、"误差大"和"误差小"等一些模糊条件判断使用的。但什么叫小,什么叫大?这就需要将输入的精确量(误差值、速度等)模糊化,然后利用模糊推理得到模糊结论,最后解模糊得到精确输出值(GPS 的权值),这就是本系统采用的基于模糊规则的融合方法。

首先确定输入、输出及其隶属函数。本模糊系统采用 3 个输入量:

ΔS——GPS 位置与 DR 估算位置之间的距离;

V_{GPS}——GPS 测得的载体速度;

NumNoGood——由于 GPS 位置与估算位置距离大,而认为 GPS"坏"的时间长度(GPS 不可能长时间定位误差大,这时应该是估计位置误差大)。

本系统采用了一种简单隶属函数对输入、输出量模糊化,如图 6-17 和图 6-18 所示。

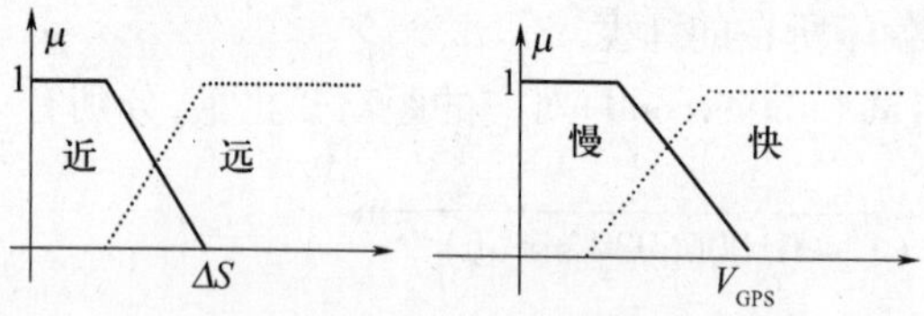

图 6-17 ΔS 和 V 的隶属函数

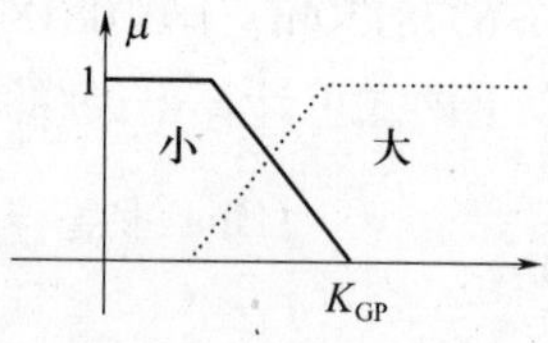

图 6-18 K_{GP}的隶属函数

输出量是 GPS 用于数据融合的位置权值 K_{GP},它的取值范围是 0~1,那么 DR 系统的权值为 $K_{DP}=1-K_{GP}$。这里采用的融合规则将前面讨论的规则进行了简化,具体如下:

if < ΔS 小,V 快 >,then K_{GP}大

if < ΔS 中等,V 快 >,then K_{GP}中等

if < ΔS 小,V 中等 >,then K_{GP}中等

if < ΔS 小,V 中等 >,then K_{GP}小

if < ΔS 小,V 慢 >,then K_{GP}小

if < ΔS 中等,V 慢 >,then K_{GP}很小

if < ΔS 大,NumNoGood 短 >,then K_{GP}很小

if < ΔS 大,NumNoGood 中等 >,then K_{GP}很小

if < ΔS 大,NumNoGood 长 >,then K_{GP}很大

if < ΔS 小 >,then K_{GH}、K_{GP}很小

if < V_{GP}小 >,then K_{GH}、K_{GP}很小

通过隶属函数将输入、输出量模糊化,例如当 GPS 位置与估算位置之间的距离为 ΔS_1

时，通过隶属函数就可得到：属于“远”的隶属度 $\mu_{远}$ 为 0.65，属于“近”的隶属度 $\mu_{近}$ 为 0.35。同样地，当速度为 V_1 时，V 的隶属函数得到的速度属于“快”的隶属度 $\mu_{快}=0.55$，属于“慢”的隶属度 $\mu_{慢}=0.5$，如图 6-19 所示。

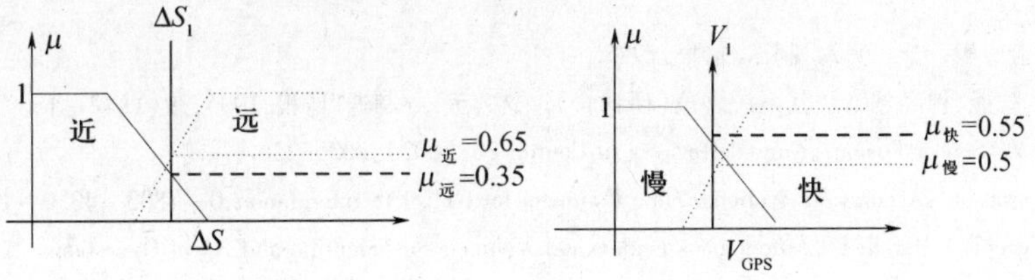

图 6-19　隶属度函数模糊化

根据输入可得以下两条规则：

if < ΔS 小(0.35)，V 快(0.55) >，then　K_{GP} 大。

if < ΔS 大(0.65)，V 慢(0.5) >，then　K_{GP} 小。

各条规则的强度可由条件隶属度的模糊“与”决定。因此，K_{GP} 属于大的隶属度为 $\mu_{近}(0.35)\wedge\mu_{快}(0.55)=0.35$，属于小的隶属度为 $\mu_{快}(0.65)\wedge\mu_{慢}(0.5)=0.5$。如果从多条规则都得出同一结果，则应将相同结果的隶属度进行模糊“和”(取最大)，这样就得到不同结果的最终的隶属度。本例中，K_{GP} 属于“大”和“小”的结果都只有一个(分别为 0.35 和 0.5)，因此直接将两个结果进行解模糊处理，将两个结果切割出的图形进行并，整个并集的图形就是最终结果(如图 6-20 所示)。解模糊常用的是“质心法”，即求出最终结果图形质心的横轴坐标，这样就得到了精确的输出值 K_{GP}。

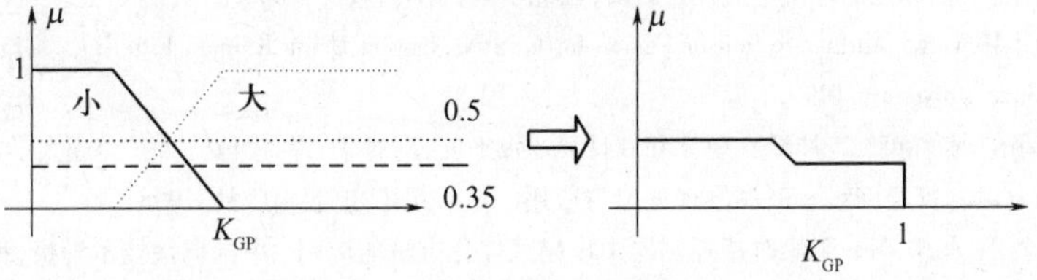

图 6-20　模糊处理后的图形

本章小结

智能信息融合技术目前是组合导航状态估计研究的热点。本章主要针对组合导航模糊控制信息融合技术进行介绍。为了使读者对模糊控制有一个比较系统的认识，本章用了较大的篇幅系统介绍了模糊理论的概念、必要的基础知识和模糊控制器的基本设计方法。这些内容是正确理解和使用模糊控制技术的基础。由于模糊控制规则是模糊控制器设计的核心，6.4 节简要总结了模糊控制规则的一般设计方法，并将目前常见的组合导航模糊控制信息融合方法分为基于导航系统工作状态方法和基于滤波器信息状态方法两种，分别进行了详细的介绍。本章的最后选取了一种基于 GPS 和由里程计、陀螺组成的 DR 系统的车载 GPS/DR 组合导航系统，逐步分析建立相应的自适应模糊控制组合导航算法。通过上述内容，读者可了解到组合导航中设计使用模糊控制技术的基本方法，未来可结合多样的实际系统,灵活地加以应用。

参考文献

[1] FAN 研讨会专辑. システム/制遇/情报,1995.

[2] 模糊、人工智能、神经网络及其系统理论(研讨会). システム/制遇/情报,1995,39(1):2-13.

[3] Sasiadek J Z. Sensor Fusion. Annual Reviews in Control 26(2002):203-228.

[4] Steven R Swanson. A Fuzzy Navigational State Estimator for GPS/INS Intergration,0-7803-4330-1/98 1998 IEEE.

[5] Bovio E,Cecchi D,Baralli F. Autonomous Underwater Vehicels for Scientific and Naval Operations. Annual Reviews in Control 30(2006):117-130.

[6] Loebis D,Stutton R,Chudley J,et al. Adaptive Tuning of a Kalman Via Fuzzy Logic for an Intelligent AUV Navigation System Control Engineering Practice.

[7] Ramazan Havangi,Mohammad Ali Nekoui,Mohammad Teshnehlab. Adaptive Neuro-Fuzzy Extended Kalman Filtering for Robot Localization. International Journal of Computer Science Issues,vol.7,Issue 2,NO.2,March 2010.

[8] Jetto L,Longhi S,Vitali D. Localization of a Wheeled Mobile Robot by Sensor Data Fusion Based on a Fuzzy Logic Adaptived Kalman Filter,Control Engineering Pracitce,1999,vol.7:763-771.

[9] Sasidaek J Z,Wang Q,Zeremba M B. Fuzzy Adaptive Kalman Filtering For INS/GPS Data Fusion,Proceeding of the 15th IEEE International Symposium on Intelligent Control(ISIC 2000),Rio,Patras,Greece,17-19 July 2000.

[10] Agus Budiyono. Advances in Unmanned Underwater Vehicles Technologies:Modeling,Control and Guidance Perspectives. Indian Journal of Marine Sciences Vol.38(3):282-295.

[11] 丛爽. 神经网络、模糊系统及其在运动控制中的应用. 合肥:中国科学技术大学出版社,2001.

[12] 卞鸿巍. 舰艇组合导航系统自适应信息融合技术研究. 上海:上海交通大学,2005.

[13] 张国良,曾静,柯熙政,等. 模糊控制及其在 MATLAB 应用. 西安:西安交通大学出版社,2002.

[14] 章卫国,杨向忠. 模糊控制理论与应用. 西安:西北工业大学出版社,2000.

[15] David McNeil Mayhew. Multi-rate Sensor Fusion for GPS Navigation Using Kalman Filtering. Virginia Polytechnic Institute and State University,1999.

[16] 张智星,孙春在,水谷英二. 神经—模糊和软计算. 张平安,高春华,译. 西安:西安交通大学出版社,2000.

[17] 权太范. 信息融合神经网络—模糊推理理论与应用. 北京:国防工业出版社,1998.

[18] 周岗,周永余,陈永冰,等. 舰船航迹控制器中模糊线性化方法的应用. 中国惯性技术学报,2000,8(4).

第 7 章 神经网络信息融合技术及其应用

神经网络的研究历史可以追溯到 1943 年,心理学家 W. McCulloch 和数理逻辑学家 W. Pitts 证明了神经元可以模拟为一个简单的阈值装置进行逻辑函数操作[1]。1949 年 D. O. Hebb 提出了一种调节神经网络链接权值的学习规则(即 Hebb 学习规则)。1958 年 F. Rosenblatt 等人研究了一种特殊类型的神经网络,称为感知器(Perceptron),他们认为这是生物系统感知外界传感信息的简化模型。1969 年 M. Miskey 和 S. Papert 发表了名为"感知器"的专著,指出:简单的线性感知器的功能有限,无法解决线性不可分的两类样本的分类问题,如简单的线性感知器无法实现常见的"异或"逻辑关系,要解决这个问题,必须增加隐层节点。但是对于多层网络,如何找到有效的学习方法是一个难于解决的问题。整个 20 世纪 70 年代神经网络的研究也因此处于低潮。

到 20 世纪 80 年代后,神经网络的研究取得突破性的进展,尤其是 1982 年和 1984 年,美国加州工学院的物理学家 J. J. Hopfield 发表了两篇神经网络的文章,提出了一种反馈互联网络(Hopfield 网络),并定义了一个神经元的状态和链接权值的能量函数。Hopfield 网络由于有效解决了旅行商最优路径问题,引起了很大反响。1986 年 D. E. Rumelhart 等针对多层前馈网络提出了误差反向传播算法(即 BP 算法),BP 算法解决了 M. Miskey 和 S. Papert 提出的感知器不能解决的问题[2]。这两项研究成果对神经网络研究的复兴起到了关键作用。Hopfield 网络和 BP 网络也成为目前应用最为广泛的神经网络[3]。在此期间,Grossberg 等人对于自适应谐振理论的研究[4,5],Kohonen 对自组织特征映射的研究[6],Hinton 对随机网络的研究[7]及 Fukushima 对新认知机的研究[8]等都取得了令人满意的结果。

总结神经网络研究,迄今为止大体集中在 3 个方向:

(1) 研究人脑神经网络的生物结构和机制;

(2) 研究面向新一代计算机的基于微电子学或光学器件的特殊功能网络制造技术;

(3) 研究神经网络作为解决传统方法难以解决的某些问题的手段和方法。

与此同时,神经网络技术的应用也取得了令人瞩目的进展,特别是在人工智能、自动控制、计算机科学、信息处理、机器人、模式识别等领域都有重大的应用实例。20 世纪 90 年代之前,神经网络在控制系统中的应用主要集中于对系统模型的辨识,利用神经网络进行状态估计的报道还非常少。较早时期,Sundharsnan 提出应用神经网络进行状态估计,给出了一个 Hopfield 神经网络获得随机动态系统的最大后验估计算法。DeCruyenaere 和 Hafez 对定常系统的标量卡尔曼滤波器与递归神经网络进行了比较,证明了其一致性。20 世纪 90 年代之后,神经网络在各种实际系统中用于状态估计的研究逐步增多。

在多传感器信息融合系统中,无论是在哪一层的信息融合,都离不开状态估计这个重要环节。比如,在信息融合预处理环节中,状态估计主要完成观测噪声的滤波,在位置融合中完成位置的状态估计,在属性级融合中通过估计算法完成属性特征的提取。因此系统状态和参数估计是信息融合的重要基石。一旦产生一种有效的新状态估计理论或方法,很自然地就会在信息融合领域出现广泛的应用研究并产生较大影响。由于神经网络的非线性,将其用于非线性系统的辨识、预测、估计、控制,具有相当的优越性。近十年来,学者们进一步将神经网络与传统的卡尔曼滤波方法相结合,用神经网络状态参数估计用于非线性网络估计非线性部分,而线性部分的估计仍由卡尔曼滤波器承担,将神经网络的输出作为卡尔曼滤波器补偿修正量,实际上完成了扩展卡尔曼滤波器的功能。许多研究证明,在滤波效果上这一方法要优于扩展卡尔曼滤波器。在组合导航等多传感器信息融合研究领域,基于神经网络技术的卡尔曼滤波器曾经一度成为研究的热点并因此成为一种重要的方法。

本章围绕神经网络状态估计问题,对神经网络状态估计的基本原理、算法及在组合导航系统中应用等进行介绍。

7.1 神经网络基础知识

7.1.1 引言

人类大脑的思维方式和体现出的不可思议的智能对于人工智能学者有着巨大的诱惑力。以 W. McCulloch 和 J. J. Hopfield 为代表的联接主义人工智能学者认为,模拟人的智能要依靠仿生学,特别是模拟人脑,因此需要建立人脑模型。人类思维的基本生理单元是神经元,而不是抽象的符号,智能是相互联接的神经元相互竞争和协作的结果。

人脑中的神经元由细胞体(Cell Body)和突(Process)两部分构成,突分为轴突(Axon)和树突(Dendrite)两种,轴突负责输出信号,树突负责接收信号,每一个神经元的轴突都会与另一个神经元的树突相连接,实现信息传递。轴突的末端与树突进行信号传递的界面称为突触,对某些突触的刺激促使神经元触发。只有神经元输入强度的总效应达到阈值电平,它才开始工作。无论什么时候达到阈值电平,神经元都产生一个全强度的输出窄脉冲,从细胞体轴突进入轴突分支,这时的神经元就称为被触发。越来越明显的证据表明,学习发生在突触附近,而且突触把经过一个神经元突触的脉冲转化为下一个神经元的兴奋和抑制。这样一来,人脑的学习机制实际上就完成了从连续信号到形成二进制信号(兴奋和抑制)的转换过程。

人工神经网络(Artificial Neural Network, ANN)是人脑及其活动的抽象数学模型,它由许多并行运算的功能简单的处理单元(Processing Element, PE)通过触发方式互联构成,

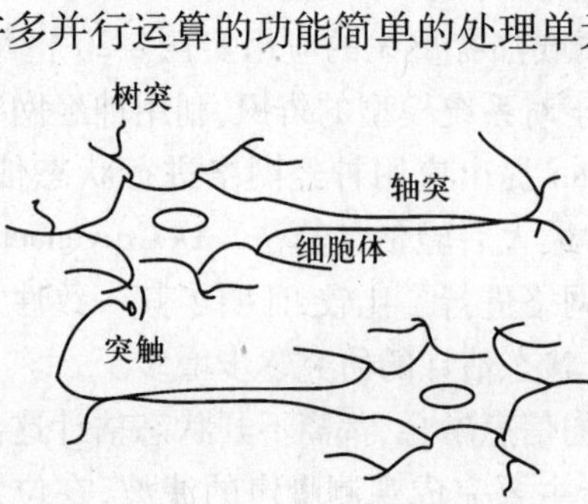

图 7-1 大脑神经元示意图

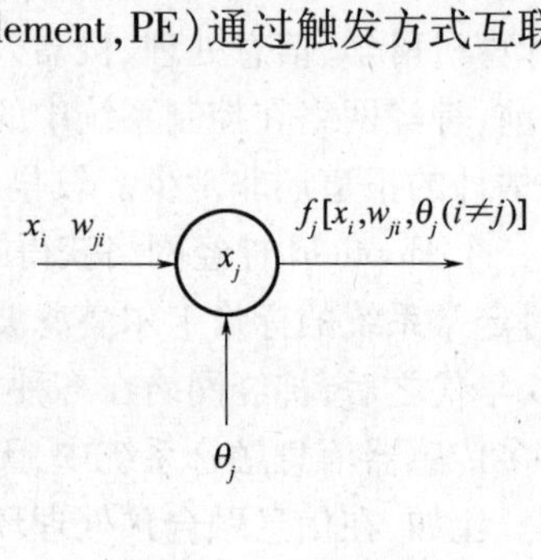

图 7-2 有向图

这些单元类似于生物神经系统的神经单元。每个神经元只有一个输出,它可以链接到很多其他的神经元,每个神经元输入有许多个链接通路,每一个链接通路对应于一个链接加权系数。可以把人工神经网络看成是以处理单元为节点、用加权向弧相互联结而成的有向图。这个有向图具有下列性质:

(1) 每个节点有一个状态变量 x_j;

(2) 节点 i 到节点 j 有一个连接权系数 W_{ji};

(3) 每个节点有一个 θ_j 阈值;

(4) 每个节点定义一个变换函数 $f_j[x_i, w_{ji}, \theta_j(i \neq j)]$。

虽然单个神经元的结构极其简单,功能有限,但大量神经元构成的网络系统所能实现的行为却极其丰富多彩。神经网络模型各种各样,它们是从不同的角度对生物神经系统不同层次的描述和模拟。神经网络系统是一个大规模、非线性、分布式、并行处理、自适应动力学系统,其特点在于信息的分布式存储和并行协同处理。和数字计算机相比,神经网络系统具有集体运算的能力和自适应的学习能力。此外,它还具有很强的容错性和鲁棒性,善于联想、综合和推广。

有代表性的网络模型有感知器、多层 BP 网络、RBF 网络、PPLN 网络[20]、Elman 网络、Hopfield 网络等。其主要的拓扑结构如图 7-3 至图 7-8 所示。

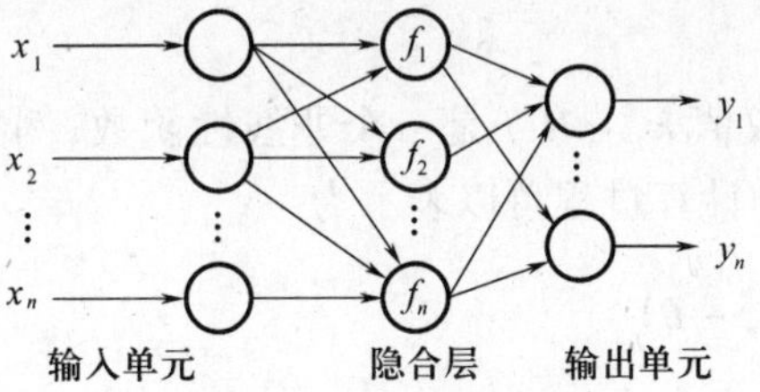

图 7-3　三层感知器

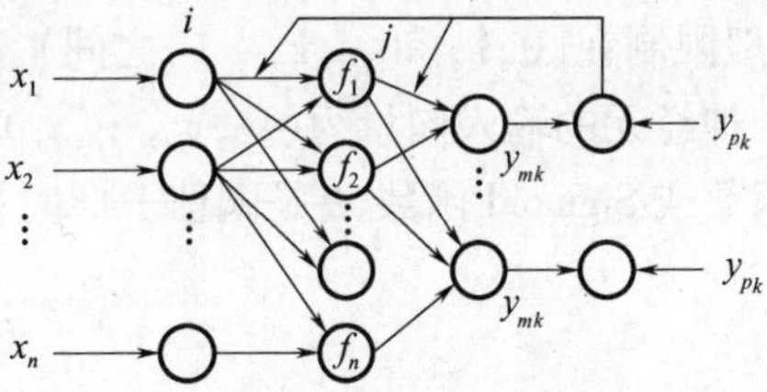

图 7-4　三层 BP 网络

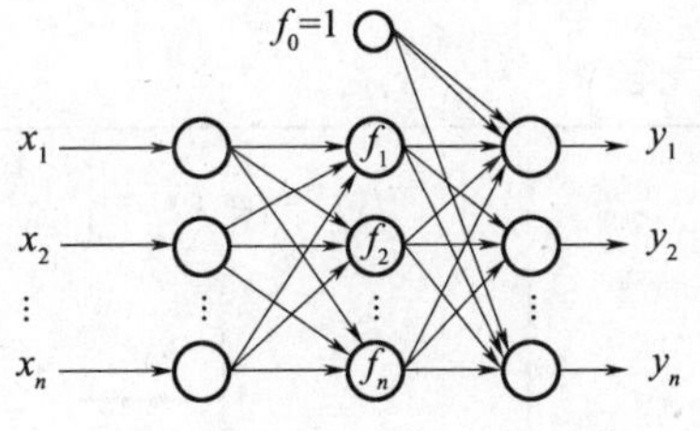

图 7-5　广义 RBF 网络

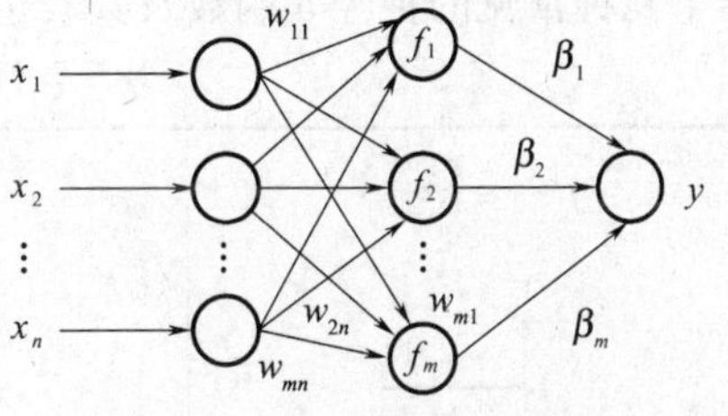

图 7-6　PPLN 网络

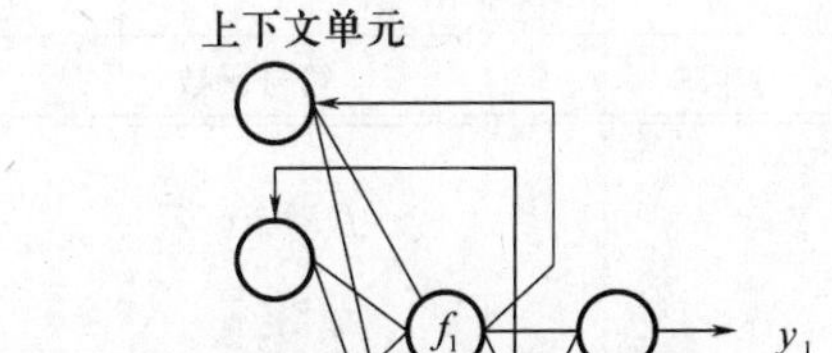

图 7-7　Elman 网络

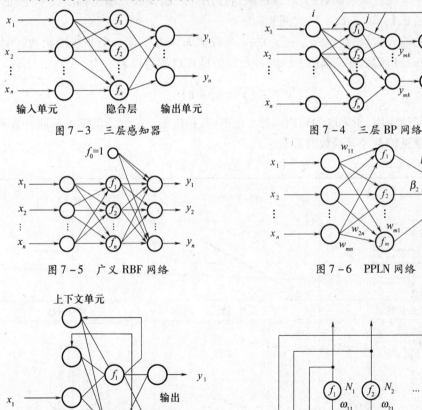

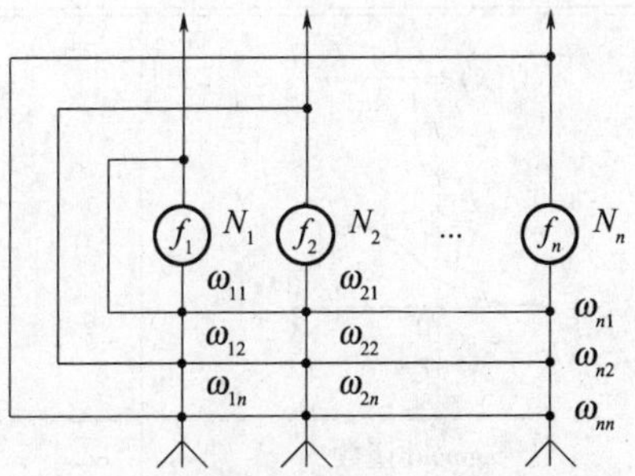

图 7-8　Hopfield 网络(离散型)

7.1.2 神经网络的一般结构

1. 人工神经元

神经网络的基本单位为人工神经元。即图 7－9 描述了一种简单的人工神经元模型，即 M－P 模型：

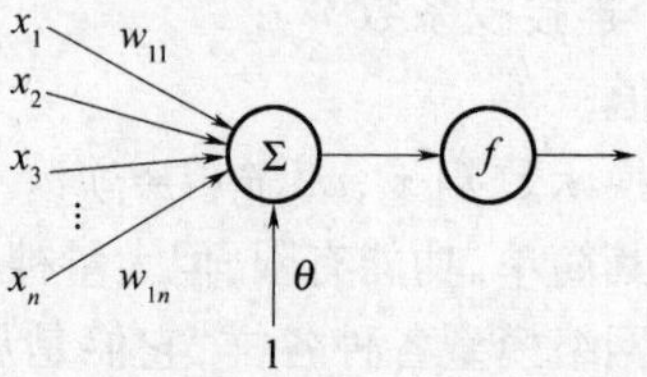

图 7－9 人工神经元模型

它有 3 个基本要素：

（1）一组连接权（对应于生物神经元的突触），连接强度由各连接上的权值表示，权值为正时表示激励，为负时表示抑制；

（2）一个求和单元，用于求取各输入信息的加权和（线性组合）；

（3）一个非线性激励函数，其非线性映射作用并限制神经元输出幅度在一定的范围（一般限制在[0,1]和[－1，＋1]之间）。

神经元的输入向量为$(x_1,x_2,\cdots,x_n)^{\mathrm{T}}$，$n$ 个权值 $w_{ij}\in R$，f 是一个非线性函数，例如阈值函数或 Sigmoid 函数，θ 是阈值。此时神经元的计算过程可以表示为

$$y = f\left(\sum_{i=1}^{n} w_i x_i - \theta\right)$$

对于不同的应用，所采取的输出函数 f 也不同，相应的 y 的取值范围也不同。表 7－1 列出了几种常见的神经元函数及其表达式。

表 7－1 常见神经元函数

$f(x) = \begin{cases}1 \\ 0\end{cases}$ 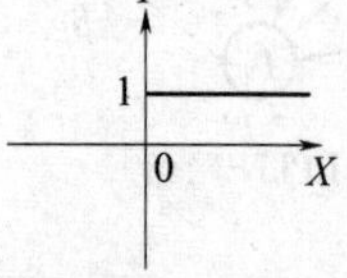	$f(x) = ax$ 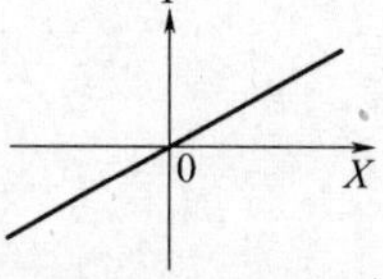	$f(x) = \mathrm{sgn}\ (x) = \begin{cases}1 \\ -1\end{cases}$ 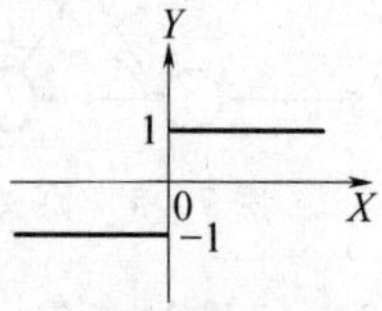
阶跃函数	线性函数	符号函数
$f(x) = \dfrac{1}{1+\mathrm{e}^{-x}}$ 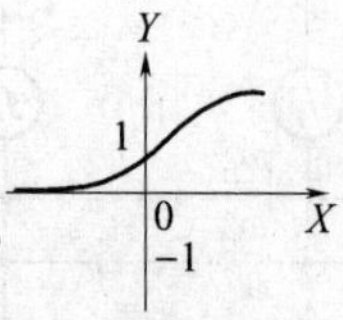	$f(x) = \dfrac{1-\mathrm{e}^{-x}}{1+\mathrm{e}^{-x}}$ 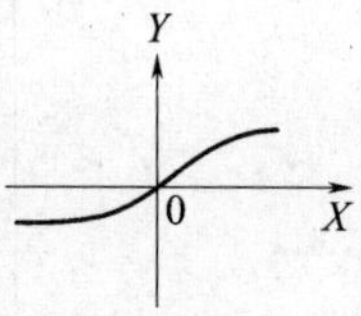	$f(x) = \mathrm{e}^{-\frac{x^2}{\sigma^2}}$ 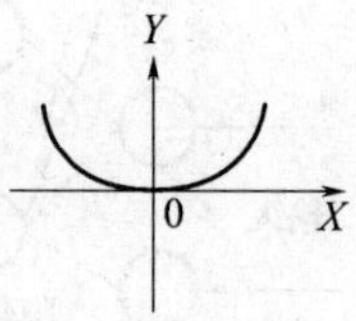
Sigmoid 函数	双曲函数	高斯函数

2. 神经网络的拓扑结构

将神经元连接起来的方式就是网络的拓扑结构，按连接方式分，神经网络主要有层状结构网络和网状结构神经网络两种。

1）层状结构网络

层状结构网络是将一个神经网络模型中的所有神经元按功能分为若干层，一般有输入层、中间层和输出层，各层顺序链接。层状网络可以进一步细分为 3 种互联方式，即简单的前向网络、具有反馈的前向网络以及层内有相互连接的前向网络。

图 7－10 所示为简单的前向型网络（也称前馈网络）。每个神经元可以有任意多个输入，但只有一个输出，输出可耦合到任意多个其他节点的输入。第 i 层的神经元输入只与第 $i-1$ 层神经元的输出相连，并输出到下一层，神经元之间无反馈，可用一个有向无环图表示。其中中间层是网络的内部处理单元层，与外部无直接连接，所以也称为隐层。神经元网络所具有的模式变换能力，如模式分类、模式完善、特征抽取等，主要是在中间层进行。根据处理功能的不同，中间层可以有多层，也可以没有。输出层是网络输出运行结果并与外部设备相连接的部分。RBF 径向基网络和 PPLN 网络是典型的前向型网络，如图 7－5和图 7－6 所示。

具有反馈的前向网络通常称为反馈网络，又称为递归（Recurrent）网络或回归网络。反馈网络实际上是将前向网络中输出层神经元的输出信号经过延时后再送给输入层神经元而构成，如图 7－11 所示。图中 t 表示延迟，用来模拟神经元的不应期或者传递延迟。有些神经元的输出被反馈到同层和前层神经元，因此，信号能够从正向和反向流通。Elman 网络是典型的具有反馈的前向网络，如图 7－7 所示。

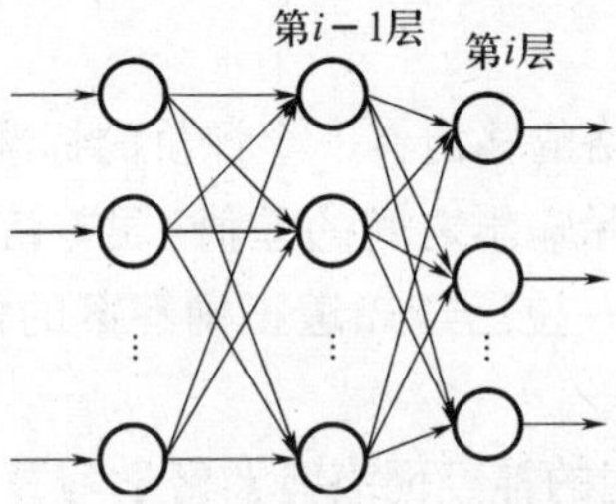

图 7－10　前向型网络

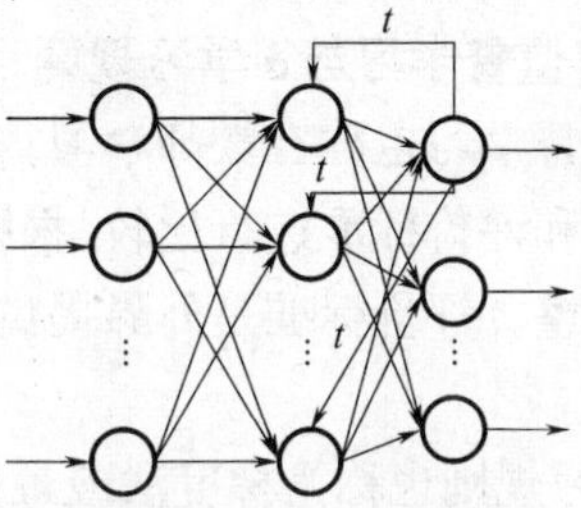

图 7－11　反馈网络

竞争抑制型网络是层内有相互连接的前向网络，如图 7－12 所示。其网络一般由输入层和竞争层构成，没有隐含层，两层之间各个神经元实现双向连接，各层神经元之间还往往存在横向连接。

从作用效果看，前向神经网络主要是函数映射，可用于模式识别和函数逼近。按对能量函数的所有极小点的利用情况，可将反馈网络分为两类：一类是能量函数的所有极小点都起作用，主要用作各种联想存储器；另一种只利用全局极小点，主要用于求解优化问题。

2）网状结构神经网络

也称为相互连接型网络。它是指网络中任意两个单元之间都是可以相互连接的，如图 7－13 所示。所有节点都是计算单元，同时可以接收输入，并向外界输出。它可以画成一个无向图，其中每个连接线都是双向的。这种网路如果在某一时刻从外部加输入信号，各神经元一边作用，一边进行信息处理，直到收敛于某个稳定值为止。 Hopfield 网络是典

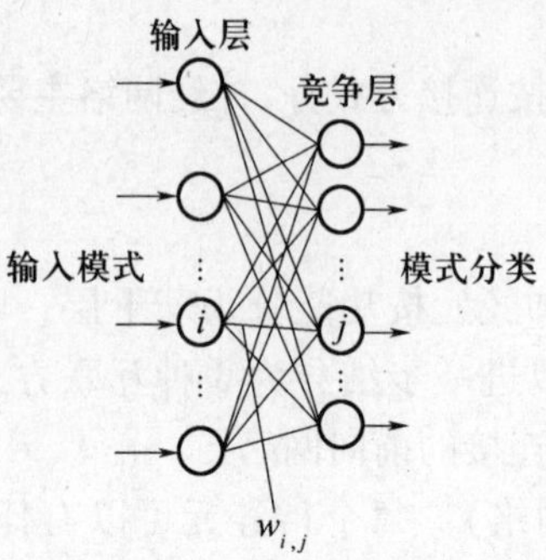

图 7-12　竞争抑制型网络

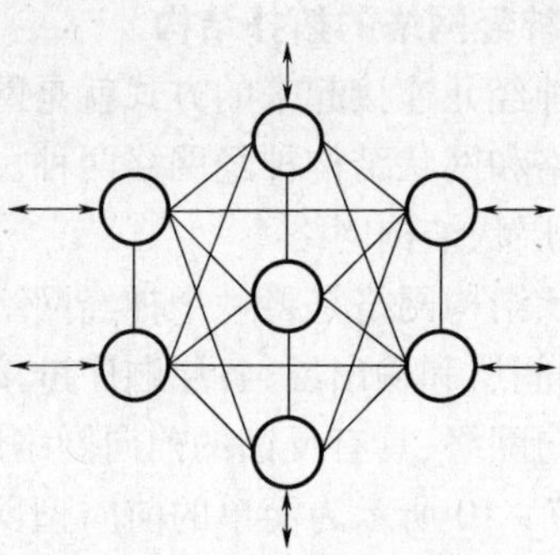

图 7-13　网状结构网络

型的网状结构神经网络，如图 7-8 所示。

对于简单的前向网络，给定某一输入模式，网络能产生一个相应的输出模式并保持不变，但在相互连接型网路中，对于给定的输入模式，网络由某一初始状态出发开始运行，在一段时间内网络处于不断更新输出状态的变化过程中。若网络设计合理，最终可能会产生某一稳定的输出模式；若设计得不好，网络也有可能进入周期性震荡或发散状态。

7.1.3　神经网络的学习方法

神经网络必须经过学习方能用于模式识别、函数逼近、状态估计等各种问题的求解。如何进行学习是神经网络研究中一个非常重要的问题，各种学习方法的实质是修正神经元之间的连接强度或加权系数的算法，使得网络获得的知识结构适应外部环境信息的变化。比较常用的学习方法有下面几种：

1. 有监督学习与 δ 学习规则

有监督学习也称有教师学习。在这种学习中，网络的输出有一个评价的标准，网络将实际输出和评价标准进行比较，根据已知的输出和实际输出之间的差值(误差信号)决定权值的调整。评价标准是外界提供给网络的，相当于一位已经知道正确答案的教师指导网络学习。

δ 学习规则也称为梯度法或最速下降法，是最常用的神经网络有监督学习算法。δ 学习规则调节神经元权值的方式是，通过训练权值 w，使得对于训练样本对 (x,d)，神经元的输出误差

$$E = \frac{1}{2}(d-y)^2 = \frac{1}{2}[d - f(w^{\mathrm{T}}x)]^2$$

达到最小。计算梯度向量

$$\nabla E_w = (d-y)f'(w^{\mathrm{T}}x)x$$

并令 $\Delta w(t) = -c\nabla E_w$，$c$ 为权值比例系数，即可得到如下权值修正公式

$$\Delta w(t) = -c(d-y)f'(w^{\mathrm{T}}x)x$$

神经元的初始权值一般取零附近的随机值，使之处于敏感区间，以利于进行学习。

2. 无监督学习与 Hebb 学习规则

无监督学习不存在外部教师，也称无教师学习。学习系统完全按照环境提供数据的某些统计规律调节自身参数或结构，这是一种自组织学习。网络根据某种规则反复地调

整连接权值以适应输入模式的激励,指导网络最后形成某种有序状态。

常用的学习规则是 Hebb 学习规则。还有一些其他的自组织学习规则,大都是 Hebb 学习规则的变形。Hebb 学习规则可以归纳为:当某一突触(连接)两端的神经元同步激活(同为激活或同为抑制)时,该连接的强度应增强,反之应减弱。基本思想是:如果神经元 u_i 接收来自另一个神经元 u_j 的输出,则当这两个神经元同时兴奋时,从 u_i 到 u_j 的权值 w_{ij} 就得到加强。具体到前述的神经元模型,可以将 Hebb 规则表现为如下的算法,即

$$\Delta w_i = \eta y x_i$$

式中:Δw_i 是对第 i 个权值的修正量;η 是控制学习速度的系数。

无监督学习可以实现主成分分析、聚类、编码以及特征映射等功能。

3. 混合学习方法

有监督学习具有分类精细、准确的优点,但学习过程慢;无监督学习具有分类灵活、算法简练的优点,但学习精度较差。如果将两者结合起来,发挥各自的优点,就可以成为一种有效的学习方法。混合学习过程一般事先用无监督学习抽取输入数据的特征,然后将这种内部表示提供给有监督学习进行处理,以达到输入/输出的某种映射。由于对输入数据进行了预处理,有监督学习以及整个学习过程将会加快。

7.1.4　神经网络工程应用的能力特点

在决定采用神经网络技术之前,应首先考虑是否有必要采用神经网络来解决问题。一般地,神经网络与经典计算方法相比并非优越,只有当常规方法无法解决或效果不佳时,神经网络才能显示出其优越性,尤其是当问题的机理等规律不明确或不能用数学模型表示的系统,如故障诊断、特征的提取和预测、非线性系统的自适应控制等问题,神经网络往往是很有效的工具。另一方面,神经网络对处理大量原始数据而不能用规则或公式描述的问题,表现出极大的灵活性和适应性。

从信息融合处理的观点看,神经网络是一个具有高度非线性的超大规模的并行信息融合处理系统,可看作是实现多输入信号的某种函数变换的一种融合系统。就工程应用角度来看,人们更多关心下面所述的神经网络的 3 个基本能力问题:

1. 网络映射变换能力

这是一个网络结构的问题,即网络具有什么样的拓扑结构才可能实现输入与输出之间的线性或非线性的映射变换,尤其是神经网络对于传统的控制难于解决的非结构性问题是否有效。

关于这类问题,神经网络专家早已经证明,当单层前向网络的神经元激励函数具有 Sigmoid 函数特性而且隐层节点个数足够多时,它可以任意精度逼近输入与输出之间的映射变换[12]。

2. 网络学习能力

这是网络训练算法问题,即能否找到一组网络参数(指网络节点之间的权重),使网络记忆输入、输出之间的变换关系。实际上,学习算法问题是属于给定指标下的优化设计问题。

神经网络学习算法种类很多。当神经网络的学习系统所处环境平稳时(统计特性不随时间变化),从理论上讲通过监督学习可以学到环境的统计特性,这些统计特性可被学

习系统(神经网络)作为经验记住。如果环境是非平稳的(统计特性随时间变化),通常的监督学习没有能力跟踪这种变化。为解决这一问题,需要网络有一定的自适应能力,需要无监督学习或混合学习方法,能够自适应修正模型参数跟踪环境变化。

3. 网络的泛化能力

泛化能力或推广能力是指经训练后的网络对未在训练集中出现的(但来自于同一分布)样本作出正确反应的能力,它是神经网络最主要的性能,没有泛化能力的神经网络没有任何使用价值。因为实际系统的训练样本本身存在着局限性、模糊性,并含有噪声,所以网络泛化能力的研究对于神经网络实际应用具有重要的意义,直接关系到网络推广能力。学习的目的就是通过训练样本学习到隐含在样本中的规律性,从而对未出现的输入也能给出正确的反应。神经网络的一个缺陷就是过学习问题,即过分追求训练集内误差小,往往记住了个别特例以及某些噪声,从而未能学习到真正的规律,进而丧失泛化能力。

通常影响泛化能力的因素有:训练样本的质量和数量;网络结构(规模)以及问题本身的复杂程度。

7.2 典型神经网络及其学习算法

7.2.1 误差反向传播网络(BP 网络)

Paul Werboss 在 1974 年的一篇论文中第一次描述了训练多层神经网络的一个算法,论文中的算法只是在一般网络情形中描述,神经网络仅作为一个特例,因此并未在神经网络界产生影响。20 世纪 80 年代中期,David Rumelhar、Geoffrey Hiton 和 Ronald Williams、David Parker 以及 Yann Le Cun 又分别独立地发现了这一算法。1986 年,《并行分布式处理》一书中介绍了 David Rumelhart 和 James McClelland 研究小组对反向传播算法研究所做的工作,产生了巨大反响。神经网络的研究从此进入了又一轮的繁荣时期。

误差反向传播网络简称 BP 网络,它是一种对非线性可微函数进行权值训练的单向传播多层前向网络,是应用较为广泛的函数逼近模型。BP 网络模型由一个输入层、一个输出层以及一个或多个隐含层构成,在同一层中的各神经元之间相互独立。输入信号从输入层神经元依次通过各个隐含层神经元,最后传递到输出层神经元。图 7-14 给出了 BP 网络模型结构。理论研究表明:具有一个输入层、一个线性输出层以及至少一个 S 型激活函数的隐含层的 BP 网络,能够以任意精度逼近任何连续可微函数。

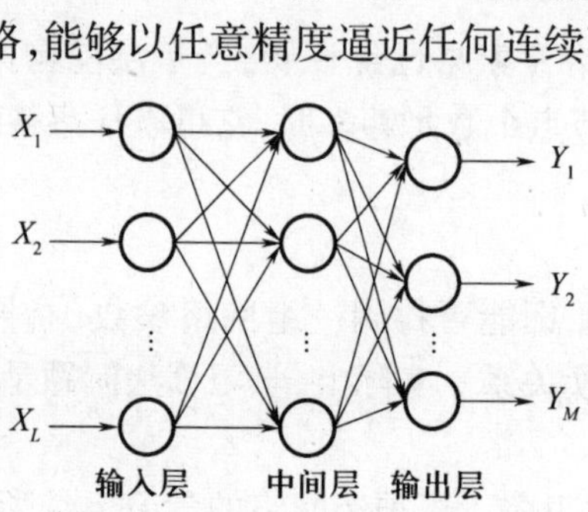

图 7-14 BP 神经网络模型

1. 误差反向传播学习算法

(1) 神经网络的前向计算。前向计算是在网络各神经元的活化函数和连接强度都确定的情况下进行的。以图 7-14 所示具有 L 个输入、M 个输出，设有一个隐含层(q 个神经元)的 BP 网络为例，作为训练网络的第一阶段，设有 N 个训练样本，若用其中某一训练样本 p 的输入 X_p 和输出 d_p 对网络进行训练，则隐含层的第 i 个神经元的输入可写成

$$net_{pi} = net_i = \sum_{j=1}^{M} w_{ij} o_j \tag{7.2.1}$$

第 i 个神经元的输出为

$$o_i = f(net_i) \tag{7.2.2}$$

式中:$f(\cdot)$为活化函数，这里取 Sigmoid 活化函数，参见表 7-1。

对式(7.2.2)求导可得

$$f'_i(net_i) = f(net_i)[1 - f(net_i)] \tag{7.2.3}$$

输出 o_i 将通过加权系数向前传播到第 k 个神经元作为它的输入之一，而输出层的第 k 个神经元的总输入为

$$net_k = \sum_{i=1}^{q} w_{ki} o_i \tag{7.2.4}$$

输出层的第 k 个神经元的总输出为

$$o_k = f(net_k) \tag{7.2.5}$$

在神经网络正常工作期间，上面的过程即完成了一次前向计算。若是在学习阶段，则要将输出值与样本输出值之差回送，以调整加权系数。

(2) 误差反向传播和加权系数的调整。在前向计算中，若 o_k 与样本的输出 d_k 不一致，就要将误差信号从输出端反向传播回来，并在传播过程中对加权系数不断修正，使输出层神经元上得到所需要的期望输出 d_k 为止。对样本 p 完成网络加权系数的调整后，再送入另一个样本进行学习，直到完成 N 个样本的训练学习为止。

为了对加权系数进行调整，对每一个样本 p，引入二次型误差函数

$$E_p = \frac{1}{2}\sum_{k=1}^{L} (d_{pk} - o_{pk})^2 \tag{7.2.6}$$

则系统的平均误差函数为

$$E = \frac{1}{2p}\sum_{p=1}^{N}\sum_{k=1}^{L} (d_{pk} - o_{pk})^2 \tag{7.2.7}$$

学习时调整加权函数，既可按使误差函数 E_p 减小最快的方向调整，也可按使误差函数 E 减小最快的方向调整，直到获得加权系数为止。下面以按使误差函数 E_p 减小最快的方向调整为例，加权系数按误差函数 E_p 的负梯度方向调整，使网络逐渐收敛。

(3) 输出层加权系数的调整。根据上述思想，加权系数的修正公式为

$$\Delta w_{ki} = -\eta \frac{\partial E_p}{\partial w_{ki}} \tag{7.2.8}$$

式中:η 为学习速率，$\eta > 0$。

$\dfrac{\partial E_p}{\partial w_{ki}}$的具体计算可由下面的推导得出

$$\frac{\partial E_p}{\partial w_{ki}} = \frac{\partial E_p}{\partial net_k}\frac{\partial net_k}{\partial w_{ki}} \tag{7.2.9}$$

根据式(7.2.9)有

$$\frac{\partial net_k}{\partial w_{ki}} = \frac{\partial}{\partial w_{ki}}\left(\sum_{i=1}^{q} w_{ki}o_i\right) = o_i \tag{7.2.10}$$

令

$$\delta_k = -\frac{\partial E_p}{\partial net_k} = -\frac{\partial E_p}{\partial o_k}\frac{\partial o_k}{\partial net_k} \tag{7.2.11}$$

式中：$\frac{\partial E_p}{\partial o_k} = -(d_k - o_k)$；$\frac{\partial o_k}{\partial net_k} = f'_k(net_k)$。

由此可得

$$\delta_k = (d_k - o_k)f'_k(net_k) = o_k(1-o_k)(d_k - o_k) \tag{7.2.12}$$

所以，对输出层的任意神经元加权系数的修正公式为

$$\Delta w_{ki} = \eta(d_k - o_k)f'_k(net_k)o_i = \eta\delta_k o_i = \eta o_k(1-o_k)(d_k-o_k)o_i \tag{7.2.13}$$

(4) 隐含层加权系数的调整。对于隐含层的加权系数的调整与上面的推导过程基本相同，但由于不能直接计算隐含层的输出，故需要借助于网络的最后输出量。由式(7.2.13)可知

$$\Delta w_{ij} = \eta\delta_i o_j \tag{7.2.14}$$

其中满足

$$\begin{aligned}\delta_i &= -\frac{\partial E_p}{\partial net_i} = -\frac{\partial E_p}{\partial o_i}\frac{\partial o_i}{\partial net_i} = -\frac{\partial E_p}{\partial o_i}f'_i(net_i) = -f'_i(net_i)\sum_{k=1}^{L}\frac{\partial E_p}{\partial net_k}\frac{\partial net_k}{\partial o_i}\\ &= -f'_i(net_i)\sum_{k=1}^{L}\left(-\frac{\partial E_p}{\partial net_k}\right)\frac{\partial}{\partial o_i}\left(\sum_{i=1}^{q} w_{ki}o_i\right) = -f'_i(net_i)\sum_{i=1}^{L}\delta_k w_{ki}\end{aligned} \tag{7.2.15}$$

将式(7.2.15)代入式(7.2.14)，整理可得：

$$\Delta w_{ki} = \eta f'_i(net_i)\left(\sum_{k=1}^{L}\delta_k w_{ki}\right)o_j = \eta o_i(1-o_i)\left(\sum_{k=1}^{L}\delta_k w_{ki}\right)o_j \tag{7.2.16}$$

式(7.2.13)和式(7.2.14)即为修正 BP 网络连接强度的计算式，其中 o_i、o_j 和 o_k 分别表示隐含节点 i、节点 j、输出节点 k 的输出。采用增加惯性项的办法，可加快收敛速度，对于输出层和隐含层，其计算公式分别为

$$w_{ki}(t+1) = w_{ki}(t) + \eta\delta_k o_i + \alpha[w_{ki}(t) - w_{ki}(t-1)] \tag{7.2.17}$$

$$w_{ij}(t+1) = w_{ij}(t) + \eta\delta_i o_j + \alpha[w_{ij}(t) - w_{ij}(t-1)] \tag{7.2.18}$$

式中：α 为惯性系数，通常取 $0<\alpha<1$。

(5) 加权系数的学习计算步骤。将上述基本思想和计算公式加以归纳，可得 BP 网络的权值计算步骤如下。

① 加权系数初始化：用较小的随机数为 BP 神经网络的所有加权系数置初值，准备训练数据，给出 N 组训练信号矢量组 $\boldsymbol{X}=(x_1,x_2,\cdots,x_M)^{\mathrm{T}}$ 和 $\boldsymbol{D}=(d_1,d_2,\cdots,d_L)^{\mathrm{T}}$，令 $n=1$。

② 取 $\boldsymbol{X}_n$ 和 $\boldsymbol{D}_n$，按前向计算式(7.2.1)至式(7.2.5)计算隐含层和输出层的各神经元的输出。

③ 按式(7.2.6)计算网络输出与期望输出之差的函数。

④ 按式(7.2.17)计算输出层网络加权系数的调整量 Δw_{ki},并修正加权系数。

⑤ 按式(7.2.18)计算隐含层网络加权系数的调整量 Δw_{ij},并修正加权系数。

⑥ 令 $n=n+1$ 返回到步骤②,直到 E_p 进入设定的范围为止。

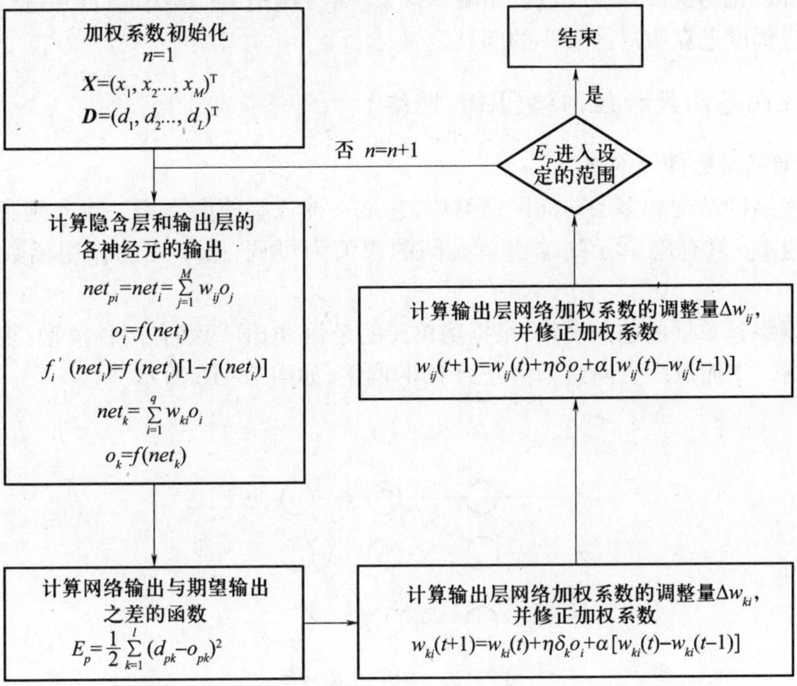

图 7-15　BP 网络算法框图

2. BP 算法存在的问题与改进方法

BP 算法在应用中存在两个问题:收敛速度慢;目标函数存在局部极小。为了克服这两个问题,许多人提出了改进措施,现介绍如下:

(1) 采用反对称函数代替通常的 Sigmoid 函数,比如最常用的是双曲线正切函数,即

$$f(v) = a\tan(bv) = a\left[\frac{1-\exp(-bv)}{1+\exp(-bv)}\right] = \frac{2a}{1+\exp(-bv)} - a$$

一般取 $a=1.716, b=2.3$。采取该激励函数时,收敛速度通常比采用 Sigmoid 函数时快。

(2) 加动量项,学习步长 η 的选择很重要,η 大则收敛速度快,但过大则可能引起振荡;η 小可避免不稳定,但收敛速度就慢了。加动量项可以解决这一矛盾,即

$$\Delta w_{ij}(n) = -\eta\delta_j O_i + \alpha\Delta w_{ij}(n-1)$$

式中:$0<\alpha<1$,第一项为 BP 算法的修正量,第二项为动量项。

(3) 在基本的 BP 算法中,学习速率是固定不变的。实际上学习速率对收敛速度的影响很大,因此学习速率的在线调整可以大大提高收敛速度。学习速率的调整原则上是使它在每一步保持尽可能大的值,而又不至于使学习过程失去稳定。学习速率可以根据误差变化的信息和误差函数对连接权梯度变化的信息进行启发式调整,也可以根据误差函数对学习速度的梯度直接进行调整。

(4) 采用共轭梯度学习算法、Quasi-Newton 算法以及 Levenberg-Marguardt(L-M)优化

算法等,都可以明显提高 BP 算法的速度。

(5) 为了克服 BP 算法易陷入局部极小的缺点,可以在算法中引入遗传算法、模拟退火算法等。比如,在用梯度法进行的迭代过程中,可以不完全按梯度下降的方向进行迭代,而是给予一个小概率的机会,按不同的方向进行迭代,这样就可能"跳"出局部极小的陷阱。也可以先用遗传算法等进行粗略的搜索,然后再用 BP 算法进行细致搜索,这样也可以在一定程度上克服局部极小的问题。

7.2.2 径向基函数神经网络(RBF 网络)

1. 径向基函数神经网络

RBF 网络的结构和多层前向网络类似,它是一种三层前向网络。输入到隐层单元的权值固定为 1。只有隐单元到输出单元间的权值为可调,隐单元的作用函数用径向基函数。

RBF 网络是单层的前向网络,根据隐单元的个数,RBF 网络有两种模型:正规化网络和广义网络。下面以广义网络为例介绍 RBF 网络,如图 7-16 所示。

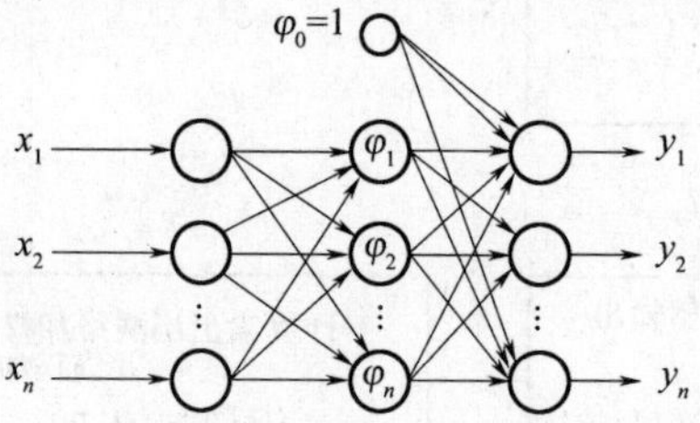

图 7-16 RBF 广义网络

广义的输入层有 M 个神经元,其中任一神经元的序号用 m 表示;隐含层有 $I(I<N)$ 个神经元,任一神经元的序号用 i 表示,第 i 个神经元的激励输出为"基函数" $\varphi(X,t_i)$,其中 $\boldsymbol{t}_i=[t_{i1},t_{i2},\cdots,t_{im},t_{iM}]$ $(i=1,2,\cdots,I)$ 为基函数的中心;输出层有 J 个神经元,任一神经元的序号用 j 表示。隐含层与输出层权值用 $w_{ij}(i=1,2,\cdots,I;j=1,2,\cdots,J)$ 表示。在图 7-16 中输出神经还设置了阈值 φ_0,其做法是令隐含层的一个神经元 G_0 的输出恒为 1,而令输出单元与其相连的权值为 $w_{0j}(j=1,2,\cdots,J)$。

设训练样本集为 $\boldsymbol{X}=[X_1,X_2,\cdots,X_k,\cdots,X_N]^{\mathrm{T}}$,其中任一训练样本 $\boldsymbol{X}_k=[x_{k1},x_{k2},\cdots,x_{km},\cdots,x_{kM}]^{\mathrm{T}}$ $(k=1,2,\cdots,N)$,对应的实际输出为 $\boldsymbol{Y}_k=[y_{k1},y_{k2},\cdots,y_{kj},\cdots,y_{kJ}]^{\mathrm{T}}(k=1,2,\cdots,N)$,期望输出为 $\boldsymbol{d}_k=[d_{k1},d_{k2},\cdots,d_{kj},\cdots d_{kJ}]^{\mathrm{T}}(k=1,2,\cdots,N)$。

当网络输入为训练样本 $\boldsymbol{X}_k$ 时,网络第 j 个输出神经元的实际输出为

$$y_{kj}(\boldsymbol{X}_k)=w_{0j}+\sum_{i=1}^{I}w_{ij}\varphi(\boldsymbol{X}_k,\boldsymbol{t}_i)\,(j=1,2,\cdots,J) \tag{7.2.19}$$

当"基函数"为高斯函数时,可表示为

$$\begin{aligned}\varphi(X_k,t_i)&=G(\|\boldsymbol{X}_k-\boldsymbol{t}_i\|)=\exp\left(-\frac{1}{2\sigma_i^2}\|\boldsymbol{X}_k-\boldsymbol{t}_i\|^2\right)\\&=\exp\left[-\frac{1}{2\sigma_i^2}\sum_{m=1}^{M}(x_{km}-t_{im})^2\right]\end{aligned} \tag{7.2.20}$$

式中：$\boldsymbol{t}_i=[t_{i1},t_{i2},\cdots,t_{im}]$为高斯函数中心；$\sigma_i^2$ 为高斯函数的方差。

2. 径向基函数神经网络的学习算法

RBF 网络学习的参数有 3 个：基函数的中心和方差以及隐含层和输出层的权值。根据径向基函数中心选取方法的不同，RBF 网络有多种学习方法，其中最常用的有随机选取中心法、自组织选取中心法、有监督选取中心法和正交最小二乘法。这里将介绍自组织选取中心法，该方法的特点是中心和权值的确定可以分为两个互相独立的步骤进行：一是自组织学习阶段，即学习隐含层基函数的中心与方差的阶段；二是有监督学习阶段，即学习输出层权值的阶段。

1）学习中心 $t_i(i=1,2,\cdots,I)$

自组织学习过程要用到聚类算法，常用的聚类算法是 K 均值聚类算法。假设聚类中心有 I 个（I 的值由先验知识决定），设 $\boldsymbol{t}_i(n)(i=1,2,\cdots,I)$ 是第 n 次迭代时基函数的中心，K 均值聚类算法具体步骤如下：

第一步，初始化聚类中心，即根据经验从训练样本集中随机选取 I 个不同的样本作为初始中心 $\boldsymbol{t}_i(0)(i=1,2,\cdots,I)$，设置迭代步数 $n=0$。

第二步，随机输入训练样本 $\boldsymbol{X}_k$。

第三步，求得训练样本 $\boldsymbol{X}_k$ 离哪个中心最近，即找到 $i(\boldsymbol{X}_k)$，使其满足

$$i(\boldsymbol{X}_k)=\arg\min_i\|\boldsymbol{X}_k-\boldsymbol{t}_i(n)\|\ (i=1,2,\cdots,I) \tag{7.2.21}$$

式中：$\boldsymbol{t}_i(n)$是第 n 次迭代时基函数的第 i 个中心。

第四步，调整中心，用式

$$\boldsymbol{t}_i(n+1)=\begin{cases}\boldsymbol{t}_i(n)+\eta[\boldsymbol{X}_k(n)-\boldsymbol{t}_i(n)]\\ \boldsymbol{t}_i(n)\end{cases}$$

调整基函数的中心。η 是学习步长且 $0<\eta<1$。

第五步，判断是否学完所有的训练样本且中心的分布不再变化，是则结束，否则 $n=n+1$，转到第二步。

最后得到的 $\boldsymbol{t}_i(i=1,2,\cdots,I)$即为 RBF 网络基函数的中心。

2）方差 $\boldsymbol{\sigma}_i(i=1,2,\cdots,I)$

中心一旦学完后就固定了，接着要确定基函数的方差。当 RBF 选用高斯函数，即

$$G(\|\boldsymbol{X}_k-\boldsymbol{t}_i\|)=\exp\left(-\frac{1}{2\sigma_i^2}\|\boldsymbol{X}_k-\boldsymbol{t}_i\|^2\right)(i=1,2,\cdots,I)$$

方差可用

$$\sigma_1=\sigma_2=\cdots=\frac{d_{\max}}{\sqrt{2I}} \tag{7.2.22}$$

计算，I 为隐单元的个数，$d_{\max}$ 为选取中心之间的最大距离。

3）学习权值 $w_{ij}(i=1,2,\cdots,I;j=1,2,\cdots,J)$

权值的学习可直接用伪逆的方法求解。即

$$\boldsymbol{W}=\boldsymbol{G}^+\boldsymbol{D} \tag{7.2.23}$$

式中：$\boldsymbol{D}=[d_1,\cdots,d_k,\cdots d_N]^{\mathrm{T}}$ 是期望响应；$\boldsymbol{G}^+$ 是矩阵 $\boldsymbol{G}$ 的伪逆，有

$$\boldsymbol{G}^+=(\boldsymbol{G}^+\boldsymbol{G})-1\boldsymbol{G}^{\mathrm{T}} \tag{7.2.24}$$

矩阵 $\boldsymbol{G}$ 由下式确定

$$G = \{g_{ki}\} \tag{7.2.25}$$

$$\{g_{ki}\} = \exp\left(-\frac{1}{d_{\max}^2}\|\boldsymbol{X}_k - \boldsymbol{t}_i\|^2\right)(k = 1,2,\cdots,N;i = 1,2,\cdots,I) \tag{7.2.26}$$

权矩阵 $\boldsymbol{W}$ 为

$$\boldsymbol{W} = \{w_{ij}\}(i = 1,2,\cdots,I;j = 1,2,\cdots,J) \tag{7.2.27}$$

$\boldsymbol{W}$ 即为所求。

RBF 网络较常用的另一种学习方法是有监督选取中心法。在这种方法中,RBF 的中心以及网络的其他自由参数都是通过有监督的学习来确定。现在以单输出的 RBF 网络为例,定义目标函数

$$E = \frac{1}{2}\sum_{k=1}^{N} e_k^2 \tag{7.2.28}$$

式中:N 是训练样本的个数;e_k 是误差信号。

$$e_k = d_k - Y_k(X_k) = d_k - \sum_{i=1}^{I} w_i G\|\boldsymbol{X}_k - \boldsymbol{t}_i\|_{C_i} \tag{7.2.29}$$

寻求网络的自由参数 $\boldsymbol{t}_i$、w_i、$\sum_i^{-1}$(与中心 C_i 有关)使目标函数 E 达到最小。当上述优化问题用梯度下降法实现时。可得网络自由参数优化计算的公式如下:

(1) 输出层的权值 w_i。

$$\frac{\partial E(n)}{\partial w_i(n)} = \sum_{k=1}^{N} e_k(n)G[\|\boldsymbol{X}_k - \boldsymbol{t}_i(n)\|_{C_i}] \tag{7.2.30}$$

$$w_i(n+1) = w_i(n) - \eta_1\frac{\partial E(n)}{\partial w_i(n)}(i = 1,2,\cdots,I) \tag{7.2.31}$$

(2) 隐含层 RBF 中心 $\boldsymbol{t}_i$。

$$\frac{\partial E(n)}{\partial t_i(n)} = 2w_i(n)\sum_{k=1}^{N} e_k(n)G'[\|\boldsymbol{X}_k - \boldsymbol{t}_i(n)\|_{C_i}]\sum\nolimits_i^{-1}(\boldsymbol{X}_k - \boldsymbol{t}_i(n)) \tag{7.2.32}$$

$$t_i(n+1) = t_i(n) - \eta_2\frac{\partial E(n)}{\partial t_i(n)}(i = 1,2,\cdots,I) \tag{7.2.33}$$

(3) 隐含层 RBF 的扩展 $\sum_i^{-1}$。

$$\frac{\partial E(n)}{\partial \sum_i^{-1}(n)} = -w_i(n)\sum_{k=1}^{N} e_k(n)G'[\|\boldsymbol{X}_k - \boldsymbol{t}_i(n)\|_{C_i}]Q_{ki}(n) \tag{7.2.34}$$

式中:$G'(\cdot)$是 $G(\cdot)$的导数,而且

$$Q_{ki}(n) = [\boldsymbol{X}_k - \boldsymbol{t}_i(n)][\boldsymbol{X}_k - \boldsymbol{t}_i(n)]^{\mathrm{T}} \tag{7.2.35}$$

$$\sum\nolimits_i^{-1}(n+1) = \sum\nolimits_i^{-1}(n) - \eta_3\frac{\partial E(n)}{\partial \sum_i^{-1}(n)}(i = 1,2,\cdots,I) \tag{7.2.36}$$

采用这种监督选取中心时需要注意的是:

(1) E 对 w_i 为凸函数,而对 $\boldsymbol{t}_i$、$\sum_i^{-1}$ 是非凸的,所以对后两个参数存在局部极小问题。

(2) 对三个参数学习的步长 η_1、η_2、η_3 是不同的。

(3) 上述算法中没有误差的反向传播过程,与 BP 算法不同。

(4) 偏导的作用与聚类的作用类似。

RBF 网络的神经元映射函数就是我们经常说的高斯函数,该函数的最大特点是只有当输入与中心相等时,输出达到最大,随着输入与中心的渐渐偏离,输出也逐渐减小,并很快趋近于零,这与实际神经元基于感受野的这一特点很相似,只有当输入在中心附近的一定范围内,输入响应很大,否则不响应或响应很小。因此,RBF 网络的神经元函数可以更确切地描述实际神经元响应基于感受野的这一特点,比 BP 网络有更深厚的理论基础,从而它的性能也大大优于 BP 网络。

由于 RBF 网络能够逼近任意的非线性函数,可以处理系统内在的难以解析的规律性,并且具有极快的学习收敛速度,因此 RBF 网络已被成功地应用于非线性函数逼近、时间序列分析、数据分析、模式识别、信息处理、图像处理、系统建模、控制和故障诊断等诸多领域。

7.3 自适应神经网络模糊推理系统(ANFIS)

从信息处理和控制角度来看,神经网络与模糊推理技术之间存在许多共性。神经网络的长处主要表现在知识的获取和学习能力,模糊推理的长处主要表现在对规则的推理能力。如何获取切实而可靠的专家知识是实际应用中模糊控制器设计的难点。随着对模糊推理系统研究的发展,需要研究不仅能够利用专家的语言知识,还可以根据给定的数据调整参数并获得良好的模糊模型的方法。将模糊系统的知识表达能力与神经网络的学习能力结合起来成为这一领域研究的重点。

自适应神经网络模糊推理技术(ANFIS)是一种基于自适应网络结构的模糊推理系统,它采用神经网络的结构对模糊推理系统加以组织,利用神经网络中一些行之有效的算法从经验数据中获取模糊规则和确定隶属函数,并可利用神经网络结构来实现模糊推理功能。自适应神经网络模糊推理技术充分利用了模糊推理和神经网络二者的优良特性,将模糊推理的可解释性以及神经网络的自适应性和自学习能力有机地结合起来,是实现智能化数据关联处理(分类和推理)的新途径。

7.3.1 ANFIS 的结构

Sugeno 模糊模型是 ANFIS 中比较常用的模糊模型。在 Sugeno 模糊模型的模糊规则中,由前件输入的多项式组合产生后件的输出。

为了简单起见,我们假定所考虑的模糊推理系统仅有两个输入——分别为 x 和 y,单输出 z。对于一阶 Sugeno 模糊模型[9,10,11],具有两条模糊 if-then 规则的普通规则如下:

规则1:

if x 是 A_1 and y 是 B_1 then $f_1 = p_1x + q_1y + r_1$

规则2:

if x 是 A_2 and y 是 B_2 then $f_2 = p_2x + q_2y + r_2$

图7-17(a)说明了这种 Sugeno 模型的推理机制;图7-17(b)是该模型相应等效的 ANFIS 结构。

记层 l 的第 i 节点的输出为 $O_{l,i}$,下面将要说明,这里的同一层节点具有相同函数。

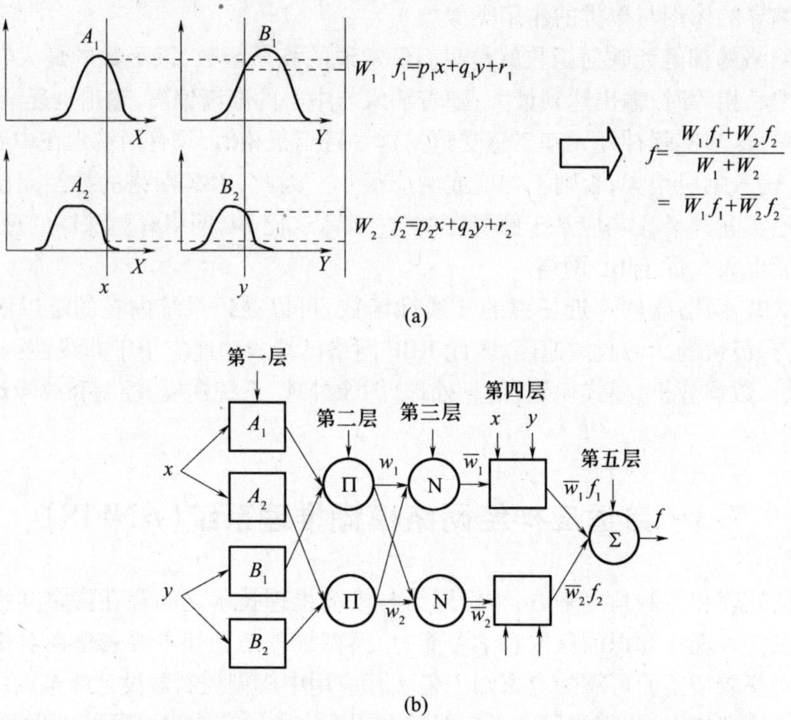

图 7-17 Sugeno 模型的推理机制和相应等效的 ANFIS 结构

(a) 具有两条规则的一阶 Sugeno 模糊系统推理机制；(b) 等效的神经网络结构。

第一层:本层参数称为前提参数。这一层的每个节点 i 都是一个有节点函数的自适应节点。节点函数是模糊集 A 的隶属度函数,由它确定给定的输入 x(或 y)满足量 A(或 B)的程度。

$$O_{1,i} = \mu_{A_i}(x)\ (i = 1,2)\ \text{或者}\ O_{1,i} = \mu_{B_{i-2}}(y)\ (i = 3,4)$$

这里 x(或 y)是节点 i 的输入;A(或 B)是与该节点有关的语言标识(如"小"或"大");$O_{1,i}$是模糊集 A($A=A_1$、A_2、B_1或 B_2)的隶属度。这里的隶属函数可以是 6.2.2 小节所介绍的任意合适的参数化隶属函数,如一般的钟型函数

$$\mu_A(x) = \frac{1}{1 + \left|\dfrac{x - c_i}{a_i}\right|^{2b}} \tag{7.3.1}$$

$\{a_i, b_i, c_i\}$是参数集。当这些参数的值改变时,钟型函数也随之改变,这展示了模糊集 A 的不同隶属函数形式。

第二层:是标记为 Π 的固定节点,输出是所有输入信号的积,各节点输出为一条规则的激励强度。

$$O_{2,i} = \omega_{A_i}(x)\mu_{B_i}(y),\ (i = 1,2) \tag{7.3.2}$$

每个节点的输出表示一条规则的激励强度。一般来说,本层的节点函数可以用任意其他执行模糊"与"的 T 范式算子。

第三层:计算每一条规则的激励强度与所有规则的激励强度之和的比值,N 为归一化标记,输出为归一化激励强度。

$$O_{3,i} = \bar{\omega} = \frac{\omega_i}{\omega_1 + \omega_2}(i = 1,2) \tag{7.3.3}$$

为方便起见,本层的输出称为归一化激励强度。

第四层:本层参数称为结论参数。本层节点是具有节点函数的自适应节点,其节点函数包含规则结论部分的参数,计算每条规则的输出对最终结果的实际影响。

$$O_{4,i} = \bar{\omega}_i f_i = \bar{\omega}_i(p_i x + q_i y + r_i) \tag{7.3.4}$$

式中:$\bar{\omega}_i$ 是从第三层传来的归一化激励强度,$\{p_i, q_i, r_i\}$ 是该节点的参数集。

第五层:是标记为 Σ 的固定节点,为所有规则总的输出。

$$\text{总输出} = O_{5,1} = \sum \bar{\omega}_i f_i = \frac{\sum_i \omega_i f_i}{\sum_i \omega_i} \tag{7.3.5}$$

这样,我们建立了一个功能上与 Sugeno 模糊模型等价的自适应网络。注意,这个自适应结构不是唯一的;我们可以合并第三层和第四层,从而得到一个只有 4 层的等价网络。MATLAB 即采取这一 4 层的结构形式。同样,我们甚至可以把整个网络缩减为一个具有相同参数集的单自适应节点。显然,只要每个节点和每层有意义并执行模块功能,节点函数的赋值以及网络结构就具有任意性。

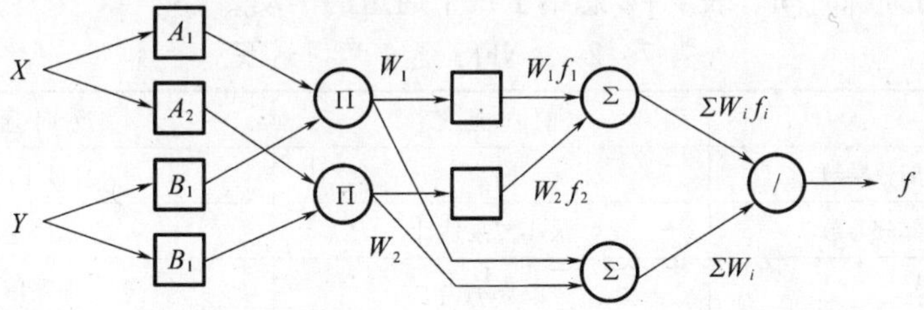

图 7-18　Sugeno 模糊模型的 ANFIS 结构(最后一层执行权值归一化)

由于一阶 Sugeno 模糊模型的透明性和有效性,因此主要分析一阶 Sugeno 模糊模型的 ANFIS 结构。图 7-19(a)是等价于两个输入且有 9 条规则的一阶 Sugeno 模糊模型的 ANFIS 结构。这里假定每个输入有 3 个相关的 MF。图 7-19(b)解释了如何把二维输入空间划分为 9 个相互重叠的模糊区域,每条 if-then 规则管理其中的一个区域。换句话说,

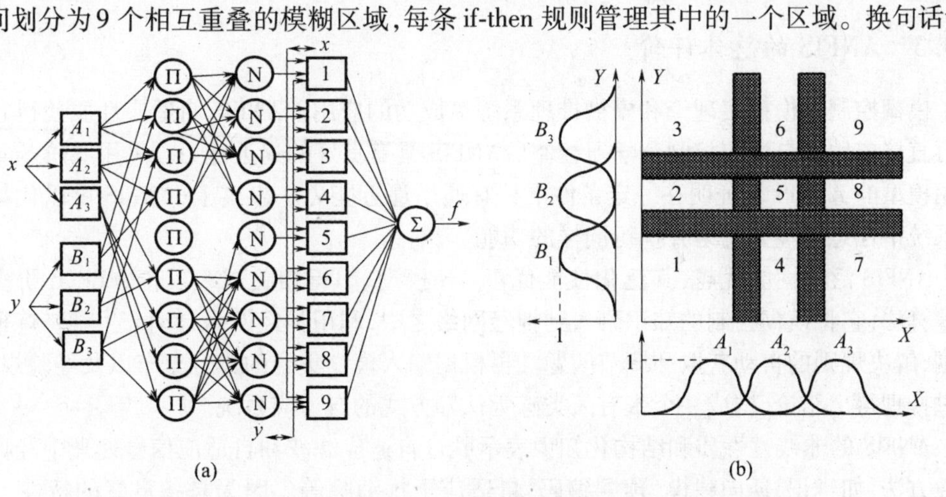

图 7-19　Sugeno 模糊推理系统神经网络结构实现机理示意图

每条规则的前提部分定义了一个模糊区域,而结论部分确定了该区域内的输出。

7.3.2 ANFIS 的学习算法

观察图 7-19(b)所示的 ANFIS 结构可知,当固定前提参数的值时,系统总的输出可以表示为结论参数的线性组合。如用符号表示,图 7-19(b)中的输出 f 可重写为

$$
\begin{aligned}
f &= \frac{\omega_1}{\omega_1+\omega_2}f_1 + \frac{\omega_2}{\omega_1+\omega_2}f_2 \\
&= \bar{\omega}_1(p_1x+q_1y+r_1)+\bar{\omega}_2(p_2x+q_2y+r_2) \\
&= (\bar{\omega}_1x)p_1+(\bar{\omega}_1y)q_1+(\bar{\omega}_1x)r_1+(\bar{\omega}_2x)p_2+(\bar{\omega}_2y)q_2+(\bar{\omega}_2x)r_2
\end{aligned}
\tag{7.3.6}
$$

它是结论参数 p_1、q_1、r_1、p_2、q_2 和 r_2 线性函数。可以直接采用混合学习算法学习。所谓的混合学习算法是为了缩短网络的训练时间,在原有的 BP 算法基础上增加了最小二乘估计器的一种算法。即在前向通道中,各个节点的输出可向前输出,并用最小二乘估计辨识结论部分的参数;而在反向通道中,充分利用 BP 算法(梯度下降法)来更新规则条件部分的参数。具体情况可参考表 7-2。在规则条件部分参数固定条件下,辨识得到的结论部分的参数是最优的,因此混合学习算法可减少原来误差反向传播算法的搜索空间的维数,缩短学习训练时间。表 7-2 总结了每个通道的活动。

表 7-2 ANFIS 混合学习过程

	前向通道	反向通道
规则条件部分参数	固定	梯度下降法
规则结果部分参数	最小二乘估计	固定
信号	节点输出	误差信号

在固定前提参数的条件下,辨识得到的结论参数是最优的。据此,由于混合学习算法减少了原始纯反向传播算法的搜索空间的维数,故收敛速度非常快。由于梯度下降法和最小二乘法有多种组合的方式,根据现有的计算资源和所需精度,可任选其中的一种方法。有关混合学习方法的内容可以参考文献[13]。

7.3.3 ANFIS 的总体评价

模糊控制是模糊集理论和模糊推理系统最成功的应用。ANFIS 自适应性质使得它几乎可直接应用于自适应控制和学习控制。ANFIS 具有良好的逼近能力。采用零阶 Sugeno 模糊模型的 ANFIS 被证明在一定条件下具有通用逼近能力。事实上,ANFIS 可以代替控制系统中任意神经元网络并执行同样的功能。

ANFIS 泛化性能优越,其泛化性能优于 AR 模型、串行相关 NN、反传 MLP、6 阶多项式等算法,它将模糊控制的知识融入到神经网络之中,利用神经网络自动产生和精炼模糊规则,解决规则的自动获取和调节问题。再根据输入模糊集合的集合分布以及经验规则,经过推理得出结论,构成一个带有人类感觉认知方式的自适应系统。

ANFIS 的非线性性质和结构化知识表示胜过自适应滤波和自适应信号处理中经典的线性方法,如辨识、逆向建模、预测编码、自适应干扰消除等。因为具备良好的特性,ANFIS 已经在很多领域(如系统辨识、模糊控制、数据处理等)得到了应用。

7.4 基于神经网络技术的状态估计

7.4.1 神经网络状态估计的特点

状态估计是基本的信息融合方法。在信息融合预先处理环节中,状态估计可对观测噪声进行滤波,在位置融合中可以完成位置的误差状态估计,在特征级融合中通过估计算法完成特征提取等[19]。所以在多传感器信息融合系统中,无论是在哪一层的信息融合,都离不开状态估计这个重要环节。从系统的观点看,神经网络是在给定输入、输出样本情况下,使某性能指标极小的一种状态估计器。基于神经网络的状态估计是把已知的足够多的系统输入、输出值作为输入样本,按给定的规则训练网络,使该网络输出误差控制在预定的范围内的一种算法。训练完成后的网络就是具有实际系统特性的系统模型。

神经网络是大量简单的神经元处理单元广泛连接构成的并行和分布式的信息处理网络结构。相对于经典的状态估计方法,其特点是:

(1) 对于一个复杂系统,其计算速度比串行工作的传统"冯·诺依曼"系统快得多;

(2) 由于人工神经网络是并行计算,其计算量不随维数的增加而发生指数性质的"爆炸",因此对于快速变化信号的实时处理非常有效。

(3) 神经网络由于其本身的学习能力决定了其具有自适应特性,与现有的自适应算法相比,将神经网络作为一种自适应算法有一定的实际意义。

7.4.2 神经网络状态估计的关键问题

神经网络在实际状态估计工程应用中需要考虑以下几个关键问题。

1. 应用范围

神经网络的状态估计是通过样本的学习来完成的,因此,应用范围受到一定的限制,尤其是难以适用于训练样本不清楚或者训练集和测试集之间存在较大偏差的或者精度要求很高的系统。一般来说,神经网络状态估计对处理系统内部不甚了解,也就是不能用一组规则或方程进行描述的较为复杂的系统显得较为优越。

2. 模型选取

目前人们已经推出了上百种类型的神经网络,原则上都可以用于状态估计,网络模型的选取完全由解决问题的性质决定,不同的模型有不同的功能和特征。选模型时,还要考虑模型的大小、训练方法等。

3. 训练样本特征提取

这是神经网络状态估计应用中最关键、最困难的事情。在实际问题中,样本本身含有不确定性和噪声,而且有一定的局限性。因此,作为神经网络的设计来讲,样本特征提取是设计所需要的第一步,是第一前提。

4. 结构设计

包括网络层数输入层、节点数、隐层节点数目等,其核心问题是隐层数量和节点数量的确定。隐层具有抽象的作用,可以从输入数据中提取特征。要精确地确定隐层节点数是困难的,一般要求尽可能地减少隐层节点数,这样有利于提高网络泛化能力。关于隐层节点数,已有不少经验数据,如 Lippma 认为第二层隐层节点数为 $2M$(M 为输出层节点数),而 Kuaryck 认为第一隐层对第二隐层的最佳节点数的比例为 3:1。如对两个隐层的 BP 网来说,第二隐层的节点数为 $2M$,第一隐层节点数为 $3(2M)$。Maren 等人则认为最佳隐层节点数为输入和输出节点的几何平均值,即 $(M+N)/2$(N 为输入层节点数)。Nelson 建议,对用于统计过程控制的神经网络,隐层节点数为 $4N$。

5. 激励函数的设计

激励函数是神经元的核心所在,它决定了神经元的运动功能,选好激励函数及其参数极为重要,不同的激励函数,即使是同一类激励函数,其参数不同,表示的是不同的运动过程,目前常用的是 Sigmoid 函数。

6. 收敛稳定问题

网络的训练最终要求收敛到给定的精度,其收敛速度、精度等都和训练算法有关,BP 网络训练算法问题,归根结底是一个非线性优化设计问题,而 Hopfield 网络训练涉及到的是微分方程的稳定性问题,因此,网络结构(含激励函数)和样本确定后,剩下的问题是求系统稳定解的问题。这类问题,我们可以直接利用传统的 Lyapunov 函数方法或者最优极值问题算法来解决。

7. 性能评价(或者检验)问题

与传统设计问题一样,网络也需要用测试集(即工作集)进行检验和评价。这对实际应用来说是必需的、重要的工作,主要考察网络对测试集的学习精度、稳定性、泛化能力及存储容量等指标。但对于具体问题,上述指标有所侧重,如对于强调鲁棒性或者泛化能力的系统来说,可以降低学习精度。

7.4.3 神经网络状态估计的主要方法

1. 神经网络替代经典状态估计滤波器

实际物理系统的数学模型理论上往往是非线性连续系统模型,在实际工程应用中,由于缺乏系统工作环境条件的先验知识,实际的物理系统的系统噪声和量测噪声也无法满足零均值高斯白噪声的条件,所以采用 Kalman 滤波方法进行系统状态参数的误差估计就会出现较大误差,甚至出现滤波发散问题。滤波的本质是完成输入至输出的某种映射关系。采用神经网络对卡尔曼滤波器进行替代的主要思想是采用神经网络处理系统量测信息,实际上也是通过网络将输入的传感器信息映射为输出的系统运动参数等状态信息。这一映射既包含了滤波,也包含了线性与非线性变换。由于利用人工神经网络方法无须对所求解的问题建模,并能够很好地逼近系统非线性特征,所以在特定条件下可以获得较高精度的参数估计精度。同样重要的是,人工神经网络在计算方面存在的优势。由于人工神经网络的计算过程稳定,不涉及矩阵求逆,不需要迭代逼近,其计算所耗费时间明显少于常规计算方法,所以有利于系统数据的实时处理。

采用神经网络对卡尔曼滤波器进行替代的方法以是否建立实际系统的数学模型为标准,主要有两类。

1)所建立的状态估计神经网络无须建立实际系统的数学模型

本方法所建立的神经网络无须考虑实际系统的数学模型,直接采取卡尔曼滤波器对神经网络进行训练,使神经网络达到理想状态下卡尔曼滤波器的估计能力,同时又具备一定的泛化能力。

在这类方法中，多层网络设计的输入/输出与卡尔曼滤波器的输入/输出一致，网络自学习的样本集就是系统的卡尔曼滤波器的输入和输出数据对，它由卡尔曼滤波方程组求得。用基于卡尔曼滤波原理的神经网络进行状态估计的原理如图 7 – 20 所示。

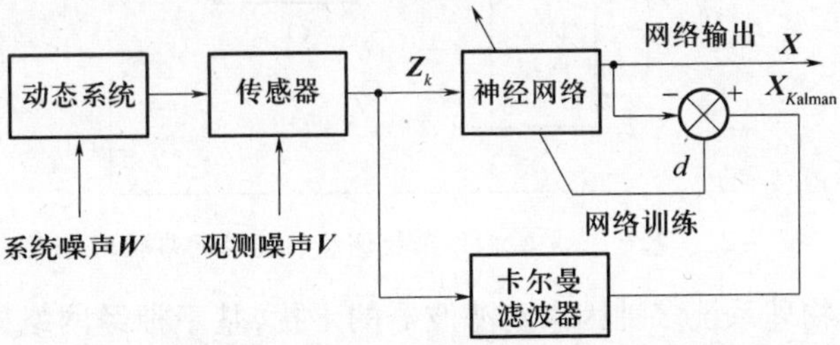

图 7 – 20　基于卡尔曼滤波原理的神经网络状态估计原理图

只有使所给样本集比较精确且具有代表性时，才可能使所训练网络的输出反映系统的实际工作状态。样本集的获取可以通过采集大量的系统工作环境下(包括极其恶劣的条件下)的数据，此时训练好的输入 $\boldsymbol{Z}_k$ 和输出 $\hat{\boldsymbol{X}}_{k+1,k+1}$ 就构成了网络训练时对应的样本集值;其二，一旦系统工作环境改变，则重新采集样本进行训练。用预先取得的卡尔曼滤波器估计值及相应的观测值进行训练。当网络输出与样本值间的误差在允许范围之内时，就可用此神经网络独立对系统进行参数精确估计，完成系统状态的估计过程。

2）所建立的状态估计神经网络需要建立实际系统的数学模型

采用本方法所建立的状态估计神经网络考虑实际系统的数学模型，但此时的状态估计过程放宽对系统噪声和量测噪声的条件要求，使神经网络具有更强的适应能力。如文献[13]中，将线性二次型最优化方法与 Hopfield 神经网络相结合，提出了一种基于神经计算的滤波方法。根据系统的状态方程和量测方程，利用 Hopfield 神经网络实现系统的状态估计。这一系统模型与卡尔曼滤波所采用的模型在形式上是一致的，但对系统噪声 $\boldsymbol{W}$ 阵和观测噪声 $\boldsymbol{V}$ 阵的统计特性没有要求，这是比经典卡尔曼滤波器优越之处。

2. 神经网络辅助经典状态估计滤波器

与直接替代经典的状态估计滤波器不同，这一类方法的基本思想是在分析经典状态估计滤波器性能下降原因的基础上，再利用神经网络技术来补偿修正经典滤波器的误差，提高整体的估计性能。对于一个非线性系统，用线性卡尔曼滤波器与神经网络结合进行的状态估计的估计精度，通常高于单纯的线性卡尔曼滤波器或单纯的神经网络估计器。神经网络辅助状态估计滤波器的方法种类多样。简单地说，主要有两类：一是修正经典状态估计滤波器的有关参数，达到对滤波器的调整和控制;二是对滤波器的状态输出误差进行估计和调整。在实际应用中，可以根据解决问题的需要将两类方法结合起来使用。

1）基于滤波器工作参数调整的神经网络辅助方案

本方案研究文献较多，方法也比较灵活，主要差异体现在所调整的参数上。以卡尔曼滤波器为例，所调整的参数可以为系统噪声和量测噪声强度阵，也可以为增益阵本身。图 7 – 21 为一种神经网络辅助卡尔曼滤波器的结构图。

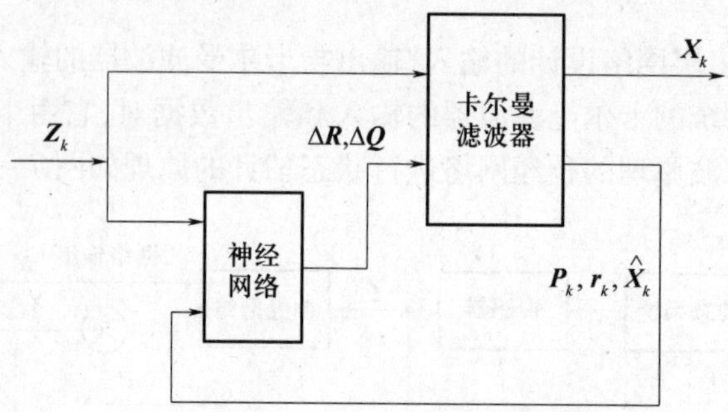

图 7-21　基于滤波器工作参数调整的神经网络辅助方案

为了克服实际物理系统多种因素对滤波器的干扰，基于神经网络构建一个自适应调节模块与滤波器并行工作，根据滤波器的实际输出（如状态变量的估计阵 $\boldsymbol{P}$ 阵、新息序列 $\boldsymbol{r}_k$ 阵等）在线实时动态调整滤波器参数。选取系统噪声强度方差阵 $\boldsymbol{Q}$ 和量测噪声强度方差阵 $\boldsymbol{R}$ 等与滤波器工作相关的参数作为滤波器输出调节。

在图 7-21 中，神经网络的输入为滤波器的输出状态误差方差矩阵 $\boldsymbol{P}$、量测残差 $\boldsymbol{r}_k$ 和与滤波器相关的信息或者外部系统的工作状态等。$\boldsymbol{P}$ 和 $\boldsymbol{M}$ 均为时间序列，合理选取时间窗口对上述参数加以统计计算。一旦滤波器发散或者协方差矩阵突破设定的阈值，便启动滤波器重调过程。通过计算 $\boldsymbol{P}$ 阵和 $\boldsymbol{M}$ 阵的函数表达式，构建向量作为神经网络的输入，神经网络则根据这些输入分析产生相应的调整参数来进一步自动调整 $\boldsymbol{Q}$ 阵和 $\boldsymbol{R}$ 阵。

通过对给定载体物理环境的输入类型和目标参数的准确建模，以获取训练样本集实现对神经网络系统的训练。训练过程先于实际的工作过程。最佳的网络训练样本集合应来自于实际物理系统的数据采集，在采集各传感器的数据的同时，应采取手段获取物理系统的真实参数，如目标跟踪问题的目标实际运动参数，组合导航问题的载体真实的运动参数作为训练真值的参考。在无法获取真实参数的场合，可以采取事后处理的更高精度的状态估计滤波器产生的估计数据作为训练真值。在工程仿真环境条件下，可以采取设定的载体真实航迹和运动参数作为训练真值，可以获得比采取最优估计滤波器输出更好的学习效果。

此外，必要时还需要根据可能出现的不同故障异常状况加以分析分类，使自适应调节系统可以对系统异常类型进行识别，并在识别的基础上，采取不同的调整方案对系统工作加以干预和重调。

2）基于滤波器输出状态误差补偿的神经网络辅助方案

这一方案的基本思想是通过神经网络的在线并行执行，实现对卡尔曼滤波器和状态估计滤波器估计误差的在线校正。图 7-22 为一种基于滤波器输出状态误差补偿的神经网络辅助方案原理示意图。

在这一方案中，神经网络的输入信号可以分为 3 部分：一是状态向量的预测或一步动态外推与滤波估计的差值 $\boldsymbol{E} = \hat{\boldsymbol{X}}_{k,k-1} - \hat{\boldsymbol{X}}_{k,k}$；二是实际的观测值与卡尔曼的估计观测值之差 $\boldsymbol{Z}_k - \boldsymbol{H}\hat{\boldsymbol{X}}_{k,k}$；三是卡尔曼滤波的增益矩阵 $\boldsymbol{K}$ 。

采取上述参数作为网络输入的原因是：$\boldsymbol{Z}_k$ 能够反映实际系统运动状态和传感器观测性能的测量值，而 $\hat{\boldsymbol{X}}_{k,k}$ 则能综合反映卡尔曼滤波器数学模型内在各参数阵的工作性能，因此这 3 类输入参数反映了实际系统和系统模型之间以及实际观测和观测模型之间的误差。

神经网络的输出量设为系统状态向量的卡尔曼估计与满足误差精度的相对真值的误差，误差 $\boldsymbol{Err} = \tilde{\boldsymbol{X}}_k - \hat{\boldsymbol{X}}_{k,k}$，其中 $\tilde{\boldsymbol{X}}_k$ 表示相对真值。

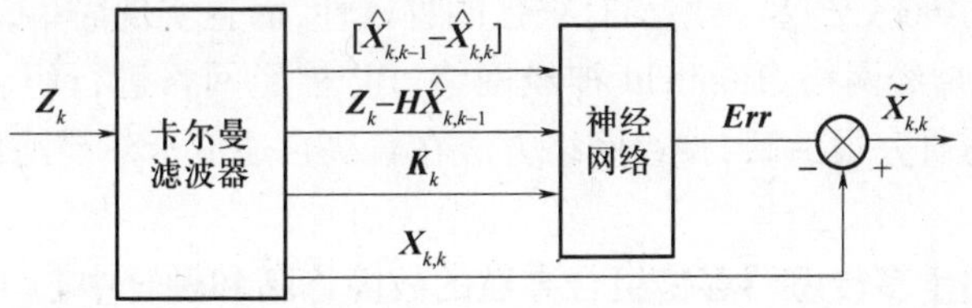

图 7－22　基于滤波器输出状态误差补偿的神经网络辅助方案

根据神经网络的相关理论，神经网络中只要有一个隐层且隐层的节点数足够多就可以无限逼近非线性函数，但为了更好地逼近系统函数且提高系统的鲁棒性，常可采用两层隐层。通常神经网络的具体结构可以根据收敛性最好的原则凭经验和实验来决定隐层数和每隐层中的神经元数。另外，神经网络要求给出的训练样本对（包括输入和输出）满足工程应用的精度要求，这样才可能把网络训练成较为精确的模式输出。有关训练样本的选择与前面所介绍的方法相似。

7.5　神经网络在组合导航信息融合的应用

7.5.1　组合导航神经网络信息融合的主要方法

神经网络基本能力体现在 3 个方面：网络映射变换能力、网络学习能力和网络泛化能力。神经网络理论与技术的发展，为组合导航的研究提供了一个崭新的途径。神经网络状态估计直接在组合导航系统中的应用，学者对此进行了大量研究。从现有的报道来看，这一技术手段在理论研究和实际应用上均是可行的，对于提高导航性能，具有很大的研究价值。

目标跟踪是另一个十分重要的位置信息融合技术的应用领域。多目标跟踪系统与组合导航系统在信息融合理论研究上有很强的相关性，相互之间彼此影响。在多目标跟踪信息融合领域，神经网络的应用研究受到国内外的广泛重视，相应的研究成果也比较多。这对于在多传感器组合导航系统中应用神经网络的研究具有很大的启发性。

神经网络在导航系统及相近领域的研究工作，主要解决以下几个方面的问题：

1. 神经网络用于惯导系统的初始对准

惯导系统初始对准的速度，是初始对准的重要指标。利用神经网络的网络映射变换能力可以对导航系统的初始对准问题进行研究[14]。应用神经网络代替卡尔曼滤波进行惯导的初始对准，可以避免卡尔曼滤波中逆矩阵的运算，加快运行速度。特别是初始对准的动态系统是定常系统，神经网络对卡尔曼滤波器的代替有很好的效果。

2. 神经网络用于组合导航状态估计

针对各种复杂的组合导航动态模型，将神经网络学习机理应用到标准的卡尔曼滤波器，结合卡尔曼滤波器的估计能力和神经网络的学习能力，用神经网络的输出进一步修正滤波器估计值,可以构建一种综合性能更高的混合状态估计器。如 Nneme 等人提出了一种在线学习的神经网络估计器,这种估计器以卡尔曼滤波器为基础,神经网络的网络权值根据预测量测向量误差范数最小准则实时调整卡尔曼滤波增益。文献[17]则给出了对波音 747 进行姿态控制的状态估计仿真结果,结果表明该方法用于定常系统状态估计,对系统模型误差和噪声统计模型误差均有很强的鲁棒性,而且实现简单,计算量小。国内有学者提出用 Elman 神经网络、Hopfield 神经网络、BP 神经网络进行组合导航系统的状态估计[16]。该领域的研究很活跃,神经网络方法在解决自适应卡尔曼滤波问题中也确有很大潜力。

3. 神经网络用于多传感器容错组合导航的故障诊断和融合中心

神经网络应用于组合导航系统另一个重要领域是故障诊断。基本方法是:一是用神经网络信息融合方法进行故障诊断,二是用神经网络观测器作为比较进行残差检验,同时用神经网络的模式识别能力对故障进行分类。在应用传统的局部卡尔曼滤波器残差估计进行故障诊断的基础上,根据不同的传感器故障情况,选择不同的神经网络组进行信息融合,取得全局估计。利用神经网络的网络泛化能力可以对在线系统运行故障进行诊断,如可以采用其他辅助导航系统数据同步训练神经网络得到系统的参考输出,与本身的惯导系统的实际输出进行比较,由模糊规则判断两种输出之间的偏差,确定系统是否出现故障,应急采取辅助系统数据以增强系统的自诊断和切换的容错功能[15]。相应的研究有:以神经元为融合中心的容错组合导航方案;利用 Hopfield 神经网络实现多导航系统数据融合等。

7.5.2 基于 BP 神经网络的 GPS/INS 组合导航信息融合方法

GPS/INS 组合导航系统理论模型是非线性的连续系统,经过线性化和离散化后,采取扩展卡尔曼滤波方法估计导航系统状态参量,会带来相应的误差,而且要求系统噪声和量测噪声为零均值的高斯白噪声。在实际工程应用中,由于缺乏系统工作环境条件的先验知识,因此基于扩展卡尔曼滤波的 GPS/INS 组合导航计算易于出现滤波器发散问题。利用人工神经网络方法无须对所求解问题建模,能够很好地逼近系统非线性特征,获得较高精度的导航定位信息。而且由于人工神经网络计算过程稳定,不涉及矩阵求逆,不需要迭代逼近,其计算所耗费时间明显少于常规定位方法,有利于导航数据的实时处理。

本节以常用的 BP 神经网络进行 GPS/INS 组合导航系统的滤波为例进行介绍。

1. GPS/INS 系统状态方程和测量方程

GPS/INS 组合导航系统采取松耦合方式,系统状态方程就是 SINS 误差方程,原始的 SINS 系统误差方程是非线性的,采用摄动分析方法,并忽略 2 阶及 2 阶以上的微小量,得到在当地地理坐标系中的线性化系统的状态方程为

$$\boldsymbol{X}(t) = \boldsymbol{F}(t)\boldsymbol{X}(T) + \boldsymbol{G}(t)\boldsymbol{W}(t)$$

式中

$$\boldsymbol{X}(t) = [\varphi_e\ \varphi_n\ \varphi_u\ \delta v_e\ \delta v_n\ \delta v_u\ \delta_L\ \delta_\lambda\ \delta_h\ \varepsilon_{bx}\ \varepsilon_{by}\ \varepsilon_{bz}\ \varepsilon_{rx}\ \varepsilon_{ry}\ \varepsilon_{rz} \nabla_{rx}\ \nabla_{ry}\ \nabla_{rz}]^{\mathrm{T}}$$

$$\boldsymbol{W}(t) = [w_{gx}\ w_{gy}\ w_{gz}\ w_{rgx}\ w_{rgy}\ w_{rgz}\ w_{rax}\ w_{ray}\ w_{raz}]^{\mathrm{T}}$$

其中的元素依次为在当地地理坐标系(东北天系)中的 3 个姿态误差角分量、3 个速度误差分量和 3 个位置误差分量(经向、纬向和垂向);载体坐标系($O-xyz$)中的 3 个陀

螺随机常值漂移误差分量、3 个陀螺随机相对漂移误差分量和 3 个加速度计相对零度位误差分量，其元素依次为在载体坐标系中的 3 个总的陀螺漂移误差白噪声分量、3 个陀螺相对漂移误差白噪声分量和 3 个加速度计零度位误差白噪声分量；$\boldsymbol{F}(t)$ 为 18×18 阶系统状态矩阵；$\boldsymbol{G}(t)$ 18×9 阶系统噪声驱动矩阵。这里，陀螺漂移误差被视为随机常值漂移误差、一阶马尔可夫过程和白噪声之和，而加速度计零度位误差被视为一阶马尔可夫过程，均被扩充为系统状态。

分别对 GPS 系统和 SINS 系统输出的位置、速度和姿态分量进行求差计算，列写量测方程为

$$\boldsymbol{Z}(t) = \boldsymbol{H}(t)\boldsymbol{X}(t) + \boldsymbol{V}(t)$$

式中：$\boldsymbol{Z}(t)$ 为 9 维列量测向量，其元素分别由 GPS、SINS 系统的量测位置、速度和姿态分量求差信息构成；$\boldsymbol{H}(t)$ 为 9×18 阶量测矩阵；$\boldsymbol{V}(t)$ 为 9 维量测噪声列向量。

在系统状态方程(11)和量测方程(12)中，系统噪声和量测噪声均已转化为零度均值的高斯白噪声，经离散化处理之后，便可以利用卡尔曼滤波方法估计系统状态。

2. 利用 BP 网络模型的组合导航算法方案

图 7－23 为基于 BP 神经网络的 GPS/INS 组合导航状态估计的原理示意图。

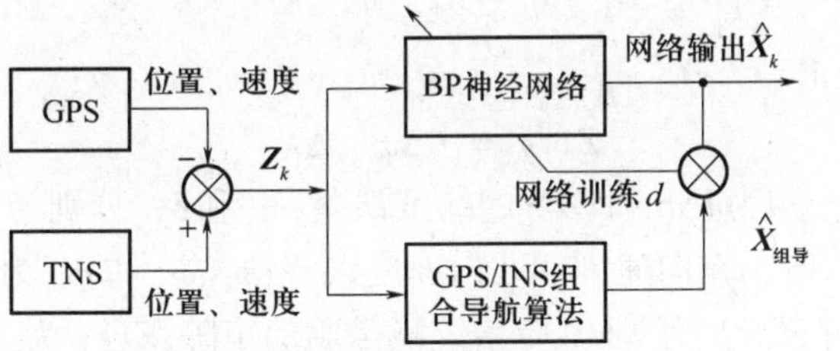

图 7－23　基于 BP 神经网络的 GPS/INS 组合导航状态估计原理图

确定 BP 网络模型的输入层和输出层神经元数，分别为 9 和 18，其隐含层数及其神经元个数可以根据系统的复杂程度、网络训练的目标精度以及训练速度等因素确定。本例中的 BP 网络模型的输入层分别是 GPS 和 INS 系统的量测位置、速度和姿态分量之差，输出层神经元是 GPS/INS 系统误差状态。

使用 BP 网络模型进行组合导航计算，首先需要采集训练网络的样本数据。而且，样本数据必须具有全局意义，否则会因网络缺乏"陌生环境"的知识而不能获得正确的导航参数输出。用于训练 BP 网络模型的样本数据应当具有较高的精度，使网络能够充分提取训练对象的结构特征，以便更好地模拟对象的输入和输出行为。如前所述，可以使用 Kalman 滤波随机输入和输出构成样本数据，但由于用 Kalman 滤波估计系统状态存在误差，因此训练的网络不可能严格模拟系统模型在各种环境条件下的输出特性；而且，由于 Kalman 滤波的处理对象是线性离散系统，因此利用滤波输出结构训练的 BP 网络自然不能逼近原始系统模型的非线性特征。在实际工程应用中，通过实际跑车试验获取能够代表 GPS/SINS 组合导航系统输入与输出本质特征的大量样本数据，使实际采集的广泛样本数据具有全局属性，使设计的 BP 网络得到充分训练，以满足复杂环境的工程应用要求。

训练好的 BP 网络模型，就可以代替传统的算法进行组合导航计算。只要有量测信

息输入网络，就能获得相应的系统状态输出。

此外，为了提高组合导航系统的定位精度和可靠性，可以将 BP 网络和 Kalman 滤波器进行算法组合。这样，不仅可以实现对 BP 网络的在线训练，以增强网络的自适应能力，使导航定位结果平滑，还能实时监测与隔离系统故障，避免卡尔曼滤波器发散，确保导航信息安全可靠。

7.5.3 基于 ANFIS 神经网络的 GPS/INS 组合导航信息融合方法

在此根据目前组合导航相关领域应用 ANFIS 神经网络技术的研究和方法，设计了一个组合导航案例，以便读者对之前介绍的多种方法有一个整体的了解。

设计一个 GPS/INS 组合导航系统。为简化问题，选取 7 个 INS 状态变量，两个 GPS 状态变量，取 GPS 和 INS 系统输出的位置差作为系统量测，列写线性化的系统状态方程和量测方程如下

$$\boldsymbol{X}(t) = \boldsymbol{F}(t)\boldsymbol{X}(T) + \boldsymbol{G}(t)\boldsymbol{W}(t)$$
$$\boldsymbol{Z}(t) = \boldsymbol{H}(t)\boldsymbol{X}(t) + \boldsymbol{V}(t)$$

式中

$$\boldsymbol{X}(t) = [\delta_{\varphi_\mathrm{I}} \quad \delta_{\lambda_\mathrm{I}} \quad \delta_{v_\mathrm{e}} \quad \delta_{v_\mathrm{n}} \quad \phi_\mathrm{e} \quad \phi_\mathrm{n} \quad \phi_\mathrm{u} \quad \delta_{\varphi_\mathrm{G}} \quad \delta_{\lambda_\mathrm{G}}]^\mathrm{T}$$
$$\boldsymbol{W}(t) = [w_{\mathrm{g}x}\ w_{\mathrm{g}y}\ w_{\mathrm{g}z}\ w_{\mathrm{rg}x}\ w_{\mathrm{rg}y}\ w_{\mathrm{rg}z}\ w_{\mathrm{ra}x}\ w_{\mathrm{ra}y}\ w_{\mathrm{ra}z}]^\mathrm{T}$$
$$\boldsymbol{Z}(t) = [\Delta\varphi \quad \Delta\lambda]^\mathrm{T}$$

其中：$\delta_{\varphi_\mathrm{I}}$ 和 $\delta_{\varphi_\mathrm{G}}$ 分别为 INS 和 GPS 的纬度误差；$\delta_{\lambda_\mathrm{I}}$ 和 $\delta_{\lambda_\mathrm{G}}$ 分别为 INS 和 GPS 的经度误差；δ_{v_e} 和 δ_{v_n} 分别为 INS 的东向速度和北向速度误差；ϕ_e、ϕ_n 和 ϕ_u 为平台失准角；$F(t)$ 为 9×9 阶系统状态矩阵；$G(t)$ 为 9×9 阶系统噪声驱动矩阵；$Z(t)$ 为 2 维列量测向量，其元素分别由 GPS、SINS 系统的量测位置、速度和姿态分量求差信息构成；$H(t)$ 为 2×9 阶量测矩阵；$V(t)$ 为 2×2 阶量测噪声列向量。假定系统噪声和量测噪声为零度均值的高斯白噪声，$F(t)$ 和 $G(t)$ 的表达式略。

对上述模型进行离散化处理之后，利用 Kalman 滤波方法估计系统状态。分别采取 7.4 节介绍的基于滤波器工作参数调整的神经网络辅助方案和基于滤波器输出状态误差补偿的神经网络辅助方案对 Kalman 滤波器进行修正[18]。

1. 基于滤波器工作参数调整的神经网络辅助方案

主要采取新息自适应调整的思想设计 GPS/INS 组合导航神经网络辅助卡尔曼滤波器。重写新息序列方差计算公式和理论方差计算公式如式(7.5.1)和式(7.5.2)所示。

$$\hat{\boldsymbol{C}}_k = \frac{1}{N}\sum_{i=k-N+1}^{k}(\boldsymbol{r}_i^\mathrm{T}\boldsymbol{r}_i) \tag{7.5.1}$$

$$\boldsymbol{S}_k = \boldsymbol{H}_k\boldsymbol{P}_{k,k-1}\boldsymbol{H}_k^\mathrm{T} + \boldsymbol{R}_k \tag{7.5.2}$$

定义失配度变量 $\boldsymbol{dm}$（degree of mismatching），计算公式如下

$$\boldsymbol{dm}_k = \boldsymbol{S}_k - \hat{\boldsymbol{C}}_k$$

分别讨论 $\boldsymbol{Q}_k$ 固定和 R_k 固定的条件下的修正方案。

1）基于 ANFIS 的系统噪声阵 $\boldsymbol{R}_k$ 自适应调整方案（$\boldsymbol{Q}_k$ 固定）

由公式(7.5.2)可以看出，$\boldsymbol{R}_k$ 增加将导致 $\boldsymbol{S}_k$ 增加，$\boldsymbol{R}_k$ 减少将导致 $\boldsymbol{S}_k$ 减少。因此可以用来根据失配度矩阵 $\boldsymbol{dm}_k$ 取值的大小来实现对 $\boldsymbol{S}_k$ 的调整，相应减少 $\hat{\boldsymbol{C}}_k$ 和 $\boldsymbol{S}_k$ 之间的差异。

观测噪声强度阵 $\boldsymbol{R}_k$ 和失配度矩阵 $\boldsymbol{dm}_k$ 均为 2×2 阶的矩阵，失配度矩阵 $\boldsymbol{dm}_k$ 主对角线变量与 $\boldsymbol{R}$ 阵的主对角线变量之间有着对应关系。所以可以建立 $\boldsymbol{dm}_k(i,i)$ 各元素和 $\boldsymbol{R}_k$ 之间调整规则，用模糊规则的语言表述，则为如下形式：

if　$\boldsymbol{dm}_k(i,i)\cong 0$ then $\boldsymbol{R}_k$ 保持不变

if　$\boldsymbol{dm}_k(i,i)>0$ then $\boldsymbol{R}_k$ 减少

if　$\boldsymbol{dm}_k(i,i)<0$ then $\boldsymbol{R}_k$ 增加

可以通过训练 ANFIS 网络建立更加完善的模糊控制策略，进而实现模糊控制调节。设计采用两个 ANFIS 网络分别调整 $\boldsymbol{R}_k(1,1)$ 和 $\boldsymbol{R}_k(2,2)$，每个 ANFIS 网络的输入层节点数均为两个，输出层节点数均为一个。

定义失配度增量 $\delta\boldsymbol{dm}_k$，计算公式为

$$\boldsymbol{dm}_k=\boldsymbol{dm}_k-\boldsymbol{dm}_{k-1}$$

每个 ANFIS 网络的两个输入分别取为 $\boldsymbol{dm}_k(i,i)$ 和 $\Delta\boldsymbol{dm}_k(i,i)\,(i=1,2)$。量测噪声强度调整量 $\Delta\boldsymbol{R}_k(i,i)\,(i=1,2)$ 为每个 ANFIS 的输出。R_k 的调节通过下式来实现：

$$\boldsymbol{R}_k=\boldsymbol{R}_k+\Delta\boldsymbol{R}_k$$

$\boldsymbol{dm}_k(i,i)$、$\Delta\boldsymbol{dm}_k(i,i)$ 和 $\Delta\boldsymbol{R}_k(i,i)$ 的隶属度函数分别如图 7-24、图 7-25 和图 7-26所示。

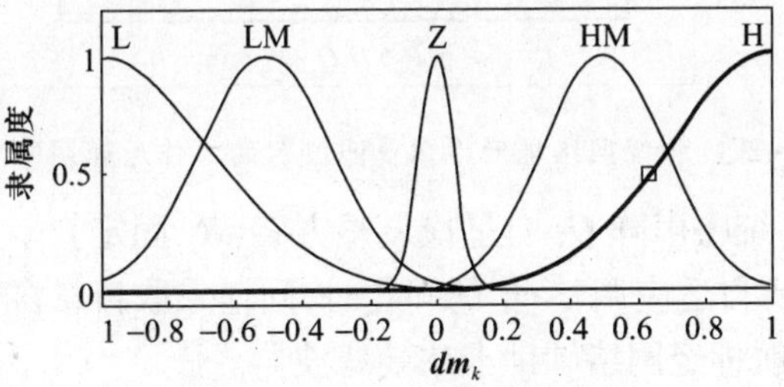

图 7-24　$\boldsymbol{dm}_k$的隶属度函数

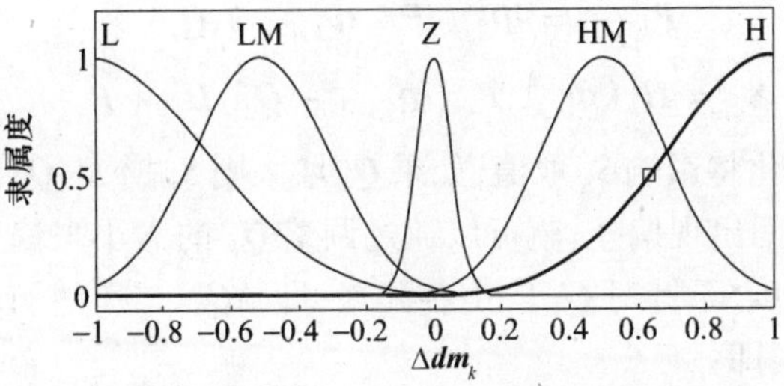

图 7-25　$\Delta\boldsymbol{dm}_k$的隶属度函数

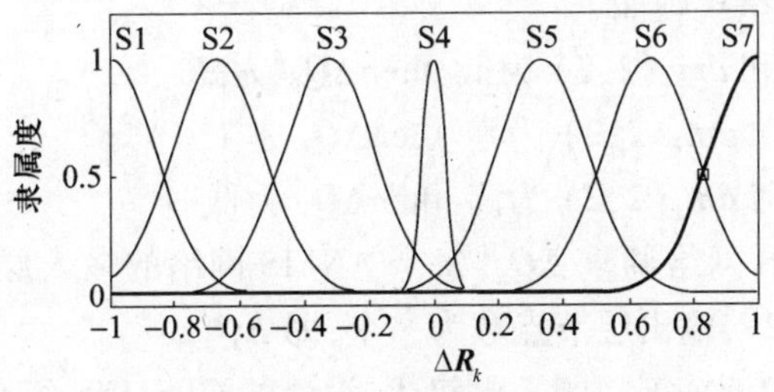

图 7-26　$\Delta\boldsymbol{R}_k$ 的隶属度函数

采取的 ANFIS 的结构形式如图 7－19(a)所示,各层的定义见 7.3 节。输入 $\boldsymbol{dm}_k(i,i)$ 和 $\Delta\boldsymbol{dm}_k(i,i)$ 的模糊集分别取“小(L)”、“较小(LM)”、“零(Z)”、“较大(LH)”和“大(H)”。训练后可以建立相应的模糊规则表。

7.4 节已经介绍了获取训练样本集的多种方式。训练应使函数 E 最小:

$$E = \frac{1}{2}\boldsymbol{e}_k^2$$

式中

$$\boldsymbol{e}_k = \boldsymbol{S}_k - \hat{\boldsymbol{C}}_k$$

设计的 GPS/INS 组合导航神经网络辅助卡尔曼滤波器的工作原理图如图 7－27 所示。

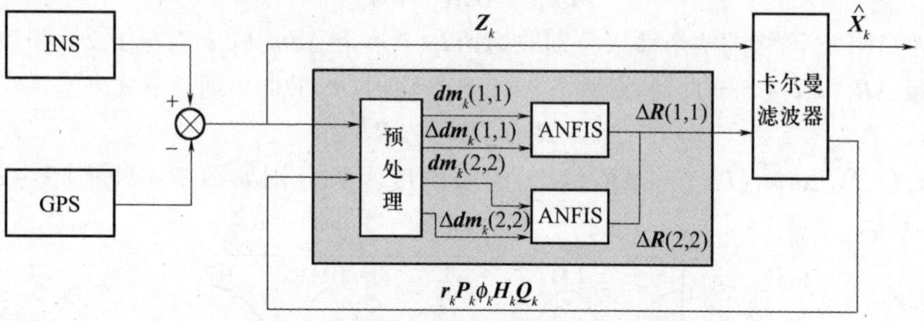

图 7－27　神经网络辅助卡尔曼滤波器的工作原理图(1)

2) 基于 ANFIS 的系统噪声阵 $\boldsymbol{Q}_k$ 自适应调整方案($\boldsymbol{R}_k$ 固定)

当解决 $\boldsymbol{R}_k$ 固定,需要自适应调整 $\boldsymbol{Q}_k$ 的问题时,同样采取新息自适应调整的思想设计相应的 GPS/INS 组合导航神经网络辅助卡尔曼滤波器。

假定 $\boldsymbol{R}_k$ 已知,则可以推导出 $\boldsymbol{Q}_k$ 自适应调整方案。

$$\boldsymbol{P}_{k,k-1} = \boldsymbol{\Phi}_{k,k-1}\boldsymbol{P}_{k-1}\boldsymbol{\Phi}_{k,k-1}^{\mathrm{T}} + \boldsymbol{Q}_k \tag{7.5.3}$$

$$\boldsymbol{S}_k = \boldsymbol{H}_k(\boldsymbol{\Phi}_{k,k-1}\boldsymbol{P}_{k-1}\boldsymbol{\Phi}_{k,k-1}^{\mathrm{T}} + \boldsymbol{Q}_k)\boldsymbol{H}_k^{\mathrm{T}} + \boldsymbol{R}_k \tag{7.5.4}$$

由上式可知,$\boldsymbol{Q}_k$ 变化将影响 $\boldsymbol{S}_k$ 取值,如果 $\boldsymbol{Q}_k$ 增大则 $\boldsymbol{S}_k$ 增大,$\boldsymbol{Q}_k$ 减小则 $\boldsymbol{S}_k$ 减小。所以一旦观测到 $\hat{\boldsymbol{C}}_k$ 和 $\boldsymbol{S}_k$ 之间出现偏差,就可以通过调整 $\boldsymbol{Q}_k$ 的大小来修正 $\boldsymbol{S}_k$。为降低所需的 ANFIS 神经网络的复杂度,不针对 $\boldsymbol{Q}_k$ 阵中各元素,即 $\Delta\boldsymbol{Q}_k(i,i)$ 进行单独调节,而采取单一系数修正的调整策略,即:

$$\boldsymbol{Q}_k = \boldsymbol{Q}_k \cdot \Delta\boldsymbol{Q}_k$$

简单描述,一般的调整规则如下:

if　$\boldsymbol{dm}_k(1,1)$ 为低和 $\boldsymbol{dm}_k(2,2)$ 为低 then$\Delta\boldsymbol{Q}_k$ 为高

if　$\boldsymbol{dm}_k(1,1)$ 为零和 $\boldsymbol{dm}_k(2,2)$ 为零 then$\Delta\boldsymbol{Q}_k$ 是 1

if　$\boldsymbol{dm}_k(1,1)$ 为高和 $\boldsymbol{dm}_k(2,2)$ 为高 then$\Delta\boldsymbol{Q}_k$ 为低

设计采用一个 ANFIS 网络调整 $\Delta\boldsymbol{Q}_k$,每个 ANFIS 网络的输入层节点数为两个,分别取 $\boldsymbol{dm}_k(1,1)$ 和 $\boldsymbol{dm}_k(2,2)$,输出层节点数为一个,即 $\Delta\boldsymbol{Q}_k$ 。

ANFIS 的结构形式和训练等问题不再叙述,设计的 GPS/INS 组合导航神经网络辅助 Kalman 滤波器的工作原理图如图 7－28 所示。

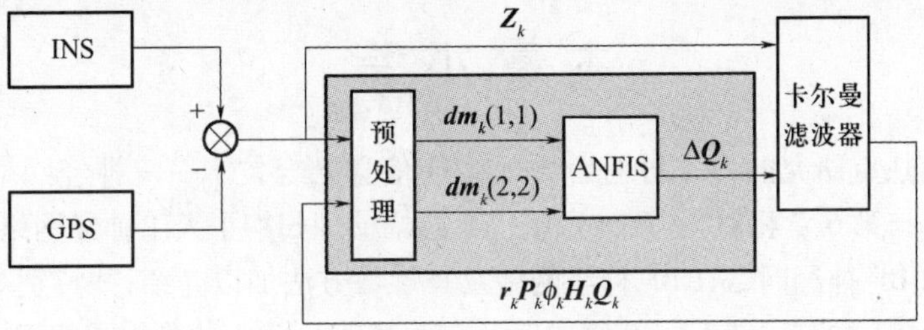

图 7 - 28 神经网络辅助 Kalman 滤波器的工作原理图(2)

2. 基于滤波器输出状态误差补偿的神经网络辅助方案

为了补偿模型偏差或者滤波器参数不准确导致的滤波器的估计误差,增加一个辅助神经网络来进一步提高状态估计的精度。我们在图 7 - 28 基础上,继续增加一个神经网络来补偿由于模型不匹配和参数不最优带来的误差,这一补偿的思想体现在图 7 - 29中。

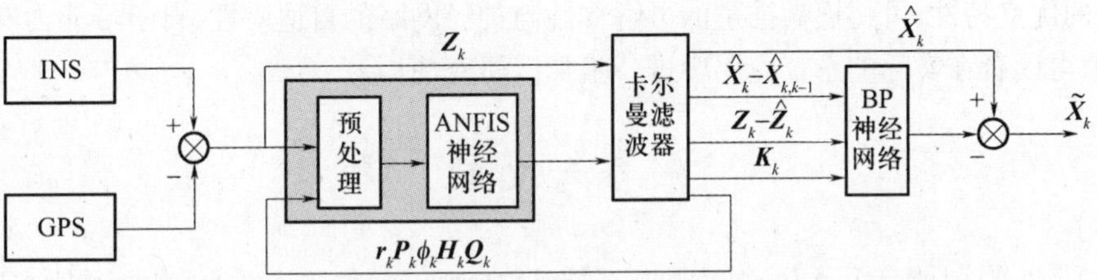

图 7 - 29 增加 BP 网络的神经网络辅助卡尔曼滤波器的工作原理图

图 7 - 29 所示的 ANFIS 神经网络(Ⅰ)即为前面描述的基于滤波器工作参数调整的辅助神经网络,神经网络(Ⅱ)为基于滤波器输出状态误差补偿的辅助神经网络。

新的神经网络采取 3 种输入,分别为:状态估计间的逐次误差阵 $\hat{\boldsymbol{X}}_{k,k}-\hat{\boldsymbol{X}}_{k,k-1}$、新息阵 $\boldsymbol{Z}_k-\hat{\boldsymbol{Z}}_{k,k-1}$、增益阵 $\boldsymbol{K}_k$ 的主对角线元素。由于 $\hat{\boldsymbol{X}}_{k,k}-\hat{\boldsymbol{X}}_{k,k-1}$ 为 9 × 1 阶,$\boldsymbol{Z}_k-\hat{\boldsymbol{Z}}_{k,k-1}$ 为 2 × 1 阶,$\boldsymbol{K}(k)$ 为 9 ×9 阶,所以整个网络的输入节点为 20 个。采取上述参数作为网络输入的原因如前所述,反映了实际系统和滤波器系统模型之间,实际观测和滤波器观测模型之间的误差。

新的神经网络的输出为状态估计误差估计阵 $\boldsymbol{Err}$,为 9 ×1 阶。所以不选用 ANFIS 网络,而采用 BP 网络进行训练。

采取误差 $\boldsymbol{Err}=\boldsymbol{X}_k-\hat{\boldsymbol{X}}_{k,k}$ 来对神经网络进行训练。训练学习方法和样本获取方法参考前文,不再详述。

至此将采取神经网络辅助卡尔曼滤波器应用于 GPS/INS 组合导航系统的一种设计方法介绍完毕,实际中,应当根据所研究的系统的特点加以应用。由于一阶 ANFIS 网络具备良好的知识可读性,但是要求应用于多输入单输出的场合,所以更容易在系统数学模型相对简单、系统状态变量数目较少的系统中应用,如 DR 系统、机器人定位系统或者目标跟踪系统中。对于状态变量较多的系统,一方面通过一定的化简,简化变量数量和模型;另一方面还有很多其他的灵活变化,如采取多个 ANFIS 系统进行并行处理等,在本例中也做了这样的设计示例。目前上述方法依旧是国内外研究的热点,读者可以参阅文后列举的相关参考文献。

本章小结

本章对目前热点研究的另一种组合导航智能信息融合技术——神经网络信息融合技术进行了介绍。与第6章相似,本章首先用较大篇幅梳理归纳了人工神经网络的基本知识,随后选取常用的BP神经网络、RBF神经网络及其学习方法加以介绍,并特别对自适应神经网络模糊推理系统(ANFIS)进行了详细说明。在此基础上,7.4节分析了基于神经网络技术的状态估计的特点和关键,并分别归纳、分析了神经网络替代经典状态估计滤波器和神经网络辅助经典状态估计滤波器的两种不同方法。7.5节则进一步总结了近年来组合导航神经网络信息融合的主要方法。本章算例部分给出了基于BP神经网络的GPS/INS组合导航相关设计方法。本章的最后,在第6章模糊控制自适应卡尔曼滤波技术的基础上,分别给出了基于滤波器工作参数调整和滤波器输出状态误差补偿的神经网络自适应信息融合方法。特别需要指出的是,基于ANFIS的自适应神经网络模糊推理技术可以充分利用模糊推理和神经网络的优良特性,可将模糊推理的可解释性与神经网络的自适应性、自学习能力有机结合起来,值得读者在实际的系统应用中进一步加以研究使用。

参考文献

[1] Mcculloch W S, Pitts W H. A Logical Calculus of Ideas Immanent in Nervous Activity. Bulletin of Math. Biophysics, 1943, 5: 115 - 133.

[2] Bryson A E, Ho Y C. Applied Optimal Control. Blaisdell, New York, 1969.

[3] Rumellhart D E. Learning Representation by Back-Propagating Errors. Nature, 1986, 323(3): 523 - 536.

[4] Grossberg S. Neural Networks and Natural Intelligence. MA: MIT Press, 1988.

[5] Carpenter G A, Grossberg S. A Massively Parallel Architecture for a Self-Organizing Neural Pattern Recognitionmachine. Computer Vision, Grapic, and Image Processing, 1987, 37.

[6] Kohonen T. Self-organization and Associative Memory. NewYork, Springer-Verlag, 1998.

[7] Hinton J E, Sejnowski T J. Learning and Relerning in Boltzmann Machine. Cambridge, MA: MIT Press, 1986.

[8] Fukushima K. A Neural Network for Visual Pattern Recognition. IEEE Trans. Computer, 1988, 37(1): 65 - 74.

[9] Sugeno M, Kang G T. Structure Identification of Fuzzy Model. Fuzzy Sets and Systems, 1999, 28: 15 - 33, 1999.

[10] Takagi T, Sugeno M. Devivation of Fuzzy Control Rules from Human Operator' s Control Actions. Proceedings of the IF-AC Symposium on Fuzzy Information, Knowledge Representation and Decision Analysis, pages: 55 - 60, July 1983.

[11] Takagi T, Sugeno M. Fuzzy Identification of Systems and Its Application to Modeling and Control. IEEE Transaction on Systems, Man, and Cybernetics, 15: 116 - 132, 1985.

[12] Funahash K I. On the Approximate Realization of Continous Mapping by Neural Net Work. Neural Network 1981.

[13] 张智星,孙春在,水谷英二. 神经-模糊和软计算. 张平安,高春华,译. 西安:西安交通大学出版社,2000.

[14] 杨莉. 采用BP神经网络的惯导初始对准系统. 南京航空航天大学学报,1996,No.4:54 - 58.

[15] 王力丹,张洪钺. 基于RBF神经网络的惯导系统初始对准. 航天控制,1999,No.6:21 - 24.

[16] 马昕,袁信. 基于神经元的容错组合导航系统设计. 宇航学报,1999,No.2:7 - 14.

[17] 帅平,陈定昌,江涌. 基于BP人工神经网络的GPS/INS组合导航算法. 飞行器测控学报,2003,12.

[18] 卞鸿巍,金志华,田蔚风. 组合导航智能信息融合自适应滤波算法分析. 系统工程与电子技术,2004,26(10).

[19] 权太范. 信息融合神经网络—模糊推理理论与应用. 北京:国防工业出版社,1998.

[20] Bian Hongwei, Li An, Zhu Tao, et al. Estimator for Fiber Optical Gyro Drift Using Projection Pursuit Learning Network. Journal of System Simulation, 2006, 18(4).

第8章 联邦卡尔曼滤波技术及其应用

前面各章主要介绍了两种导航系统组合构成组合导航系统的情况。实际的组合导航系统常常采用多种不同的导航系统组合,此时利用卡尔曼滤波技术对组合导航系统进行信息最优组合有两种途径:一种是集中式卡尔曼滤波器,另一种是分散化卡尔曼滤波。组合导航系统集中式卡尔曼滤波器是位置级集中式信息融合系统的一种形式,它利用一个卡尔曼滤波器来集中处理所有的导航子系统的信息。集中式卡尔曼滤波器虽然在理论上可给出误差状态的最优估计,但是由于它的状态维数高,因此计算负担重,不利于滤波的实时运行。另外,集中式卡尔曼滤波器的容错性能差,不利于故障诊断。分散化滤波已发展了20多年,在众多的分散化滤波中,Carlson 提出的联邦滤波器(Federated Filter)由于设计方案灵活、计算量小、容错性好而受到了重视。在结构形态上,联邦滤波器实际上与位置级分布式信息融合结构是一致的[14,15]。

联邦滤波器致力于解决以下几个问题:

(1) 滤波器的容错性能要好,即当一个或几个导航子系统出现故障时,要能容易地检测和分离故障,并能很快地将剩下的正常的导航子系统重新组合起来,以继续给出所需的滤波解;

(2) 滤波的精度要高;

(3) 由局部滤波到全局滤波的融合算法要简单,计算量要小,数据通信少,以利于算法的执行。为了解决这几个性能要求,联邦滤波中用了"信息分配"原则;通过将系统中的信息进行不同的分配,可以在这几个性能要求中获得最佳的折衷,以满足不同的使用要求。

本章针对组合导航联邦滤波器设计的主要问题进行介绍。

8.1 各子滤波器估计不相关条件下的联邦滤波算法

本书在第1章位置级信息融合系统的结构模型中,介绍了一种分布式结构(见图1-9)。联邦滤波器基本符合这类拓扑结构形式。它采用两级滤波器结构,由若干个子滤波器和一个主滤波器组成,利用信息守恒原理在各个子滤波器和主滤波器之间进行信息分配。首先由各个子滤波器处理来自不同传感器的数据,然后由主滤波器对各个子滤波器的结果进行融合处理。

在证明联邦滤波器最优时,Carlson 首先构造了一个增广系统,然后应用上界技术消除各个局部滤波器之间的相关性,最后略去非公共状态对公共状态的影响,使得主滤波器可以按照不相关的简单融合算法融合各子滤波器的结果,得到全局最优估计[1]。因此,各子滤波器估计不相关时的信息融合是研究联邦滤波器的基础。在此首先推导各子滤波器估计不相关时的信息融合公式,然后利用信息分配原则和方差上界技术来处理各子滤波器估计不相关条件下的融合问题。

假设各子滤波器的估计不相关,首先以两个局部滤波器($N=2$)的情况加以考虑。设局部状态估计为 $\hat{\boldsymbol{X}}_1$、$\hat{\boldsymbol{X}}_2$,相应的估计误差方差为 $\boldsymbol{P}_{11}$、$\boldsymbol{P}_{22}$。考虑融合后的全局状态估计 $\hat{\boldsymbol{X}}_g$ 为局部状态估计的线性组合,即

$$\hat{\boldsymbol{X}}_g = \boldsymbol{W}_1\hat{\boldsymbol{X}}_1 + \boldsymbol{W}_2\hat{\boldsymbol{X}}_2 \tag{8.1.1}$$

式中:$\boldsymbol{W}_1$、$\boldsymbol{W}_2$ 为待定的加权阵。

全局状态估计 $\hat{\boldsymbol{X}}_g$ 应满足以下两个条件:

(1) 若局部状态估计 $\hat{\boldsymbol{X}}_1$、$\hat{\boldsymbol{X}}_2$ 为无偏估计,则 $\hat{\boldsymbol{X}}_g$ 也应为无偏估计,即

$$E(\boldsymbol{X}-\hat{\boldsymbol{X}}_g)=0$$

式中:$\boldsymbol{X}$ 为真实状态。

(2) $\hat{\boldsymbol{X}}_g$ 的估计误差方差阵最小,即

$$\boldsymbol{P}_g = E[(\boldsymbol{X}-\hat{\boldsymbol{X}}_g)(\boldsymbol{X}-\hat{\boldsymbol{X}}_g)^{\mathrm{T}}] = \min$$

由条件(1)可得

$$E(\boldsymbol{X}-\hat{\boldsymbol{X}}_g) = E(\boldsymbol{X}-\boldsymbol{W}_1\hat{\boldsymbol{X}}_1-\boldsymbol{W}_2\hat{\boldsymbol{X}}_2)=0$$

即

$$(\boldsymbol{I}-\boldsymbol{W}_1-\boldsymbol{W}_2)E(\boldsymbol{X}) + \boldsymbol{W}_1E(\boldsymbol{X}-\hat{\boldsymbol{X}}_1) + \boldsymbol{W}_2E(\boldsymbol{X}-\hat{\boldsymbol{X}}_2)=0$$

由于 $\hat{\boldsymbol{X}}_1$、$\hat{\boldsymbol{X}}_2$ 为 $\boldsymbol{X}$ 的最优无偏估计,则有

$$\boldsymbol{I}-\boldsymbol{W}_1-\boldsymbol{W}_2=0 \tag{8.1.2}$$

将式(8.1.2)代入式(8.1.1),可得

$$\hat{\boldsymbol{X}}_g = \hat{\boldsymbol{X}}_1 + \boldsymbol{W}_2(\hat{\boldsymbol{X}}_2-\hat{\boldsymbol{X}}_1) \tag{8.1.3}$$

和

$$\boldsymbol{X}-\hat{\boldsymbol{X}}_g = (\boldsymbol{I}-\boldsymbol{W}_2)(\boldsymbol{X}-\hat{\boldsymbol{X}}_1) + \boldsymbol{W}_2(\boldsymbol{X}-\hat{\boldsymbol{X}}_2)$$

于是有

$$\begin{aligned}\boldsymbol{P}_g &= E[(\boldsymbol{X}-\hat{\boldsymbol{X}}_g)(\boldsymbol{X}-\hat{\boldsymbol{X}}_g)^{\mathrm{T}}]\\ &= \boldsymbol{P}_{11} - \boldsymbol{W}_2(\boldsymbol{P}_{11}-\boldsymbol{P}_{22})^{\mathrm{T}} - \boldsymbol{W}_2(\boldsymbol{P}_{11}-\boldsymbol{P}_{22})\boldsymbol{W}_2^{\mathrm{T}} + \boldsymbol{W}_2(\boldsymbol{P}_{11}-\boldsymbol{P}_{12}-\boldsymbol{P}_{21}+\boldsymbol{P}_{22})\boldsymbol{W}_2^{\mathrm{T}}\end{aligned} \tag{8.1.4}$$

式中:$\boldsymbol{P}_{11}=E[(\boldsymbol{X}-\hat{\boldsymbol{X}}_1)(\boldsymbol{X}-\hat{\boldsymbol{X}}_1)^{\mathrm{T}}]$,$\boldsymbol{P}_{22}=E[(\boldsymbol{X}-\hat{\boldsymbol{X}}_2)(\boldsymbol{X}-\hat{\boldsymbol{X}}_2)^{\mathrm{T}}]$,$\boldsymbol{P}_{12}=\boldsymbol{P}_{21}=E[(\boldsymbol{X}-\hat{\boldsymbol{X}}_1)(\boldsymbol{X}-\hat{\boldsymbol{X}}_2)^{\mathrm{T}}]$。

利用如下公式

$$\frac{\partial \mathrm{tr}(\boldsymbol{A}^{\mathrm{T}}\boldsymbol{X})}{\partial \boldsymbol{X}} = \boldsymbol{A}^{\mathrm{T}},\ \frac{\partial \mathrm{tr}(\boldsymbol{A}\boldsymbol{X}^{\mathrm{T}})}{\partial \boldsymbol{X}} = \boldsymbol{A},\ \frac{\partial \mathrm{tr}(\boldsymbol{X}\boldsymbol{B}\boldsymbol{X}^{\mathrm{T}})}{\partial \boldsymbol{X}} = 2\boldsymbol{X}\boldsymbol{B}\quad (\boldsymbol{B}\text{ 为对称阵})$$

来选择 $\boldsymbol{W}_2$,使 $\boldsymbol{P}_g$ 最小,即选择 $\boldsymbol{W}_2$,使 $\mathrm{tr}(\boldsymbol{P}_g)$ 最小。由式(8.1.4)可得

$$\frac{\partial \mathrm{tr}(\boldsymbol{P}_g)}{\partial \boldsymbol{W}_2} = -(\boldsymbol{P}_{11}-\boldsymbol{P}_{12}) - (\boldsymbol{P}_{11}-\boldsymbol{P}_{12})^{\mathrm{T}} + 2\boldsymbol{W}_2(\boldsymbol{P}_{11}-\boldsymbol{P}_{12}-\boldsymbol{P}_{21}+\boldsymbol{P}_{22}) = 0$$

由此可求出

$$\boldsymbol{W}_2 = (\boldsymbol{P}_{11}-\boldsymbol{P}_{12})(\boldsymbol{P}_{11}-\boldsymbol{P}_{12}-\boldsymbol{P}_{21}+\boldsymbol{P}_{22})^{-1} \tag{8.1.5}$$

将式(8.1.5)代入式(8.1.3)和式(8.1.4),得

$$\boldsymbol{P}_g = \boldsymbol{P}_{11} - (\boldsymbol{P}_{11}-\boldsymbol{P}_{12})(\boldsymbol{P}_{11}-\boldsymbol{P}_{12}-\boldsymbol{P}_{21}+\boldsymbol{P}_{22})^{-1}(\boldsymbol{P}_{11}-\boldsymbol{P}_{12})^{\mathrm{T}} \tag{8.1.6}$$

$$\hat{\boldsymbol{X}}_g = \hat{\boldsymbol{X}}_1 + (\boldsymbol{P}_{11}-\boldsymbol{P}_{12})(\boldsymbol{P}_{11}-\boldsymbol{P}_{12}-\boldsymbol{P}_{21}+\boldsymbol{P}_{22})^{-1}(\hat{\boldsymbol{X}}_1-\hat{\boldsymbol{X}}_2) \tag{8.1.7}$$

可以证明,全局最优估计优于局部估计,即 $\boldsymbol{P}_g < \boldsymbol{P}_{11}, \boldsymbol{P}_g < \boldsymbol{P}_{22}$。

若 $\hat{\boldsymbol{X}}_1$、$\hat{\boldsymbol{X}}_2$ 是不相关的,则有

$$\boldsymbol{P}_{11} = \boldsymbol{P}_{12} = E[(\boldsymbol{X} - \hat{\boldsymbol{X}}_2)(\boldsymbol{X} - \hat{\boldsymbol{X}}_2)^{\mathrm{T}}]$$

此时,式(8.1.6)和式(8.1.7)可化简为

$$\boldsymbol{P}_g = (\boldsymbol{P}_{11}^{-1} + \boldsymbol{P}_{22}^{-1})^{-1} \tag{8.1.8}$$

$$\hat{\boldsymbol{X}}_g = (\boldsymbol{P}_{11}^{-1} + \boldsymbol{P}_{22}^{-1})^{-1}(\boldsymbol{P}_{11}^{-1}\hat{\boldsymbol{X}}_1 + \boldsymbol{P}_{22}^{-1}\hat{\boldsymbol{X}}_2) \tag{8.1.9}$$

利用数学归纳法,可将上面的结果推广到 N 个局部状态估计的情况。

定理 8.1　若有 N 个局部状态估计 $\hat{\boldsymbol{X}}_1, \hat{\boldsymbol{X}}_1, \cdots, \hat{\boldsymbol{X}}_N$ 和相应的估计误差协方差阵 $\boldsymbol{P}_{11}$, $\boldsymbol{P}_{22}, \cdots, \boldsymbol{P}_{NN}$,且各局部估计互不相关,即 $\boldsymbol{P}_{ij} = 0 (i \neq j)$,则全局最优估计可表示为

$$\hat{\boldsymbol{X}}_g = \boldsymbol{P}_g \sum_{i=1}^{N} \boldsymbol{P}_{ii}^{-1}\hat{\boldsymbol{X}}_i \tag{8.1.10}$$

$$\boldsymbol{P}_g = (\sum_{i=1}^{N} \boldsymbol{P}_{ii}^{-1})^{-1} \tag{8.1.11}$$

上面结果的物理意义明显,若 $\hat{\boldsymbol{X}}_i$ 的估计精度差,即 $\boldsymbol{P}_{ii}$ 大,它在全局估计中的贡献 $\boldsymbol{P}_{ii}^{-1}\hat{\boldsymbol{X}}_i$ 就较小。

8.2　各子滤波器估计相关条件下的联邦滤波算法

定理 8.1 的条件是各局部估计不相关。但在一般情况下,这个条件并不满足,即各局部估计是相关的。联邦滤波器估计就是针对这种情况,采用方差上界技术,对滤波过程进行适当的不相关处理,使定理 8.1 得以应用。

假设各子滤波器的状态估计可以表示为

$$\hat{X}_i = \begin{bmatrix} \hat{\boldsymbol{X}}_{ci} \\ \hat{\boldsymbol{X}}_{bi} \end{bmatrix} \tag{8.2.1}$$

式中:$\hat{\boldsymbol{X}}_{ci}$ 是各子滤波器的公共状态 $\boldsymbol{X}_c$ 的估计,如导航系统中导航位置、速度和姿态等误差状态的估计;$\hat{\boldsymbol{X}}_{bi}$ 则是第 i 个滤波器专有的状态估计,如 GPS 误差状态的估计。这里只对公共的状态估计进行融合以得到其全局估计。

8.2.1　信息分配原则与全局最优估计

Carlson 提出的联邦滤波器是一种两级滤波,如图 8-1 所示。

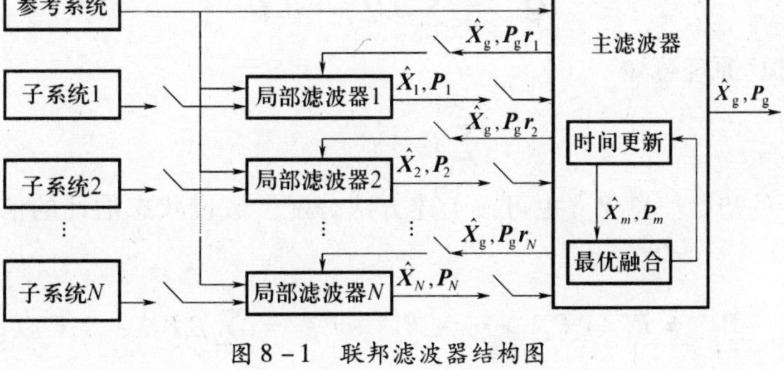

图 8-1　联邦滤波器结构图

对于组合导航系统,图 8－1 中的公共参考系统一般是惯导系统,它的输出 $\boldsymbol{X}_k$ 一方面直接输出给主滤波器,另一方面可以输出给各子滤波器(局部滤波器)作为测量值,各子系统的输出只能给相应的子滤波器。各子滤波器的局部估计值 $\hat{\boldsymbol{X}}_i$(公共状态)及其估计误差方差阵 $\boldsymbol{P}_i$ 送入主滤波器,和主滤波器的估计值一起进行融合以得到全局最优估计。此外,从图 8－1 可以看出,由子滤波器与主滤波器合成的全局估计值 $\hat{\boldsymbol{X}}_{\mathrm{g}}$ 及其相应的估计误差方差阵 $\boldsymbol{P}_{\mathrm{g}}$ 被放大为 $r_1\boldsymbol{P}_{\mathrm{g}}(r_i^{-1}\leqslant 1)$ 后反馈到子滤波器中,以重置子滤波器的估计值,即

$$\hat{\boldsymbol{X}}_i = \hat{\boldsymbol{X}}_{\mathrm{g}}, \boldsymbol{P}_i = r_i\boldsymbol{P}_{\mathrm{g}} \tag{8.2.2}$$

同时主滤波器的估计方差误差阵可重置为全局估计误差方差阵的 r_m 倍,即为 $r_m\boldsymbol{P}_{\mathrm{g}}(r_m^{-1}\leqslant 1)$。这种反馈结构是联邦滤波器区别于一般分散化滤波器的特点。令 $\beta_i = r_i^{-1}(i = 0, 1,\cdots,N,m)$,$\beta_i$ 称为“信息分配系数”。β_i 是根据信息分配原则来确定的,不同的 β_i 取值可以获得联邦滤波器不同的结构以及不同的容错性、精度和计算量特性。

系统中的信息有两类,即状态方程信息和量测方程信息,卡尔曼滤波要利用状态方程信息,状态方程的信息量是与状态方程中系统噪声的方差(或协方差)成反比的。系统噪声越弱,状态方程就越精确。因此,状态方程的信息量可以通过系统噪声协方差的逆(即 $\boldsymbol{Q}^{-1}$)来表示。此外,状态初值的信息也是状态方程的信息。初值的信息量可以用初值估计的协方差阵的逆 $\boldsymbol{P}_0^{-1}$ 来表示。同理,量测方程的信息量可以用量测噪声方差阵的逆,(即 $\boldsymbol{R}^{-1}$)来表示。

当状态方程、量测方程及 $\boldsymbol{P}_0$、$\boldsymbol{Q}$、$\boldsymbol{R}$ 选定后,状态估计 $\hat{\boldsymbol{X}}$ 的估计误差 $\boldsymbol{P}$ 即可完全确定,而状态估计的信息量可用 $\boldsymbol{P}^{-1}$ 来表示。对公共状态来讲,它所对应的系统噪声包含在所有的子滤波器和主滤波器中。因此,系统噪声的信息量存在重复使用的问题。各子滤波器的量测方程只包含了对应子系统的观测噪声,如 GPS/INS 局部滤波器的量测噪声只包含 GPS 的量测噪声。于是,可以认为各局部滤波器的量测信息是自然分割的,不存在重复使用的问题。

假设将系统噪声总的信息量 $\boldsymbol{Q}^{-1}$ 分配到各局部滤波器和主滤波器中去,即

$$\boldsymbol{Q}^{-1} = \sum_{i=1}^{N}\boldsymbol{Q}_i^{-1} + \boldsymbol{Q}_m^{-1} \tag{8.2.3}$$

而

$$\boldsymbol{Q}_i = \beta_i^{-1}\boldsymbol{Q} \tag{8.2.4}$$

故

$$\boldsymbol{Q}^{-1} = \sum_{i=1}^{N}\beta_i\boldsymbol{Q}^{-1} + \beta_m\boldsymbol{Q}_m^{-1} \tag{8.2.5}$$

根据“信息守恒”原理可知

$$\sum_{i=1}^{N}\beta_i + \beta_m = 1 \tag{8.2.6}$$

状态估计的初始信息 $\boldsymbol{P}_0^{-1}$ 也可按上述方法分配。假设状态估计的信息也可同样分配,得

$$\boldsymbol{P}^{-1} = \boldsymbol{P}_1^{-1} + \boldsymbol{P}_2^{-1} + \cdots + \boldsymbol{P}_N^{-1} + \boldsymbol{P}_m^{-1} = \sum_{i=1}^{N}\beta_i\boldsymbol{P}^{-1} + \beta_m\boldsymbol{P}^{-1} \tag{8.2.7}$$

在上面的状态估计信息的分配中,已假定各子滤波器的局部估计是不相关的,即 $\boldsymbol{P}_{ij}=\boldsymbol{0}(i\neq j)$ 。在这个不相关的假设条件下,可以应用式(8.1.10)和式(8.1.11)来获得全局估计。

为了使 $\boldsymbol{P}_{ij}(i\neq j)$ 永远等于零,要对滤波过程进行改造。先构造一个增广系统,它的状态向量由 N 个局部滤波子系统和主滤波子系统的状态组合而成,即

$$\boldsymbol{X}=\begin{bmatrix}\boldsymbol{X}_1\\ \vdots\\ \boldsymbol{X}_{\bar{N}}\end{bmatrix} \tag{8.2.8}$$

式中:$\bar{N}=N+1$。

每个子系统的状态向量 $\boldsymbol{X}_i$ 又可表示为

$$\boldsymbol{X}_i=\begin{bmatrix}\boldsymbol{X}_{\mathrm{c}}\\ \boldsymbol{X}_{\mathrm{b}i}\end{bmatrix} \tag{8.2.9}$$

式中:$\boldsymbol{X}_{\mathrm{c}}$ 是公共状态向量;$\boldsymbol{X}_{\mathrm{b}i}$ 是第 i 个子系统的专有状态。

在这个增广系统的状态向量中含有公共状态,但这并不影响理论分析。增广系统的状态方程为

$$\begin{bmatrix}\boldsymbol{X}_1\\ \vdots\\ \boldsymbol{X}_{\bar{N}}\end{bmatrix}_{k+1}=\begin{bmatrix}\boldsymbol{\Phi}_{11} & & \\ & \ddots & \\ & & \boldsymbol{\Phi}_{\bar{N}\bar{N}}\end{bmatrix}\begin{bmatrix}\boldsymbol{X}_1\\ \vdots\\ \boldsymbol{X}_{\bar{N}}\end{bmatrix}_{k}+\begin{bmatrix}\boldsymbol{G}_1\\ \vdots\\ \boldsymbol{G}_{\bar{N}}\end{bmatrix} \tag{8.2.10}$$

$$E(\boldsymbol{W}_i\boldsymbol{W}_i^{\mathrm{T}})=\boldsymbol{Q} \tag{8.2.11}$$

第 i 个子系统的量测方程为

$$\boldsymbol{Z}_i=\boldsymbol{H}_i\boldsymbol{X}_i+\boldsymbol{V}_i \tag{8.2.12}$$

令

$$\boldsymbol{H}=\mathrm{diag}\{\boldsymbol{H}_i,i=1,2,\cdots,\bar{N}\} \tag{8.2.13}$$

则 $\boldsymbol{Z}_i$ 可用增广系统的状态表示为

$$\boldsymbol{Z}_i=\boldsymbol{H}\boldsymbol{X}+\boldsymbol{V}_i \tag{8.2.14}$$

增广系统总体滤波误差方差阵一般可表示为

$$P=\begin{bmatrix}\boldsymbol{P}_{11} & \cdots & \boldsymbol{P}_{1\bar{N}}\\ \boldsymbol{P}_{\bar{N}1} & \cdots & \boldsymbol{P}_{\bar{N}\bar{N}}\end{bmatrix} \tag{8.2.15}$$

$\boldsymbol{P}_{rj}$ 表示局部滤波之间的相关性。可以证明,当 $\boldsymbol{P}_{ij}(0)=0$ 时,增广系统滤波的量测更新和时间更新可分解为独立的量测更新和时间更新,即它们之间没有耦合。

8.2.2　联邦滤波算法的时间更新

考虑集中滤波的时间更新,由状态方程(8.2.11)可得

$$\begin{bmatrix} \boldsymbol{P}_{11} & \cdots & \boldsymbol{P}_{1\bar{N}} \\ \boldsymbol{P}_{\bar{N}1} & \cdots & \boldsymbol{P}_{\bar{N}\bar{N}} \end{bmatrix} = \begin{bmatrix} \boldsymbol{\Phi}_{11} & & \\ & \ddots & \\ & & \boldsymbol{\Phi}_{\bar{N}\bar{N}} \end{bmatrix} \begin{bmatrix} \boldsymbol{P'}_{11} & \cdots & \boldsymbol{P'}_{1\bar{N}} \\ \vdots & & \vdots \\ \boldsymbol{P'}_{\bar{N}1} & \cdots & \boldsymbol{P'}_{\bar{N}\bar{N}} \end{bmatrix} \begin{bmatrix} \boldsymbol{\Phi}_{11}^{\mathrm{T}} & & \\ & \ddots & \\ & & \boldsymbol{\Phi}_{\bar{N}\bar{N}}^{\mathrm{T}} \end{bmatrix} + \begin{bmatrix} \boldsymbol{G}_1 \\ \vdots \\ \boldsymbol{G}_{\bar{N}} \end{bmatrix} \boldsymbol{Q} [\boldsymbol{Q}_1^{\mathrm{T}} \quad \cdots \quad \boldsymbol{G}_{\bar{N}}^{\mathrm{T}}] \tag{8.2.16}$$

由上式可得

$$\boldsymbol{P}_{ji} = \boldsymbol{\Phi}_{ji} \boldsymbol{P'}_{ji} \boldsymbol{\Phi}_{ji}^{\mathrm{T}} + \boldsymbol{G}_j \boldsymbol{Q} \boldsymbol{G}_i^{\mathrm{T}} \tag{8.2.17}$$

式中

$$\boldsymbol{P}_{ii} \triangleq \boldsymbol{P}_{ii}(k \mid k-1), \boldsymbol{P'}_{ii} \triangleq \boldsymbol{P}_{ii}(k-1), \boldsymbol{P}_{ji} \triangleq \boldsymbol{P}_{ji}(k \mid k-1), \boldsymbol{P'}_{ji} \triangleq \boldsymbol{P}_{ji}(k-1)$$

由式(8.2.17)可以看出,由于公共状态的公共噪声 $\boldsymbol{Q}$ 的存在,即使 $\boldsymbol{P'}_{ji} = \boldsymbol{0}$,也不会有 $\boldsymbol{P}_{ji} = \boldsymbol{0}$,即时间更新将引入各子滤波器估计的相关。现在用"方差上界"技术来消除时间更新引入的相关。先将式(8.2.16)中的系统噪声项改写为

$$\begin{bmatrix} \boldsymbol{G}_1 \\ \vdots \\ \boldsymbol{G}_{\bar{N}} \end{bmatrix} \boldsymbol{Q} [\boldsymbol{G}_1^{\mathrm{T}} \quad \cdots \quad \boldsymbol{G}_{\bar{N}}^{\mathrm{T}}] = \begin{bmatrix} \boldsymbol{G}_1 & & \\ & \ddots & \\ & & \boldsymbol{G}_{\bar{N}} \end{bmatrix} \begin{bmatrix} \boldsymbol{Q} & \cdots & \boldsymbol{Q} \\ \vdots & & \vdots \\ \boldsymbol{Q} & \cdots & \boldsymbol{Q} \end{bmatrix} \begin{bmatrix} \boldsymbol{G}_1^{\mathrm{T}} & & \\ & \ddots & \\ & & \boldsymbol{G}_{\bar{N}}^{\mathrm{T}} \end{bmatrix} \tag{8.2.18}$$

由矩阵理论可知,上式右端由 $\boldsymbol{Q}$ 组成 $\bar{N} \times \bar{N}$ 矩阵有下界

$$\begin{bmatrix} \boldsymbol{Q} & \cdots & \boldsymbol{Q} \\ \vdots & & \vdots \\ \boldsymbol{Q} & \cdots & \boldsymbol{Q} \end{bmatrix} \leqslant \begin{bmatrix} r_1 \boldsymbol{Q} & & \\ & \ddots & \\ & & r_{\bar{N}} \boldsymbol{Q} \end{bmatrix} \tag{8.2.19}$$

$$r_1^{-1} + \cdots + r_{\bar{N}}^{-1} = 1, 0 \leqslant n^{-1} \leqslant 1 \tag{8.2.20}$$

上式右端的上界矩阵与左端的原矩阵之差为半正定的。由式(8.2.16)可得

$$\begin{bmatrix} \boldsymbol{P}_{11} & \cdots & \boldsymbol{P}_{1\bar{N}} \\ \vdots & & \vdots \\ \boldsymbol{P}_{\bar{N}1} & \cdots & \boldsymbol{P}_{\bar{N}\bar{N}} \end{bmatrix} \leqslant \begin{bmatrix} \boldsymbol{\Phi}_{11} & & \\ & \ddots & \\ & & \boldsymbol{\Phi}_{\bar{N}\bar{N}} \end{bmatrix} \begin{bmatrix} \boldsymbol{P'}_{11} & \cdots & \boldsymbol{P'}_{1\bar{N}} \\ \vdots & & \vdots \\ \boldsymbol{P'}_{\bar{N}1} & \cdots & \boldsymbol{P'}_{\bar{N}\bar{N}} \end{bmatrix} \begin{bmatrix} \boldsymbol{\Phi}_{11}^{\mathrm{T}} & & \\ & \ddots & \\ & & \boldsymbol{\Phi}_{\bar{N}\bar{N}}^{\mathrm{T}} \end{bmatrix} \begin{bmatrix} \boldsymbol{G}_1 & & \\ & \ddots & \\ & & \boldsymbol{G}_{\bar{N}} \end{bmatrix} \begin{bmatrix} r_1 \boldsymbol{Q} & & \\ & \ddots & \\ & & r_{\bar{N}} \boldsymbol{Q} \end{bmatrix} \begin{bmatrix} \boldsymbol{G}_1^{\mathrm{T}} & & \\ & \ddots & \\ & & \boldsymbol{G}_{\bar{N}}^{\mathrm{T}} \end{bmatrix} \tag{8.2.21}$$

在上式中取等号,即放大估计误差方差阵(所得结果比较保守),可得分离的时间更新

$$\boldsymbol{P}_{ii} = \boldsymbol{\Phi}_{ii} \boldsymbol{P'}_{ii} \boldsymbol{\Phi}_{ii}^{\mathrm{T}} + r_i \boldsymbol{G}_i \boldsymbol{Q} \boldsymbol{G}_i^{\mathrm{T}} \tag{8.2.22}$$

$$\boldsymbol{P}_{ji} = \boldsymbol{\Phi}_{jj} \boldsymbol{P'}_{ji} \boldsymbol{\Phi}_{ii}^{\mathrm{T}} = \boldsymbol{0}, \boldsymbol{P'}_{ji} = \boldsymbol{0} \tag{8.2.23}$$

式(8.2.23)说明,只要 $\boldsymbol{P'}_{ji} = \boldsymbol{P}_{ji}(k-1) = \boldsymbol{0}$,就有 $\boldsymbol{P}_{ji} = \boldsymbol{P}_{ji}(k, k-1) = \boldsymbol{0}$。这就是说,时间更新也是在各子滤波器中独立进行的,没有各子滤波器之间的关联。

对于初始协方差阵也可设置上界,即

$$\begin{bmatrix} \boldsymbol{P}_{11}(0) & \cdots & \boldsymbol{P}_{1\overline{N}}(0) \\ \vdots & & \vdots \\ \boldsymbol{P}_{\overline{N}1}(0) & \cdots & \boldsymbol{P}_{\overline{NN}} \end{bmatrix} \leqslant \begin{bmatrix} r_1\boldsymbol{P}_{11}(0) & & \\ & \ddots & \\ & & r_{\overline{N}}\boldsymbol{P}_{\overline{NN}}(0) \end{bmatrix} \tag{8.2.24}$$

式(8.2.24)右端无相关项,也就是说,将各子滤波器自身的初始方差阵再放大些就可以忽略各子滤波器初始方差之间的相关项。当然,这样得到的局部滤波结果也是保守的。

总之,采用方差上界技术后,各子滤波器估计是不相关的,各子滤波器的观测更新和时间更新都可独立进行,这样就可以用定理 8.1“最优合成定理”来融合局部估计以得到全局估计。一个值得讨论的问题是,采用方差上界技术后,局部估计是保守的(即次优的),但融合后的全局估计是最优的。这是因为采用方差上界技术后,由式(8.2.22),第 i 个滤波子系统的系统噪声方差阵 $\boldsymbol{Q}$ 被放大为 $r_i\boldsymbol{Q}$,反过来说,子滤波器只分配到原过程信息量 $\boldsymbol{Q}^{-1}$ 的一部分,即 $r_i^{-1}\boldsymbol{Q}^{-1}$,当然子滤波器是次优的。但信息分配是根据信息守恒原理在各子滤波器和主滤波器之间分配的,即满足

$$\boldsymbol{Q}^{-1} = \sum_{i=1}^{N} r_i^{-1}\boldsymbol{Q}_i^{-1} + r_m^{-1}\boldsymbol{Q}_m^{-1} \tag{8.2.25}$$

这样在合成过程中信息量又被恢复到原来的值,所以合成后的估计将是最优的。

8.2.3　联邦滤波算法的观测更新

如果观测更新后的滤波误差方差阵也增加了 r_i 倍,则由初始估计误差方差矩阵和系统噪声方差矩阵增加 r_i 倍,可推导出预报误差方差矩阵 $\boldsymbol{P}_i(k|k-1)$ 和估计误差 $\boldsymbol{P}_i(k)$ 都增加了 r_i 倍,对于任意的 k 成立。由观测更新方程,即

$$\boldsymbol{P}_i(k) = \boldsymbol{P}_i(k|k-1) - \boldsymbol{P}_i(k|k-1)\boldsymbol{H}_i\boldsymbol{A}_i^{-1}\boldsymbol{P}_i(k|k-1) \tag{8.2.26}$$

式中:$\boldsymbol{A}_i = \boldsymbol{H}_i\boldsymbol{P}_i(k|k-1)\boldsymbol{H}_i^{\mathrm{T}} + \boldsymbol{R}_i$;$\boldsymbol{R}_i$ 为观测噪声的方差阵,可知当 $\boldsymbol{P}_i(k|k-1)$ 增加 r_i 倍时,$\boldsymbol{P}_i(k)$ 不增加 r_i 倍。为解决此问题,在联邦滤波方案中采用全局滤波来重置局部滤波值(即滤波误差方差矩阵),即有

$$\hat{\boldsymbol{X}}_i(k) = \hat{\boldsymbol{X}}_{\mathrm{g}}(k) \tag{8.2.27}$$

$$\boldsymbol{P}_i = r_i\boldsymbol{P}_{\mathrm{g}}(k) \tag{8.2.28}$$

重置后的滤波误差方差阵 $\boldsymbol{P}_i(k)$ 是 $\boldsymbol{P}_{\mathrm{g}}(k)$ 的 r_i 倍,由式(8.2.22)可推出下一步的预报误差 $\boldsymbol{P}_i(k|k-1)$ 是 $\boldsymbol{P}_{\mathrm{g}}(k|k-1)$ 的 r_i 倍。

设融合算法式(8.1.11)的结果为 $\boldsymbol{P}_i$,则

$$\begin{aligned} \boldsymbol{P}_i^{-1}(k|k-1) &= \boldsymbol{P}_1^{-1}(k|k-1) + \cdots + \boldsymbol{P}_N^{-1}(k|k-1) + \boldsymbol{P}_m^{-1}(k|k-1) \\ &= r_1^{-1}\boldsymbol{P}_{\mathrm{g}}^{-1}(k|k-1) + \cdots + r_N^{-1}\boldsymbol{P}_{\mathrm{g}}^{-1}(k|k-1) \\ &\quad + r_m^{-1}\boldsymbol{P}_{\mathrm{g}}^{-1}(k|k-1) = \boldsymbol{P}_{\mathrm{g}}^{-1}(k|k-1) \end{aligned} \tag{8.2.29}$$

这说明用上面的融合算法和信息分配原则,融合后的预报误差方差矩阵是最优的,在任何时候都成立。

对于式(8.2.26)所示的局部最优滤波误差方差阵也可以写为

$$\boldsymbol{P}_i(k) = \boldsymbol{P}_i^{-1}(k|k-1) + \boldsymbol{H}_i^{\mathrm{T}}\boldsymbol{R}_i^{-1}\boldsymbol{H}_i \tag{8.2.30}$$

将子滤波器及主滤波器的滤波误差方差矩阵的逆合成，即

$$\boldsymbol{P}_m^{-1}(k \mid k-1) + \sum_{i=1}^{N} \boldsymbol{P}_i^{-1}(k) = \boldsymbol{P}_m^{-1}(k \mid k-1) + \sum_{i=1}^{N} (\boldsymbol{P}_i^{-1}(k \mid k-1) + \boldsymbol{H}_i^{\mathrm{T}} \boldsymbol{R}_i^{-1} \boldsymbol{H}_i)$$

$$= \boldsymbol{P}_g^{-1}(k \mid k-1) + \sum_{i=1}^{N} \boldsymbol{H}_i^{\mathrm{T}} \boldsymbol{R}_i^{-1} \boldsymbol{H}_i = \boldsymbol{P}_{\mathrm{g}}^{-1}(k) \qquad (8.2.31)$$

上式揭示了全局滤波器是融合了各子滤波器的独立观测信息(由 $\boldsymbol{R}_i^{-1}$ 表示)来进行最优观测更新的。

采用信息分配原则后，局部滤波虽为次优的，但融合后的全局滤波却是最优的，如果融合的周期长于局部滤波的周期，即经过几次局部滤波后才进行一次融合，那么全局估计也会变成次优。

由前面的分析可知，子滤波器和主滤波器的状态向量都包含公共状态 $\boldsymbol{X}_c$ 和各自的子系统误差状态 $\boldsymbol{X}_{bi}(i = 1,2,\cdots,N,m)$，只有对公共状态才能进行信息融合以获得全局估计。各自系统的误差状态由各自的子滤波器来估计，但公共状态和子系统的误差状态都是耦合的。局部滤波器的协方差阵可以写为

$$\boldsymbol{P}_i = \begin{bmatrix} \boldsymbol{P}_{\mathrm{c}_i} & \boldsymbol{P}_{\mathrm{cib}_i} \\ \boldsymbol{P}_{\mathrm{bic}_i} & \boldsymbol{P}_{\mathrm{b}_i} \end{bmatrix} \qquad (8.2.32)$$

式中：$\boldsymbol{P}_{\mathrm{cib}_i}$ 和 $\boldsymbol{P}_{\mathrm{bic}_i}$ 为公共状态和子系统误差状态的耦合项。在联邦滤波时由于信息分配和主滤波器对子滤波器的重置，公共状态的协方差阵 $\boldsymbol{P}_{\mathrm{c}_i}$ 会发生变化，例如公共状态的估计精度提高，$\boldsymbol{P}_{\mathrm{c}_i}$ 下降。这样，通过状态间的耦合影响，$\boldsymbol{P}_{\mathrm{b}_i}$ 也将下降，即子系统的估计误差也会有一些改善。

8.2.4 联邦卡尔曼滤波器设计步骤

根据前面的理论分析，可归纳出联邦滤波器的设计步骤如下：

(1) 将各子滤波器和主滤波器的初始估计协方差阵设置为组合系统状态估计初始信息的 $r_i(i = 1,2,\cdots,N,m)$ 倍。r_i 满足信息守恒原则，即

$$r_i^{-1} + \cdots + r_N^{-1} + r_m^{-1} = 1 \quad (0 \leqslant r_i^{-1} \leqslant 1) \qquad (8.2.33)$$

(2) 将各子滤波器和主滤波器的系统噪声协方差阵设置为组合系统系统噪声协方差阵的 r_i 倍。

(3) 各子滤波器处理自己的量测信息，获得局部估计。

(4) 在得到各子滤波器的局部估计和主滤波的估计后按式(8.1.10)和式(8.1.11)进行最优合成。

(5) 用全局最优滤波解来重置各子滤波器和主滤波器的滤波值以及估计误差方差矩阵。

由此，可以总结出以下几点联邦滤波器的设计技巧：

(1) 用方差上界技术使各子滤波器的初始估计协方差阵互不相关。

(2) 用方差上界技术使各子滤波器的系统噪声协方差阵互不相关。

(3) 增广系统转移矩阵无子系统间的耦合项。

(4) 局部量测更新不会引起子滤波器估计的相关。

8.3　联邦滤波器控制结构与信息分配

8.3.1　联邦卡尔曼滤波器控制结构

1.2.3 小节中介绍了信息融合系统不同的结构模型[12]，根据信息分配策略不同，联邦滤波算法有4种实现模式，分别为无反馈模式、融合反馈模式、零复位模式和变比例模式[2]。相应地，联邦滤波器具有4种常用结构：

(1) 无反馈模式(图8-2)。在初始时刻分配一次信息，且取$\beta_m = 0, \beta_1 = \beta_2 = \cdots = \beta_N = 1/N$，然后，各子滤波器单独工作。主滤波器只起简单的融合作用，各子滤波器具有长期记忆功能。主滤波器到子滤波器没有反馈，也就没有反馈重置带来的相互影响，提供了最高的容错性能。由于没有全局最优估计，局部估计精度近似于各子滤波器单独使用时的估计精度。

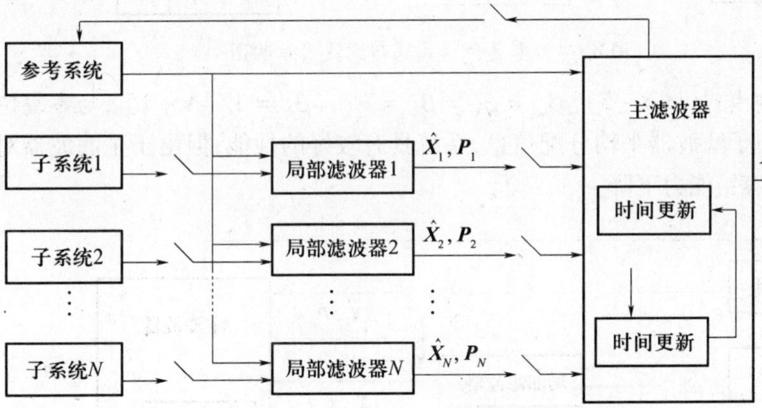

图8-2　无反馈模式联邦滤波器结构图

(2) 融合反馈模式(图8-3)。$\beta_m = 0, \beta_1 = \beta_2 = \cdots = \beta_N = 1/N$，与无反馈模式一样，但每一次融合计算后主滤波器都向子滤波器反馈分配信息。各子滤波器在工作之前要等待从主滤波器来的反馈信息，由于具有反馈作用，精度提高，但容错能力下降。

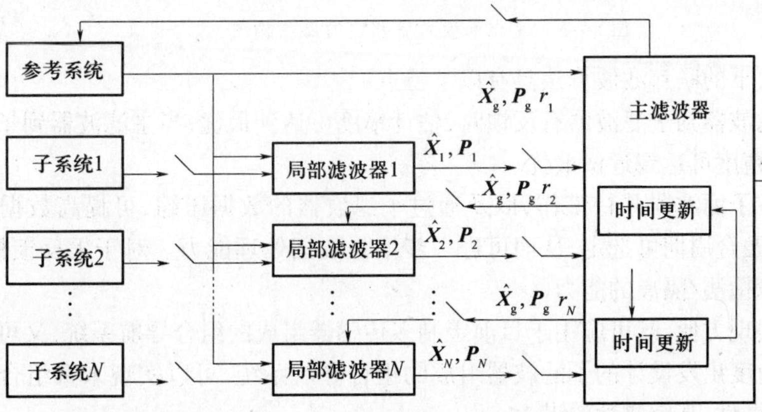

图8-3　融合反馈模式联邦滤波器结构图

(3) 零复位模式(图 8-4)。$\beta_m = 1, \beta_1 = \beta_2 = \cdots = \beta_N = 0$,主滤波器具有长期记忆功能,各子滤波器只进行数据压缩,向主滤波器提供自从上一次发送数据后所得到的新信息。主滤波器可以不同时地处理各子滤波器的数据。主滤波器对子滤波器没有反馈,子滤波器向主滤波器发送完数据后,独自置零,实现上比较简单。

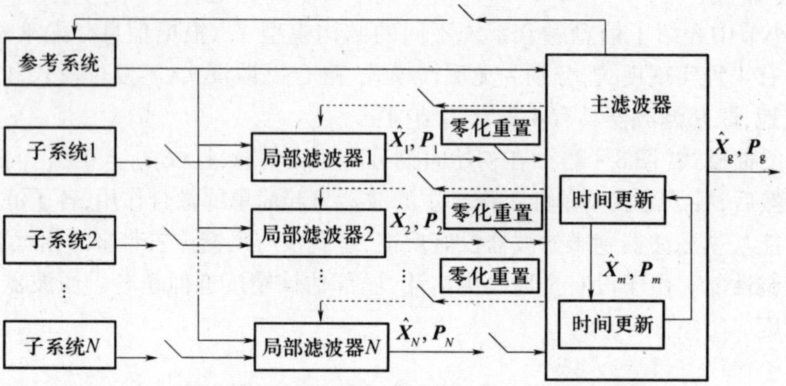

图 8-4 零复位模式联邦滤波器结构图

(4) 变比例模式(图 8-5)。$\beta_m = \beta_1 = \beta_2 = \cdots = \beta_N = 1/(N+1)$,与零复位模式类似。主滤波器与子滤波器平均分配信息,系统具有较好的性能,但由于主滤波器对子滤波器的反馈作用,容错能力下降。

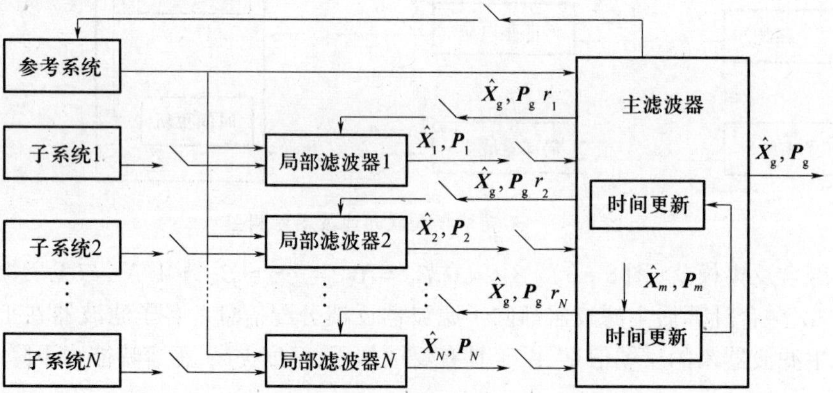

图 8-5 变比例模式联邦滤波器结构图

各控制模式下的联邦滤波算法具有以下特点:

(1) 当主滤波器到子滤波器有反馈时,估计精度可达到最优;当主滤波器到子滤波器无反馈时,估计精度可达到近似最优。

(2) 由于各子滤波器并行工作,以及通过子滤波器的数据压缩,可提高数据处理能力;主滤波器的融合周期可选定,从而可进一步增强数据处理能力。对于无反馈模式,系统具有多级故障检测/隔离的能力。

(3) 实时实现方便,既可应用于目前定制多传感器组成的组合导航系统,又可应用于未来的从整体角度出发设计的子滤波器组成的组合导航系统,可以实现未来组合导航系统高精度、高可靠性、高容错性的潜力。

8.3.2　公共参考信息的分配原则

信息守恒原则是联邦卡尔曼滤波器设计中的重要原则。它确保了公共状态的系统噪声信息被独立地分割在局部滤波器和主滤波器之间，使系统噪声的信息量没有重复使用，相应地确保联邦滤波器族满足分散化滤波的不相关最优条件。信息守恒原则下的分配系数满足

$$\sum_{i=1}^{N,m}\beta_i = \sum_{i=1}^{N,m}1/r_i = 1 \tag{8.3.1}$$

但实际系统设计中，参与滤波的各子系统的导航精度高低不一，INS 作为公共参考系统，其信息由各子滤波器共同分享，参与了由 N 个非相似的导航子系统分别与 INS 组合所构成的 N 个子滤波器的滤波。因此，INS 的信息在各子滤波器之间的信息分配在满足信息守恒原则下应合理划分。

设 $\boldsymbol{X}$ 的估计误差的均方差阵为 $\boldsymbol{P}$，则 $\boldsymbol{P}$ 描述了对 $\boldsymbol{X}$ 的估计质量。$\boldsymbol{P}$ 越大，$\boldsymbol{X}$ 的估计质量就越差，此时 $\boldsymbol{P}^{-1}$ 就越小；反之，$\boldsymbol{P}$ 越小，$\boldsymbol{X}$ 的估计质量就越好，信息矩阵 P^{-1} 就越大。因此，对 INS 的信息做分配，实质上就是将参与第 i 个子滤波器滤波的 *INS* 的估计均方误差 $\boldsymbol{P}_\mathrm{C}$ 扩大 $1/\beta_i$ 倍。可见 β_i 越小，$\boldsymbol{P}_\mathrm{C}$ 扩大的倍数就越大。由于卡尔曼滤波器能自动根据信息质量的优劣做权重不同的利用，所以 β_i 越小，对 INS 信息利用的权重就越低，该子滤波器的滤波精度主要取决于子系统 i 的信息质量，而 INS 的输出信息所起的作用相对降低；反之亦然。至此可得出，公共参考信息分配的一般原则主要有以下两点：

(1) 信息守恒原则，即信息分配系数满足式(8.3.1)。

(2) 信息分配系数确定原则：包含较高精度子系统的局部滤波器的分配系数适当小，而包含较差精度子系统的局部滤波器的分配系数适当大。例如：在子滤波器 i 中，子系统 i 的精度越差，则 INS 信息的分配系数 β_i 就应该越大；子系统 i 的精度越高，子滤波器 i 的滤波精度受 β_i 的影响就越小，在这种情况下，β_i 应适当取得小一些，以便使总量有限的 INS 信息在较低精度子系统所在的子滤波器中能充分发挥作用。

8.3.3　联邦滤波器信息分配算法

在 8.3.1 小节所述 4 种结构中，对子系统进行信息分配时，其信息分配因子均在滤波器设计初期确定并保持不变，使得进行信息融合时难以体现子系统特性，即未遵循第二条信息分配系数确定原则[13]。为实现信息分配系数确定原则，需根据各子系统特性对信息分配系数进行动态确定。由于在卡尔曼滤波过程中，估计均方误差阵包含了估计误差信息，因此可以反映滤波性能，常被用来作为动态确定信息分配系数的依据。下面介绍几种信息分配系数的选取算法。

1. 固定平均分配法

在 Carlson 提出的有重置联邦滤波器中，信息分配算法就是在未发生故障的各个子系统间固定平均分配系统信息法，也称 Carlson 法[3]。各系数计算如下：

$$\beta_m = \beta_i = 1/(N+1)$$

式中：N 为正常工作的滤波器个数。当主滤波器只用来进行信息融合而不进行滤波时，有

$$\beta_m = 0, \beta_i = 1/N$$

2. 一步预测均方误差矩阵迹法

局部滤波器和主滤波器的信息分配系数分别由式(8.3.2)动态确定,即

$$\beta_{i,K+1} = \frac{\mathrm{tr}(\boldsymbol{P}_{i,K+1|K}^{-1})}{\mathrm{tr}(\boldsymbol{P}_{K+1|K}^{-1})}$$

$$\beta_{m,K+1} = 1 - \sum_{i=1}^{N} \beta_{i,K+1} \tag{8.3.2}$$

式中:$\boldsymbol{P}_{K+1|K}^{-1}$ 是全局滤波器一步预测均方误差阵[4];$\boldsymbol{P}_{i,K+1|K}^{-1}$ 是各子滤波器的一步预测均方误差阵。该方法可使每个局部滤波器的设计趋于最优,从而提高子系统发生软故障的检测灵敏度。

3. 估计均方误差矩阵迹法

算法为

$$\beta_i = \frac{\mathrm{tr}\boldsymbol{\Lambda}'_i}{\mathrm{tr}\boldsymbol{\Lambda}'_1 + \mathrm{tr}\boldsymbol{\Lambda}'_2 + \cdots + \mathrm{tr}\boldsymbol{\Lambda}'_n + \mathrm{tr}\boldsymbol{\Lambda}'_m} = \frac{\mathrm{tr}\boldsymbol{\Lambda}'_i}{\sum_{i=1}^{n,m} \mathrm{tr}\boldsymbol{\Lambda}'_i} \tag{8.3.3}$$

为了确保协方差矩阵的迹为非负,$\boldsymbol{\Lambda}'_i$ 满足 $\boldsymbol{P}_i^{\mathrm{T}}\boldsymbol{P}_i = \boldsymbol{L}'\boldsymbol{\Lambda}'_i(\boldsymbol{L}')^{\mathrm{T}}$,其中 $\boldsymbol{P}_i$ 为各局部滤波器和主滤波器的估计均方误差阵,$\boldsymbol{\Lambda}'_i$ 为主对角矩阵,矩阵内各元素值为非负数。

4. 上步估计均方误差矩阵范数法

矩阵的范数具有和数的绝对值类似的性质,是对矩阵大小的一种数量描述。因此,可采用矩阵范数来进行信息的动态分配,简称 F - Norm 法[5]。首先确定主滤波器信息因子 $\beta_m(0 \leqslant \beta_m \leqslant 1)$,然后按照信息守恒原理确定子滤波器信息因子,并使子系统 $i(i = 1,2,\cdots,N)$ 动态信息因子 $\beta_i(k)$ 与其上步协方差阵的范数成正比,即

$$\beta_i(k) = \frac{\|\boldsymbol{P}_i(k-1)\|_{\mathrm{F}}}{\sum_{i=1}^{N}\|\boldsymbol{P}_i(k-1)\|_{\mathrm{F}}}(1-\beta_m) \tag{8.3.4}$$

式中:$\|\cdot\|_{\mathrm{F}}$ 为 Frobenius 范数。对于任意矩阵 $\boldsymbol{A}$,有

$$\|\boldsymbol{A}\|_{\mathrm{F}} = \sqrt{\sum \mathrm{diag}(\boldsymbol{A}^{\mathrm{T}} \cdot \boldsymbol{A})}$$

按上式进行信息动态分配的特点在于,子系统精度越高时,其对数据融合的作用越明显,因而由主滤波器分配来的信息就越多[5]。

5. 估计协方差矩阵奇异值信息分配法

由于矩阵的奇异值分解具有较强的数值稳定性和可靠性,所以可以基于估计协方差矩阵的奇异值来动态确定信息分配系数,简称 SVD 法。

算法首先确定主滤波器信息分配系数 $\beta_m(1 \geqslant \beta_m \geqslant 0)$,然后按照信息守恒原理确定子滤波器信息因子,并使子系统 $i(i = 1,2,\cdots,N)$ 动态信息因子 $\beta_i(k)$ 与其上步协方差阵的奇异值之和成正比,即

$$\beta_i(k) = \frac{\boldsymbol{\Lambda}_i}{\sum_{k=1}^{N}\boldsymbol{\Lambda}_k}(1-\beta_m) \tag{8.3.5}$$

式中:$\boldsymbol{\Lambda}_i = \sum_{k=1}^{n}\sigma_k$,为局部滤波器的第 $k-1$ 步估计协方差阵 $\boldsymbol{P}_i(k-1)$ 奇异值之和。

值得注意的是,若信息分配系数的选取满足"信息守恒"原则,则不论 β_i 如何取值,都不影响全局最优性。但是联邦滤波只有在重置周期为 1,即在融合周期等于局部滤波周期的有重置模式下才是最优的。在实际情况下,由于各个导航子系统中传感器的数据采样频率不一样,甚至相差较大,融合周期会长于局部滤波周期,即经过几次局部滤波后才进行一次融合。此时,由于多次迭代破坏了信息守恒原则,全局滤波变为次优,信息分配系数的不同就会影响到全局解的精度对于无重置子滤波器状态的联邦滤波器,可在初始时刻根据经验或估计确定各局部滤波器的信息分配系数并进行一次信息分配。当融合周期大于局部滤波周期时(如取融合周期为局部滤波周期的 10 倍),仍可得到精度与集中滤波十分接近的次优全局解[6,10]。

8.4　联邦滤波器设计数据时空关联

实际系统通过时间同步设计,可以为各个导航系统数据标明准确的时间,却无法保证各实测数据在实际工作过程中严格同步。面对无法同时到达的数据,组合导航系统一般的预处理方法是采用外推内差的方法将测量周期不同的各个局部滤波器转化成相等测量周期系统,该方法显然要引入人为误差,并且增加计算负担。在各子滤波器以各自滤波周期进行滤波的条件下,研究信息同步处理技术就是力图实现既不影响各子滤波器正常工作又能在融合时间点上获得各子滤波器的同步输出[7]。

8.4.1　信息的同步处理

参与组合的各子系统的信息输出率通常存在差异,一般也不同步。在各子滤波器以各自的滤波周期进行滤波的条件下,如何既不影响各子滤波器正常工作,又能在融合时间点上获得各子滤波器的同步输出,是必须解决的实际问题之一。

设惯导的输出周期为 T_{INS},联邦滤波器的融合周期为 T,子滤波器 i 的滤波周期为 $T_i = N_i T_{\text{INS}}$,在第 j 个融合时间点上,子滤波器 i 的时标差为 $\Delta\tau_i(j)$,相对第 $(j+1)$ 个融合时间点,子滤波器 i 的融合同步时间差为 $\Delta t_i(j)$,在时间段 $[jT,(j+1)T]$ 内子滤波器 i 共输出 $K_i(j)$ 次,如图 8-6 所示。于是有

$$\Delta t_i(j) = T - \Delta\tau_i(j) - [K_i(j) - 1]T_i \tag{8.4.1}$$

$$\Delta\tau_i(j+1) = K_i(j)T_i + \Delta\tau_i(j) - T \tag{8.4.2}$$

式中:$K_i(j)$ 为正整数。

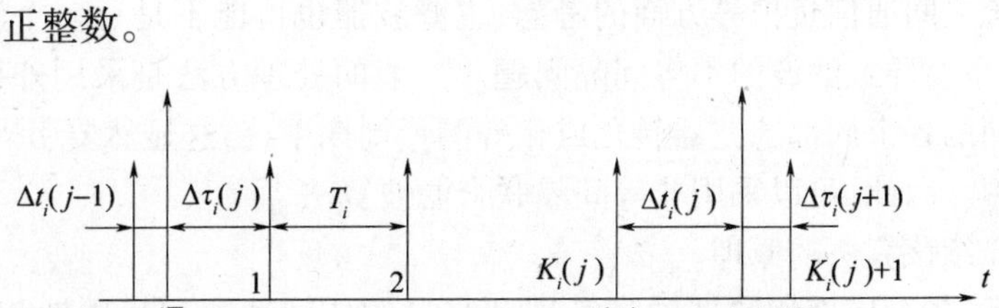

图 8-6　子滤波器 i 的输出时间与融合时间

由式(8.4.1)可得

$$K_i(j) = \left[\left[\frac{T - \Delta\tau_i(j) - \Delta t_i(j)}{T_i}\right]\right] + 1 \tag{8.4.3}$$

上述各式中：$i = 1,2,\cdots,N$；$j = 0,1,2,\cdots$；$\Delta\tau_i(0)$ 为开始滤波时子滤波器 i 的输出滞后；双写方括号表示对括号内的数取整。

由于子滤波器 i 在 $(j+1)T$ 时刻无量测值，所以在该融合时间点上子滤波器 i 参与融合的滤波值只能由时间更新确定，即

$$\hat{\boldsymbol{X}}_{Ci}[(j+1)T] = \boldsymbol{\Phi}[(j+1)T, t_i(j)]\hat{\boldsymbol{X}}_{Ci}[t_i(j)] \tag{8.4.4}$$

$$\boldsymbol{P}_i[(j+1)T] = \boldsymbol{\Phi}[(j+1)T, t_i(j)]\boldsymbol{P}_i[t_i(j)]\boldsymbol{\Phi}^{\mathrm{T}}[(j+1)T, t_i(j)] + \overline{\boldsymbol{Q}}_i(j) \tag{8.4.5}$$

其中

$$t_i(j) = jT + \Delta\tau_i(j) + [K_i(j) - 1]T_i;$$

$$\boldsymbol{\Phi}[(j+1)T, t_i(j)] = \sum_{n=0}^{\infty} \frac{[\boldsymbol{F}_{Cj}\Delta t_i(j)]^n}{n!};$$

$$\overline{\boldsymbol{Q}}_i(j) = \boldsymbol{Q}\Delta t_i(j) + [\boldsymbol{F}_{Cj}\boldsymbol{Q} + (\boldsymbol{F}_{Cj}\boldsymbol{Q})^{\mathrm{T}}]\frac{\Delta t_i^2(j)}{2!} + \{\boldsymbol{F}_{Cj}[\boldsymbol{F}_{Cj}\boldsymbol{Q} + (\boldsymbol{F}_{Cj}\boldsymbol{Q})^{\mathrm{T}}] + [\boldsymbol{F}_{Cj}[\boldsymbol{F}_{Cj}\boldsymbol{Q} + (\boldsymbol{F}_{Cj}\boldsymbol{Q})^{\mathrm{T}}]]^{\mathrm{T}}\}\frac{\Delta t_i^3(j)}{3!} + \cdots。$$

式中：$\boldsymbol{F}_{Cj}$ 为 $t = t_i(j)$ 时刻惯导的系统阵；$\boldsymbol{Q}$ 为惯导激励白噪声的噪声方差强度阵。

综上所述，可得对子滤波器 i 做同步处理的一般步骤：

(1) 按式(8.4.3)计算 $[jT,(j+1)T]$ 时间段内子滤波器 i 的输出次数 $K_i(j)$；

(2) 按式(8.4.1)计算 $(j+1)T$ 融合时间点上的同步时间差 $\Delta t_i(j)$；

(3) 按式(8.4.2)计算下一个融合周期内的时标差 $\Delta\tau_i(j+1)$；

也对子滤波器 i 的输出从 $t = jT$ 起进行计数，当计数值达到 $K_i(j)$ 时，按式(8.4.4)计算子滤波器 i 在融合时间点 $t = (j+1)T$ 上的输出。

顺序执行上述过程，即可计算出各融合时间点上各子滤波器的同步输出。

8.4.2 非等间隔时间关联问题

组合导航系统的联合滤波结构中，局部滤波器和主滤波器的计算周期一般都是固定的。但是一方面由于各种辅助导航设备的数据更新频率不同，导致各个局部滤波器的测量周期不同，有可能不能同步向主滤波器提供局部估计；另一方面出于故障检测以及减轻主系统和子系统之间通信负担等方面的考虑，主滤波器也可能不是每一个滤波周期都进行信息融合，这也会导致滤波的不等间隔问题。一般的处理方法是采用外推内差的方法将测量周期不同的各个局部滤波器转化成相等测量周期系统，这显然要引入人为误差，并且增加计算负担。因此，可以采用非等间隔联合滤波算法[17]。

下面简单介绍该算法的原理。

通常情况下，各个局部滤波器的计算周期与导航传感器的测量周期相同。假设第 i 个子系统的周期为 $T_i(i=1,2,\cdots,M)$。首先，令主滤波器的计算周期 T_m 和信息融合周期 T_f 分别为

$$T_m(\mathrm{GCD}(T_1, T_2, \cdots, T_M); \quad T_f(\mathrm{LCM}(T_1, T_2, \cdots, T_M) \tag{8.4.6}$$

式中：GCD(·)和LCM(·)分别表示求取最大公约数和最小公倍数。因此有

$$T_i = k_i T_M \quad (k_i \text{ 为互质的自然数})$$

考虑如下系统模型：

$$\boldsymbol{X}(k) = \boldsymbol{\Phi}(k-1)\boldsymbol{X}(k-1) + \boldsymbol{G}(k-1)\boldsymbol{W}(K-1), \boldsymbol{Z}(k) = \boldsymbol{H}(k) + \boldsymbol{V}(k) \tag{8.4.7}$$

式中：$\boldsymbol{W}(k-1)$ 和 $\boldsymbol{V}(k-1)$ 分别为互不相关的状态噪声和量测噪声，且有

$$\boldsymbol{E}[\boldsymbol{W}(k-1)\boldsymbol{W}^{\mathrm{T}}(k-1)] = \boldsymbol{Q}(k-1), \quad \boldsymbol{E}\{\boldsymbol{V}(k)\boldsymbol{V}^{\mathrm{T}}(k)\} = \boldsymbol{R}(k) \tag{8.4.8}$$

假设观测方程由 M 个子系统组成，即

$$\boldsymbol{Z}(k) = [\boldsymbol{Z}_1^{\mathrm{T}}(k) \quad \boldsymbol{Z}_2^{\mathrm{T}}(k) \quad \cdots \quad \boldsymbol{Z}_M^{\mathrm{T}}(k)]^{\mathrm{T}} \tag{8.4.9}$$

相应地，有

$$\boldsymbol{H}(k) = [\boldsymbol{H}_1^{\mathrm{T}}(k) \quad \boldsymbol{H}_2^{\mathrm{T}}(k) \quad \cdots \quad \boldsymbol{H}_M^{\mathrm{T}}(k)]^{\mathrm{T}} \tag{8.4.10}$$

$$\boldsymbol{V}(k) = [\boldsymbol{V}_1^{\mathrm{T}}(k) \quad \boldsymbol{V}_2^{\mathrm{T}}(k) \quad \cdots \quad \boldsymbol{V}_M^{\mathrm{T}}(k)]^{\mathrm{T}} \tag{8.4.11}$$

$$\boldsymbol{E}[\boldsymbol{V}(k)\boldsymbol{V}^{\mathrm{T}}(k)] = \mathrm{diag}[\boldsymbol{R}_1(k) \quad \boldsymbol{R}_2(k) \quad \cdots \quad \boldsymbol{R}_M(k)] \tag{8.4.12}$$

式中：k 表示按照主滤波器计算周期(T_m)划分的时间刻度。

设主滤波器只融合各个子系统的公共状态，全局状态估计为 $\hat{\boldsymbol{X}}_f$。非等间隔联合滤波算法为：

(1) 对于 $k \neq \mathrm{LCM}(k_1, k_2, \cdots, k_M)$ 时的子滤波器，有

① 当 $k \neq k_i$ 时

$$\hat{\boldsymbol{X}}_i(k,k) = \boldsymbol{\Phi}(k,k-1)\hat{\boldsymbol{X}}_i(k-1,k-1) \tag{8.4.13}$$

$$\boldsymbol{P}_i(k,k) = \boldsymbol{\Phi}(k,k-1)\boldsymbol{P}_i(k-1,k-1)\boldsymbol{\Phi}^{\mathrm{T}}(k-1) + \boldsymbol{G}_i(k-1)\boldsymbol{Q}_i(k-1)\boldsymbol{G}_i^{\mathrm{T}}(k-1) \tag{8.4.14}$$

② 当 $k \neq k_i$ 时

$$\hat{\boldsymbol{X}}_i(k,k-1) = \boldsymbol{\Phi}(k,k-1)\hat{\boldsymbol{X}}_i(k-1,k-1) \tag{8.4.15}$$

$$\begin{aligned}\boldsymbol{P}_i(k,k-1) = {} & \boldsymbol{\Phi}(k,k-1)\boldsymbol{P}_i(k-1,k-1)\boldsymbol{\Phi}^{\mathrm{T}}(k-1) + \\ & \boldsymbol{G}_i(k-1)\boldsymbol{Q}_i(k-1)\boldsymbol{G}_i^{\mathrm{T}}(k-1)\end{aligned} \tag{8.4.16}$$

$$\boldsymbol{K}_i(k) = \boldsymbol{P}_i(k,k-1)\boldsymbol{H}_i^{\mathrm{T}}(k)[\boldsymbol{H}_i(k)\boldsymbol{P}_i(k,k-1)\boldsymbol{H}_i^{\mathrm{T}}(k) + \boldsymbol{R}_i(k)] - 1 \tag{8.4.17}$$

$$\hat{\boldsymbol{X}}_i(k,k) = \hat{\boldsymbol{X}}_i(k,k-1) + \boldsymbol{K}_i(k)[\boldsymbol{Z}_i(k) - \boldsymbol{H}_i(k)\hat{\boldsymbol{X}}_i(k,k-1)] \tag{8.4.18}$$

$$\boldsymbol{P}_i(k,k) = [\boldsymbol{I} - \boldsymbol{K}_i(k)\boldsymbol{H}_i(k)]\boldsymbol{P}_i(k,k-1) \tag{8.4.19}$$

式(8.4.13)至式(8.4.19)说明，当局部传感器没有新的量测信息时，子滤波器只进行时间更新；当 $T = k_i T_m$ 时，同时进行时间更新和量测更新。

(2) 对于 $k \neq \mathrm{LCM}(k_1, k_2, \cdots, k_M)$ 时的主滤波器，有

① 当 $k \neq k_i$ 时

$$\hat{\boldsymbol{X}}_f(k,k) = \boldsymbol{\Phi}(k,k-1)\hat{\boldsymbol{X}}_f(k-1,k-1) \tag{8.4.20}$$

$$\begin{aligned}\boldsymbol{P}_f(k,k) = {} & \boldsymbol{\Phi}(k,k-1)\boldsymbol{P}_f(k-1,k-1)\boldsymbol{\Phi}^{\mathrm{T}}(k-1) + \\ & \boldsymbol{G}(k-1)\boldsymbol{Q}(k-1)\boldsymbol{G}^{\mathrm{T}}(k-1)\end{aligned} \tag{8.4.21}$$

式(8.4.20)和式(8.4.21)表明，当没有新的传感器量测信息的时候，主滤波器只进行时间更新。

② 当 $k \neq k_i$ 时

$$\hat{\boldsymbol{X}}_f(k,k-1) = \boldsymbol{\Phi}(k,k-1)\hat{\boldsymbol{X}}_f(k-1,k-1) \tag{8.4.22}$$

$$\boldsymbol{P}_f(k,k-1) = \boldsymbol{\Phi}(k,k-1)\boldsymbol{P}_f(k-1,k-1)\boldsymbol{\Phi}^{\mathrm{T}}(k-1) + \boldsymbol{G}(k-1)\boldsymbol{Q}(k-1)\boldsymbol{G}^{\mathrm{T}}(k-1) \tag{8.4.23}$$

$$\boldsymbol{P}_f^{-1}(k,k) = \boldsymbol{P}_f^{-1}(k,k-1) + [\boldsymbol{P}_i^{-1}(k,k) - \boldsymbol{P}_i^{-1}(k,k-1)] \tag{8.4.24}$$

$$\hat{\boldsymbol{X}}_f(k,k) = \boldsymbol{P}_f(k,k)\{\boldsymbol{P}_f^{-1}(k,k-1)\hat{\boldsymbol{X}}_f(k,k-1) + [\boldsymbol{P}_i^{-1}(k,k)\hat{\boldsymbol{X}}_i(k,k) - \boldsymbol{P}_i^{-1}(k,k-1)\hat{\boldsymbol{X}}_i(k,k-1)]\} \tag{8.4.25}$$

(3) 当对于 $k = \mathrm{LCM}(k_1,k_2,\cdots,k_M)$ 时,得出:

对于信息分配,有

$$\hat{\boldsymbol{X}}_i(k-1) = \hat{\boldsymbol{X}}_f(k-1) \tag{8.4.26}$$

$$\boldsymbol{P}_i^{-1}(k-1) = \boldsymbol{P}_f^{-1}(k-1)\beta_i \tag{8.4.27}$$

$$\boldsymbol{Q}_i^{-1}(k-1) = \boldsymbol{Q}_f^{-1}(k-1)\beta_i \tag{8.4.28}$$

式中

$$\sum_{i=1}^{M}\beta_i = 1$$

对于滤波器,有

$$\hat{\boldsymbol{X}}_i(k,k-1) = \boldsymbol{\Phi}(k,k-1)\hat{\boldsymbol{X}}_i(k-1,k-1) \tag{8.4.29}$$

$$\boldsymbol{P}_i(k,k-1) = \boldsymbol{\Phi}(k,k-1)\boldsymbol{P}_i(k-1,k-1)\boldsymbol{\Phi}^{\mathrm{T}}(k-1) + \boldsymbol{G}_i(k-1)\boldsymbol{Q}_i(k-1)\boldsymbol{G}_i^{\mathrm{T}}(k-1) \tag{8.4.30}$$

$$\boldsymbol{K}_i(k) = \boldsymbol{P}_i(k,k-1)\boldsymbol{H}_i^{\mathrm{T}}(k)[\boldsymbol{H}_i(k)\boldsymbol{P}_i(k,k-1)\boldsymbol{H}_i^{\mathrm{T}}(k) + \boldsymbol{R}_i(k)] - 1 \tag{8.4.31}$$

$$\hat{\boldsymbol{X}}_i(k,k) = \hat{\boldsymbol{X}}_i(k,k-1) + \boldsymbol{K}_i(k)[\boldsymbol{Z}_i(k) - \boldsymbol{H}_i(k)\hat{\boldsymbol{X}}_i(k,k-1)] \tag{8.4.32}$$

$$\boldsymbol{P}_i(k,k) = [\boldsymbol{I} - \boldsymbol{K}_i(k)\boldsymbol{H}_i(k)]\boldsymbol{P}_i(k,k-1) \tag{8.4.33}$$

对于主滤波器,有

$$\boldsymbol{P}_f^{-1}(k,k) = \sum_{i=1}^{M}\boldsymbol{P}_i^{-1}(k,k), \hat{\boldsymbol{X}}_f(k,k) = \boldsymbol{P}_f(k,k)\sum_{i=1}^{M}\boldsymbol{P}_i^{-1}(k,k)\hat{\boldsymbol{X}}_i(k,k) \tag{8.4.34}$$

式(8.4.6)、式(8.4.13)至式(8.4.34)即为非等间隔联合滤波器算法。在非融合的滤波周期内,各个局部滤波器能够互不干扰,因此可以利用这段时间进行故障检测。同时,通过改变主滤波器的融合周期,可以减轻主导航计算机以及通信的负担,提高系统的运行速度。

8.4.3 算法最优性证明

集中卡尔曼滤波器是全局最优的,因此如果能够证明非等间隔联合滤波算法与之等效,就可以确认非等间隔联合滤波也是最优的。下面给予证明。

假设 (1)系统模型式(8.4.7)按照主滤波器的计算周期 T_m 进行离散化;(2)根据式(8.4.6)可知,测量周期为计算周期的整数倍,对于多个测量信息分别发生的情况,集中式卡尔曼滤波算法可以改写为:

当 $k_i < k < k_{i+1}$ 时

$$\hat{\boldsymbol{X}}(k,k) = \boldsymbol{\Phi}(k,k-1)\hat{\boldsymbol{X}}(k-1,k-1) \tag{8.4.35}$$

$$\boldsymbol{P}(k,k) = \boldsymbol{\Phi}(k,k-1)\boldsymbol{P}(k-1,k-1)\boldsymbol{\Phi}^{\mathrm{T}}(k-1) + \boldsymbol{G}(k-1)\boldsymbol{Q}(k-1)\boldsymbol{G}^{\mathrm{T}}(k-1) \tag{8.4.36}$$

当 $k = k_i$ 时

$$\hat{\boldsymbol{X}}(k,k-1) = \boldsymbol{\Phi}(k,k-1)\hat{\boldsymbol{X}}(k-1,k-1) \tag{8.4.37}$$

$$\boldsymbol{P}(k,k-1) = \boldsymbol{\Phi}(k,k-1)\boldsymbol{P}(k-1,k-1)\boldsymbol{\Phi}^{\mathrm{T}}(k-1) + \boldsymbol{G}(k-1)\boldsymbol{Q}(k-1)\boldsymbol{G}^{\mathrm{T}}(k-1) \tag{8.4.38}$$

$$\boldsymbol{K}(k) = \boldsymbol{P}(k,k-1)\boldsymbol{H}^{\mathrm{T}}(k)[\boldsymbol{H}(k)\boldsymbol{P}(k,k-1)\boldsymbol{H}^{\mathrm{T}}(k) + \boldsymbol{R}(k)] - 1 \tag{8.4.39}$$

$$\hat{\boldsymbol{X}}(k,k) = \hat{\boldsymbol{X}}(k,k-1) + \boldsymbol{K}(k)[\boldsymbol{Z}(k) - \boldsymbol{H}(k)\hat{\boldsymbol{X}}(k,k-1)] \tag{8.4.40}$$

$$\boldsymbol{P}(k,k) = [\boldsymbol{I} - \boldsymbol{K}(k)\boldsymbol{H}(k)]\boldsymbol{P}(k,k-1) \tag{8.4.41}$$

注意:在式(8.4.39)至式(8.4.41)中,当各个量测信息分别到来时,有

$$\boldsymbol{Z}(k_i) = \boldsymbol{Z}_i(k),\quad \boldsymbol{H}(k_i) = \boldsymbol{H}_i(k),\quad \boldsymbol{R}(k_i) = \boldsymbol{R}_i(k) \tag{8.4.42}$$

同时假设:集中滤波器和全局滤波器具有相等的初值条件,即

$$\hat{\boldsymbol{X}}_f(0,0) = \hat{\boldsymbol{X}}(0,0) = \boldsymbol{X}_0 \tag{8.4.43}$$

$$\hat{\boldsymbol{P}}_f(0,0) = \hat{\boldsymbol{P}}(0,0) = \boldsymbol{P}_0 \tag{8.4.44}$$

要证明非等间隔联合滤波算法式(8.4.13)至式(8.4.28)与集中卡尔曼滤波器等效,就是要证明以下两式成立:

$$\hat{\boldsymbol{X}}_f(k,k) = \hat{\boldsymbol{X}}(k,k) \tag{8.4.45}$$

$$\boldsymbol{P}_f(k,k) = \boldsymbol{P}(k,k) \tag{8.4.46}$$

首先给出一个预备定理。

预备定理　由卡尔曼滤波公式可以证明以下等式成立:

$$\boldsymbol{I} - \boldsymbol{K}(k)\boldsymbol{H}(k) = \boldsymbol{P}(k,k)\boldsymbol{P}^{-1}(k,k-1) \tag{8.4.47}$$

$$\boldsymbol{K}(k) = \boldsymbol{P}(k,k)\boldsymbol{H}^{\mathrm{T}}(k)\boldsymbol{R}^{-1}(k) \tag{8.4.48}$$

$$\boldsymbol{P}^{-1}(k,k) = \boldsymbol{P}^{-1}(k,k-1) + \boldsymbol{H}^{\mathrm{T}}(k)\boldsymbol{R}^{-1}(k)\boldsymbol{H}(k) \tag{8.4.49}$$

$$\boldsymbol{H}^{\mathrm{T}}(k)\mathrm{R}^{-1}(k)\boldsymbol{Z}(k) = \boldsymbol{P}^{-1}(k,k)\hat{\boldsymbol{X}}(k,k) - \boldsymbol{P}^{-1}(k,k-1)\hat{\boldsymbol{X}}(k,k-1) \tag{8.4.50}$$

下面采用归纳法进行证明非等间隔联合滤波算法式(8.4.6)、式(8.4.13)至式(8.4.34)与非等间隔集中卡尔曼滤波算法式(8.4.35)至式(8.4.37)是等效的[17]。

根据式(8.4.43)可知,当 $k=0$ 时式(8.4.45)和式(8.4.46)成立。假设第 $k-1$ 步时结论成立,即

$$\hat{\boldsymbol{X}}_f(k-1,k-1) = \hat{\boldsymbol{X}}(k-1,k-1) \tag{8.4.51}$$

$$\boldsymbol{P}_f(k-1,k-1) = \boldsymbol{P}(k-1,k-1) \tag{8.4.52}$$

首先证明当 $k \neq \mathrm{LCM}(k_1, k_2, \cdots, k_M)$ 时,式(8.4.45)和式(8.4.46)是否成立。以下不失一般性,假设 $k_1, < k_2 < \cdots < k_M$。

当 $k_i < k < k_{i+1}$ 时,分别由式(8.4.20)、式(8.4.26)、式(8.4.50)和式(8.4.21)、式(8.4.36)、式(8.4.51)可知

$$\hat{\boldsymbol{X}}_f(k,k) = \hat{\boldsymbol{X}}(k,k),\quad \boldsymbol{P}_f(k,k) = \boldsymbol{P}(k;k) \tag{8.4.53}$$

当 $k = k_i$ 时,分别由式(8.4.22)、式(8.4.35)、式(8.4.51)和式(8.4.23)、式

(8.4.36)、式(8.4.51)可知

$$\hat{\boldsymbol{X}}_f(k,k-1)=\hat{\boldsymbol{X}}(k,k-1),\quad \boldsymbol{P}_f(k,k-1)=\boldsymbol{P}(k,k-1) \tag{8.4.54}$$

将式(8.4.42)代入集中卡尔曼滤波方程(8.4.37),有

$$\begin{aligned}\hat{\boldsymbol{X}}(k,k)&=\hat{\boldsymbol{X}}(k,k-1)+K(k)[\boldsymbol{Z}_i(k)-\boldsymbol{H}_i(k)\hat{\boldsymbol{X}}(k,k-1)\\&=[\boldsymbol{I}-\boldsymbol{K}(k)\boldsymbol{H}_i(k)]\hat{\boldsymbol{X}}(k,k-1)+\boldsymbol{K}(k)\boldsymbol{Z}_i(k)\\&=\boldsymbol{P}(k,k)[\boldsymbol{P}^{-1}(k,k-1)\hat{\boldsymbol{X}}(k,k-1)+H_i^{\mathrm{T}}(k)\boldsymbol{R}_i^{-1}(k)\boldsymbol{Z}_i(k)]\\&=\boldsymbol{P}(k,k)\{\boldsymbol{P}^{-1}(k,k-1)\hat{\boldsymbol{X}}(k,k-1)+\\&\qquad[\boldsymbol{P}_i^{-1}(k,k)\hat{\boldsymbol{X}}_i(k,k)-\boldsymbol{P}_i^{-1}(k,k-1)\hat{\boldsymbol{X}}_i(k,k-1)]\}\end{aligned} \tag{8.4.55}$$

由式(8.4.42)和式(8.4.49)可得

$$\boldsymbol{P}^{-1}(k,k)=\boldsymbol{P}^{-1}(k,k-1)+\boldsymbol{H}_i^{\mathrm{T}}(k)\boldsymbol{R}_i^{\mathrm{T}}(k)\boldsymbol{H}_i(k) \tag{8.4.56}$$

由式(8.4.53)可知当$k=k_i$时,有

$$\hat{\boldsymbol{X}}_f(k-1,k-1)=\hat{\boldsymbol{X}}(k-1,k-1) \tag{8.4.57}$$

$$\boldsymbol{P}_f(k-1,k-1)=\boldsymbol{P}(k-1,k-1) \tag{8.4.58}$$

由式(8.4.53)至式(8.4.58)可知,当$k=k_i$时式(8.4.45)至式(8.4.46)成立。因此,当$k\neq \mathrm{LCM}(k_1,k_2,\cdots,k_M)$时,非等间隔联合滤波算法与集中卡尔曼滤波算法等效。

下面证明当$k=\mathrm{LCM}(k_1,k_2,\cdots,k_M)$时,式(8.4.45)至式(8.4.46)成立。

根据上面的推导可知,当$k=\mathrm{LCM}(k_1,k_2,\cdots,k_M)$时,仍然有式(8.4.57)至式(8.4.58)成立。当$k=\mathrm{LCM}(k_1,k_2,\cdots,k_M)$时,集中式卡尔曼滤波器同时融合所有导航设备的量测信息,因此有式(8.4.12)至式(8.4.15)成立。

由式(8.4.49)及$\sum_{i=1}^{M}\beta_i=1$有

$$\begin{aligned}\boldsymbol{P}^{-1}(k,k)&=\boldsymbol{P}^{-1}(k,k-1)+\boldsymbol{H}^{\mathrm{T}}(k)\boldsymbol{R}^{-1}(k)\boldsymbol{H}(k)=\\&\quad[\boldsymbol{\Phi}(k,k-1)\boldsymbol{P}(k-1,k-1)\boldsymbol{\Phi}^{\mathrm{T}}(k,k-1)+\\&\boldsymbol{G}(k-1)\boldsymbol{Q}(k-1)\boldsymbol{G}^{\mathrm{T}}(k-1)]-1+\sum_{i=1}^{M}\boldsymbol{H}_i^{\mathrm{T}}(k)\boldsymbol{R}_i^{-1}(k)\boldsymbol{H}_i(k)=\\&\sum_{i=1}^{M}\beta_i[\boldsymbol{\Phi}(k,k-1)\boldsymbol{P}(k-1,k-1)\boldsymbol{\Phi}^{\mathrm{T}}(k,k-1)+\\&\boldsymbol{G}(k-1)\boldsymbol{Q}(k-1)\boldsymbol{G}^{\mathrm{T}}(k-1)-1]+\sum_{i=1}^{M}\boldsymbol{H}_{i=1}^{\mathrm{T}}(k)\boldsymbol{R}_i^{-1}(k)\boldsymbol{H}_i(k)\\&\sum_{i=1}^{M}\{\beta_i[\boldsymbol{\Phi}(k,k-1)\boldsymbol{P}_f(k-1,k-1)\boldsymbol{\Phi}^{\mathrm{T}}(k,k-1)+\\&\boldsymbol{G}(k-1)\boldsymbol{Q}(k-1)\boldsymbol{G}^{\mathrm{T}}(k-1)-1]+\\&\boldsymbol{H}_i^{\mathrm{T}}(k)\boldsymbol{R}_i^{-1}(k)\boldsymbol{H}_i(k)\}=\sum_{i=1}^{M}[\boldsymbol{P}_i^{-1}(k,k-1)+\boldsymbol{H}_i^{\mathrm{T}}(k)\boldsymbol{R}_i^{-1}(k)\boldsymbol{H}_i(k)]\\&=\sum_{i=1}^{M}\boldsymbol{P}_i^{-1}(k,k)=\boldsymbol{P}_f^{-1}(k,k)\end{aligned}$$

因此,有

$$\boldsymbol{P}_f(k,k)=\boldsymbol{P}(k,k) \tag{8.4.59}$$

对于集中滤波器(8.4.37),由式(8.4.50)有

$$\begin{aligned}\hat{\boldsymbol{X}}(k,k) &= \boldsymbol{P}(k,k)[\boldsymbol{P}^{-1}(k,k-1)\hat{\boldsymbol{X}}(k,k-1)+\boldsymbol{H}^{\mathrm{T}}(k)\boldsymbol{R}^{-1}(k)\boldsymbol{Z}(k)] \\ &= \boldsymbol{P}(k,k)\{[\boldsymbol{\Phi}(k,k-1)\boldsymbol{P}(k-1,k-1)\boldsymbol{\Phi}^{\mathrm{T}}(k,k-1)+ \\ &\quad \boldsymbol{G}(k-1)\boldsymbol{Q}(k-1)\boldsymbol{G}^{\mathrm{T}}(k-1)]^{-1}\boldsymbol{\Phi}(k,k-1)\hat{\boldsymbol{X}}(k-1,k-1)+ \\ &\quad \sum_{i=1}^{M}\boldsymbol{H}_i^{\mathrm{T}}(k)\boldsymbol{R}_i^{-1}(k)\boldsymbol{Z}_i(k)\}\end{aligned} \tag{8.4.60}$$

根据式(8.4.34)和式(8.4.50)以及信息分配原则式(8.4.26)至式(8.4.28),有

$$\begin{aligned}\hat{\boldsymbol{X}}_f(k,k) &= \boldsymbol{P}_f(k,k)\sum_{i=1}^{M}[\boldsymbol{P}_i^{-1}(k,k-1)\hat{\boldsymbol{X}}_i(k,k-1)+\boldsymbol{H}_i^{\mathrm{T}}(k)\boldsymbol{R}_i^{-1}(k)] \\ &\quad \boldsymbol{P}_f(k,k)\{\sum_{i=1}^{M}\beta_i[\boldsymbol{\Phi}(k,k-1)\boldsymbol{P}(k-1,k-1)\boldsymbol{\Phi}^{\mathrm{T}}(k,k-1)+ \\ &\quad \boldsymbol{G}(k-1)\boldsymbol{Q}(k-1)\boldsymbol{G}^{\mathrm{T}}(k-1)]^{-1}\boldsymbol{\Phi}(k,k-1)\hat{\boldsymbol{X}}_i(k-1,k-1)+ \\ &\quad \sum_{i-1}^{M}\boldsymbol{H}_i^{\mathrm{T}}(k)\boldsymbol{Z}_i(k)\} = \boldsymbol{P}_f(k,k)\{[\boldsymbol{\Phi}(k,k-1)\boldsymbol{P}(k-1,k-1) \\ &\quad \boldsymbol{\Phi}^{\mathrm{T}}(k,k-1)+\boldsymbol{G}(k-1)\boldsymbol{Q}(k-1)\boldsymbol{G}^{\mathrm{T}}(k-1)]^{-1} \\ &\quad \boldsymbol{\Phi}(k,k-1)\hat{\boldsymbol{X}}_f(k-1,k-1)+\sum_{i=1}^{M}\boldsymbol{H}_i^{\mathrm{T}}(k)\boldsymbol{R}_i^{-1}(k)\boldsymbol{Z}_i(k)\}\end{aligned} \tag{8.4.61}$$

故由式(8.4.58)至式(8.4.61)可知

$$\hat{\boldsymbol{X}}_f(k,k) = \hat{\boldsymbol{X}}(k,k) \tag{8.4.62}$$

因此,当 $k=\mathrm{LCM}(k_1,k_2,\cdots,k_M)$ 时,可以证明非等间隔联合滤波算法与集中卡尔曼滤波算法也是等效的。

综合以上证明过程,可知本章提出的非等间隔联合滤波算法与集中卡尔曼滤波算法完全等效,因此是最优的[17]。

8.5　联邦滤波器容错设计算法

8.5.1　联邦系统故障检测与隔离算法

故障检测与隔离(Failure Detection and Inter,FDI)是一项专门的技术。该技术的主要应用方法是使系统具有自监控的功能,通过监控系统的运行状态,实时地检测并隔离故障部件,进而采取必要措施,将正常的部件重新组合起来(系统重构),从而使整个系统在内部有故障的情况下仍能正常工作或降低性能安全地工作。FDI 方法主要可以分为以下几个大类:

(1) 基于硬件余度的方法。通过采取相同的传感器检查它们输出的一致性来实现 FDI。

(2) 基于解析余度的方法。分为参数估计法和状态估计法。主要基于数学模型。常用的卡尔曼滤波方法属于状态估计法。

(3) 基于人工智能的方法。如专家系统、模糊策略、神经元网络等。

本节重点研究基于 χ^2 状态估计检测法的 FDI 技术,该类方法不用确定造成故障的具体原因,而仅仅是实时地确定量测值本身是否有效,因此十分适用于系统级的故障检测与

隔离。

1. 新息χ^2检测法

新息χ^2检测法是利用新息对故障进行检测和隔离。新息χ^2检测对软故障的检测不十分有效,因为软故障开始很小,不易检测出来;有故障的输出将影响预报值$\hat{\boldsymbol{X}}_{k,k-1}$,使得它跟踪故障输出,新息一直保持比较小,因此难以用新息$\boldsymbol{r}_k$来发现软故障。新息$\boldsymbol{\chi}^2$检测法的基本方法如下。

联邦卡尔曼滤波器中每一个局部卡尔曼滤波器新息可以表示为

$$\boldsymbol{r}_k = \boldsymbol{Z}_k - \boldsymbol{H}_k\hat{\boldsymbol{X}}_{k,k-1} \tag{8.5.1}$$

当无故障发生时,$\boldsymbol{r}_k$是零均值高斯白噪声,其理论方差为$\boldsymbol{C}_{r_k} = \boldsymbol{H}_k\boldsymbol{P}_{k,k-1}\boldsymbol{H}_k^{\mathrm{T}} + \boldsymbol{R}_k$。当系统发生故障时,新息$\boldsymbol{r}_k$的均值就不再为零。因此通过对新息$\boldsymbol{\nu}_k$的均值的检验可确定系统是否发生了故障。对$\boldsymbol{r}_k$可作以下二元假定:

(1) H_0(无故障):$\boldsymbol{E}(\boldsymbol{r}_k) = 0, E(\boldsymbol{r}_k\boldsymbol{r}_k^{\mathrm{T}}) = \boldsymbol{C}_{r_k}$;

(2) H_1(有故障):$E(\boldsymbol{r}_k) = \mu, E\{[\boldsymbol{r}_k - \boldsymbol{\mu}][\boldsymbol{r}_k - \boldsymbol{\mu}]^{\mathrm{T}}\} = \boldsymbol{C}_{r_k}$。

故障检测函数为

$$\boldsymbol{\lambda}_k = \boldsymbol{r}_k^{\mathrm{T}}\boldsymbol{C}_{r_k}^{-1}\boldsymbol{r}_k \tag{8.5.2}$$

式中:$\boldsymbol{\lambda}_k$是服从自由度为m的χ^2分布,即$\boldsymbol{\lambda}_k \sim \chi^2(\mathrm{m})$(m为量测$\boldsymbol{Z}_k$的维数)。故障判定准则为:若$\boldsymbol{\lambda}_k > T_D$,判定有故障;若$\boldsymbol{\lambda}_k \leqslant T_D$,判定无故障。预先设置的门限$T_D$由误警率$P_f$确定。$P_f$可以由给定值查$\chi^2$分布表来得到。

2. 状态χ^2检测法

状态χ^2检测法利用两个状态估计:$\hat{\boldsymbol{X}}_f(k)$是由量测值$\boldsymbol{Z}(k)$经卡尔曼滤波器滤波得到的;$\hat{\boldsymbol{X}}_s(k)$则是由先验信息递推计算而得(又称状态传播器)。前者和测量信息有关,因此会受到故障的影响;而后者和测量信息无关,不受故障的影响。利用二者之间的这种差异便可对故障进行检测和隔离。状态χ^2检测的缺点在于卡尔曼滤波器估计精度随着滤波的进行而提高,初值及模型噪声影响将由于量测更新而得到抑制,估计误差方差减少。但是对于状态递推器,初值及模型噪声严重影响其精度,误差方差逐渐增大。因此,$\hat{\boldsymbol{X}}_f(k)$和$\hat{\boldsymbol{X}}_s(k)$的差值越来越大,直接结果是降低了检测灵敏性。状态$\chi^2$检验法的特点是它不必分辨造成系统故障的特定原因,而只是实时地确定一个滤波器输出的有效性。状态χ^2检测法的基本方法如下。

状态传播器满足方程

$$\hat{\boldsymbol{X}}_s(k) = \boldsymbol{\Phi}(k,k-1)\hat{\boldsymbol{X}}_s(k-1), \hat{\boldsymbol{X}}_s = X(0) \tag{8.5.3}$$

$$\begin{aligned}\boldsymbol{P}_s(k) = {} & \boldsymbol{\Phi}(k,k-1)\boldsymbol{P}_s(k-1)\boldsymbol{\Phi}^{\mathrm{T}}(k,k-1) + \\ & \boldsymbol{\Gamma}(k-1)\boldsymbol{P}_s(k-1)\boldsymbol{\Gamma}^{\mathrm{T}}(k-1), \boldsymbol{P}_s(0) = P(0)\end{aligned} \tag{8.5.4}$$

由于$\boldsymbol{X}(0)$是高斯随机向量,故$\boldsymbol{X}(k)$、$\hat{\boldsymbol{X}}_f(k)$、$\hat{\boldsymbol{X}}_s(k)$均为高斯随机向量。定义估计误差为

$$\boldsymbol{e}_f(k) = \hat{\boldsymbol{X}}_f(k) - \boldsymbol{X}(k) \tag{8.5.5}$$

$$\boldsymbol{e}_s(k) = \hat{\boldsymbol{X}}_s(k) - \boldsymbol{X}(k) \tag{8.5.6}$$

并定义

$$\boldsymbol{\beta}(k) = \boldsymbol{e}_f(k) - \boldsymbol{e}_s(k) = \hat{\boldsymbol{X}}_f(k) - \hat{\boldsymbol{X}}_s(k) \tag{8.5.7}$$

$\boldsymbol{\beta}(k)$ 也是随机向量,且均值为零,方差为

$$\begin{aligned}\boldsymbol{T}(k) &= E[\boldsymbol{\beta}(k)\boldsymbol{\beta}^{\mathrm{T}}(k)] \\ &= E\{\boldsymbol{e}_f(k)\boldsymbol{e}_f^{\mathrm{T}}(k) - \boldsymbol{e}_f(k)\boldsymbol{e}_s^{\mathrm{T}}(k) - \boldsymbol{e}_s(k)\boldsymbol{e}_f^{\mathrm{T}}(k) + \boldsymbol{e}_s(k)\boldsymbol{e}_s^{\mathrm{T}}(k)\} \\ &= \boldsymbol{P}_f(k) + \boldsymbol{P}_s(k) - \boldsymbol{P}_{fs}(k) - \boldsymbol{P}_{fs}^{\mathrm{T}}(k)\end{aligned} \tag{8.5.8}$$

若滤波初值选为 $\hat{\boldsymbol{X}}_f(0) = \hat{\boldsymbol{X}}_s(0) = E[\boldsymbol{X}(0)]$,$\boldsymbol{P}_f(0) = \boldsymbol{P}_s(0) = \boldsymbol{P}(0)$,则有

$$\boldsymbol{P}_{fs}(k) = \boldsymbol{P}_f(k) \tag{8.5.9}$$

将式(8.5.9)代入式(8.5.8),可得

$$\boldsymbol{T}(k) = \boldsymbol{P}_s(k) - \boldsymbol{P}_f(k) \tag{8.5.10}$$

得到以下故障检测函数:

$$\boldsymbol{\lambda}(k) = \boldsymbol{\beta}^{\mathrm{T}}(k)\boldsymbol{T}^{-1}(k)\boldsymbol{\beta}(k) \tag{8.5.11}$$

由于 $\boldsymbol{\beta}(k)$ 是高斯随机向量,故 $\lambda(k)$ 服从自由度为 n 的 χ^2 分布。故障判断准则为

$$\begin{cases}\lambda_k > T_D & (\text{有故障}) \\ \lambda_k \leqslant T_D & (\text{无故障})\end{cases} \Rightarrow \begin{cases}\lambda_k/T_D > 1 & (\text{有故障}) \\ \lambda_k/T_D \leqslant 1 & (\text{无故障})\end{cases} \tag{8.5.12}$$

式中:T_D 是预先设置的门限(它由虚警率和误警率决定),它决定了故障检测的性能。

对于卡尔曼滤波器来说,估计精度随着滤波的进行而提高,初值及模型噪声影响将由于量测更新而得到抑制,估计误差方差逐渐减小。但是对于状态传播器,初值及模型噪声严重影响其精度,误差方差逐渐增大。因此,$\boldsymbol{P}_f$ 与 $\boldsymbol{P}_s$ 的差值越来越大,直接结果是降低了检测灵敏性。

3. 双状态递推 χ^2 检测法

双状态递推 χ^2 检测法[8]采用两个状态传播器,它们交替地用卡尔曼滤波器的状态估值和协方差重置,交替地用作故障检测参考系统。为了克服状态 χ^2 检测法的不足,双状态递推 χ^2 检测法采取两种状态递推器交替工作,一个作故障检测用,另一个被卡尔曼滤波器的输出所校正;下一个周期两者的作用反过来。通过交替用卡尔曼滤波器的状态估计值和协方差重置,保持状态递推器的误差不逐渐扩大。

假设在 t_i(是 Δt 的倍数) 时刻,一个状态传播器被重置,同时从此刻开始使用另一个状态传播器作为故障检测参考系统。图 8 - 7 中,开关 K_1 起重置状态传播器的作用,开关 K_2 用来切换两个状态传播器。当 $k = t_{2i}(i = 1,2,\cdots)$ 时,开关 $K1$ 处在位置 1 以重置状态传播器 1;当 $k = t_{2i-1}(i = 1,2,\cdots)$ 时,开关 K_1 处在位置 2 以重置状态传播器 2;当 $k \neq t_j(j = 1,2,\cdots)$ 时,开关 K_1 处在位置 0,不进行重置。当 $t_{2i-1} \leqslant k < t_{2i}$ 时,开关 K_2 处在位置 1,用状态传播器 1 作为故障检测系统;当 $t_{2i} \leqslant k < t_{2i-1}$ 时,开关 K_2 处在位置 2,用状态传播器 1 作为故障检测系统。用这种方法,最新被重置的那个状态传播器并不立即作为故障检测参考系统,只有经过 $\Delta t = t_{j+1} - t_j$ 时间间隔,当另一个状态传播器被重置后才起作用。显然,由于卡尔曼滤波器定时交替为两个状态传播器重置,$\boldsymbol{P}_f$ 与 $\boldsymbol{P}_s$ 的差值越来越大的情况得到了控制。而且,由于一个状态传播器被重置后并不立即使用,这样状态传播器受故障污染的风险大大减小。只要两个状态传播器交换工作的时间间隔 Δt 选得合适,就可以取得既避免状态传播器受未检测出来的故障的污染,又提高故障检测敏感度的双重效果。

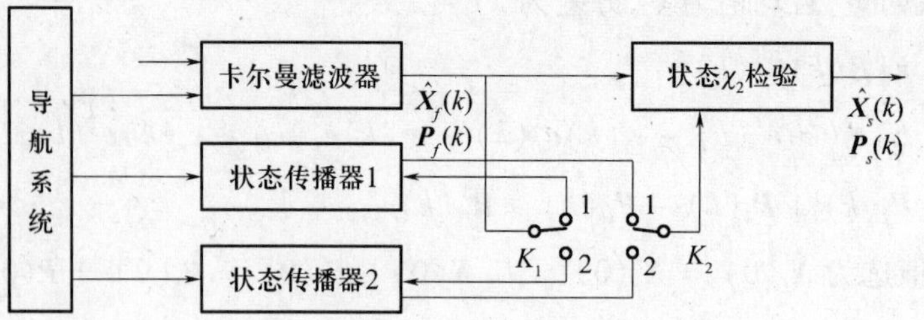

图 8-7 双状态传播器的 χ^2 检验示意图

8.5.2 联邦系统重构与信息补偿方法

当无故障发生时，联邦系统在融合时可得最优估计。一旦第 i 个局部滤波器在 $k+1$ 时刻量测信息无效，经故障检测和隔离后，主滤波器在 $k+1$ 时刻进行信息融合时就会损失 k 时刻分配给第 i 个局部滤波器的信息，造成 $k+1$ 时刻全局估计失去最优性，经过信息分配与重置后将影响后续滤波效果。为了得到更优的滤波效果，下面简要介绍两种系统重构时的信息补偿方法并进行比较。

1. 状态递推补偿法

在系统级的故障检测方法中，状态 χ^2 检测法利用由量测值 $\boldsymbol{Z}_k$ 经卡尔曼滤波得到的状态估计值 $\hat{\boldsymbol{X}}_f(k)$ 和由状态递推器递推计算而得到的状态估计值 $\hat{\boldsymbol{X}}_s(k)$ 之间的差异，对故障进行检测。

$\hat{\boldsymbol{X}}_s(k+1)$ 与 $\hat{\boldsymbol{X}}_f(k+1)$ 的差值 $\boldsymbol{\delta}_{k+1}$ 为系统残差对状态估计的修正值，且 $\boldsymbol{\delta}_{k+1}$ 服从均值为零的高斯随机分布。因此，当第 i 个局部滤波器在 $k+1$ 时刻量测信息无效时，可利用 $k+1$ 时刻由此局部滤波器中状态递推器推出的 $\hat{\boldsymbol{X}}_s(k+1)$ 代替 $\hat{\boldsymbol{X}}_{i,k+1}$，用 $\boldsymbol{P}_s(k+1)$ 代替 $\hat{\boldsymbol{P}}_{i,k+1}$，参与信息融合，达到信息补偿的目的。在 $k+1$ 时刻信息融合后，对除第 i 个局部滤波器以外的局部滤波器进行信息分配和状态重置，即将无效导航子系统完全隔离。

2. 上步信息重置法

信息重分补偿法的原理为：假设在 k 时刻所有导航子系统均正常工作，在 k 时刻信息融合后，保存全局滤波信息（状态值 $\hat{\boldsymbol{X}}_{g,k}$，估计均方差矩阵 $\hat{\boldsymbol{P}}_{g,k}$），然后在所有局部滤波器之间进行信息分配和状态重置。在局部滤波器滤波过程中，保存各导航子系统的信息（量测值 $\boldsymbol{Z}_{i,k+1}$），当故障检测模块在 $k+1$ 时刻判定第 i 个局部滤波器的信息无效时，调用已保存的 k 时刻全局滤波信息，在除第 i 个以外的局部滤波器之间重新进行信息分配和状态重置，再利用已保存的各导航子系统的信息（量测值 $\boldsymbol{Z}_{i,k+1}$）进行局部滤波和全局融合，得到 $k+1$ 时刻的全局估计。此时的全局状态估计值为利用正常工作的局部滤波器所得到的最优估计。

3. 两种方法的比较

在状态递推补偿法中，每一次主滤波器信息融合后，在对局部滤波器进行信息分配和重置的同时，需要同样对各局部滤波器对应的状态递推器的初始状态进行重置，并需要用状态递推器进行递推计算，增加了计算量。利用状态递推补偿法所得到的全局估计并不是最优的。此方法的优点是不必存储数据。

上步信息重置法在滤波和融合过程中,需要存储一定的数据信息;在判定 $k+1$ 时刻某子系统无效后,利用已保存信息重新计算 $k+1$ 时刻的状态估计值,时间上有滞后。但是,由于联邦滤波器信息融合算法简单,计算量小,现代计算机的运行速度也在不断提高,因此,联邦滤波数据融合用时越来越少,应用此方法在实时性上也可以满足要求。此方法的优点是可以利用正常工作的局部滤波器得到全局最优估计。

当无效导航子系统恢复以后,仍可将其融合到组合导航系统中来。假设无效导航子系统在 $k+1$ 时刻以后量测值变为有效,则在 k 时刻利用其他正常工作局部滤波器进行信息融合后,即可在所有局部滤波器之间进行信息分配和状态重置,利用各子系统 $k+1$ 时刻量测值进行滤波。无效子系统信息的重新融合过程对两种方法是相同的。

8.6　联邦卡尔曼滤波算法在舰艇组合导航系统中的应用

8.6.1　组合导航系统联邦卡尔曼滤波器设计

为了综合提高舰船的导航性能,组合导航系统采用多普勒计程仪(DVS)、水声定位系统(APS)和 GPS 姿态测量系统 3 种新型辅助导航系统,在特定的工作条件下,向舰船提供较高的导航信息参数。组合导航系统采用联邦卡尔曼联邦算法实现上述 3 种系统与惯性导航系统的组合,并在 INS/GPS/APS/DVS 全组合方式下采取 3 个子滤波器和一个主滤波器,实现对 INS 状态误差的最优估计[16]。

在此组合导航系统中,DVS 通过接受频率的变化可推算出舰船的矢量速度;GPS 姿态测量系统利用 GPS 载波相位测量的方法来确定载体的航向、姿态和位置信息,为系统的解算、校正、分析处理提供高精度的导航信息;APS 通过水声定位技术精确、实时测量载体水下运动参数。

GPS 姿态测量系统组成如图 8－8 所示。INS/GPS/APS/DVS 组成导航系统照片如图 8－9 所示。

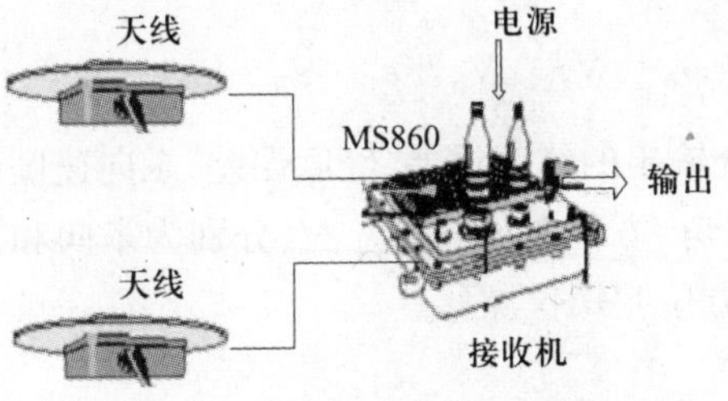

图 8－8　GPS 姿态测量系统组成

图 8－9　INS/GPS/APS/DVS 组合导航系统照片

在组合导航系统中采取联邦卡尔曼滤波算法基于以下两点主要原因:

(1) 系统内导航子系统数目多于两个,彼此互不相似,测量定位原理差别较大,各有不同的特点和缺陷。例如:GPS 系统定位和测姿精度均较高,没有积累误差,但水下无法使用;APS 系统能够水下提供载体位置,但其受到基阵位置和作用距离限制,而且容易受到载体速度的影响。联邦卡尔曼滤波器可以发挥不同导航系统的特长,避免采取集中式卡尔曼滤波器维数过高、实时性和容错性差的缺点。

(2) 系统的组合方式多样。例如：在近岸水上航行区域，采用 INS/GPS/DVS 组合方式；水上采用 INS/GPS 组合或 INS/GPS/APS 组合方式；水下采用 INS/APS 组合或纯 INS 方式。联邦卡尔曼滤波器建立在分散化滤波技术之上，可以将子系统的故障诊断和模式切换检测结合起来，自动判别各系统当前工作状态，通过改变信息分配系数和全局最优解算，实现组合模式的灵活选择，简化了模型和算法的复杂程度。

图 8－10 所示为采取融合反馈模式的 DVS/INS/GPS/APS 组合导航系统联邦卡尔曼滤波器结构。选择 INS 作为公共参考系统，与其余子系统分别组合，构成 3 个子卡尔曼滤波器，所有组合方式均采取非耦合的开环输出校正模式，输出为导航误差量估计。图中子滤波器 $i(i=1,2,3)$ 给出 INS 及相应子系统状态的局部最优估计，主滤波器将各局部最优估计按融合算法进一步合成 INS 误差状态的全局最优估计。

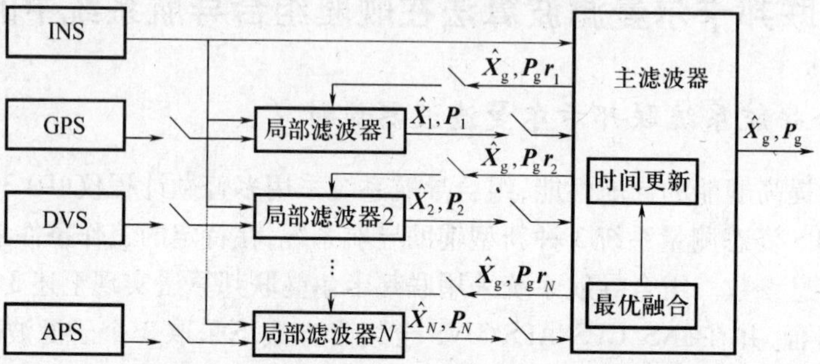

图 8－10　组合导航系统联邦卡尔曼滤波器结构示意图

下面首先建立各个导航系统的模型，然后写出各子滤波器的观测方程和状态方程。

(1) 惯导系统的误差模型。

惯导系统的误差模型取通用的惯导系统的误差模型。惯性导航系统选取当地水平指北方位系统，导航坐标系选为东北天坐标系并且忽略惯导系统垂直通道。系统的状态变量选为

$$X_{\text{INS}} = [\delta_{L_I} \quad \delta_{\lambda_I} \quad \delta v_{E_I} \quad \delta v_{N_I} \quad \phi_E \quad \phi_N \quad \phi_U \quad \nabla_E \quad \nabla_N \quad \varepsilon_E \quad \varepsilon_N \quad \varepsilon_U]^T$$

式中：δ_{L_I}、δ_{λ_I}、$\delta_{v_{EI}}$、$\delta_{v_{NI}}$、ϕ_E、ϕ_N、ϕ_U 分别为惯导系统输出的纬度误差、经度误差、东向速度误差、北向速度误差、平台的东向失准角、北向失准角、方位失准角；∇_E、∇_N 分别为东向和北向加速度计零偏；ε_E、ε_N、ε_U 分别为东向、北向和方位陀螺仪漂移。

惯导系统的误差状态方程为

$$\dot{\boldsymbol{X}}_{\text{INS}} = \boldsymbol{F}_{\text{INS}}\boldsymbol{X}_{\text{INS}} + \boldsymbol{B}_{\text{INS}}\boldsymbol{W}_{\text{INS}} \tag{8.6.1}$$

式中：$\boldsymbol{B}_{\text{INS}} = [\boldsymbol{I}_{7\times7} \quad \boldsymbol{0}_{3\times3}]^T$，$\boldsymbol{W}_{\text{INS}} = [\boldsymbol{W}_{\delta_{L_I}} \quad W_{\delta_{\lambda_I}} \quad W_{\delta_{v_{EI}}} \quad W_{\delta_{v_{NI}}} \quad W_{\varphi_E} \quad W_{\phi_N} \quad W_{\phi_U} \quad 0 \quad 0 \quad 0]^T$，且 $\boldsymbol{W}_{\text{INS}}$ 为均值为零、方差为 $\boldsymbol{Q}_{\text{INS}}$ 的白噪声；$\boldsymbol{F}_{\text{INS}}$ 为 10×10 的矩阵，其非零项为

$$F_{\text{INS}}(1,4) = \frac{1}{R_M}, F_{\text{INS}}(2,1) = \frac{v_E}{R_N}\sec L\tan L, F_{\text{INS}}(2,3) = \frac{1}{R_N}\sec L,$$

$$F_{\text{INS}}(3,1) = 2\omega_{ie}v_N\cos L + \frac{v_E v_N}{R_N}\sec^2 L, F_{\text{INS}}(3,3) = \frac{v_N}{R_N}\tan L,$$

$F_{\mathrm{INS}}(3,4) = 2\omega_{ie}\sin L + \dfrac{v_{\mathrm{E}}}{R_{\mathrm{N}}}\tan L, F_{\mathrm{INS}}(3,6) = -f_{\mathrm{U}}, F_{\mathrm{INS}}(3,7) = f_{\mathrm{N}}, F_{\mathrm{INS}}(3,8) = 1,$

$F_{\mathrm{INS}}(4,1) = -\left(2\omega_{ie}v_{\mathrm{E}}\cos L + \dfrac{v_{\mathrm{E}}^2\sec^2 L}{R_{\mathrm{N}}}\right), F_{\mathrm{INS}}(4,3) = -2\left(\omega_{ie}\sin L + \dfrac{v_{\mathrm{E}}}{R_{\mathrm{N}}}\tan L\right),$

$F_{\mathrm{INS}}(4,5) = f_{\mathrm{U}}, F_{\mathrm{INS}}(4,7) = -f_{\mathrm{E}}, F_{\mathrm{INS}}(4,9) = 1, F_{\mathrm{INS}}(5,4) = -\dfrac{1}{R_{\mathrm{M}}},$

$F_{\mathrm{INS}}(5,6) = \omega_{ie}\sin L + \dfrac{v_{\mathrm{E}}}{R_{\mathrm{N}}}\tan L, F_{\mathrm{INS}}(5,7) = -\left(\omega_{ie}\cos L + \dfrac{v_{\mathrm{E}}}{R_{\mathrm{N}}}\right), F_{\mathrm{INS}}(5,10) = 1,$

$F_{\mathrm{INS}}(6,1) = -\omega_{ie}\sin L, F_{\mathrm{INS}}(6,3) = \dfrac{1}{R_{\mathrm{N}}}, F_{\mathrm{INS}}(6,5) = -\left(\omega_{ie}\sin L + \dfrac{v_{\mathrm{E}}}{R_{\mathrm{N}}}\tan L\right),$

$F_{\mathrm{INS}}(6,7) = -\dfrac{v_{\mathrm{N}}}{R_{\mathrm{M}}}, F_{\mathrm{INS}}(7,1) = \omega_{ie}\cos L + \dfrac{v_E\sec^2 L}{R_{\mathrm{N}}}, F_{\mathrm{INS}}(7,3) = \dfrac{\tan L}{R_{\mathrm{N}}},$

$F_{\mathrm{INS}}(7,5) = \omega_{ie}\cos L + \dfrac{v_{\mathrm{E}}}{R_{\mathrm{N}}}, F_{\mathrm{INS}}(7,6) = \dfrac{v_{\mathrm{N}}}{R_{\mathrm{M}}}$。

(2) 子滤波器 1 的状态方程和观测方程。

采用一阶马尔可夫过程来描述 GPS 的位置误差、速度误差、姿态误差。

令 $\boldsymbol{X}_{\mathrm{GPS}} = [\delta_{L_{\mathrm{G}}} \quad \delta_{\lambda_{\mathrm{G}}} \quad \delta_{v_{\mathrm{EG}}} \quad \delta_{v_{\mathrm{NG}}} \quad \delta_{\psi_{\mathrm{G}}} \quad \delta_{\theta_{\mathrm{G}}}]^{\mathrm{T}}$，其中 $\delta_{L_{\mathrm{G}}}$、$\delta_{\lambda_{\mathrm{G}}}$、$\delta_{v_{\mathrm{EG}}}$、$\delta_{v_{\mathrm{NG}}}$、$\delta_{\psi_{\mathrm{G}}}$、$\delta_{\theta_{\mathrm{G}}}$ 分别为 GPS 输出的纬度误差、经度误差、东向和北向速度误差、航向角、俯仰角误差，则有

$$\dot{\boldsymbol{X}}_{\mathrm{GPS}} = \boldsymbol{F}_{\mathrm{GPS}}\boldsymbol{X}_{\mathrm{GPS}} + \boldsymbol{B}_{\mathrm{GPS}}\boldsymbol{W}_{\mathrm{GPS}} \tag{8.6.2}$$

式中：$\boldsymbol{F}_{\mathrm{GPS}} = \mathrm{diag}\left[-\dfrac{1}{\tau_{L_{\mathrm{G}}}} \quad -\dfrac{1}{\tau_{\lambda_{\mathrm{G}}}} \quad -\dfrac{1}{\tau_{v_{\mathrm{EG}}}} \quad -\dfrac{1}{\tau_{v_{\mathrm{NG}}}} \quad -\dfrac{1}{\tau_{\psi_{\mathrm{G}}}} \quad -\dfrac{1}{\tau_{\theta_{\mathrm{G}}}}\right]$；$\boldsymbol{B}_{\mathrm{GPS}} = \boldsymbol{I}_{6\times 6}$；$\boldsymbol{W}_{\mathrm{GPS}} = [W\delta_{L_G} \quad W_{\sigma_{\lambda_{\mathrm{G}}}} \quad W_{\delta_{v\mathrm{VG}}} \quad W\delta_{\psi_{\mathrm{G}}} \quad W_{\delta_{\theta_{\mathrm{G}}}}]^{\mathrm{T}}$，且 $\boldsymbol{W}_{\mathrm{GPS}}$ 为均值为零、方差为 $\boldsymbol{Q}_{\mathrm{GPS}}$ 的白噪声。相关时间 $\tau_{L_{\mathrm{G}}}$、$\tau_{\lambda_{\mathrm{G}}}$、$\tau_{v_{\mathrm{EG}}}$、$\tau_{v_{\mathrm{NG}}}$、$\tau_{\psi_{\mathrm{G}}}$、$\tau_{\theta_{\mathrm{G}}}$ 分别在 100s ~ 200s 区间内选取。

模型见 3.7 节。

令载体坐标系为 b 系，地理坐标系为 t 系，平台坐标系为 p 系，设载体的航向角、俯仰角和横滚角分别为 ψ、θ 和 γ，则姿态阵为

$$\boldsymbol{C}_b^t = \begin{bmatrix} C_{11} & C_{12} & C_{13} \\ C_{21} & C_{22} & C_{23} \\ C_{31} & C_{32} & C_{33} \end{bmatrix}$$

$$= \begin{bmatrix} \cos\gamma\cos\psi - \sin\gamma\sin\theta\sin\psi & -\cos\theta\sin\psi & \sin\gamma\cos\psi + \cos\gamma\sin\theta\sin\psi \\ \cos\gamma\sin\psi + \sin\gamma\sin\theta\cos\psi & \cos\theta\cos\psi & \sin\gamma\sin\psi - \cos\gamma\sin\theta\cos\psi \\ -\sin\gamma\cos\theta & \sin\theta & \cos\gamma\cos\theta \end{bmatrix} \tag{8.6.3}$$

由坐标变换理论可知 $C_b^p = C_t^p \times C_b^t$。令惯导系统输出的载体姿态角的测量值分别为 $\psi_{\mathrm{I}} = \psi + \delta\psi_{\mathrm{I}}$、$\theta_{\mathrm{I}} = \theta + \delta\theta_{\mathrm{I}}$、$\gamma_{\mathrm{I}} = \gamma + \delta\gamma_{\mathrm{I}}$，令 GPS 测量的姿态角分别为 $\psi_{\mathrm{G}} = \psi + \delta\psi_{\mathrm{G}}$、$\theta_{\mathrm{G}} = \theta + \delta\theta_{\mathrm{G}}$，可以推得 GPS/INS 组合系统的量测方程为

$$\boldsymbol{Z}_{\mathrm{GPS}}=\begin{bmatrix}L_{\mathrm{I}}-L_{\mathrm{G}}\\ \lambda_{\mathrm{I}}-\lambda_{\mathrm{G}}\\ v_{\mathrm{EI}}-v_{\mathrm{EG}}\\ v_{\mathrm{NI}}-v_{\mathrm{NG}}\\ \psi_{\mathrm{I}}-\psi_{\mathrm{G}}\\ \theta_{\mathrm{I}}-\theta_{\mathrm{G}}\end{bmatrix}=\begin{bmatrix}\delta_{L_{\mathrm{I}}}-\delta_{L_{\mathrm{G}}}+V_L\\ \delta_{\lambda_{\mathrm{I}}}-\delta_{\lambda_{\mathrm{G}}}+V_\lambda\\ \delta_{v_{\mathrm{EI}}}-\delta_{v_{\mathrm{EG}}}+V_{\delta_{v_{\mathrm{E}}}}\\ \delta_{v_{\mathrm{NI}}}-\delta_{v_{\mathrm{NG}}}+V_{\delta_{v_{\mathrm{N}}}}\\ \delta_{\psi_{\mathrm{I}}}-\delta_{\psi_{\mathrm{G}}}+V_\psi\\ \delta_{\theta_{\mathrm{I}}}-\delta_{\theta_{\mathrm{G}}}+V_\theta\end{bmatrix}=\boldsymbol{H}_{\mathrm{GPS}}\boldsymbol{X}+\boldsymbol{V}_{\mathrm{GPS}}=[\boldsymbol{H}_{\mathrm{INS}}\quad \boldsymbol{H}_{\mathrm{GPS}}]\begin{bmatrix}\boldsymbol{X}_{\mathrm{INS}}\\ \boldsymbol{X}_{\mathrm{GPS}}\end{bmatrix}+\boldsymbol{V}_{\mathrm{GPS}}$$

(8.6.4)

式中：$\boldsymbol{H}_{\mathrm{GPS}}=-\boldsymbol{I}_{6\times6}$，$\boldsymbol{V}_{\mathrm{GPS}}$ 为均值为零、方差为 $\boldsymbol{R}_{\mathrm{GPS}}$ 的白噪声。$\boldsymbol{W}_{\mathrm{GPS}}$ 与 $\boldsymbol{V}_{\mathrm{GPS}}$ 互不相关，且

$$\boldsymbol{H}_{\mathrm{INS}}=\begin{bmatrix}\boldsymbol{I}_{4\times4} & & \boldsymbol{0}_{4\times3} & & \boldsymbol{0}_{4\times5}\\ & \dfrac{C_{12}C_{32}}{C_{12}^2+C_{22}^2} & \dfrac{C_{22}C_{32}}{C_{12}^2+C_{22}^2} & -1 & \\ \boldsymbol{0}_{2\times4} & & & & \boldsymbol{0}_{3\times5}\\ & -\dfrac{C_{22}}{\sqrt{1-C_{32}^2}} & \dfrac{C_{12}}{\sqrt{1-C_{32}^2}} & 0 & \end{bmatrix}$$

由以上分析可得子滤波器 1 的状态方程和观测方程为

$$\begin{cases}\dot{\boldsymbol{X}}_1=\boldsymbol{F}_1\boldsymbol{X}_1+\boldsymbol{B}_1\boldsymbol{W}_1\\ \boldsymbol{Z}_1=\boldsymbol{H}_1\boldsymbol{X}_1+\boldsymbol{V}_1\end{cases}\tag{8.6.5}$$

式中：$\boldsymbol{X}_1=[\boldsymbol{X}_{\mathrm{INS}}\quad \boldsymbol{X}_{\mathrm{GPS}}]^{\mathrm{T}}$；$\boldsymbol{Z}_1=[\boldsymbol{Z}_{\mathrm{INS1}}-\boldsymbol{Z}_{\mathrm{GPS}}]$；$\mathrm{F}_1\begin{bmatrix}\boldsymbol{F}_{\mathrm{INS}} & \boldsymbol{0}\\ \boldsymbol{0} & \boldsymbol{F}_{\mathrm{GPS}}\end{bmatrix}$；$\boldsymbol{H}_1=[\boldsymbol{H}_{\mathrm{INS1}}\quad \boldsymbol{H}_{\mathrm{GPS}}]$；

$\boldsymbol{B}_1=\begin{bmatrix}B_{\mathrm{INS}} & \boldsymbol{0}\\ \boldsymbol{0} & W_{\mathrm{GPS}}\end{bmatrix}$；$\boldsymbol{W}_1=\begin{bmatrix}W_{\mathrm{INS}} & \boldsymbol{0}\\ \boldsymbol{0} & W_{\mathrm{GPS}}\end{bmatrix}$和 $\boldsymbol{V}_1=\boldsymbol{V}_{\mathrm{GPS}}$ 分别为子滤波器 1 的系统噪声和观测噪声。

（3）子滤波器 2 的状态方程和观测方程。

采用一阶马尔可夫过程来描述 DVS 的位置误差。

取 $\boldsymbol{X}_{\mathrm{DVS}}(t)[\delta L_{\mathrm{D}},\delta\lambda_{\mathrm{D}}]^{\mathrm{T}}$，其中 δL_{D}、$\delta\lambda_{\mathrm{D}}$ 分别为 DVS 导航系统输出的纬度误差、经度误差。建立 DVS 误差模型，其误差方程为

$$\dot{\boldsymbol{X}}_{\mathrm{DVS}}=\boldsymbol{F}_{\mathrm{DVS}}\boldsymbol{X}_{\mathrm{DVS}}+\boldsymbol{B}_{\mathrm{DVS}}\boldsymbol{W}_{\mathrm{DVS}}\tag{8.6.6}$$

式中：$\boldsymbol{F}_{\mathrm{DVS}}=\mathrm{diag}\left[-\dfrac{1}{\tau_{L_{\mathrm{G}}}}\quad -\dfrac{1}{\tau_{\lambda_{\mathrm{G}}}}\right]$；$\boldsymbol{B}_{\mathrm{DVS}}=\boldsymbol{I}_{2\times2}$；$\boldsymbol{W}_{\mathrm{DVS}}=[W_{\delta L_{\mathrm{G}}}\quad W_{\delta_{\mathrm{G}}}]^{\mathrm{T}}$，且 $\boldsymbol{W}_{\mathrm{DVS}}$ 为均值为零、方差为 $\boldsymbol{Q}_{\mathrm{DVS}}$ 的白噪声。相关时间 $\tau_{L_{\mathrm{G}}}$、$\tau_{\lambda_{\mathrm{G}}}$ 分别在 100s～200s 区间内选取。

DVS/INS 组合系统的量测方程为

$$\boldsymbol{Z}_{\mathrm{DVS}}=\begin{bmatrix}L_{\mathrm{I}}-L_{\mathrm{D}}\\ \lambda_{\mathrm{I}}-\lambda_{\mathrm{D}}\end{bmatrix}=\begin{bmatrix}\delta L_{\mathrm{I}}-\delta L_{\mathrm{D}}+V_L\\ \delta\lambda_{\mathrm{I}}-\delta\lambda_{\mathrm{D}}+V_\lambda\end{bmatrix}=\boldsymbol{H}_{\mathrm{DVS}}\boldsymbol{X}+\boldsymbol{V}_{\mathrm{DVS}}=\boldsymbol{H}_{\mathrm{DVS}}\begin{bmatrix}\boldsymbol{X}_{\mathrm{INS}}\\ \boldsymbol{X}_{\mathrm{DVS}}\end{bmatrix}+\boldsymbol{V}_{\mathrm{DVS}}$$

(8.6.7)

式中：$\boldsymbol{H}_{\mathrm{DVS}}=[\boldsymbol{I}_{2\times2}\quad \boldsymbol{0}_{2\times10}\quad -\boldsymbol{I}_{2\times2}]$，$\boldsymbol{V}_{\mathrm{DVS}}$ 为均值为零、方差为 $\boldsymbol{R}_{\mathrm{DVS}}$ 的白噪声。$\boldsymbol{W}_{\mathrm{DVS}}$ 与 $\boldsymbol{V}_{\mathrm{DVS}}$ 互不相关。

由以上分析可得子滤波器 2 的状态方程和观测方程为

$$\begin{cases}\dot{\boldsymbol{X}}_2 = \boldsymbol{F}_2\boldsymbol{X}_2 + \boldsymbol{B}_2\boldsymbol{W}_2 \\ \boldsymbol{Z}_2 = \boldsymbol{H}_2\boldsymbol{X}_2 + \boldsymbol{V}_2\end{cases} \tag{8.6.8}$$

式中：$\boldsymbol{X}_2 = [\boldsymbol{X}_{\text{INS}} \quad \boldsymbol{X}_{\text{DVS}}]$；$\boldsymbol{Z}_2 = [\boldsymbol{Z}_{\text{INS2}} - \boldsymbol{Z}_{\text{DVS}}]$；$\boldsymbol{F}_2 = \begin{bmatrix}\boldsymbol{F}_{\text{INS}} & \boldsymbol{0} \\ \boldsymbol{0} & \boldsymbol{F}_{\text{DVS}}\end{bmatrix}$；$\boldsymbol{H}_2 = [\boldsymbol{H}_{\text{INS2}} \quad \boldsymbol{H}_{\text{DVS}}]$；$\boldsymbol{H}_2 = [\boldsymbol{H}_{\text{INS2}} \quad \boldsymbol{H}_{\text{DVS}}]$；$\boldsymbol{B}_2 = \begin{bmatrix}\boldsymbol{B}_{\text{INS}} & \boldsymbol{0} \\ \boldsymbol{0} & \boldsymbol{B}_{\text{DVS}}\end{bmatrix}$；$\boldsymbol{W}_2 = \begin{bmatrix}\boldsymbol{W}_{\text{INS}} & \boldsymbol{0} \\ \boldsymbol{0} & \boldsymbol{W}_{\text{DVS}}\end{bmatrix}$和 $\boldsymbol{V}_2 = \boldsymbol{V}_{\text{DVS}}$ 分别为子滤波器 2 的系统噪声和观测噪声。

（4）子滤波器 3 的状态方程和观测方程。

取 $\boldsymbol{X}_{\text{APS}}(t) = [\delta\psi_A]$，其中 δ_{ψ_A} 为 APS 导航系统输出的平台东向失准角误差。建立 APS 误差模型，其误差方程和量测方程为

$$\dot{\boldsymbol{X}}_{\text{APS}} = \boldsymbol{F}_{\text{APS}}\boldsymbol{X}_{\text{APS}} + \boldsymbol{B}_{\text{APS}}\boldsymbol{W}_{\text{APS}} \tag{8.6.9}$$

式中：$\boldsymbol{F}_{\text{APS}} = \text{diag}\left[-\dfrac{1}{\tau_{L_A}}\right]$；$\boldsymbol{B}_{\text{APS}} = 1$；且 $\boldsymbol{W}_{\text{APS}}$ 为均值为零、方差为 $\boldsymbol{Q}_{\text{APS}}$ 的白噪声。相关时间在 100s ~ 200s 区间内选取。

GPS/APS 组合系统的量测方程为

$$\boldsymbol{Z}_{\text{APS}} = \boldsymbol{H}_{\text{APS}}\boldsymbol{X}_{\text{INS}} + \boldsymbol{V}_{\text{APS}} \tag{8.6.10}$$

式中：$\boldsymbol{H}_{\text{APS}} = \left[\boldsymbol{0}_{1\times4} \quad \dfrac{C_{12}C_{32}}{C_{12}^2 + C_{22}^2} \quad \dfrac{C_{22}C_{32}}{C_{12}^2 + C_{22}^2} - 1 \quad \boldsymbol{0}_{1\times5}\right]$，$\boldsymbol{V}_{\text{APS}}$ 为均值为零、方差为 $\boldsymbol{R}_{\text{APS}}$ 的白噪声。$\boldsymbol{W}_{\text{APS}}$ 与 $\boldsymbol{V}_{\text{APS}}$ 互不相关。

由以上分析可得子滤波器 3 的状态方程和观测方程为

$$\begin{cases}\dot{\boldsymbol{X}}_3 = \boldsymbol{F}_3\boldsymbol{X}_3 + \boldsymbol{B}_3\boldsymbol{W}_3 \\ \boldsymbol{Z}_3 = \boldsymbol{H}_3\boldsymbol{X}_3 + \boldsymbol{V}_3\end{cases} \tag{8.6.11}$$

式中：$\boldsymbol{X}_3 = [\boldsymbol{X}_{\text{INS}} \quad \boldsymbol{X}_{\text{APS}}]$；$\boldsymbol{Z}_3 = [\boldsymbol{Z}_{\text{INS3}} - \boldsymbol{Z}_{\text{APS}}]$；$\boldsymbol{F}_3 = \begin{bmatrix}\boldsymbol{F}_{\text{INS}} & \boldsymbol{0} \\ \boldsymbol{0} & \boldsymbol{F}_{\text{APS}}\end{bmatrix}$；$\boldsymbol{H}_3 = [\boldsymbol{H}_{\text{INS3}} \quad \boldsymbol{H}_{\text{APS}}]$；$\boldsymbol{B}_3 = \begin{bmatrix}\boldsymbol{B}_{\text{INS}} & \boldsymbol{0} \\ \boldsymbol{0} & \boldsymbol{B}_{\text{APS}}\end{bmatrix}$；$\boldsymbol{W}_3 = \begin{bmatrix}\boldsymbol{W}_{\text{INS}} & \boldsymbol{0} \\ \boldsymbol{0} & \boldsymbol{W}_{\text{APS}}\end{bmatrix}$和 $\boldsymbol{V}_3 = \boldsymbol{V}_{\text{APS}}$ 分别为子滤波器 3 系统噪声和观测噪声。

各子滤波器的状态及量测维数见表 8 - 1。

表 8 - 1　各子滤波器的状态和量测维数

子滤波器	量测维数	状态维数	子系统名称	子系统维数	公共参考系统名称	公共参考系统维数
1	6	18	GPS	6	INS	12
2	2	14	DVS	2		
3	1	13	APS	1		

（5）根据状态方程和观测方程，离散化并建立局部扩展卡尔曼滤波器。

分别将式(8.3.5)、式(8.3.8)和式(8.3.11)离散后用于滤波计算。递推方程如下：

$$\boldsymbol{P}_i(k,k-1) = \boldsymbol{\Phi}_i(k,k-1)\boldsymbol{P}_i(k-1)\boldsymbol{\Phi}_i^{\text{T}}(k,k-1) + \boldsymbol{Q}_i(k) \tag{8.6.12}$$

$$\boldsymbol{K}_i(k) = \boldsymbol{P}_i(k,k-1)\boldsymbol{H}_i^{\text{T}}(k)[\boldsymbol{H}_i(k)\boldsymbol{P}_i(k,k-1)\boldsymbol{H}_i^{\text{T}}(k) + \boldsymbol{R}_i(k)]^{-1} \tag{8.6.13}$$

$$\boldsymbol{X}_i(k) = \boldsymbol{\Phi}_i(k,k-1)\boldsymbol{X}_i(k-1) + \boldsymbol{K}_i(k)$$
$$[\boldsymbol{Z}_i(k) - \boldsymbol{H}_i(k)\boldsymbol{\Phi}_i(k,k-1)\boldsymbol{X}_i(k-1)] \tag{8.6.14}$$
$$\boldsymbol{P}_i(k) = [\boldsymbol{I} - \boldsymbol{K}_i(k)\boldsymbol{H}_i(k)]\boldsymbol{P}_i(k,k-1) \tag{8.6.15}$$

图 8-10 中子滤波器 $i(i=1,2,3)$ 根据递推方程计算出 *INS* 及相应子系统状态的局部最优估计，记为 $\hat{\boldsymbol{X}}_1$、$\hat{\boldsymbol{X}}_2$ 和 $\hat{\boldsymbol{X}}_3$；考虑到 $\hat{\boldsymbol{X}}_1$、$\hat{\boldsymbol{X}}_2$ 和 $\hat{\boldsymbol{X}}_3$ 维数不同，各取其前 12 项 INS 误差状态，记为 $\hat{\boldsymbol{X}}_{\mathrm{INS1}}$、$\hat{\boldsymbol{X}}_{\mathrm{INS2}}$、$\hat{\boldsymbol{X}}_{\mathrm{INS3}}$。主滤波器再将各局部估计按最优融合算法进一步合成 INS 误差状态的全局最优估计。主滤波器无信息分配，因此不需要用主滤波器进行滤波，只完成子系统的信息综合。结合实际情况，取系统的全局估计为各局部滤波器的加权和，即

$$\hat{\boldsymbol{X}}_{\mathrm{m}} = \hat{\boldsymbol{X}}_{\mathrm{g}} = \sum_{i=1}^{3}\beta_i\hat{\boldsymbol{X}}_{\mathrm{INSi}} \quad (\sum_{i=1}^{3}\beta_i = 1) \tag{8.6.16}$$

参考联邦滤波器的思想易知，对于子滤波器 i，其状态 $\hat{\boldsymbol{X}}_i$ 的估计质量越差，其对应的误差方差阵 $\boldsymbol{P}_i$ 就越大，此时信息矩阵 $\boldsymbol{P}_i$ 就越小；反之，$\boldsymbol{P}_i$ 就越小，$\boldsymbol{P}_i^{-1}$ 就越大。所以取

$$\beta_i(k) = \boldsymbol{P}_{\mathrm{g}}(k)\boldsymbol{P}_i^{-1}(k) \tag{8.6.17}$$

式中：$i=1,2,3$；$\boldsymbol{P}_{\mathrm{g}}^{-1}(k) = \sum_{i=1}^{3}\boldsymbol{P}_{ii}^{-1}(k)$，$\boldsymbol{P}_{11}$、$\boldsymbol{P}_{22}$ 和 $\boldsymbol{P}_{33}$ 是局部状态估计相应的估计误差协方差阵。

所以主滤波器的估计值 $\hat{\boldsymbol{X}}_m$ 为

$$\hat{\boldsymbol{X}}_m = \hat{\boldsymbol{X}}_{\mathrm{g}} = \boldsymbol{P}_{\mathrm{g}}\sum_{i=1}^{3}\boldsymbol{P}_{ii}^{-1}\hat{\boldsymbol{X}}_{\mathrm{INS}i} \tag{8.6.18}$$

完成一次主滤波器组合之后，用全局滤波解重置各子滤波器滤波值和协方差阵，进行下一个滤波过程。式（8.6.18）表明，在组合导航信息融合过程中，如果某一个子滤波器的状态估计精度高，则主滤波器对该子滤波器输出的利用权重就大；反之，利用权重就小。

8.6.2 组合导航系统容错设计

组合导航系统由于外部导航子系统工作状态的不同，所获取的信息精度或有效性会发生改变，相应形成多样的组合控制方式。设计容错组合导航控制结构的目的就是实现系统工作时组合模式的自适应调整控制。在联邦卡尔曼滤波器的基础上，容错组合导航系统通过故障诊断和隔离（FDI）技术将子系统的故障诊断和模式切换检测结合起来，自动判别各系统当前工作状态，实时确定各子滤波器处理量测信息的有效性，决定所采用的局部状态估计，通过系统信息重构计算整个系统状态，提高组合导航系统组合的灵活性和可靠性。系统整体结构如图 8-11 所示。在 8.2 节中的联邦滤波器的基础上，在各局部卡尔曼滤波器后各增加一个故障检测模块，用来检测滤波器是否正常；然后故障诊断和隔离模块根据各个滤波器的故障情况判断故障源位置并进行故障隔离。由于各子导航系统工作在不同的舰艇状态，所以各子滤波器根据舰艇状态被动态开启和关闭；主滤波器将自动判别现有的系统状态，调整参数，进行不同模式的组合。容错设计的主要方法是使系统具有自监控的功能，通过监控系统的运行状态，实时地检测并隔离故障部件，实现系统重构，从而使整个系统在内部有故障的情况下仍能正常工作或在损失精度的条件下继续安全工作。

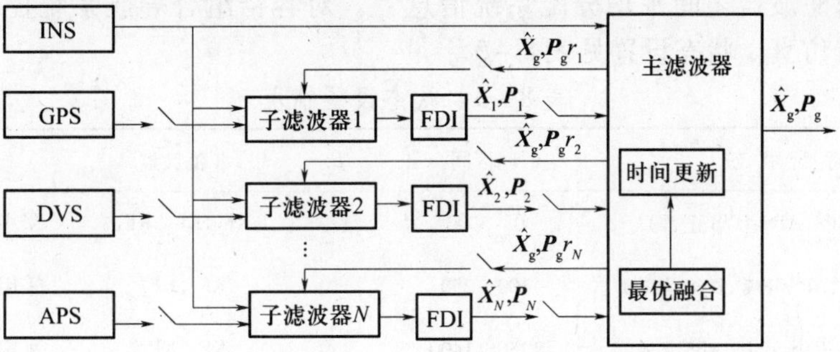

图8-11　容错组合导航系统结构

表8-2　系统运行时的各种状态

状　态	子滤波器	重构方案
1(系统完好)	KF_1、KF_2、KF_3	采用 KF_4 的输出
2(INS、GPS、APS 正常、DVS 无效)	KF_1,KF_2	采用 KF_4 的输出
3(INS、GPS、DVS 正常、APS 无效)	KF_1,KF_3	采用 KF_4 的输出
4(INS、DVS、APS 正常、GPS 无效)	KF_2,KF_3	采用 KF_4 的输出
5(INS、GPS 正常、APS、DVS 无效)	KF_1	采用 KF_1 的输出
6(INS、APS 正常、GPS、DVS 无效)	KF_2	采用 KF_2 的输出
7(INS、DVS 正常、APS、GPS 无效)	KF_3	采用 KF_3 的输出
8(INS 正常、GPS、APS、DVS 无效)	—	采用纯 INS 输出

表8-2为组合导航系统容错结构可能出现的几种状态和相应的系统重构方案。故障隔离和检测息息相关,针对组合导航系统的特点,在图8-11中滤波器1、滤波器2和滤波器3中采取双状态递推χ^2检测法作为系统故障检测算法,用于确定系统量测信息的有效性,故障诊断和隔离模块将根据各个滤波器的故障情况判断此时系统所处状态诊断故障位置,相应地将故障源(或者失效源)隔离。例如系统完好情况下,系统运行状态为1,那么系统输出取 KF_4 主滤波器输出值,保证在现有传感器条件下系统最优;如果系统的状态发生变化,那么重构方案应相应改变。但是由于故障检测的延迟时间使得在一段时间内仍旧用的是已出故障滤波器的值,等到故障被检测出来后,系统才切换到另一种状态的重构方案中,这样数据的总体输出也有不连续现象,但由于重构的时候采用了没有受到故障影响的备份滤波器的信息,因此仍然可以保证系统的估计精度。

8.6.3　数学仿真与结果分析

设定仿真初始值如下:舰船速度 $V_E = V_N = 5\text{m/s}$,纬度 $L = 30°\text{N}$,航向 $\psi = 45°$,仿真时间 3000s;INS 参数:陀螺仪随机漂移均取 0.0005(°)/h,常值漂移为 0.001(°)/h,加速度计随机偏差均取 $0.5\times10^{-4}g$,初始零偏取 $1\times10^{-5}g$,平台东向、北向和方位失准角初始值分别取为3″、2″、2″。GPS 参数:位置误差为1m,东向、北向速度误差为0.1m/s,航向角误差取2′,俯仰角误差取为40″。DVS 参数:经度、纬度误差均为1′;信息分配系数初始值为$\beta_1 = \beta_2 = \beta_3 = 1/3$。信息分配方法为在所有正常工作的局部滤波器之间平均分配系统信息[9]。对容错组合导航系统控制结构的几种状态进行仿真。状态设置见表8-3。

表8-3 状态设置情况

系统状态	时间区间/s	β_i	子滤波器	重构方案
1(INS、GPS、APS、DVS正常)	0~3000	1/3	KF_1, KF_2, KF_3	采用KF_4的输出
2(INS、GPS、APS正常、DVS无效)	100~250	1/2	KF_1, KF_3	采用KF_4的输出
3(INS、GPS、DVS正常、APS无效)	1250~1400	1/2	KF_1, KF_2	采用KF_4的输出
4(INS、DVS、APS正常、GPS无效)	2000~2300	1/2	KF_2, KF_3	采用KF_4的输出

针对表8-3中3种系统状态,分别采用两种信息补偿方法对组合导航系统进行仿真。由于在联邦滤波器中局部滤波的估计协方差矩阵包含了估计误差信息,反映了局部滤波器的滤波性能,因此将组合导航系统部分状态的估计协方差与在系统状态1情况下以及系统状态2、3、4但未经信息补偿情况下的估计协方差进行对比,分别如图8-12至图8-14所示。由于采用两种信息补偿方法所得结果几乎完全重合,在图中将二者结合为一条曲线。

由图8-15可以看出,将无效导航子系统隔离后,估计精度将会下降,但整个组合导航系统利用正常工作的导航子系统仍可正常工作。对比图8-12、图8-13和图8-14可以看出,经过信息补偿后,估计精度在一定程度上得到了提高。

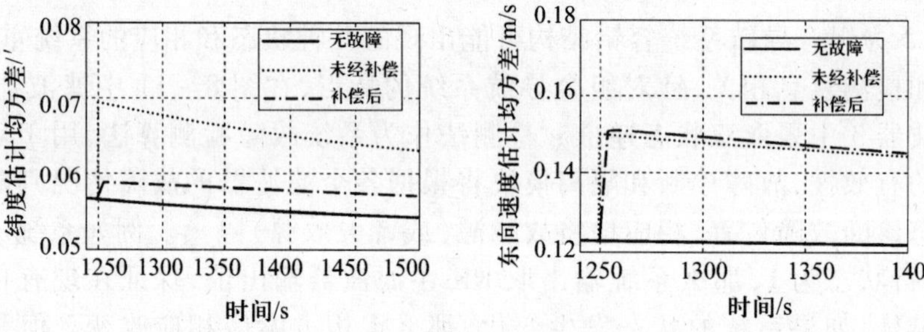

(a) (b)

图8-12 出现状态2时间区间内纬度和东向速度的估计均方差

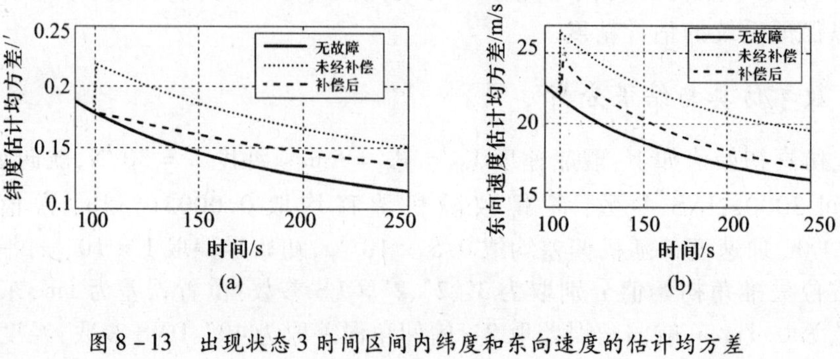

(a) (b)

图8-13 出现状态3时间区间内纬度和东向速度的估计均方差

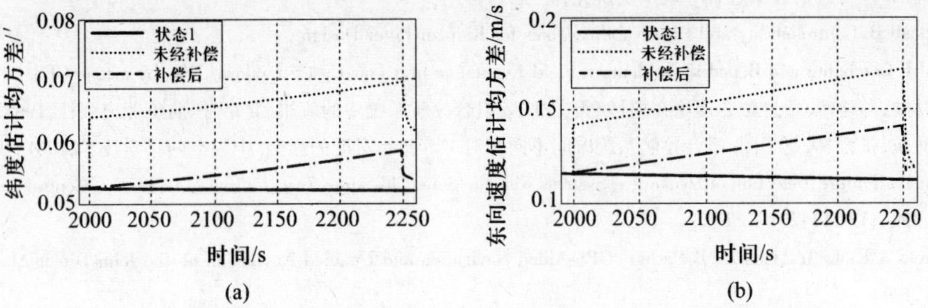

图 8-14　出现状态 4 时间区间内纬度和东向速度的估计均方差

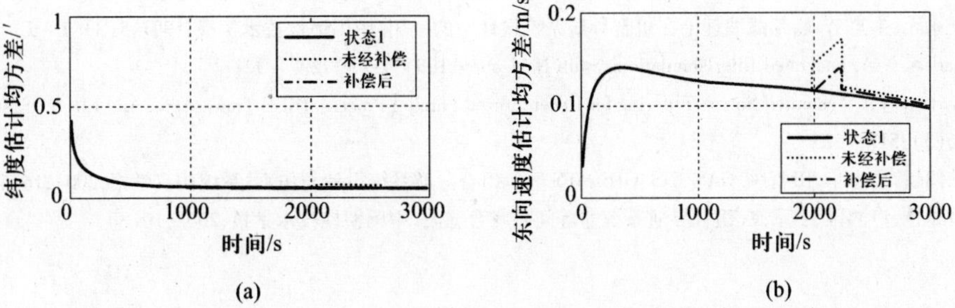

图 8-15　在整个时间区间出现状态 4 时纬度和东向速度的估计均方差

本章小结

本章为全书最后一章，与之前章节多研究集中式卡尔曼滤波器不同，本章主要研究多个导航系统组成的相对复杂的组合导航系统。在这类组合导航系统中，常采取联邦卡尔曼滤波器技术。本章介绍了联邦卡尔曼滤波器的相关设计方法和知识。第 1 章曾系统介绍过多种位置级信息融合系统的结构模型，与之相对应，联邦滤波器也有多种结构模式，可较好符合位置级信息融合系统的拓扑结构形式。从这一角度来理解联邦卡尔曼滤波器的相关问题便显得更加清晰方便，亦能加深组合导航与信息融合技术联系的认识。8.1 节和 8.2 节采取了传统同类文献中对联邦卡尔曼滤波器的介绍步骤，即首先介绍各子滤波器不相关条件下的联邦卡尔曼滤波算法，之后进一步分析各子滤波器相关条件下的联邦卡尔曼滤波算法。8.3 节则特别针对联邦卡尔曼滤波器的控制结构、公共参考信息分配原则，尤其是联邦滤波器信息分配算法进行了深入的介绍。8.4 节和 8.5 节分别对联邦滤波器的数据时空关联和容错设计算法进行了介绍。本章的最后，选取了一个由多种不同导航系统组成的组合导航系统，采取所介绍的知识设计了相关的联邦卡尔曼滤波算法，并进行了数学仿真验证。

参考文献

[1]　Carlson N A. Federate Squate Root Filter for Decentralized Paralled Prosses. Proc. NAECON. Dayton, OH, 1987:1448-1456.

[2]　马昕，于海田，袁信. 组合导航系统中的联邦滤波算法研究. 东南大学学报. 1998, 9.

[3] 吴简彤.多传感器数据融合导航系统研究,导航,1999.
[4] southall B. Controllability and Observability:Tools for Kalman Filter Design.
[5] RAUL Dorobantu and Benedikt Aebhauser. Field Evaluation of a Low-Cost Strapdown IMU by means GPS.
[6] 申功勋,孙建峰.信息融合理论在惯性/天文/GPS组合导航系统中的应用.北京:国防工业出版社,1998.
[7] 陈兵航,张育林,赵华丽.组合导航系统时间不同步对INS初始对准的影响.中国空间科学技术,2001,10.
[8] Ren Da. Failure Detection of Dynamical Systems with the State Chi-Squre Test. Journal of Guidence,Control and Dynamics,1994,17(2):271-277.
[9] Harold A Klotz,Jr.,Charles B Derbak. GPS-Aided Navigation and Unaided Navigation on the Joint Direct Attack Munition,1998.
[10] 王荣颖,高敬东,卞鸿巍.一种基于奇异值的联邦滤波器信息分配新方法.测试技术学报,2006,20(4).
[11] 王荣颖,高敬东,卞鸿巍.容错组合导航系统信息补偿研究.弹箭与制导学报,2005.
[12] 付梦印,邓志红,张继伟.Kalman滤波理论及其在导航系统中的应用.北京:科学出版社,2003.
[13] 秦永元,牛惠芳.联邦滤波理论在组合导航系统设计中的应用.中国惯性技术学报,1997,5(3):1-5.
[14] Carlson N A. Federated filter simulation result. Navigation,1994,41(3):297-321.
[15] Carlson N A. Federated Square Filtering for Decentralized Parallel Process. IEEE Trans. Aero. And Electr. Syst.,1990,26(3):517-525.
[16] 卞鸿巍,金志华,田蔚风.OAS/INS/GPS/APS舰艇组合导航系统设计与仿真.系统仿真学报,2004,16(12).
[17] 黄显林,卢鸿谦、王宗飞.组合导航系统非等间隔联合滤波.中国惯性技术学报,2002,10(3).